CONCRETE AND CULTURE

A MATERIAL HISTORY

콘크리트와 문화

어느 재료의 이야기

아드리안 포오티 ADRIAN FORTY 저

박홍용 역

목 차

콘크리트를 생각하며

　집은 사람의 삶을 담아내는 곳이고 길은 그 삶을 이어주는 것이라고 생각해왔다. 사람들은 집을 짓고 길을 내어 마을을, 도시를 만들어왔다. 우리는 오래전부터 집을 짓거나 길을 내는 데에 돌과 흙을 이용해왔고, 집과 길에 여러 모로 쓸모 있게 쓰여 서로를 통하게 해주는 매체가 바로 돌이다. 옛날의 돌이 자연에서 얻어온 자연석이라면 근대 이후의 돌은 사람이 만든 인공석이다. 콘크리트는 사람이 만들어낸 돌이다. 우리는 콘크리트를 사용해서 건물도 짓고, 다리도 놓고, 댐도 만들고, 길도 닦는다. 길 위를 걷고, 그 위를 달리며, 많은 이들은 콘크리트로 만들어진 공간 안에서 일하며 살고 있다. 하지만 콘크리트가 도대체 무엇인지 아는 사람은 많지 않으나, 어디에서나 볼 수 있는 이것은 우리와 늘 함께 있다. 글자 그대로, 그리고 비유적으로 현대 문명이 이뤄놓은 환경의 대부분은 콘크리트로 만들어진 것들이다. 콘크리트는 현대 사회에서 인간의 사회경제 활동을 받쳐주는 기반시설에 필수적인 건설 재료이다. 그럼에도 자연을 파괴하는 상징적인 재료라고 혹평을 받고 있다. 인간이 편안하고 잘 갖춰진 환경에 살고 있을 때에도 아마도 자연 환경으로 회귀하려는 인간의 본능 때문일 것이다. 콘크리트가 없는 세상으로 돌아갈 수 없다는 것은 분명하다. 산업화 정도가 나날이 증대하고 지구가 점점 더 좁아지게 보일 정도로 인구가 증가하는 이상 인간은 인간 활동의 효율성을 극대화하기 위해서 엄청난 노력을 하지 않으면 지구도 지속적으로 증가하는 인구를 수용할 수 없다는 사실을 받아들여야 한다.

　어렸을 때 어른들이 양회와 모래를 섞고 물을 부어 '세멘 공구리'를 만들어서 부뚜막, 우물가, 개울가 빨래터를 맵시 있게 다듬는 것을 본 적이 있다. 시멘트-콘크리트는 우리에게 오래 전부터 친숙한 것이어서 시골이나 도시에서 쉽게 만날 수 있었다. 한글처럼 콘크리트도 쓰이는 과정에서 권위와 계급이 필요하지 않고 배운다면 누구나 쉽게 쓸 수도 있는 재료가 되었다. 이 이야기는 우리만의 것은 아니다. 전 세계적으로 시멘트-콘크리트는 신분, 지위, 지역, 빈

부를 떠나 언제 어디서나 누구에게나 공평하고 누구든지 쉽게 만들고 이용하는 재료가 되었다. 그래서 콘크리트는 보편적이고 대중적이다. 콘크리트가 개발된 이래 그것은 숨 쉬는 공기처럼 늘 우리와 함께 있으며 우리를 떠나본 적도 없기에 소중함을 잊은 채 하찮은 것처럼 여겨지기도 한다.

1994년 11월 20일 그날로부터 23년 전에 남산 기슭에 세워졌던 아파트는 아주 튼튼하게 지어져서 발파 폭음 속에 먼지를 일으키며 사라졌고, 그와 동시에 떠오른 1970년 4월 8일 새벽 튼튼하다는 철근콘크리트로 지어진 와우아파트는 풀썩 주저앉았다. 하나는 전망 좋은 곳에 외국인이 거주한다는 이유로 튼튼하게 지어졌었고 다른 하나는 서민들의 주거 환경을 개선하고 주택을 보급한다는 명분 속에 튼튼하다는 철근콘크리트로 지어진 시민아파트 중의 하나였다. 콘크리트는 누구에게나 공평해야 한다는 생각을 가지고 있기에 역자에게 이 두 아파트는 머릿속에서 떠나지 않고 있다. 21세기에 들어서자 도시의 흉물로 취급받던 청계고가도로가 철거되었고 2014년 3월 아현고가도로도 개통된 지 46년 만에 철거되었다. 1970년대 건설되었던 도시의 고가도로도 시민아파트도 거의 다 사라지고 있다.

1990년대 말 당시 정부는 주택난 해결과 부동산 투기를 잡는다는 목적으로 신도시 건설 계획을 세워 수도권에 200만 호 주택건설을 목표로 사업이 추진되었다. 놀랍게도 우리는 한꺼번에 짧은 기간에 도시를 콘크리트로 뚝딱 만들어내었다. 신도시는 그야말로 콘크리트 정글, 콘크리트 덩어리 그 자체였다. 그런데 콘크리트는 신도시에서 사람들의 손을 거치면서 황금으로 변했다. 콘크리트는 제3세계나 개발 중인 나라에서 가난한 사람들의 재료로 여겨져 왔으나 우리의 실상은 그렇지 못해서 가진 자에게는 황금이 되지만 없는 자에게는 빚덩이가 될 수도 있다. 20여 년이 지난 요즈음 이런저런 이유로 재건축, 재개발을 들먹이고 있다. 이 신도시의 건물들이 지금은 사라진 시민아파트의 운명을 거치지 않을까 걱정된다. 한날한시에 태어났기에 똑같은 운명을 맞이할 수밖에 없을 것이다. 안타깝게도 버려진 콘크리트가 묻힌 곳은 생명체가 살기 힘든 죽은 땅이 된다. 이뿐 아니라 그곳에 살던 사람들은 어디론가 새로이 살 곳으로 떠나야 한다. 지난 40여 년 동안 우리 주변에서 그 어느 시대보다도 많은 건물들, 구조물들이 콘크리트로 만들어지고 사라지고 있으며 아직도 그 일부는 남아 우리 곁에 있고 어디에선가는 콘크리트가 계속해서 태어나고 있으며 세월이 지남에 낡아간다. 앞으로도 콘크리트는 우리를 쉽게 떠나지 않을 것이며, 인류가 존재하는 한 우리와 함께 살아 있을 것이다.

토목공학을 전공하고 그 후 30여 년 동안 대학에서 '콘크리트'를 강의하면서 마음속에 늘

모자람이 남아 있었다. 콘크리트 만들기, 콘크리트 구조물 설계하기와 같은 기술적인 내용을 위주로 하며 재료의 물리적 성질, 구조공학이론 등에서 벗어나지 못한 채 많은 기호와 공식으로 콘크리트를 전달해왔다. 콘크리트가 지닌 역사와 문화에 대해서 전혀 생각을 안 해본 건 아니지만 그것에 대해 깊이 성찰할 수 있을 만큼 관련 분야에 대한 지식을 갖추지 못했다. 간간히 단편적인 지식만을 알 수 있을 뿐이었다. 우연히 인터넷 도서 사이트에서 발견한 이 책은 제목부터 나의 이러한 궁금증을 풀어줄 것이라는 기대를 갖게 하였다. '콘크리트와 문화'라니. 주저하지 않고 주문을 하고 이 책을 받고 나서 첫 장부터 열어보니 목차 제목이 상당히 충격적이었다. 저자는 자연과학을 전공하지 않았고 건축사를 전공한 사람이었다. 콘크리트 전공 서적에서 전혀 볼 수 없었던 익숙하지 않은 단어들이 흥미를 당기게 하였으나 들어가는 말에서 저자가 서술한 내용을 쉽게 이해하지 못해 곤혹스러워 했고 이 책을 끝까지 읽을 것인지 아닌지 고민하게 되었다. 엄청난 인내심과 끈기가 요구될 것이 분명하기 때문이었다. 생소한 단어, 낯선 구문 등은 자연과학서적에서는 보기 힘든 것들이었다. 단어를 찾고 문장을 쪼개어 모니터에 글을 옮겨가면서 한편으로는 끝까지 다 읽겠노라는 오기도 생겼다. 이러던 중 종종 나의 연구실을 찾아주던 씨아이알의 이일석 씨와 얘기를 나누다가 출판 제의를 받고 본격적으로 읽어가기 시작했다. 저자가 인문학 전 분야에 걸쳐 해박한 지식을 펼쳐놓은 것에 비해, 역자는 인문학에 관한 지식과 소양이 부족함을 점점 더 뼈저리게 느끼지 않을 수 없었다. 역사, 문학, 예술, 종교, 정치, 사회, 경제 등은 전공과는 거리가 있는 것들이어서 가까이 하지 않았던 분야들이다. 저자는 건축사학을 전공한 사람이라 책의 주요 내용은 건축과 관련된 것들이 많다. 토목공학을 전공했고 그 중 한 분야인 콘크리트 구조공학을 공부해온 역자에게 건축은 또한 익숙하지 않은 분야이어서 책을 읽어가면서 행여 잘못 해석하는 게 아닐까 두려움도 있었다. 일 년이 넘게 이 책에 매달렸다. 사전에서 찾아보는 정도의 단순한 의미가 아닐 것이라고 짐작하면서 저자가 의도하는 바를 알아내려 애를 썼다. 처음에 옮겨놓은 글은 글이 아니어서 나 스스로 이해하기 어려워 몇 번씩 읽어보고 생각하면서 고치고 또 고쳐나갔다. 아직도 찜찜한 구석이 없는 건 아니다. 어느 부분은 쉽게 이해하기 어려울 수도 있다. 상상력을 동원하고 문맥을 짚어가며 좋은 글을 만들어내려고 고심했다. 이 책을 읽는 이들이 저자의 생각에 공감할 수 있다면 더 이상 바랄 나위 없겠다.

함박산을 내다보며
2014년 5월 역자 씀

이 책에서는

    문화란 자연 상태의 사물에 인간의 작용을 가하여 그것을 변화시키거나 새롭게 창조해낸 것을 의미한다. 자연 사물에는 문화라는 말이 어울리지 않지만, 인위적인 사물이나 현상이라면 어떤 것이든 문화라는 말을 붙여도 되는 것은 그 때문이다. 이러한 맥락에서 보면 콘크리트 자체뿐만 아니라 콘크리트로 만들어진 모든 것들은 인간의 작용이 가해진 것이므로 문화의 산물이라고 할 수 있을 것이다. 이 책에서 저자는 재료강도나 설계계산을 다루는 콘크리트의 기술적인 면이 아니라 10개의 장의 분류를 통해서 인간이 콘크리트를 이용해서 빚어낸 문화를 보여주면서 콘크리트가 구조공학적 가치뿐만 아니라 문화적 가치를 갖게 되는 과정과 모습을 대립되는 특성을 예로 들어 말하고 있다.

    각 장의 제목에서 알아챌 수 있듯이 이러한 분류는 콘크리트가 어떻게 쓰이고 있는가와 더불어 콘크리트가 지니고 있는 가소성 可塑性으로 얻어낸 형상에서 드러나는 다양한 특성을 보인 것이다. 콘크리트는 그것이 쓰이는 곳에 따라 형상이 결정되며 그 형상에 따라 특성이 형성되기도 한다. 그래서 콘크리트는 한 가지 속성만으로 특징지어지기가 어렵다. 저자는 콘크리트가 양면가치 또는 이중적 특성을 지니고 있음을 언급하여 콘크리트를 풀어나가고 있다.

    저자는 책의 첫 세 장에서 콘크리트가 현대성, 자연적 성질, 역사성이 있는지 없는지를 다루었다. 저자는 진흙으로 대표되는 원시성과 과학과 이론적인 방법으로 설계되는 현대성을 대립시켜 아직도 원시성을 간직한 채 현대에 사는 우리에게 콘크리트는 끊임없이 새롭게 가까이 있음을 주장하고 있으며, 콘크리트가 현대적인 것인지 아닌지를 따지는 것은 중요하지 않다고 보고 있다. 그 다음으로 자연적인가 자연적이지 않은가에 대해서도 저자는 인간의 작용에 따라 어느 한도까지 자연적인 것인가를 정의하려 하지만 자연에서 태어나 사람의 힘으로 만들어졌고 인간과 자연 사이에서 조화를 이루면서 존재하지만 결코 자연으로 되돌아갈 수 없음을 자연적이지 않다고 보고 있다. 콘크리트는 분명 고대로부터 아니면 19세기부터 현재까지 전해왔으며, 어느 때이든 현대성이라는 옷을 입고 있기에 콘크리트의 역사는 있다고 말할 수 있다. 다만 역사성을 부여하기에는 과거가 없는 듯 늘 새로운 것처럼 태어나고 있기에 역사를 재단하기가 쉽지 않을 뿐이다. 건축가에게 콘크리트를 이해한다는 것은 콘크리트를 역사적으로 이해한다는 것이지만, 기술자가 주도하는 콘크리트 문화의 전반적인 방향은 콘크리트가 역사적이지 않다는 재료였다는 것이라고 저자는 주장하고 있다. 콘크리트는 분명히 역사적이고 현대적이다.

책의 중간부에서는 콘크리트가 지정학적으로 어떻게 이용되어왔는가를 다루고 있다. 콘크리트는 근대화가 이루어지면서 보편적이고 대중적인 재료가 되었으나, 사람들이 그것을 다루는 방식에서 지역적 차이가 드러나고 있다. 그 차이는 기술적인 것이라기보다는 지역의 문화적 특성으로 인한 것이다. 어느 지역의 것이 우월하다거나 열등하다고 할 수는 없으며, 콘크리트가 어느 특정지역에 속한 것은 더더욱 아니다. 5장은 정치가들이 콘크리트를 정치적으로 어떻게 이용했는가를 다룬 내용이다. 콘크리트는 재료 자체의 이질적 요소를 시멘트로 응집시켜 만들어진다는 특성이 있어서 사회주의국가의 지도자와 좌파 정치인들에게 대중을 이념적으로 결집시킨다는 이미지를 줌으로써 그들에게 매력적인 재료였다. 또한 후진국의 개발을 주도하는 정치인들도 국민들에게 신속하게 주택을 대량으로 공급할 수 있다는 이유로 콘크리트를 선호했다.

이 책의 후반부에서는 본격적으로 콘크리트가 형성한 문화적 가치에 대해서 논의하고 있다. 첫째로 서양의 교회건축 양식은 고딕 양식으로 대표된다. 저자는 콘크리트가 미천한 재료임에도 가장 성스러운 의식이 열리는 교회에 어떻게 사용되기 시작했는지를 건축 양식의 발전과정과 더불어 풀어나가고 있다. 또한 두 차례에 걸쳐 발발한 세계대전 중 콘크리트는 전쟁에서 야기되는 생명의 위협으로부터 어떤 모습으로 우리를 지켜왔는지를 말하고 있다. 7장에서 저자는 콘크리트가 의도적이든 아니든 기념물의 재료로 사용되면서 기억을 저장하려는 재료로 적합한지를 묻고 있다.

콘크리트가 누구나 손쉽게 사용할 수 있다고 해도, 아무런 기술도 필요하지 않다고 단순히 말할 수는 없다. 주먹구구식이 아닌 체계적이고 과학적인 생산과정을 통해 콘크리트의 산업이 발전되었음을 설명하고 있다. 콘크리트 산업의 발전과정에서 기술자의 존재는 필수적이고 기술자의 손을 거쳐야만 정확한 시스템을 구성할 수 있음을 우리는 알게 된다. 그러므로 콘크리트는 재료가 아니라 기술자라고 정의할 수도 있다.

콘크리트와 사진술에서 저자는 그 둘 간의 유사성을 거론하면서 콘크리트 발전에 사진술이 어떻게 기여했으며 시공업자들은 사진을 어떻게 그들의 사업에 이용했는지를 보여주고 있다. 또한 콘크리트가 문화와 예술의 영역으로 들어갈 수 있었던 것도 사진술 덕분이었다고 저자는 밝히고 있다.

1970년대 말에 인기가 시들해졌던 콘크리트가 1990년대에 다시 건축가들에게 주목을 받기 시작했다. 그 이유는 포스트모더니즘에서 지나치게 이미지와 상징성을 내세운다는 것이었으며 그것에 대한 반론으로 건축가들은 중립성을 표방하는 콘크리트에 관심을 갖게 되었다. 끝으로 저자는 콘크리트 르네상스를 새로이 이끌어갈 사람은 건축가들임을 지적하고 있다.

이 분들께 고마움을

건축에 문외한인 역자에게 충고와 조언, 격려를 해주신 명지대학교 건축대학 김경수 교수,

엉성하던 초벌원고를 읽고 낱낱이 지적해주신 동아대학교 토목공학과 강원호 교수,

책이 잘 나오기를 바라며 격려해주신 명지대 토목환경공학과 편종근 교수, 박용원 교수를
비롯한 학과 교수들,

서툰 글을 깔끔하게 다듬어주고 좋은 의견을 아끼지 않으셨던 이주연님,

같이 읽어가면서 미처 생각하지 못했던 것들을 찾아내서 글 내용을 알차게 만들어주는 데
많은 수고를 해준 사랑스런 제자 서슬기, 남지은, 문병훈,

도움을 주지 못해 안타까워하던 GS건설 연구소의 류종현 박사,

역자의 까탈스러움과 변덕스러움을 묵묵히 받아주고 책을 아름답게 만들려고 애써주신
씨아이알의 이정윤님,

이 책이 나오기를 학수고대하며 나의 강의를 듣고 있는 사랑스런 제자들에게 전합니다.

들어가는 말
INTRODUCTION

    나는 『언어와 건축 *–Words and Buildings* 건축을 말한다』라는 책의 집필을 마칠 무렵 콘크리트에 대해 생각하기 시작했다. 그 책에서는 사람들이 건축에 대해 어떻게 말하고 있는가를 다루었다. 언어의 일시적이고 덧없는 세계에 비해 볼 수도 있고 만질 수도 있는 구체적 형상이라는 실체를 지니고 있는 무엇인가에 관심을 둔다는 것은 하나의 구원처럼 보였다. 소설가 그레이엄 그린^{Graham Greene}은 그의 주요 소설 작품과 '심심풀이 읽을거리'라고 여겼던 것들을 구분하곤 했다. 이 책은 내가 두루두루 여행하고 여기저기 찾아다닐 만하다는 명분을 준 '심심풀이'일 뿐이다. 내가 예상하지 못했던 것은, 내가 감당하고 있던, 아마도 잠재의식 수준에서 나를 쭉 이끌어왔던 것일 수도 있는 지적 어려움들이었다. 마치 언어처럼 콘크리트는 전 세계에 여러 다른 형태로 나타나는 보편적인 매체이다. 콘크리트가 제기하고 있는 문제들도 언어의 문제들과 다르지 않다. 언어에 관련된 것과 같이, 매체의 일반적인 조건과 연관시킬 수 없다면, 어떤 특별한 예를 적시하는 일은 소용이 없다. 언어에 관련된 것과 마찬가지로 콘크리트에 관련된 어려움은 일반적인 조건에 맞는 규칙을 찾아내어야 한다는 것이다.

    콘크리트에 대해 어떤 허용된 원칙이 존재하는 한, 그러한 원칙들은 일반적으로 기술적 특성과 관련이 있는 것으로 여겨지고 있다. 그리고 실제로 콘크리트에 관한 엄청난 양의 서적들은 기술자와 화학자들이 저술한 것이다. 콘크리트 역사의 대부분은 로마인들과 그들이 발견한 자연적으로 생성된 포졸란 시멘트로 시작되며, 19세기에 들어서 콘크리트의 재발견과 그것에 따른 철강 보강재—철근—의 발명으로 이어지고 있다. 출발점으로서 나의 흥미를 끌었던 것은 1516년 토마스 모어$^{Thomas More}$경이 저술한 유토피아에서 그가 '유토피안의 집에서'를 서술한 내용이다:

> 모든 집들은 외관이 깔끔한 3층짜리이다. 드러난 벽체 면은 돌, 시멘트, 또는 벽돌로 만들어져 있으며, 벽체 사이의 빈 공간은 잡석들로 채워졌다. 지붕은 평평하고 값이 싸지만 아주 잘 혼합되어 화재에도 잘 견디고 폭풍으로 생기는 피해를 견디는, 납보다 우수한 시멘트 같은 것으로 덮여 있었다.[1]

모어는 시멘트가 발명되기 오래 전에 완전하면서 사람의 생활을 변화시켜줄 시멘트 소재의 건설재료를 상상해왔다. 그의 글은 콘크리트와 모든 형태의 유토피아 운동 간의 오랫동안 지속되고 있는 연관성의 시작을 나타내줄 뿐 아니라, 콘크리트는 이 세상에서 그 자체의 존재로서 물리적인 것만큼 마음 속의 존재로서 형이상학적인 것을 지니고 있음을 밝히고 있다. 그 존재는 그 매체의 기술적 특성보다도 매력적이며 이 책이 이야기하고자 하는 매체가 우리의 뇌 안에 자리 잡고 있는 바로 그곳이다.

내가 콘크리트에 관심을 두게 된 시기는 북부 이탈리아에서 오랜 시간을 보내면서 전쟁 후에 세워진 많은 건물들을 보러 갔었던 때이다. 거의 모든 건물들은 콘크리트로 지어진 것들이었다. 이 건물들의 많은 부분은 '장식용'이라고 밖에는 말할 수 없을 정도로 콘크리트를 사용했고, 거기에는 여러 면에서 특별한 구조공학상의 필연성은 없었다. 또한 내가 잘 알고 있던 건축학적 정설에 비춰보아도, 콘크리트를 어떻게 이용하려 했는가에 대해서도 들어맞지 않았다. 나는 1959년에 출간된 피터 콜린스$^{Peter Collins}$가 저술한 『콘크리트 Concrete』라는 책을 여러 해 동안 읽어 본 적이 있다. 이 책은 현대적인 건축용 콘크리트에 대해 오로지 실제적인 내용만을 다룬 것이었다. 콜린스는 이들 이탈리아 건축물에 대해 또는 그 매체의 이단자적인 사용에 대해 전혀 연급하지 않았다. 그다지 관심을 끌지 못했던 많은 수의 작품이 있으리라는 것이 더 깊게 살펴보아야 할 이유일 것이다.

자세히 살펴보면, 어떠한 경우에도, 모순으로 가득 찬 것으로 드러났던 많은 건축가들의 원칙을 단순히 반복하는 것 이상으로 반복했던 것을 콘크리트의 역사라고 할 수 있었을까? 50여 년 전에 발간된 콜린스의 책은 초창기의 콘크리트에 관해서는 유익했을지라도, 좋은 모델은 아니었다. 그 책은 오귀스트 페레^{Auguste Perret}라는 한 개인 건축가의 콘크리트에 대한 아주 특별한 사용법을 정설로 몰아가게끔 작정하고 저술되었기 때문이다. 그가 1904년에 완성한 파리 시내 프랭클린^{Franklin}가 25의 아파트 건물은 콘크리트 건축에 관한 한 선도적인 작품으로 간주되고 있다. 콘크리트에 대해서, 아니면 다른 어떤 건설 재료인가에 대해서 내가 품고 있던 의문을 풀어줄 만한 모범적 사례는 별로 없었다. 리차드 웨스톤^{Richard Weston}이 저술한 『재료, 형태, 그리고 건축 *Materials, Form and Architecture*』(2003)은 재료에 대해 건축학적으로 해석한 훌륭한 연구 저서로서 건축학적 전망에 관해 집중적으로 다루었고 다른 어떠한 건설 자재 중에서도 콘크리트를 유일한 것으로 간주하고 있다. 벽돌 및 주름 강판에 관한 최근의 조사보고서를 보면, 그 분야에서 확실히 세계적이기는 하지만, 본질적으로는 주목할 만한 사례를 제시한 목록일 뿐이다.[2] 특히 콘크리트에 관해서 내가 찾고 있던 것에 좀 더 근접한 두 권의 훌륭한 저서는 독일 작가 카트린 보낵커^{Kathrin Bonacker}가 쓴 『콘크리트: 대표 재료가 되다 *Beton: ein Baustoff wird Schlagwort*』(1996)와 프랑스 역사학자 시릴 시모네^{Cyrille Simonnet}가 쓴 『콘크리트 *Le Béton*』(2005)이다. 이 책은 내가 집필 계획에 착수한 바로 다음에 출간되었다. 이 저서들은 나에게는 가치 있는 책들이다. 시모네 아이디어의 많은 부분은 나의 생각과 일치하였고, 그 책을 읽음으로써 내 자신의 사고가 더욱더 분명해졌으며, 내가 여러 방면에 이용해왔던 그의 저서는 내 자신의 사고를 더욱더 풍성하게 하였다. 그 책을 읽지 않았더라면 내 사고는 변하지 않고 그대로 있었을 것이다. 그와 동시에, 불어를 사용하는 역사학자 두 분의 저술로서 엔느비크^{Hennebique} 문서에 관한 궤넬 델루모^{Gwenaël Delhumeau}의 저서와 20세기 초반의 프랑스에서 콘크리트에 대한 건축계의 대처에 관하여 저술한 캐나다 사람인 레장 르골^{Réjean Legault}이 쓴 저서는 둘 다 굉장히 유용한 것이었다. 그러나 나는 건축가에 대해서 책을 쓰고 싶지는 않았고, 어느 한 부분도 그 세계의 단 한 단원에 국한시키고 싶지 않았다. 콘크리트에 대한 관심의 일부는 콘크리트는 도처에 널려 있어서 거의 다 건축과는 상관없다는 점이다. 건축가나 기술자가 콘크리트에 관해서 독점권을 갖지는 않는다. 내가 바라는 것은 콘크리트를 적용하는 여러 분야에서 콘크리트에 대해 생각한다는 것이다. 건축가와 기술자가 통제하는 그런 것들이 아니라, 어느 곳에서든 자가 시공업자, 조각가, 작가, 정치가, 기업가, 사진작가 또는 영화제작자의 작품 속에서 콘크리트의 존재를 다루는 것이었다. 이러한 무모한 수고를 시도한 사람은 이전에 아무도 없었다.

콘크리트는 삶보다는 죽음과 더 연상되어서, 가끔 멍청하다거나 바보 같은 재료라고 취급 당하기도 한다. 다양한 언어에서 수사적 표현으로 콘크리트가 이용되기도 한다. 독일어로, '베톤 프락치온 Beton-Fraktion'은 비타협적인 고집불통의 정치집단을 뜻하는 말로 사용되기도 하며, '베톤 코프 Beton-Kopf'는 글자 그대로 'concrete head'인데 반동적인 야당 정치집단을 뜻한다.[3] 스웨덴에서는 1950년대와 1960년대에 도시 중심부의 재개발을 책임지고 있던 스톡홀름 시정부의 강력한 사회민주당의 당수였던 히알마르 메어 Hjalmar Mehr를 '꽉 막힌 사회주의자 betonsosse', 즉 'concrete socialist'라고 불렀다.[4] 프랑스어로, 길거리 속어인 '레세 베통 laisse beton'은 '레세 통베 laisse tomber'를 뒤집은 말로서 '꺼져 버려 drop dead'라는 뜻이다. 케이트 그렌빌 Kate Grenville의 소설 『완벽한 생각 The Idea of Perfection』에서는 주인공의 따분한 성격을 그가 콘크리트 기술자라는 것을 통해서 전달하려 하고 있다: '콘크리트!'라고 파티자리에서 사람들이 외치면, 얘기하기 더 좋은 상대를 찾으려고 그들의 눈은 그의 어깨를 지나쳐서 깜빡거리곤 했다.[5] 있을 것 같지 않은 제목이 붙은 문학작품 중에는 『콘크리트 역사에서 하이라이트 Highlights in the History of Concrete』라는 소설이 있다. 이 책은 석유 역사, 석탄 역사, 철의 역사 또는 유리 역사 따위에서 하이라이트라면 있을 것 같지 않았을 것인데 하면서, 미소를 짓게 한다.[6] 그리고 가끔은 내가 콘크리트에 관한 책을 쓰고 있다고 사람들에게 말하면, 사람들은 '당신, 정말이야?'라고 말하는 듯 눈썹을 치켜올리곤 하였다.

이러한 얘기들이나 다른 여러 부정적인 언사들이 나의 관심을 끌고 있다. 콘크리트의 한 면은 늘 혐오스러웠다. '포틀랜드 시멘트의 겉모습과 심지어 느낌에 대해서는 확실히 편견이 있다.'라고 1876년에 영국의 저널 「건설인 The Builder」지가 쓴 바 있다. 그러한 편견에 대해서 많은 논란이 있었지만 그 이후로도 그다지 바뀐 것은 없다.[7] 그러한 반감의 한 요소는 영구적인 것인데 그 재료의 구조적 특징 때문인 듯하다. 콘크리트에 대해서 서술했던 것들 중 많은 글들은 이러한 감정을 아예 무시하거나, 그러한 감정은 잘못된 것이라고 사람들에게 확신시키려 애를 쓴 것들이었다. 내가 이 책을 쓰는 목적은 콘크리트가 야기하는 부정성 否定性을 설명하려 하는 것도 아니고, 사람들이 추하다고 본 것들이 정말로는 아름답다고 설득하려 하는 것도 아니다. 또한 콘크리트에 대한 사과도 아니며 사람들을 콘크리트 편으로 끌어들이려는 것도 아니다. 거의 다 시멘트와 콘크리트 산업에서 유래되어 콘크리트에 더 나은 면을 보이게 하려는 많은 시도들이 잘못 인도되고 초점을 잃은 것이라는 생각이 들었다. 콘크리트는 이러이러하다고 해서 사람들이 갖는 혐오감을 받아들이는 것에서, 그리고 우리가 콘크리트에 대해 설명할 수 있는 어떠한 것이든, 그 안에서 그러한 혐오감에 대한 여지를 찾는 것에는 감각 이상의 것이 있다고 믿는다.

'역사'를 정상적으로 이해하는 방식으로서 콘크리트가 여러 현존하는 역사적 연구의 하나로 되어주기를 원하는 독자들에게는 어느 한 재료의 단순한 역사가 아니다.[8] 나는 콘크리트를 하나의 재료라기보다는 매체로서 생각하는 것이 훨씬 생산적이라는 것을 알고 있으며, 이 책은 그 자체가 그 매체의 역사는 아닐지라도, 역사를 지니고 있는 한 매체를 알려주려는 시도이다. 하나의 매체로서, 그것을 통해 갖가지 생각들이 소통되어 왔고 그 생각들 중 어떤 것들은 건축에 관한 것이기도 한데, 콘크리트는 대다수의 범주 구분 사이에서 벗어나려는 성향 때문에 이해하기가 그다지 쉽지 않았다. 1927년에 '그러면 콘크리트의 미학은 도대체 무엇인가?'라고 미국의 건축가 프랭크 로이드 라이트Frank Lloyd Wright가 물었다.

그것은 돌인가? 그렇다/아니다.
그것은 회반죽인가? 그렇다/아니다.
그것은 벽돌인가 또는 타일인가? 그렇다/아니다.
그것은 주철인가? 그렇다/아니다.
참 딱하네, 콘크리트! 아직도 인간의 손에서 스스로를 찾고 있구나![9]

그리고 라이트는 보완적인 표현이라고 할 수 없을 정도로 그것을 '잡종' 재료라고 부르기 시작했다. 콘크리트가 어떤 한 범주 안에 온전히 자리 잡지를 못하는 것은 콘크리트의 회귀성 특징 중 하나이다. 우리가 우리의 삶을 깨우치게 하는 많은 일반적인 범주 구분─액체/고체, 부드러움/거침, 자연적/인공적, 고대/현대, 육체/정신─에서 콘크리트는 들락날락하며 빠져나가고 있다. 그것이 바로 사람들이 콘크리트에 대해서 느끼는 혐오감의 원인 중의 일부가 되는,

구분에 대한 저항감이다; 이 책은 우리의 우주론 정렬의 축이 되는 몇 가지 극성을 중심으로 구성되어 있고, 이들 안에서 어느 정도의 몫을 차지해왔던 콘크리트를 주목하고 있다. 콘크리트는 '이중적' 성향이 있고 동시에 두 개의 상반되는 것이라고 하는 것이 원래 특별히 주목했던 부분은 아니다. 비평가들이 자신의 통찰력으로 어찌할 바를 알게 되면 당황하게 될지라도, 콘크리트에 관한 다수의 다른 비평들도 같은 내용을 지적한 바 있다. 내가 가장 즐기고, 나를 아주 만족스럽게 해주는 콘크리트 적용방식은 라이트가 인지했듯이, 하나 또는 다른 기존의 분류방식 내에서 확고하게 자리 잡는 것을 원하지 않는다는 것一 콘크리트의 모호함을 창시자는 다 알고 있으리라는 인식이 있다는 것이다.

　　이 책은 내가 좋아했을 건축가와 건축물에 대한 그 이상의 것으로 드러났다. 이에 대한 타당한 이유가 있는데, 건축가들은 문화의 매체로서 콘크리트의 의미해석에 다른 어떤 직업군보다도 많은 주의를 기울여왔다는 점이다. 또한 그 점은 부분적으로는 역사학자로서 내 자신의 학문적 관련성 때문인데, 내가 콘크리트와 관련된 그 분야 외에도 친숙하다는 것 이상으로, 내 자신을 건축과 건축학 강연에 더욱 친숙하도록 하고 있다. 레이너 밴험[Reyner Banham]이 나에게 알려준 징계적 규약에 충실하여, 내가 겪어보지 않았던 일에 대해서는 쓰지 않으려고 했다. 아직도 물리적인 현상을 관찰하는 일에 대해 이같이 엄격하게 주의해야 한다는 것 때문에, 그 실체의 한도는 이 매체의 프랑스어 이름인 '베통 *béton*'이라고 상상할 수도 있을 테고 이 순수한 물질이 속한 세속적인 세상에 우리 자신들을 붙들어둘 필요는 없다(비투멘 *bitumen*과 같이 베통 *béton*은 땅속의 쓰레기 덩어리를 뜻하는 고대 프랑스어인 베툼 *betum*이 기원이다). 반대로, 아주 형편없는 콘크리트 덩어리조차도 무심하게 보기만 한다면 우리는 신념과 반신념, 희망과 공포, 갈망과 혐오라는 덧없는 세상으로 쉽사리 빠져들어갈 것이다.

팔레오호라, 크레타섬.
주택과 미완성 확장부분, 1999.

하나

진흙과 현대성
MUD AND MODERNITY

한쪽에는 과학, 질서, 발전, 국제주의, 비행기, 강철, 콘크리트, 위생 등으로, 다른 쪽에는 전쟁, 국가주의, 종교, 군주, 소작농, 그리스 교수, 시인, 말 등으로 갈라놓는다.

조오지 오웰, '웰스, 히틀러, 그리고 세계 국가'
George Orwell, 'Wells, Hitler and the World State'(1941)[1]

철근콘크리트 양식은 영화, 라디오, 전신, 그리고 철도와 더불어 발전되어왔다; 그것은 국제연맹을 창설했고 대서양 횡단 비행을 목격했던 시대의 총아이다.

프란시스 온더동크, 철근콘크리트 양식
Francis S. Onderdonk, The Ferro-Concrete Style(1928)[2]

결국, 콘크리트는 매우 뛰어난 도시였으며, 삶에서 한 걸음 더 나아가는 확실한 징표였다.

패트릭 샤모수아, 텍사코
Patrick Chamoiseau, Texaco(1992)[3]

콘크리트는 **현대적**이다. 이 말은 단순히 '전에는 그것이 없었는데 지금은 있다.'라고 말하는 것이 아니라, 그것은 현대성에 대한 우리의 경험과 연계되는 매체 중의 하나라는 뜻이다. 콘크리트는, 현대적이라는 것이 어떤 것인지를 우리에게 알려주고 있다. 20세기에 살고 있는 사람들의 삶은 다른 어떠한 것보다도 콘크리트에 의해 변화되었다는 것을 부정할 수 없을 정도이며, 사람들이 그러한 변화를 어떻게 보았는가를 살펴보면, 부분적으로 그 변화들은 콘크리트에 나타난 방식의 결과라는 점이었다. 내연기관, 항생제, 유전자변형 농산물, 디지털 기술과 같이 콘크리트는 자연과 우리 자신을 변화시키고 상호 관계를 변화시킬 것이라는 가능성을 실현했다. 전 세계의 많은 인구가 가난을 겪고 있는 상태에서도 콘크리트는 허리케인이나 지진으로부터 그들을 보호해주는 주거 형태가 될 수 있음을 보여주고 있다. 패트릭 샤모수아 Patrick Chamoiseau가 지은 소설 『텍사코 *Texaco*』에 등장하는 마티니크Martinique의 판자촌 주민들에게 콘크리트는 삶의 질을 향상시켜주며 전진을 위한 행로의 출발점이 된다. 건설재료 중에서 목재는 나름대로 어떤 기품을 보여주지만, 콘크리트처럼 계층에 구애받지 않고 누구나 사용할 수 있다는 해방의 가능성을 목재와 같은 전통적인 재료에서는 기대하기가 어려웠을 것이다. 그리고 20세기의 여러 가지 많은 발명품 때문에 생긴 사회적, 물리적 변혁처럼, 콘크리트에 의한 혁신도 인류에게 혜택을 줄 것으로 기대되었지만, 이 발명품들 하나하나는 또한 삶의 오랜 방식, 오래된 기술, 오래된 사회관계의 모습 같은 것들을 깨뜨려버렸고 결과적으로 언제나 어떤 저항을 불러일으켰다. 콘크리트는 이런 양면가치에 대해 전혀 낯설지 않다. 콘크리트에 대해 갖는 적대감이나 반감 같은 것들은 콘크리트가 가져온 많은 혜택만큼 콘크리트가 지닌 현대성의 일부일 뿐이다.

이 책에서 얘기하고 싶은 것은 콘크리트에 대한 이런 감정들을 이해하고, 이것들이 의식 속에 안착되도록 하는 것이다. 저자가 이 책에서 선정한 콘크리트 특징들 하나하나는, 어떤 의미로는 콘크리트가 지닌 현대성의 한 속성이다. 콘크리트에 대해 얘기한다는 것은 현대성과 그러한 논의에 따라오는 콘크리트의 모든 양면 가치들에 대해서 얘기한다는 것을 의미한다. 콘크리트에 대한 반응은 현대성에 대한 반응이지만, 그렇다고 해서 콘크리트의 직접적인 영향으로서 이해되어야 하는 것이 아니고 현대적인 삶을 구성하는 모든 분야의 사건과 과정에 연관되어야 한다. 다른 말로 하면, 콘크리트 그 재료 자체에서 유발된 불쾌감의 원인을 찾는다는 것은 잘못 짚고 있다는 것이다. 콘크리트는 현대성, 그리고 현대성과 함께 따라오는 모든 것에 관한 우리의 불편함을 나타내는 하나의 증상이기 때문이다.

그럼에도 콘크리트가 '현대적인' 것에 아주 잘 들어맞았다는 사실은 그 자체로 흥미가 있으며, 우리는 그 이유를 물어야만 한다. 이것은 첫 눈에 알아챌 만큼 자명한 사실이 아니며, 진보적 매체로 여겨진 콘크리트 이미지를 그 자체의 역사만으로는 전적으로 입증하지 못하기 때문이다. 이 장의 머리글에 인용한 에세이 중에서 조오지 오웰^{George Orwell}은 콘크리트를 현대성의 한쪽에 두었지만, 콘크리트는 전쟁, 종교, 소작농, 그리고 그리스 교수와 함께 그 반대쪽에도 쉽사리 놓일 수도 있다. 곧 알게 되겠지만, '발전된' 기술이라는 것말고도 콘크리트는 땅에서 생긴다는 후진성을 지니고 있으며, 콘크리트의 역사는 부분적으로 콘크리트의 진보성과 콘크리트에 남아 있는 원시성 간의 긴장감이라고 볼 수 있는 현대성에 대한 주장과 그 현대성에 관련된 다수 사물들의 특징인 대립적 관계에서 벗어나려는 투쟁이다. 콘크리트에 후진성이 있다는 이유로 현대성의 전형적 상징으로서 콘크리트를 채택하는 일이 지금까지 방해를 받은 적은 없었다. 현대화가 시급하게 요구되는 곳이라면 언제 어디서든 콘크리트로 밀어붙였다. 터키의 수상 아드난 멘데레스^{Adnan Menderes}가 1950년대에 이스탄불의 도로건설공사계획을 착수하면서 '교통은 물처럼 흘러야 한다.'라고 했지만, 정작 관련 홍보 책자를 채운 것은 콘크리트 두께와 콘크리트 물량 따위의 도로건설에 적용되는 콘크리트에 대한 정보뿐이었다.[4] 그럼에도 콘크리트에는 그다지 현대적이지 못한 특징들이라고 할 수 있는 기능공들의 숙련도에 의존하는 요소 같은 것들이 많이 있으며, 콘크리트는 진보적인 매체라고 일컬어지지 못하고 언제나 후진적인 점을 노출시킬 위험에 처해 있다. 가장 원시적인 수작업에 뿌리를 두고 있다는 것과 이론적으로 유도된 한 묶음의 원칙들을 적용하는 데에 바탕이 되는 과학기술의 산물 간에 존재하는 이런 긴장감은 결코 멀리 떨어져 있는 것이 아니다.

콘크리트를 '현대적인' 재료로 여겨왔고 앞으로 그러할지라도, 이것은 결코 자연스럽거나 자동적인 연계는 아니다. 콘크리트를 개발했던 초창기의 역사는 부분적으로 이런 평가를 얻는 명분일 뿐이며, 이런 평가는 언제나 보장되지도 않았고 좋기만 했던 것도 아니다. 콘크리트는 늘 기능적 수작업 기술과 땅에 뿌리를 둔 본성으로 빠져들 위태로운 상태에 있으며, 다만 시멘트와 콘크리트 산업계에서 꾸준히 경계심을 지켜오면서, 지속적이며 새로운 개발과 발명이라는 분위기를 통해 '진보적인 것'이라는 별명을 지켜오고 있다. 이런 분위기마저 사라진다면 '콘크리트는 현대적이다.'라는 주장을 잃게 될 것이며, '전통적인'—그 때문에 '정적 靜的'이라고 읽혀질 수 있는—건설 양식이라는 상투적인 것으로 묻히게 될 것이다.

그러면 콘크리트의 현대성이 생성되는 일련의 사건들을 살펴보기로 한다. 여기서는 두 가지 일을 살펴볼 텐데, 첫 번째로 철근콘크리트 개발의 초기 단계이고, 두 번째로는 콘크리트가 건축의 관점에서 현대성을 대표한다는 '근대건축'과 어우러지는 과정이다.

19세기에 철근콘크리트가 처음으로 개발될 때의 상황은 어느 특정 시기와 장소에 국한되지 않았으며, 오히려 조금은 다른 방식으로, 그리고 각기 다른 곳에서 다발적으로 철근콘크리트가 개발되었다. 같은 시기에 프랑스, 영국, 미국에서 비슷한 것들이 발견되었는데, 이들은 서로 남의 것에 대한 뚜렷한 정보도 많지 않았고 관심도 두지 않았다.[5] 그렇지만 19세기의 건물에서 대단히 혁신적인 철강재를 이용한 건설과는 달리, 철근콘크리트 발전에는 하나의 일관적인 패턴이 있다. 주철의 경우를 보면, 나중에 강철로 되지만, 기술적 발전과 그것에 따른 실제 적용방식은 언제나 단일 집단의 사람들이 주도해서 이어져왔다. 처음에는 주물업자였고, 나중에는 설계·시공 회사들, 미국에서는 철강구조 시공업자들이었다. 그러나 무엇보다도 콘크리트와 그 후의 철근콘크리트의 발전은 화공기술자와 시멘트개발 기술자, 시멘트제품의 상업적 이용에만 주로 관심이 있던 생산업자, 건설 현장에서 재료를 실제로 적용하는 기술을 발전시키고 철근으로 보강하는 기술을 개발했던 평범한 건설업자들을 포함한 여러 집단들을 아우르면서 시작 단계부터 여러 분야로 확산되었다. 콘크리트가 화공기술자들의 투기적 연구에서 만들어졌다고 한다면, '현대적인 것'이었다; 마찬가지로, 시멘트를 판매하는 기업들의 추진력에 의해서 개발되었다면, 역시 '현대적인 것'이었다; 그러나 건축 현장에서 인부들과 판매업자가 주먹구구식 실험을 통해서 만들어진 것이라면, 그것은 전적으로 '비현대적인 것'이었다. 콘크리트를 개발하는 단계에서 두드러지게 나타난 것은 단순히 한 가지 방식의 사용법에 머물러 있는 것이 아니라, 몇 가지 다른 방식이 함께 어우러져 있다는 것이다.[6]

개발 초기단계에서 콘크리트의 '현대적인' 성격과 '비현대적인' 성격에 대해서 좀 더 상세하게 설명하자면, 건축용 콘크리트에 관한 최초의 역사가인 피터 콜린스 Peter Collins는 콘크리트의 기원은 18세기 말과 19세기 초 프랑스에서 전통적인 벽돌 pisé 또는 흙벽돌을 개선하려는 목표를 가지고 진취적인 다양한 분야의 기술자들이 실행한 실용적 실험에 있다고 주장했다. 그렇더라도 같은 시기에 이런 두드러진 시행착오 실험과 같이, 국립교량도로학교 Ecole Nationale des Ponts et Chaussees의 기술자인 루이 조셉 비카 Louis-Joseph Vicat는 석회 모르타르와 시멘트에 관한 체계적인 분석 실험을 수행했고, 1818년에 발표한 연구 성과에서 후속 개발에 필수적인 시멘트 성능평가에 관한 실험기법을 제안했다. 시릴 시모네 Cyrille Simonnet가 기술한 최근 역사에 따르면, 비카 Vicat가 시멘트의 화학적 성질을 이해하게 됨으로써 로마의 건축가인 비투르비우스 Vitruvius가 주장한 건축의 3대 요소 중의 하나인 '견고함'의 관리가 건설 현장에서 다루어지다가 공급 과정의 관리로 넘어가게 되었다. 시모네는 '머지않아 더 이상 석공들의 기술이 아니라 사업가들의 회계 능력과 분석적 기술이 권위를 갖게 될 것이다.'라고 주장했다.[7] 현대적인 전문 지식을 갖추고 시멘트의 화학적 성질을 과학적으로 이해함으로써, 기능공들의 주먹구구식 판단을 물리치게 되었다.

19세기 초반에는 영국이 시멘트 산업을 지배했으나, 프랑스 제품은 19세기 후반에 이르러 증가하여 19세기 말에는 29곳의 공장에서 114만 톤의 시멘트가 생산되었다. 독일에서는 시멘트 생산기술이 급속히 발전되어 훨씬 더 과학적인 방식이 적용되어서 최초로 시멘트에 관한 공업 기준이 확립되었으며, 이 기준은 철근콘크리트의 급속한 발전에 대단히 중요한 요소가 되었다.[8] 시멘트 판매에 관심이 많았던 기업가들이 시멘트 생산을 지배하면서 콘크리트 건설의 발전에도 관여하게 되었고, 분명 또 다른 '현대적인' 공정의 명분이 되었을 것이며, 그러한 분위기가 시멘트 생산과 이용에 관한 공정과 제조법에 관한 특허를 얻으려는 당시의 추세였다. 주로 인력을 바탕으로 하는 건설 공사에서 특허는 관례적인 것은 아니었으나, 이런 방식을 도입한다는 것은 상업적 의지를 가지고 경쟁을 의식한 기업가들이 산업에 진입한다는 징조였다.[9]

그러나 시멘트 산업의 '현대적인' 모습과 공사 규정에도 불구하고, 실제 콘크리트 건설 현장은 전통적인 기술을 사용하는 소규모 업자들이 거의 다 차지하고 있었다. 이런 패턴은 철강건설공사와는 전혀 다른 것이었다. 철강공사에서는 제강회사 직원들이 자신들의 회사에서 이미 제작된 부재를 현장에서 조립했다.[10] 그 다음의 중대한 개발품인 보강철근이 등장함으로써 콘크리트건설공사가 비교적 소규모의 수공기반 작업에서 벗어나게 되었다. 이 당시의 얘기는 거의 이론적 지식이 없는 것이었고, 콘크리트에 쇠붙이를 넣는 것만으로 최고라고 여기는 정도였다. 건축가들과 기술자들은 이런 개발에 전혀 관심을 보이지 않았으며, 건설 현장에서 그러한 기술들이 받아들여진 뒤에도 오랫동안 철근보강에 대해서 냉담하거나 관심이 없었다. 철근보강의 유리한 점이 알려지게 된 것은 전적으로 이런 숙련된 인부들에 의한 것이지 전문적인 지식에 의한 것은 전혀 아니다.[11] 프랑스의 조셉 랑보 Joseph Lambot, 영국의 윌리엄 윌킨슨 William Wilkinson, 화분 보강용으로 철망을 사용하기 시작했던 프랑스인 정원 설계사 조셉 모니에 Joseph Monier 같은 사람들 중에 누가 철근콘크리트를 알아냈든지, 이것은 그다지 중요한 문제가 아니다.[12] 중요한 사실은 그들 모두가 동 시대에 유사한 실험에 관여했던 다른 사람들과 마찬가지로 본래 시공업자들이었다. 그들의 전문성은 현장에서 생긴 일에서 얻어진 것이지 결코 과학적 지식이나 이론적 지식에 있었던 것은 아니었다. 모니에의 독일 특허권을 사들였던 봐이스 운트 프라이탁 Wayss & Freytag 회사에 소속된 독일의 기술자 마티아스 쾨넨 Matthias Koenen이 1887년에 처음으로 철근량 계산법을 제시해서 철근 배치에 관한 과학적 근거를 제시했다. 쾨넨이 저술한 모니에 설계법 Das System Monier은 비록 건설업자나 시공업자의 현장시험이 있은 후 20년이나 지난 것이었지만, 사실상 철근콘크리트 공사에 관한 최초의 매뉴얼이었다. 그러므로 그때까지 철근콘크리트의 발전은 수많은 소규모 건설업자들의 독립적인 주도로 얻어진 결과이며, 이들은 특별히 과학적이거나 이론적 원리 없이도 시행착오를 근거로 각기 공사를 해왔고, 전적으로 현대적이지 않은 것이었다.

19세기의 마지막 10년 동안 철근콘크리트는 특허 공법을 보유한 소수의 전문업자들 손에 집중되었다. 콘크리트 건물을 짓고 싶었던 건축주나 건축가들은 이들 회사로 찾아가서, 회사 자체의 특허 공법에 따라 원하는 건물을 설계하고 경우에 따라서는 시공했었을 것이다. 1904년까지는 철근콘크리트에 관한 설계기준이나 규정이 없어서, 전문업체로 찾아간다는 것은 건축주에게 공사과정의 신뢰성을 보장한다는 것이었다. 봐이스 운트 프라이탁에게 면허를 내준 모니어 공법이 당시 독일과 오스트리아 시장을 석권했다. 독일 밖에서 가장 유명하고 성공적인 공법은 프랑수아 엔느비크 François Hennebique가 개발한 것이었다. 벨기에 시공업자이던 엔느비크는 1867년에 사업에 착수하여 1879년에 철근콘크리트 실험을 시작했다. 1892년에 그가 들어왔던 미국의 기술개발 소식에 놀라서 그는 설계법에 관한 특허를 내놓았고, 동시에 시공업을 포기하고 오로지 철근콘크리트 설계에 관한 업무에만 전념했다. 시공은 면허가 있는 전문업체가 수행했고, 이런 방식이 프랑스에서 최초로 시행되었으며 전 세계로 확산되었다. 이와 같이 설계와 시공을 분리함으로써 엔느비크는 어마어마한 공사를 맡을 수 있었다. 1898년에 무려 714개의 공사를 수행했고, 공사를 수행하기 위한 자기자본이나 인력 없이도 1905년까지 전 세계 철근콘크리트 공사 시장의 1/5을 관리할 정도였다.[13]

엔느비크 사업의 주체는 설계사무소 *bureau d'études*였다. 그의 회사에서는 회사에 제출된 건물 설계서 또는 요청서를 철근콘크리트로 설계해주는 설계도면을 작성했다. 엔느비크는 파리에서 자신의 설계사무소를 운영했다. 1892년 그는 자신의 사무소의 본부를 파리로 이전했고 면허가 있는 업자들도 자신들의 사무실을 도처에서 운영했다. 회사의 구조설계업무와 면허운영업무는 엔느비크의 시스템과 그의 회사원들, 그리고 전문시공업자임을 알려주는 거대한 광고시설로 유지되었다.[14] '엔느비크는 시공업자가 아니다 Hennebique n'est pas entrepreneur'라는 그의 주장은 회사의 명함에도 명시되었다. 당시의 언론들은 정교한 광고도구로서 월간잡지인 「철근콘크리트 *Le Béton Armé*」, 전시장, 연회장과 같은 것들을 통해서 엔느비크를 건물의 실제 시공업자라기보다는 기술 전문성과 광고를 기반으로 하는 모범적인 현대기업가로서 인식하게 되었다. 엔느비크가 생산한 것은 건물이 아니고 건물도면이든 광고를 위한 완공된 건물의 사진이든 건물의 이미지였다.[15] 그렇지만 그의 회사가 이런 점에서 '현대적'이었을지라도, 엔느비크 그 자신은 자수성가한, 전문교육을 받지 않은 시공업자였으며, 시행착오를 거쳐 자신의 공법을 만들어내었지만, 국립중앙공예학교 Ecole Centrale와 국립교량도로학교에서 교육받은 기술자들로부터 미심쩍은 의혹을 받았다; 1899년 한 연회장에서 엔느비크는 그들이 자신의 독점사업을 깨뜨리지 않을까 늘 두려워했다고 고백한 바 있다. '나는 그 따위 쓸데없는 과학을 아주 싫어한다. 우리의 공식에서 변수들은 단순한 요리에 더해지는 것이고, 모든 요소들은 쉽게 이해되어야 한다.'[16]

철근콘크리트의 개발이 현대적인 것과 그렇지 못한 것의 조합이라면, 어떻게 이런 공정이 '근대건축'을 이루었던 이론, 실행, 그리고 표상과 같은 실체의 기본 상징으로 선택되었는지 의문에 이르게 된다. 1920년대 중반까지만 해도 프랑스에서 철근콘크리트는 새로운 건축과 동의어가 되었다. 1925년 파리 장식미술전에 관한 공식보고서의 건축부문 집필자였던 마르셀 망네^{Marcel Magne}는, '재료라 하면, 아니 더 좋은 말로, 현대건축의 **의상**은 의심할 바 없이 철근콘크리트이다.'라고 기술했다.[17] 1925년까지도 콘크리트는 현대건축과 거의 동일하게 인식되었지만, 이것은 15년 전의 앞선 결론과는 아주 동떨어진 것이었다. 여러 면에서 현대성의 메시지를 전달하는 데 훨씬 더 나은 자격이 있는 후보자인 철강재에 비해, 현대성과 비현대성이 모호하게 내재된 철근콘크리트가 이런 위치를 차지했어야 한다는 것은 자못 놀랄 만한 일이다. 전통적 건설자재로서 외부의 전문가에 전적으로 의존하는 가벼운 철강재는, 거푸집을 짜는 목공에 의존하고 많은 미숙련 노동력을 동원하여 구체화시키는 무거운 재료인 철근콘크리트에 비해서 현대성이라는 밑천에서 보면 더 나은 장점을 가지고 있다. 현대성에 관한 비평의 대가인 독일의 발터 벤야민^{Walter Benjamin}이 1920년대 후반에 자신의 '아케이드 Arcades' 작업에 공을 들이면서, '잠재성'을 드러내는 철강재의 역량 때문에, 19세기 건설에 사용된 철강재에 관심이 쏠렸다. 아르누보 *Art Nouveau*와 연관시켜볼 때, 철근콘크리트는 그 내부의 모습을 감춘다는 핑계로 아마도 그는 철근콘크리트를 현대적 특성이 덜 한 것으로 간주했던 것 같다.[18]

1910년경 선견지명이 있던 사람들은 철근콘크리트가 새로운 건축을 이끌 것이라고 예측했지만, 이런 일이 곧바로 일어났을 것이라는 흔적은 거의 없었다. 프랑스의 국립교량도로학교에서 철근콘크리트를 가르치면서 콘크리트의 미래에 누구보다도 충실했던 샤를 라뷔^{Charles Rabut} 조차도 상당히 조심스러워했다: '철근콘크리트의 유연성은 최고의 상상력으로 특징지을 수 있는 새로운 건축을 탄생시켜야 한다. 이런 새로운 건축의 탄생은 시간이 걸릴 것이며 역량 있는 건축가들을 필요하게 될 것이다.'[19] 1914년에도, 그러한 혁명적인 절박함의 징조는 미약했다: 유럽이나 미국의 몇 개의 엄청난 공장 구조물, 일반 주택, 업무용 건물들은 전통 재료로 만들어진 건물과는 대체로 구분하기 어려웠다. 이런 새로운 건설 공정이 '현대적인 것'을 어떻게 상징하게 될 것인가를 알기 위해서는 상당한 상상력이 요구되었다. 또한 건축계에서는 본질적으로 콘크리트의 기원이 점토와 진흙 공사에 있다고 보고 전통적인 공법으로 인식하는 강력한 여론 집단이 있었다. 1913년 영국에서 전성기에 가장 진보적인 사고를 가진 건축가 중의 하나인 레더비^{W. R. Lethaby}는 스스로 콘크리트로 건축을 한 바 있는데, '거칠고 원초적인 것'을 만들어, 콘크리트를 '점토 또는 풀 paste과 같은 연속적인 재료'로 묘사했고, 인류의 가장 오래

1906-7년 제노바의 공사 중인 아파트 건물. 이탈리아 시공업자 포르쉐두와 이탈리아 기술자 피카르도와 카페레나가 엔느비크의 면허를 빌어 시공했다. 건설 공정의 하나로서 기본적인 구조 요소를 보이고 있다.

1912년 경 파리의 당통 가에 있는 엔느비크 회사 본부의 설계사무소. 건물 설계를 철근콘크리트구조로 바꾸는 작업을 하는 곳이다.

된 건설공사와 연관시켜서 보았다.[20]

철근콘크리트와 근대건축 간의 접점에서 종종 인용되는 초기의 사건은 독일공작연맹 Deuscher Werkbund이 1913년에 연감을 발행한 것이었다. 이 연감에는 미국의 곡물 승강기와 공장을 찍은 14장의 화보가 수록된 부록이 딸려 있었다. 독일의 건축가 발터 그로피우스Walter Gropius가 정리한 것으로서, 이 화보들은 유럽 전역에 그 후 15년 동안 꾸준히 돌고 돌았다. 가장 주목할 만한 것들은 파리시민의 잡지인 「에스프리 누보 L'Esprit Nouveau」의 르 코르뷔제Le Corbusier와 아메디 오장팡Amedee Ozenfant의 기사 면에 실린 것들과 르 코르뷔제의 근대건축 선언문인 「건축을 향하여 Vers une architecture」의 화보집에 게재되어 있는 사진들이다.[21] 당장에 이 사진들의 선정

Expérience du 20 Août 1894
Charge : 25000 kg.
Aspect de la poutre après sa rupture.

1894년 엔느비크의 콘크리트 보 재하시험: 엔느비크는 시행착오법으로 자신의 공법을 발전시켰다.

에 대해서 궁금한 것은 그로피우스가 철근콘크리트로 된 작품들을 게재할 필요가 있었다면, 그는 왜 쉽게 구할 수 있었고 충분한 사례들을 제공해줄 수도 있었을 독일의 봐이스 운트 프라이탁이나 프랑스의 엔느비크의 작품에서 고르지 않았는가 하는 점이다. 그 작품들의 큰 크기와는 별개로, 그로피우스와 그 사진들을 재현했던 다른 사람들에게도 정말로 매력적이었던 것처럼 보였던 것은 미국에서 온 것들과 권위적인 전문 건축계의 변두리에서 온(또는 그들이 그렇게 생각했다) 그 작품들의 이국적인 모습이었다. 레이너 밴험Reyner Banham의 말대로 그 사진들은 일종의 현대적인 '고상한 야만성 noble-savagery'을 표현한 것이었다.[22]

미국의 사일로와 공장을 찍은 그로피우스의 사진들은 분명히 아방가르드의 상상력에 불을 지폈다. 이탈리아에서는 미래파 그룹Futurist group의 건축 선언문에서 '미래파 건축은 계산, 대담함, 단순성의 건축이다; 목재, 석재, 벽돌 따위를 대신하여 탄성과 경량감을 극대화할 수 있는 모든 것들, 철근콘크리트, 강철, 유리, 골판지, 섬유 따위로 이루어진 건축물이다.'라고 주창했다.[23] 그 재료의 매력이 재료의 합성적 반자연주의에 있다면, 1914년 안토니오 산텔리아 Antonio Sant'Elia가 설계한 상상의 '새로운 도시 Città Nuova'에 대한 경이적인 설계도면을 보고 나서 사람들은 미래파 건축이 어떠한 모습일까를 알게 되었을 것이다. 제1차 세계대전 후 파리에서 재현된 이런 이미지의 힘은 분명히 콘크리트와 현대성의 관계를 부추겼고, 철근콘크리트는 '혁명적인' 재료였다고 종종 제기되는 주장에 결정적인 실체가 되었다.[24]

일시적인 것으로 드러나기는 했지만, 그럼에도 현대성의 재료로서 철강재의 퇴출을 유발했던 것이 무엇이었는가는 밝혀져야 할 것이다. 미국에서는 철강재가 현대성의 이미지를 유지하고 있었지만, 프랑스에서 그 모습은 달랐다. 철강재와 철강재 생산업자에 맞서 지속적인 전쟁을 벌여왔던 엔느비크에게 이에 대한 공을 돌려야 한다. 그가 발행한 잡지「철근콘크리트 Le Béton Armé」의 기사에는 철강재와 철강업자들의 비도덕적인 공사에 대한 맹렬한 비난으로 채워졌다. 그의 주장의 출발점은 화재 저항성 면에서 철근콘크리트가 철강재보다 우수하다는 점이었다(회사의 슬로건이 '더 이상 끔찍한 재앙은 없다.'였다). 잡지에 게재된 사진들은 철강재 교량과 철강재 구조물의 처참한 붕괴형상뿐만 아니라 화재로 손상을 입은 철강재 구조물의 뒤틀린 형상을 보인 것들이었다. 젊은 건축가 세대들이 철강재로부터 멀어지게 했었다는 것에 엔느비크가 어느 정도 책임질 것인가는 말하기 어렵지만, 그의 반철강 홍보는 분명히 그들에게 영향이 없지는 않았다.

끝으로, 콘크리트가 '현대적인' 재료로 전환될 때 마지막 일화로서, 오귀스트 페레Auguste Perret(1874-1954)의 이야기가 있다. 그는 훌륭한 프랑스 철근콘크리트 건축의 선구자였고, 콘크리트를 '현대적인 것'으로 여기는 움직임에 자신이 따라가고 있음을 알면서, 파리의 아방가르드의 젊은 멤버의 열정과는 조심스럽게 거리를 두었다.[25] 페레는 철근콘크리트 설계의 '달인'으로서 제1차 세계대전 전에 이미 자리를 잡고 있었으나, 흥미롭게도 1920년대에 그가 취한 태도는 그를 대표주자로 꼽으려는 아방가르드의 시도에 미묘하게 저항하는 인사 중의 하나로 보였다는 것이다. 페레의 작품이 자신이 선택한 재료의 새로움과 사용한 거푸집의 고전양식

파리 프랭클린가 25 건물. 오귀스트 페레의 최초 파리 시내 건물, 1903-4.
라트론 & 빈센트 구조 시스템이 적용되었다.

출입구 가장자리. 건물 외피가 장식 타일로 덧씌워졌다.

간에 드러나는 명백한 모순 때문에 혼란스러워졌음을 비평가들은 늘 알고 있었다. 하지만 이런 모순은 사라지고 있으며, 철근콘크리트의 '현대성'이란 것이 콘크리트에 내재된 것이 아니고 오히려 철근콘크리트에 따르는 건설 공사에 내재된 것이라고 사람들이 받아들인다면, 이런 모순 또한 함께 사라질 수도 있다. 그러나 페레는 어느 하나도 공감하지 않았다. 그 자신은 철근콘크리트의 '현대성'에 특별한 관심을 보이지 않았으며, 기념비적인 건축을 위한 재료로서 콘크리트를 받아들일 만하다는 것에 훨씬 더 관심이 많았다. 페레 자신이 가끔 언급하는 경우에도 자신의 의도를 그다지 드러내지 않았기 때문에 그의 작품을 평가한 비평가들의 의견을 따를 수밖에 없다. 이들 중, 폴 자모Paul Jamot와 마리 도르모이Marie Dormoy는 페레의 아이디어를 상당히 정확하게 나타낼 만큼 그와는 친밀했던 것으로 보인다. 페레가 지은 건물 중 어떤 것은 콘크리트가 노출되었고, 어떤 것은 그렇지 않다는 사실을 비추어 보면, 그 사진은 좀 미묘하다. 이런 불일치성 때문에 1920년대 그의 작품 해석에서 어느 정도의 변화가 필요하게 되었다. 1914년 이전에 페레에 대한 평판은 특히 세 곳의 파리 시내 건물에 관한 것이었다.[26] 프랭클린Franklin가 25-2의 건물(1903-4)은 콘크리트 골조와 벽체로 이루어진 아파트 건물인데, 골조와 그 틀에 채워진 패널로 구성되어 있고 골조와 내부 요소 간의 시각적 구분을 유지하기 위해 장식 타일로 외피가 덧씌워졌다. 이 건물은 골조의 개방성으로 유명한 것이지만, 타일들은 골조의 불규칙성을 감추고 있고 실제로 건물이

취하고 있는 것과는 약간 다른 형상을 지니고 있음을 보이고 있다. 페레가 중요하게 여겼던 것은 글자 그대로 반드시 나타나지는 않더라도 골조가 뚜렷해야 한다는 점이었다. 지금은 사라진 퐁티우Ponthieu 가의 창고 건물(1906-7)에서는 골조가 도로 쪽 전면에 드러났다. 철근이 집중되어 보의 단부 두께가 두터워졌으나, 보의 전 길이에 걸쳐 폭을 넓힘으로써 그 부분이 잘 드러나지는 않았다. 가장 크고 인상적인 것으로 세 번째 건물인 샹젤리제 극장Théâtre des Champs-Élysées(1910-13)이었다. 앙리 반 드 벨드Henry Van de Velde 는 원래 철강재 골조로 이 건물을 설계했으나, 건물주가 공사를 철근콘크리트로 변경하기로 결심하였다. 페레 회사(페레와 그의 형제들도 도급업자였다)에 자문을 요청했고, 페레는 설계를 넘겨받고 마무리 지었다. 골조는 콘크리트이지만 안팎으로 콘크리트가 보이지 않았다. 기둥, 보, 바닥 면은 안쪽으로 회 덧칠이 되었고 외부는 화려한 장식의 석재로 마감되어 있으며, 안쪽의 콘크리트 골조의 존재는 실제로 드러나지 않고 있다. 1920년 이전에는 이런 건물들의 '현대성'에 관한 논쟁은 거의 없는 듯하다. 제1차 세계 대전 후 페레가 최초로 설계하여 완성된 중요한 작품은 파리 동쪽의 르 랭시Le Raincy 에 있는 노트르담 들라 콘솔라시옹Notre-Dame-de-la-Consolation 교회 건물(1922-3)이었다. 전체가 철근콘크리트로 지어졌으며 재정적인 이유로 콘크리트가 안팎으로 노출되었다. 이 주목할 만한 작품에, 전체 외벽은 콘크리트 클라우스트라 *claustra*(채광 칸막이)에 색유리를 끼워서 장식되어 있고, 위에는 부풀어 오른 형상의 콘크리트 천정이 가느다란 기둥으로 지지되어 있다. 그 건물의 내부 장식은 많은 찬사와 경탄을 이끌어냈으며, 초현대적이면서 프랑스의 고딕 전통의 재탄생이라고 다양한 평가를 받았다.[27] 노트르담 뒤 랭시Notre-Dame du Raincy 는 페레의 완성된 양식으로 향해 가는 첫 번째 발전 단계였고, 프랑스 교육진흥위원회Mobilier National 청사와 토목 박물관Musee des Travaux Publics 건물은 파리에서 가장 돋보이는 것이었다. 이 건물들은 프랑스의 고전 전통과 아주 밀접한 것으로, 그 안에는 교육진흥위원회 청사의 입구에 있는 '잠자는 사자' 쪽으로는 모든 것이 콘크리트로 만들어졌으며, 골재를 드러내 보이기 위해서 콘크리트를 거칠게 쪼아내었다.

젊은 세대들이 주축인 아방가르드 건축가들이 페레에게 성원을 보냈음에도, 관심은 상호적이지는 않았다. 그들 중에는 1912년에 페레의 설계 작업실에서 일을 했던 르 코르뷔제도 있었다. 젊은 건축가들의 작품에 대한 페레의 비평은 다른 어떤 것보다도 철근콘크리트의 사용에 집중되었다. 페레는 젊은 건축가들이 철근콘크리트 그 자체의 속성에 충분히 주의를 기울

파리, 폰티우가의 창고, 1906-7, 건축가 오귀스트 페레 설계
(철거되었음). 외부로 콘크리트 골조를 드러낸 페레의 최초 건물.

이지 않고, 콘크리트를 사용함으로써 얻어질 수도 있는 조형성 효과에만 지나치게 몰두한다고 비판했다. 1920년대 파리의 '현대 건축'은 바닥 면적이 넓다는 특징이 있었고, 전통적인 석공기술이나 콘크리트로, 때로는 두 가지 다 사용해서 지을 수 있었던 것들을 미장 마감과 페인트 칠로 처리하기도 했다. 페레는 구조의 표현성에 대한 무관심을 개탄했다. 페레의 동료 중 하나인 마르셀 마이어 Marcel Mayer는 **콘크리트 건축**을 완성하기 위해서 철근콘크리트로 짓는 것만으로는 충분하지 않다고 언급했다.[28] 젊은 건축가들이 자신들의 합성 구조를 감추려 할수록, 페레는 더욱더 그의 순수성을 알리려고 작정한 듯이 보였다. 노트르담 뒤 랭시가 건설된 이후에 그가 지은 건물의 구조는 날이 갈수록 알기 쉬워졌을 뿐만 아니라 그 건물들의 재료가 매우 분명하게 보였다. 물론 페레 자신의 초기 건물에서는 이런 원칙이 지켜지지 않았다. 프랭클린가의 25-2 건물은 장식 타일로 치장되었고, 샹젤리제 극장의 외관은 건물 내부 골조의 존재를 암시하는 정도였다. 그래서 자모와 도르모이는 이런 건물들을 깎아내리고 폰티우 가의 창고 건물을 추켜세우면서 페레 작품의 이야기를 바꿔놓았다. 두 비평가는 그 작품을 철근콘크리트 본연의 아름다움이 처음으로 드러나는 작품으로 평가했지만, 노트르담 뒤 랭시 건물은 노출된 콘크리트를 애초에 미완성을 의미하는 것으로 '**원시적** brut'이거나 '**벌거벗은** nu' 것이라고 했는데, 이제는 '**돋보인다**'거나 '**두드러진다**'라고 평가받고 있다.[29]

페레의 관심은 콘크리트를 '현대적인 것'보다는 '고상한 것'으로 정립하는 것이었다. 그래서 그는 돌과 콘크리트의 유사성을 강조했으며, 점점 더 원래 목조 구조에서 유래된 상인방 구조—기둥과 보—로 건축물을 설계했다. 페레가 점점 더 자신의 작품이 '현대 건축'으로 휩쓸려 가는 것을 피하기로 결심을 했음에도, 자신의 초기 건축에서 보았던 아치와 돔조차도 사라졌다. 그런데도 1930년대에 그 상황이 다소 바뀌었다. 프랑스의 아방가르드들은 현대성의 상징으로서 철근콘크리트를 버리고 철강재로 다시 돌아갔다. 르 코르뷔제의 1930년대 주요 건물들인 제네바Geneva의 메종 클라테Maison Clarté(1930)와 파리 도시 대학교에 있는 스위스 빌라Swiss Pavilion(1932) 건물들은 철강재로 지어졌고, 1930년대 파리의 상징적인 건물은 클리쉬Clichy에 있는 보댕Beaudouin과 프루베Prouvé가 철강 구조로 설계한 '민중의 집Maison du Peuple'(1939)이었다. 페레는 철근콘크리트 건물을 계속 건설해 나갔으나, 더 이상 현대적인 것으로서 전용되는 것에 반대하여 그것을 고집하려 들지 않았다. 프랑스의 맥락에서 보면, 콘크리트는 '현대적인 것'임을 멈추게 되었고, 마르세이유Marseilles에 있는 르 코르뷔제가 설계한 콘크리트 건물인 '공동주택-위니테 다비타시옹Unité d' Habitation'이 1946년에 건설되기 시작할 때까지도 오히려 다른 뜻을 내포하고 있었다. 그럼에도 이 건물을 감상하러 온 여러 나라의 젊은 건축가들은 이런 변화가 일어나고 있음을 알아차리지 못한 채 엉뚱하게도 그들이 보고 있는 것이 분명히 '현대적인 것'이었다고 생각했다.

1930년대 초기에 프랑스에서 콘크리트가 현대성을 독점적으로 드러내지 못했을지라도, 현대성과 콘크리트 간의 연관성이 더 오래 지속되는 것으로 드러난 곳에서는 그 연관성이 서서히 전개될 수도 있었지만, 현대성이 감춰지지는 않았다. 그렇지만 콘크리트를 '현대적인 것'이라고 부르기에는 늘 취약하고 의문의 여지가 있어서 지속적인 분위기 쇄신이 필요했다. 콘크리트 고유의 후진성은 시골 농부의 거친 솜씨로 만들어지는 진흙 작업에서 알 수 있듯이, 그 근원이 토속적인 것이며 결코 멀리 떨어져 있지 않고 언제든지 기술자나 숙련공으로부터 다시 살아날 수도 있다. 콘크리트는 교육받은 전문가가 가진 지식으로서 시멘트의 화학 이론과 응력의 이론적 이해를 바탕으로 하는 발전된 기술의 모습을 보이고 있지만, 철근콘크리트는 또한 동시에 세계 여러 곳에서 이론적 지식이 전혀 없는 사람들도 할 수 있고, 하고 있는 단순한 공정이기도 하다. 한 사람이 콘크리트 믹서와 손수레만 가지고도 나름대로 현대적인 구조물을 지어낼 수 있다. 엔느비크는 '철근콘크리트는 작은 수단으로 큰 일을 해내는 예술이다.'라고 주장했다.[30] 콘크리트는 자가 시공자에게는 아주 편하게 다룰 수 있는 재료이기 때문에, 우리가 '고급' 재료를 취급하고 있다는 생각을 지켜내기가 어렵다. 그 대신 우리가 가지고 있는 것은 가장 제한된 기능만 가지고 있는 많은 사람들에게 튼튼하고 내구성 있는 구조물을 건설할 수 있는 힘을 실어주었던 복잡하지 않은 건설 공정이다. 그러나 이런 건설 공정 때문에 콘크리트가 '현대적인 것'이라고 주장할 만한지는 의심해볼 일이다. 전 세계에서 사용되고 있는 대부분의 콘크리트는 '새롭다'거나 '현대적'이라고 부를 수 없는 방식으로 가장 평범하고 하위 단계의 건설업자들에 의해서 소비되고 있다. 세계 도처에 있는 빈민촌이나 남미, 지중해 주변에는 철근콘크리트로 지어진 단순한 뼈대 구조물들이 있다. 이런 구조물과 현대성과의 관계를 볼 때, 산업 조직의 독특한 형태로서, 그리고 노동관계의 형태로서 그것을 이해하려 한다면 분명 현대성을 의심해볼 만하다. 어느 정도로는 1915년에 특허를 받으려고 시도했으나 실패했던, 단순한 기둥과 보로 이루어진 구조 시스템인 르 코르뷔제의 '도미노' 양식이 곳곳에 적용되기도 했다. 그러나 열린 부분이 유공 벽돌로 또는 큰 벽돌공사로 채워지면, 이런 구조물은 토착적인 것의 일부가 된다. 언뜻 보기에 전통적인 것으로 보이는 이런 건물들은 '원시적인' 틀에 끼워진 현대적인 과거를 꿈꾸고 있다. 이런 건물들의 상당수가 반영구적인 미완성 상태로 남아 있으면서 그 건물들의 목가적 풍경을 더해주고 있다. 건물의 융자나 담보가 허용되지 않는 세계 여러 곳에서 건물공사는 소유주가 집행할 수 있는 자금이 허락하는 만큼 진행될 뿐이다. 몇 년 동안 또는 10년까지도 공사가 연장되기도 한다. 이것과 콘크리트 기둥과 슬래브 형식의 건물 공사가 미완성 상태로 남게 되어 그 건물의 일부를 사람들이 점유하게 되면, 그 구조물의 고풍스러움 *archaism*을 높여줄 뿐이다. 미완성 건물에 대해 재산세를 면제하는 규정이 있는 곳에서는 영구적으로 미완성 상태로 남게 된다. 남미나 지중해 동쪽에서는 아주 흔한 것으로, 마무리가 다 된 것처럼 보이는 건물의 지붕 외곽선에 철근을 돌출시킨다는 것은 고전적 건축의 트리글리프, 목재 보 단부의 장식, 아마도 목조 건물에서 유래된 듯한 그레코 로만 건축의 유적과 같은 것으로 보이지만, 돌출시킨 철근은 과거의 상징이 아닌, 아마도 결코 이르지 못할 미래의 상징이다. 그런 것들을 멕시코에서는 '희망의 성 *Castles of hope*'이라고 한다.

20세기 초반부터 서유럽의 건축가들은 '비전문가들'도 건축가로서의 꿈을 실현하게 하는 아주 똑같은 기술적 수단을 사용하면서도, 전문적인 교육을 받은 건축가나 기술자에 의존하지 않는 시공 방식으로서, 콘크리트의 이러한 토속적 쓰임새에 매료되었다. 비엔나에서 학창시절에 다양한 토속적 건축물을 연구한 바 있는 건축가 버나드 루도프스키[Bernard Rudofsky (1910-1987)]는 자신의 저서 『건축가 없는 건축 *Architecture without Architects*』(1965)과 전시회로 말년에 명성을 날린 이로서 1929년에 그리스의 테라[Thera] 섬에 머물면서 1931년에 박사학위 논문인 「그리스 키클라스 제도의 토속적 콘크리트 건설 공사 *The Primitive Concrete Construction of the Greek Cyclades*」를 발표한 바 있다.[31] 루도프스키가 지중해 연안 지방의 토착 건축 양식에 매료되었던 것은, 그가 브라질로 이사 가기 전인 1932년에서 1938년까지 그가 살았던 1930년대의 이탈리아에서도 있었던 유사한 관심거리와 같은 것이었다. 루도프스키는 건축가 루이지 코센자[Luigi Cosenza]와 함께 나폴리에서 작업을 했으며, 이들과 함께 역사학자 로베르토 파네[Roberto Pane]는 남

팔레오호라. 크레타 섬. 시공 중인 주거용 콘크리트 건물.

부 이탈리아의 농가 주택을 연구했다. 나폴리 그룹의 관심은 「카사벨라 *Casabella*」의 편집자인 쥬세페 파가노^{Giuseppppe Pagano}와 1936년 밀라노 트리엔날레^{Milan Triennale}에서 '이탈리아의 농촌 건축 *Archiitettura rurale italiana*' 전시회를 함께 개최했던 과니에로 다니엘^{Guarniero Daniel}을 중심으로 한 밀라노 건축가 그룹의 관심과 유사함을 보였다. 두 그룹은 전통 주택을 전위적인 것에 반대되는 것으로 보는 게 아니라, 넓게는 그들에게 동조했지만 오히려 형식주의를 벗어난 새로운 화법을 구성하는 방식으로서 보았다.[32] 1938년에 완성된 마리오 리돌피^{Mario Ridolfi}의 『건축 매뉴얼 *Manuale dell'Architetto*』에서도 똑같은 견해가 나타났다. 그 책자는 건축가와 시공자의 편익을 위해서 전통 건축양식을 규정집으로 만든 것이었다. 1946년까지도 출판이 안 되었다가 이탈리아 재건 시기에 많이 이용되었다. 최근 판에는 원전에 분명히 있었던 장인적 모습은 빠져 있는데, 이 전체 일화에서 우리가 알 수 있는 것은 새로운 건축의 발전을 위해서 한때는 '원시적인'(교육받지 않은 인부에 의존해서) 동시에 '현대적인' 것(재료 사용에서)이었던 익명의 건물을 지었던 대도시의 한 엘리트에 의해서 옛것을 되살린다는 것이다.[33] 프랑스의 비평가 쟝 바도비치 ^{Jean Badovici}가 1926년에 '시멘트는 기본 진리로 회귀를 강요하고 있다.'고 주장하면서[34] 문화적 비만 상태에서 건축을 분리하는 방식을 제시했다. 루도프스키, 코센자, 파가노, 리돌피 같은 사람들은 그야말로 이런 방식을 취했고, 그들이 본 대로 지중해의 전통 주택에서 건축의 쇄신을 위한 근거를 모색했다.

시멘트 작업과 콘크리트 작업이 비교적 용이하다는 점과 전문가를 필요로 하지 않는다는 점은 콘크리트가 늘 '국외자—비전문가'에게도 매력적이고, 혼자서 작업하든지 그들을 따르는 사람들의 노동력을 이용하든지, 개인의 비전을 실현시킬 수 있도록 한다는 것을 의미한다. 이런 사례에 최초로 뛰어났던 사람은 프랑스의 드롬^{Drôme}시 관할에 있는 오트리브^{Hauterives}의 우체부인 페르디낭 슈발^{Ferdinand Cheval}이었다. 그는 담당 구역에서 발견한 천연 암석의 아름다움에 반하여, 1879년 인류 문명에 특별한 기념물이 된 상상의 궁전 팔레 이데알^{Palais Idéal} 작품 제작에 착수했다. 1912년까지 33년 동안 그는 그 기념물에 사로잡혀 있었고, 그 일 때문에 재정적으로 지출한 것은 오로지 그가 구매했던 3,500포대의 시멘트 비용뿐이었다.[35] 1921년부터 1945년까지 로스 엔젤레스^{Los Angeles}의 왓츠 타워^{Watts Towers}를 세웠던 사이먼 로디아^{Simon Rodia}도 또한 자가 시공자였다. 그의 기념비적인 작품은 철근콘크리트로 된 것이었다. 이들 중 아무도 철근콘크

팔레 이테알, 오트리브, 드롬, 프랑스,
1879–1912,
우체부인 페르디낭 슈발이 거의 혼자
서 콘크리트 장식물을 만들었다.

리트를 기술적으로 사용하지 않았고, 영국의 초현실주의자 에드워드 제임스Edward James의 '에덴의 정원'은 좀 더 최신의 기이한 작품으로 36개의 콘크리트 장식 건물로 된 것이며, 철근콘크리트를 사용하여 1949년부터 1984년까지 지어졌다. 시멘트 콘크리트 산업계에서 볼 때, 이런 '국외자'들의 작품은 은근히 당혹스러웠다. 한 개인의 집착과 이런 콘크리트 작품들의 원시성은 아무런 기술적 혁신을 보여주지도 않으면서 콘크리트 산업이 알리고자 싶어 하는 '선진적' 이미지에 늘 잠재적으로 해를 끼치는 것처럼 보였다.

자가 시공에 관한 한, 장식용 건물이 아니라 목적을 가진 건물에 대해서 콘크리트는 어느 곳에서나 대체 수단으로는 매력적이었다. 1921년부터 1922년에 루돌프 쉰들러Rudolf Schindler는 로스 엔젤레스에 자신과 자신의 가족을 위한 킹 로드 스튜디오King Road studio 주택을 지을 때, 그의 콘크리트 선택은 확실히 특이했다. 레이너 밴험이 지적한 바와 같이, '유럽에서 현대성의 상징적 징표인 콘크리트는 남부 캘리포니아에서는 그저 지하자원이거나 특이한 것일 뿐이었다.'[36] 이런 독특한 주택을 건조하는 데 적용된 경사 슬래브(밴험은 1930년에 르 코르뷔제의 빌라 사보이Villa Savoye가 지어지기 전까지, 그 주택건물은 어느 누구가 어느 곳에서 이루었던 근대건축 중에서도 가장 단순하면서도 최고의 걸작이었다고 생각했다)는 평평한 지면에서 제작되고 경사지게 세워서 유약을 바른 벽들 사이에 조그만 틈을 둔 채 세워졌다. 자가 시공이 아니었음에도 값이 싸고 보통의 솜씨로 이루어진 작업이었다. 그 주택에 딸린 옥외실이 주는 효과는 쉰들러 가족과 체이스 가족이 캘리포니아의 사막에서 야영했을 때 사용했던 텐트와 크게 다른 것은 아니었다(쉰들러의 의도대로).

이런 건물들과 그 밖의 많은 다른 사례들, 그리고 '국외자들'의 작품들에서 콘크리트의 사용 사례는 20세기의 콘크리트의 이중적 역사라는 이유로 주목을 끌고 있다. 한 가지는 기술적으로 세련된 쉘 구조, 프리스트레싱, 길어진 경간 같은 기술적인 것의 개발이며, 동시에 다른 한 가지는, 어떤 경우에서는 시공의 조잡함, 원시적인 것으로 회귀성, 그리고 아마도 진흙 속에 있는 듯한 건축물의 원시적 근원성을 연상시키는 조악한 품질 같은 것들이다. 현대적이면서 후진적인 콘크리트의 이중적 양상은 특히 철근콘크리트를 **만드는** 데에서 드러난다. 철근콘크리트 구성 요소인 철근과 시멘트는 공장에서 생산되지만 그것들이 모래와 골재, 그리고 물과 함께 비벼지는 방식은 그 자체가 공장의 공정은 아니다. 그렇지만 아주 깨끗하게 하얀 작

건축가 친구들인 피터 골드핑거, 샘 스티븐스, 조오지 햄버거, 토니 헌트, 데스몬드 헨리, 앤 하담이 존 윈터의 자택 지붕 슬래브 콘크리트 타설 작업을 하고 있다. 런던의 리갈 레인, 1959.

업복을 입은 많은 인부들이 콘크리트를 비비고 타설하는 작업에 임하고 있다. 그 작업 자체가 수작업이고, 인간의 근력에 의존하는 노동 집약적 작업이다. 거푸집 제작, 철근 배치, 콘크리트 배합, 타설, 진동 다짐, 거푸집 제거작업처럼 작업자의 솜씨와 판단에 좌우되는 하나하나의 수작업 공정이며, 작업의 결과는 바로 콘크리트의 품질로 드러난다. 콘크리트의 불리한 점은 콘크리트의 주 경쟁 상대인 철강재에 비해 훨씬 더 심한 정도로, 노동력과 다양한 기능 분야에 크게 의존한다는 점이다. 조립부재 공법prefabrication을 채택함으로써 수작업 노동에 의존하는 정도가 줄었고, 이런 까닭에 조립부재 공법이 1950년대와 1960년대에 서유럽과 소련에서는 적극적으로 추진되었지만, 철근콘크리트 공사의 노동집약적인 모습이 결코 완전히 제거되지 못하고 있다. 노출콘크리트인 경우, 거푸집은 건물의 외관에 절대적이고 결정적인 영향을 주며, 바로 그 건물이 어떻게 지어지고 있는가를 보여주는 것이다. 스위스 건축가인 앙드레아 드플라지Andrea Deplazes는 '건물의 성격은 거푸집의 질에 달려 있기 때문에, 그래서 고풍스럽거나 추상적인 경향이 있다.'라고 주장했다.[37] 그는 루돌프 올기아티Rudolf Olgiati의 올맨 하우스Alleman House에서 드러난 퇴적암과 같은 효과를 안도 타다오Tadao Ando 작품의 세라믹 같은 취성과 대비시켰다.

건축에 대해, 그리고 대중문화에 대해, '현대적인 것'과 '비현대적인 것'으로서 철근콘크리트의 이중성이 의미하는 것이 과연 무엇인가? 건축에서 우리가 보고 있는 패턴은 '현대적인 것' 또는 드물게 '비현대적인 것'을 나타내기 위해 콘크리트의 적용 간에 드러나는 하나의 교대 현상이다. 콘크리트의 현대성과 비현대성이 동시에 나타난 경우를 찾아내기란 흔치 않다. 겉보기에는 모순적이고 분명히 훨씬 더 어려운 작업이지만, 때로는 이런 작품들이 가장 가치 있는 것으로 드러나기도 한다.

철근콘크리트의 현대성은 건축학적으로 다양한 방식으로 표현되었고, 이 중에서 근원적이고 가장 일반적인 것은 일체주의monolithism이다. 이전의 모든 시공법에 비해서 시공 절차가 부품의 조립으로만 이루어졌던 현장에서 철근콘크리트는 건물을 생산해내었고, 그 건물에는 부품들이 전혀 없었다. 벽체, 바닥, 기둥, 보들은 하나의 연속 구조물을 형성했고, 하중과 지지점간의 전통적 구분을 하나로 뭉쳐버리게 했다. 세기가 바뀔 즈음에 어느 기술자는 철근콘크리트 건물에서 '벽체는 다만 끝에 서 있는 바닥일 뿐이다.'라고 언급했다.[38] 조립 원리에 따라 운용되는 철강구조 공사는 기하학적 평형상태를 이루기 위해서 각각의 부재는 분명한 구조적

바젤 부근의 도나흐 지역의 괴테기념관, 1924-8, 루돌프 쉬타이너 설계. 일체성은 보이나 현대적이지 않다.

목적을 달성해야 하지만, 이와 달리 철근콘크리트로 이루어진 각 부재는 구조물 전체에 퍼져 있는 힘이 이루는 그물망의 일부가 된다. 철근콘크리트로 된 일체성에 관한 초기의 건축적 표현양식은 독일에서 있었다. 1914년 이전 독일에서는 수많은 대형 공공건물의 내부는 노출콘크리트구조로 지어졌다. 그 중 뛰어난 것은 브레슬라우Breslau(현재는 폴란드의 브로츠와프Wroclaw)에 1913년에 세워진 백주년 기념관Centennial Hall이지만, 아주 뛰어난 것으로 보이는 시장 건물들도 상당히 많았다. 오귀스트 페레가 '여타의 모든 재료가 배제되었을 때, 콘크리트를 제대로 사용하고 어쨌든 그 어떤 재료로도 미장되지 않은 건설공사만이 철근콘크리트이다.'라고 주장한 바와 같이, 일체주의도 한 가지 재료가 건물의 모든 부분에 사용되어야 한다는 원칙을 내세웠다.[39] 페레에게는 우리가 보아왔던 대로 이런 원칙이 하나의 자긍심이 되었다.

일체주의가 철근콘크리트의 가장 독특한 구조적 특성일지라도, 그러한 점이 콘크리트를 반드시 현대적인 것으로 인정해주지는 않으며, 또는 적어도 속도, 역동성, 에너지들과 연관된 현대성의 견해와는 맞지 않는다. 바젤Basel 부근의 도나흐Dornach에 있는 루돌프 슈타이너 Rudolf Steiner의 쾨테아눔Goetheanum은 물론 일체주의에 따라 지어진 것이지만, 미래파의 감각에서는 결코 '현대적인 것'이 아니었다. 콘크리트를 수단으로 하여 현대 생활의 역동성에 주목을 끌고 싶었던 건축가에게 아주 매력적인 것은 캔틸레버 구조를 활용하는 것이었다. 1920년대 초반부터, 캔틸레버는 도처에 등장했고 구조물의 수평성을 촉진시켰으며, 현대 건축과는 이미 밀접한 관계가 있었다. 지지점 형태를 가림으로써 캔틸레버는 하중과 지지점 간의 전통적인 관계가 와해되었고 구조물이 힘의 전달 경로를 드러내야 한다는 생각에 더 이상 묶일 필요가 없다는 점을 인식시켰다. 1940년대까지도 캔틸레버의 유행은 두 차례의 세계대전 동안 얇은 쉘 구조와 프리스트레싱이라는 콘크리트의 기술발전으로 대체되기 시작했다. 1945년 이후 대형 쉘 구조물은 때로는 특이한 모양으로 큰 체적을 유지하면서, 특히 장대 보와 결합되어 프리스트레싱으로 가능해졌을 때, 현대적인 것의 뚜렷한 상징이 되었다. 1948년 건축설계회사 Architects Co-Partnership이 설계한 남부 웨일즈Wales의 브린마우어Brynmawr에 있는 공장에서 이런 구조를 볼 수 있다. 미국에서 에로 사리넨Eero Saarinen이 설계한 쉘 구조 시리즈 중 가장 뛰어난 것은 MIT에 세워진 크레스지 강당Kresge Auditorium(1952-6), JFK 공항의 TWA 터미널 건물(1956-62)들이다.

한편, 콘크리트의 비현대적 특성은 재료의 사용 방식, 작품 *facture*의 규모와 흔적, 중량 면에서 가장 두드러지게 나타났다. 슈타이너의 괴테기념관은 큰 규모에 일체로 된 것으로서 현대적인 것만큼 비현대적인 것이었다. 프랑스의 건축가 토니 가르니에Tony Garnier는 제1차 세계대전이 일어나기 전 몇 년에 걸쳐 산텔리아의 신도시 *Sant'Elia's Città Nuova*와는 대조적인 산업 도시 *Cité Industrielle*에 대한 설계도를 완성했다. 그 설계도에서 사회적 프로그램은 매우 발전된 것이었고 이상향이었지만, 건축물은 전적으로 콘크리트로 되었음에도 그다지 뚜렷이 진보적인 것은 아니었다. 주택들의 벽체는 두꺼웠고 평평한 지붕에 보통의 창문, 그리고 중량감과 견

라 콘지운타, 지오르니코, 스위스, 1992, 페터 메르클리 설계. 전원풍의 조각 전시관, 농가 건물과 차별성이 없다.

고함에서 미래파 도시라기보다는 지중해 연안의 전통 가옥과 유사한 점이 더 많았다. 1950년 대까지도, 예전에는 철근콘크리트를 합성된 '현대적인' 재료로 간주했던 르 코르뷔제는 콘크리트를 '석재, 목재 또는 테라코타와 같은 동급의 재료'로 보기 시작했으며, 마르세이유에 있는 위니테 다비타시옹과 분명히 '남부적이고 촌스러운' 메종 자울 *Maisons Jaoul*과 같은 작품에서 그런 경향이 뚜렷했다.[40] 아주 최근에는 콘크리트의 좀 더 '원시적인' 사용법에 관심이 커져가고 있다. 콘크리트의 중량, 밀도와 체적은 포스트 모더니즘에서 보이고 있는, 종이처럼 얇은 표피 효과와 더불어 근대파 건축물의 중력에 맞서는 특성에 대한 대안이었다. 콘크리트의 후진성을 활용한 좋은 예는 스위스 건축가 페터 메르클리 ^Peter Märkli 의 작품 안에 들어 있다. 포스트 모더니즘에 대항하는 반응으로 트루바크^{Trubbach}에 그가 지은 특히 덩치가 큰 콘크리트 공사로 이루어진 두 채의 집은, 그가 말한 대로 그 업계에 발을 들여놓기 시작한 '원시적인 방식'이었다. 지오르니코 ^{Giornico}의 라 콘지운타^{La Congiunta}(1992)에 세워진 것으로, 조각가 한스 조셉슨 ^{Hans Josephsohn}을 위한 그의 전원풍의 전시관인데, 시공에서 극도로 거칠다는 것이, 농가의 전통 가옥에서 회생된 것처럼, 어쩌면 거칠게 지어진 장인의 구조물을 연상시키고 있다.[41]

여하튼, 콘크리트의 '사실성'에 가장 가까우면서 현대적인 것과 비현대적인 것을 동시에 나타내는 작품에 관한 것이라면, 그런 사례는 흔치 않다. 1946년부터 1952년에 마르세이유에 지어진 르 코르뷔제의 위니테 다비타시옹은 이런 의미로 보일 수도 있을 것이다. 하나의 공사로서, 이 건물은 르 코르뷔제의 이상 도시인 '빛나는 도시^{Ville Radieuse}'의 일부이며, 완전히 새로운 양식의 복층 아파트와 다양한 위락시설들을 갖춘 것으로서, 철저히 현대적이다. 르 코르뷔제는 우리가 알고 있는 바와 같이, 그때까지만 해도 위니테를 프랑스에서는 훨씬 더 현대적 재료인 철강재로 지으려고 계획했으나, 전쟁 후 물자가 부족했기 때문에 그의 기술자인 블라드

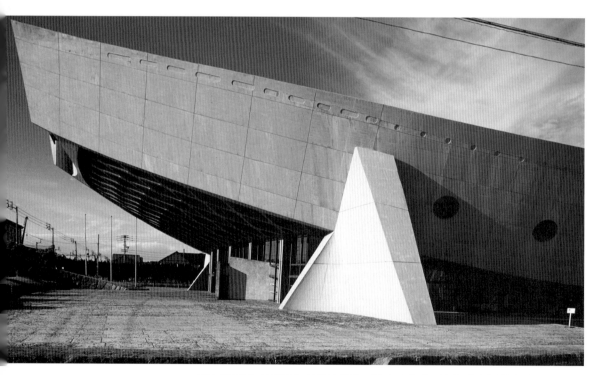

일본 타카마쓰 시 체육관. 1965년 준공. 건축가 단게 겐조 설계. 의기양양함과 과거로 회귀성.

미르 보딘스키 Vladimir Bodiansky가 마지막 순간에 철근콘크리트 구조로 변경했다. 르 코르뷔제와 보딘스키는 이것을 장점으로 바꾸어 놓았다. 위니테에 콘크리트를 사용한다는 것은 후진적인 것이며 최신 개발 재료를 활용하지 못했다는 지적을 받아왔다. 예를 들면, 르 코르뷔제가 나중에 라 뚜레뜨 La Tourette 수도원 건물에 적용한 프리스트레싱 공법 같은 것도 없었다. 또한 건물의 설계도 육중함을 과장하고 있다. 필로티가 지나치게 육중하고, 겉으로 보기에도 건물의 주하중을 지탱하지도 않는다. 실제로 이 하중은 필로티 위에 두 개의 길이방향 보로 지지되고 있다. 르 코르뷔제가 설명한 대로 그 결과는 '조잡함과 기교, 따분함과 강렬함, 정교함과 우연함 간의 연극'이거나, 다른 말로는 현대적인 것과 비현대적인 것의 중간 정도인 특성을 보인 것이다. 이런 특성은 그의 후기 작품인 하버드대학교의 카펜터 센터 Carpenter Center에서는 사라졌다. 알려진 바에 의하면, 그는 그것이 '지나치게 곱게 마무리되었다고' 불평했다고 한다.[42]

그러나 르 코르뷔제를 추종하는 일본 건축가들의 작품에서 현대성과 비현대성의 이중성이 두드러지게 나타났다. 4장에서 알 수 있듯이, 타카마쓰에 있는 단게 겐조의 카가와현 청사(1955-8) 또한 '여러 나라의 national' 콘크리트에 관한 논쟁에 올라 있음에도, 건물의 명백한 구조적 여용성을 통하여 전-근대적 과거와 연결점이 있다. 보가 지나치게 많고 필요 이상으로 장선구조도 많다. 마찬가지로 타카마쓰에 있는 단게의 체육관은 의기양양함이 지나칠 정도이어서 서유럽에서 '발전된' 대다수의 근대주의 모델에서 볼 수 있는 절제 특성과 구속감과는 동떨어져 있다.

부분적으로 일본의 사례에 영감을 받아서, 서유럽의 건축가들도 1960년대

브리온 묘역, 알티볼레, 트레비조, 1969–78, 건축가 카를로 스카르파 작. 콘크리트 미닫이 문.

초기까지도 콘크리트의 현대성에 등을 돌리기 시작했고 좀 더 원시적인 처리방식으로 회귀하고 싶어 하는 징조를 보이고 있었다. 미국의 건축가인 폴 루돌프Paul Rudolph는 미국의 콘크리트 건설업자들은 자신들의 공사에 '얇은 금속 같은 품질'을 보여줌으로써 정밀시공에 지나치게 자부심을 보인다고 불평했다. 그 대신에 그는 '콘크리트는 진흙이다. 진흙에 맞서는 게 아니고 콘크리트로 작업한다. 나는 진흙을 좋아한다.'라고 주장했다.[43] 루돌프가 설계한 최초의 노출콘크리트 건물인 뉴 헤이븐New Haven에 있는 템플 스트리트Temple Street 주차 건물(1958-63)은 그의 이전 건물에 쓰인 부드러운 프리캐스트 콘크리트 공사에서 분명히 탈피한 것이었다. 현대적인 것과 전근대적인 것의 접점은 아마도 루돌프와 동시대 사람인 루이스 칸Louis Kahn의 작품에서 가장 뚜렷하다. 칸의 건축은 잘 알려진 바와 같이, 전반적으로 고대 로마 건축을 참조한 것이며, 그는 여러 시대에 걸쳐서 로마 건축양식을 건축물에 도입하여 지속적으로 사용했던 방식을 특히 좋아했다. 구조 시스템과 콘크리트 마무리에 대해 칸이 기울인 관심을 보면, 그의 건축물은 철저히 근대적이지만 구조물이 본래 주어졌던 용도와는 무관한 것으로 존재하는 듯 보이는 방식에는 고전적이다. 이런 면은 캘리포니아의 샌 디에고에 있는 소오크 연구소Salk Institute에서 분명히 드러난다. 이런 일이 콘크리트와는 무관하다고 말할 수도 있을 텐데 벽돌로 얻을 수도 있었던 것과 똑같은 효과로, 내부 시설물들은 일시적인 데에 비해 기본 구조물은 콘크리트의 일체성 때문에 외관상 영구적인 것으로 보인다.

콘크리트가 '과학적인' 지식과 실험에서 얻어진 것이지만, 특히 시멘트의 발전과정에서 그러하듯이, 아직도 누구에게나 실험할 기회를 주고 있다는 점에서 콘크리트는 건축가들에게 뭔가 독특한 것을 제시하고 있다. 철근콘크리트가 원래 건설 현장에서 시행착오 끝에 생겼듯이, 오늘날에도 참신하고 독창적인 결과를 내놓기 위해서 과학적인 실험 수단을 반드시 필요로 하지는 않는다. 알티볼레Altivole의 브리온Brion 묘역에서 일했던 카를로 스카르파Carlo Scarpa의 전직 보조원 중의 한 사람이 그들이 콘크리트로 대문을 어찌어찌 만들었는데, 너무 무거워서 옮길 수 없었다는 것을 알게 되었다고 말해주었다. 그 당시, 어느 날 저녁에 일이 끝난 후 술집 밖에 함께 앉아 있었는데, 술집 주위의 화분에서 가벼운 다공질 재료 입자를 보고 이것을 골재로 사용해야겠다는 아이디어가 떠올랐다. 기곤 가이어Gigon Guyer가 콘크리트에 구리나 주철을 넣는 실험은 마찬가지로 화학 박사의 지식이 꼭 필요하지 않는 단순한 응용일 뿐이다. 건축에서 재료 획득에 가장 혁신적인 것은 건물과는 정상적으로는 무관한 현장에서 재료를 구해서, 예를 들면 잠수복의 고무 재단, 조선소의 코르틴^{Cor-Ten} 철강재 같은 것들을 건물에 사용한다는 점이다. 그럼에도 콘크리트로는 건축가가 자신이 스스로 연금술사가 되어, 전혀 새로운 물질을 만들어낼 수 있는 기회가 아직도 있다. 이것이 원시적인 것일 수도 있지만 이런 특성에 콘크리트 매력의 한 부분이 있다.

이제 일반적인 문화에 관한 문제에 주목해보자. 현대적인가 현대적이지 않은가라는 콘크리트의 이중적인 역사의 의미는 과연 무엇인가? 콘크리트는 혁신보다는 이용이 더 중요하다는 과학기술의 한 예이다. 기술적인 발명을 바탕으로 하는 철근콘크리트의 역사는 우리에게 많은 것을 말해주지 않는 듯하다. 언급된 것들을 보면, 철근, 프리스트레싱, 유리섬유 보강재, 쉘 공법과 같이 간단한 것들이다. 중요한 것은 이런 발명품들이 언제, 어떻게, 어디서 생겼는가가 아니라 그것을 어떻게 사용해왔느냐이다. 데이비드 에져톤^{David Edgerton}은 그의 저서 『구식의 충격 *The Shock of the Old*』에서 가장 발전된 기술이 가장 큰 사회적 영향을 끼치는 것은 늘 아니라고 주장하고 있다. 약리학적으로 경이로운 발명품인 경구피임약은, 그보다 앞서 발명된 기술적으로 세련되지 못한 콘돔보다도 중요하게 여겨지지 않고 있으며, 1960년 후반부터는 자동차보다도 자전거가 전 세계적으로 더 많이 생산되고 있다.[44] 전 세계적으로 철근콘크리트는 '빈곤의 새로운 기술' 중의 하나이다. 전체 소비량을 볼 때, 빈곤 국가에서 자가 시공으로 사용되는 콘크리트 양은 다른 곳에서 사용되는 양보다 훨씬 많다. 이 세상의 가난한 판자촌에서는 혁신적이라기보다는 아주 독창적으로 콘크리트를 사용하고 있다. 콘크리트 기술이 새롭다거나 비교적 오래된 개발품이라는 것은 서로 무관하다. 중요한 것은 적은 양의 철근콘크리트도 오랫동안 지속되도록 하는 방식이다. 노련한 기술자도 리우 데 자네이로^{Rio de Janeiro}의 빈민가 파빌라스 *favelas*의 건설 현장에서 채택하고 있는 경제적인 방법에 놀라기도 한다. 남미의 어느 곳에서나 콘크리트를 만드는 일은 집안 일로 여기고 있다. 상 파울로^{São Paulo}에서는 '무티로스 *mutirões*'라고 하는 자가 시공 협동조합이 상당한 수의 저소득층 주택을 건설하고 있다. 노동력의 대부분은 여자들인데, 이들은 일주일 내내 프리캐스트 콘크리트 부재를 만들어내고 일할 사람이 충분할 때는 주말에 건물공사장에서 이 부재들을 조립한다.[45] 철근콘크리트는 이런 형태의 미숙련 작업에도 적합하며, 이런 상황에서 철근콘크리트를 만드는 일은 발전된 기술 또는 산업화 과정이라는 의미에서 '현대적'이지 않다. 이런 의미로 보았을 때, 철근콘크리트를 '현대적인 것' 또는 '비현대적인 것'으로 구분하는 것은 그다지 적절하지 않다. '빈곤의 새로운 과학기술'의 하나로서 콘크리트는 어느 범주에도 속하지 않는다.

유사한 논쟁으로, 예를 들면 '플라스틱'과 같이 여타의 '새로운' 기술로 만들어진 것인데, 가난한 나라에서 상수도와 저수조에 플라스틱을 사용하는 것이 원래의 발명자는 전혀 상상도 못했던 것이고 인간 가치 면에서도 서유럽에서 플라스틱의 용도보다 더 낫다. 그러나 플라스틱과 철근콘크리트 간의 차이점은 철근콘크리트는 사람들이 스스로 만든다는 것이다.

개발된 세계의 관점에서 철근콘크리트를 못마땅하게 보는 이유 중 하나는 정확히는 멕시코 시티Mexico City나 뭄바이Mumbai의 빈민가와 관련된 것으로서 콘크리트가 보여주는 빈곤성이라는 것이다. 그렇다 할지라도, 전 세계적인 콘크리트 사용에 관한 논의에서 주목을 끄는 점은 콘크리트를 '현대적인 것'이라거나 '비현대적인 것'으로 분류하는 부적절함이다. 콘크리트가 어느 한 곳 또는 다른 곳에 분명하게 자리 잡기를 거부해서 그 범주에서 벗어나는 것이 아니라, 우리가 관습적으로 세상을 이해하는 분류 체계에 콘크리트가 들어맞지 않다는 것이다. 바로 이 점이 개발된 세계 안에서는 의심 없이 혐오감을 가지고 바라보는 원인 중 하나이다. 콘크리트의 신비한 특성—부정성 不定性이 우리 스스로의 체계적 믿음을 위협하고, 그 이상으로 콘크리트가 저개발국에서 사용되는 방식을 보면, 콘크리트를 '현대적인 것'인가 아니면 '비현대적인 것'인가로 구분하는 것은 적절하지 않다. 오웰이 그려놓은 분류틀은 당연히 아무런 관련이 없다. 이런 일들로 인해 사람들로 하여금 왜 그토록 많은 사람들이 20세기의 오랜 시간 동안에 그것을 신봉하기를 고집해왔는지, 그리고 왜 건축가, 기술자, 콘크리트 공급자, 시공업자들이 애를 써가며 그것을 유지하고 나타내려고 했는지 궁금할 뿐이다. 우리가 오웰의 분류법을 무시했더라면, 그리고 콘크리트가 현대성이라는 장식을 걸친 것 같은 콘크리트의 영험한 성질을 잃게 되었더라면, 어떠한 본연의 상태로, 즉 적극적으로 비현대적인 상태로 후퇴한다는 것이 아니라 또 다른 물질로서 단순히 '재료'가 되었다면, 20세기 건축가를 그토록 사로잡았던 콘크리트를 둘러싼 담론의 대부분은 사라졌을 것이다. 그런데 이런 일이 일어나지 않고 있다는 점은 그것을 나타내는 충분한 수단을 찾으려는 간접적 필요와 더불어, 시멘트와 콘크리트 산업이 콘크리트의 현대성을 도모하는 데 쏟아부은 에너지, 그리고 서유럽의 건축가들이 20세기 건축에 대한 교훈으로서 '현대적인 것'을 수용했다는 겸손함 때문이라 할 수 있다. 미래에 대한 의문은 콘크리트에서 '현대성'이라는 꼬리표를 떼어낼 수 있을까라는 점이다.

조 레너드 작, 무제, 2002, C-print 37.8 x 50.8cm.

둘

자연적인가 비자연적인가
NATURAL
OR
UNNATURAL

콘크리트는 자연적인 것이 아니다. 그러나 이 말이 콘크리트가 자연적이지 않다는 것은 아니다. 그것이 자연적이지 않음은 그것의 장점이자 동시에 단점이다. 그것의 장점은 특히 철근으로 보강되면 합성재료로서 어떠한 자연발생적 재료로는 감당할 수 없을 것 같은 일들을 해낼 수 있다는 점이다. 그것은 자연(중력, 바다, 기후)에 저항하는 능력이 있으며 다른 어떠한 재료보다도 우리에게 엄청나게 큰, 자연을 지배하는 힘을 주고 있다. 그럼에도 콘크리트는 자연으로부터 사람들을 단절시키거나 자연을 말살한다는 것으로 인식되기도 하지만, 그것의 단점은 이른바 '천연' 재료에서 찾아볼 수 있는 속성들이 콘크리트에는 알아챌 만큼 결핍되어 있다는 점에 있다. '콘크리트로 덮어버린다'는 것은 자연의 모든 흔적을 지운다는 것이다. 자연에 저항한다는 능력이 유익하다고 할지라도, 그 능력은 콘크리트의 평판을 올리는 것만큼 가치를 떨어뜨리기도 했다.

모든 단순한 분류처럼, 콘크리트를 비자연적인 것 또는 인공적인 것이라고 일컫는 것은 언뜻 보기와는 달리 훨씬 더 복잡하다. 시멘트는 골재와 철강재를 함께 들러붙게 하는 콘크리트의 활성 성분으로서, 높은 온도에서 석회와 진흙을 함께 가열하여 만들어진 인공 제품이지만 자연적으로 생기는 시멘트도 있다. 그 중 가장 잘 알려진 것이 포졸란인데, 로마인들이 친숙하게 잘 이용했다. 모래, 자갈, 그리고 물과 함께 시멘트를 비비는 콘크리트 제조공정은 대개는 인력으로 이루어지지만, 콘크리트는 또한 지질학적으로 생기기도 한다. 자연적으로 생기는 콘크리트 퇴적물이 캘리포니아의 포인트 로보스^{Point Lobos}처럼 세계 여러 곳에서 발견되고 있고, 그 결과로 생긴 화합물은 널리 채석되어 건축자재로 쓰이고 있다.[1]

지질학적 증거가 있음에도, 일반적인 견해는 콘크리트는 천연재료가 아니라는 것이며, 어떤 의미로는 콘크리트를 만들려면 인력에 의존해야 되기 때문에 이것은 틀림없이 맞는 말이다. 현대의 건물과 사회기반시설에 쓰이는 콘크리트는 시멘트, 모래, 골재, 철근과 같은 구성 재료가 한 장소─공사 현장 또는 타설 공장─에 도착하기 전에는 존재하지 않으며, 인간의 노동과 구성 재료들이 함께 어우러질 때, 그것들은 콘크리트가 된다. 이런 점에서 콘크리트는 '**재료**'라기보다는 '**공정**'이라고 표현하는 것이 훨씬 더 적절할 수도 있다.[2] 이런 생각 때문에 콘크리트를 '비자연적인 것'으로 본다면, '자연적인 것'으로 석재, 목재 또는 벽돌 같은 다른 건설재료에 대한 관습적인 표현을 다시 고려해보아야 될 것이다. 이들 하나하나의 재료는 인간의 노동력 투입에 따라 건설재료가 될 수 있다: 땅 위에 놓인 바위는 그것을 캐서 쪼개고 다듬어질 때까지는 건설 석재가 아니며, 언덕 위에 자라고 있는 나무도 그것을 베어내고 말리고 톱질해서 쓸 만한 치수로 다듬어야 목재가 된다. '자연적인' 재료조차도 인간의 노동력 투입에 따라 건설재료로서 가치를 얻을 수 있다. 이것들과 콘크리트 간의 차이는 단지 인간의 노동력이 언제, 그리고 어디서 투입되는가의 문제일 뿐이다: '천연' 재료인 경우에 엄청난 양의 그 재료들의 가치는 그 재료들이 현장에 닿기 전까지 준비하는 데에 있지만, 콘크리트의 경우, 작업의 대부분은 콘크리트가 타설될 곳에서 이루어진다. 천연재료가 지니고 있는 것 중에서 '힘들게 얻은' 중요한 요소는, 생산과정이 때로는 '아주 쉬운' 것처럼 여겨지고 있는 콘크리트보다 그 이상의 가치를 지니도록 하는 그 무엇이다. 모든 재료가 인간의 노동력과 관련한 과정의 산물이라는 논리를 따라 콘크리트가 '비자연적'이라면, 건물을 짓는 그 밖의 재료들 대부분도 '비자연적'이라는 것이 분명하다. 어떤 재료는 인공적이고 다른 어떤 재료는 자연적이라는 것이 아니라 그것들이 인간의 노동력에 의존하는 한, **모든** 것은 비자연적이라는 것이다.

그럼에도 콘크리트가 여타 재료와는 어느 정도 다르다는 견해는 사라지지 않는다. 19세기 중반에 콘크리트가 발명되어 지금까지, 일반적으로 콘크리트를 돌이나 나무처럼 보이게 함으로써 이런 참신한 제품을 '자연적인 것으로 보이게' 하려는 아주 엄청난 양의 노고 속에서 비자연적이라는 것의 증거를 볼 수가 있다. 19세기 때 시도한 것 중에는 현대인들에겐 우스꽝스럽게 보일 수도 있지만 마감한 콘크리트 표면에 목재 거푸집 자국을 남기는 것이 있는데, 최근에 널빤지 자국이 생긴 콘크리트를 널리 사용하는 것보다 그 시도들이 더 우습다고 할 수 없으며, 그것들은 모두 다 '비자연적'이라고 인식되는 물질을 자연의 세계로 이어주는 방식이다. 1970년대 초에 서유럽의 여러 나라에서 노출콘크리트에 대한 반발이 시작되면서 시멘트 콘크리트 업자들이 자신의 생계를 위협받게 되자, 자신들의 제품을 '인공 석재'라고 새롭게 선보임으로써, 많은 업자들은 '자연적인' 재료와 이런 연관성이 본질을 밝혀줄 것이라고 기대하는 반응을 보였다. 이런 시도가 새로운 것이 아니라는 것은, 19세기 콘크리트 건설업자들이 일찍이 콘크리트를 현장에 적용할 때부터, 새로운 제품을 '나타내기' 위해 기존의 전통적인 재료와 관련이 있는 공식적인 용어와 관행을 따르려고 했다는 것이었다. 실제로 돌처럼 만든다는 것 말고도 콘크리트를 '보여준다'라는 다른 어떤 방법이 있었을까? 20세기 초 몇몇 업자들은 다른 대안을 찾아보려 했지만, 훌륭하면서 존경을 받았던 많은 철근콘크리트 구조설계기술자들은 콘크리트를 석재의 한 종류로 부르기를 고집했다. 오귀스트 페레Auguste Perret는 '콘크리트는 우리가 만든 돌이며, 천연 돌보다 훨씬 더 아름답고 고상한 돌이다.' 또는 '다시 태어난 돌'이라는 견해를 지켰다. 다른 말로 하면, 돌 같지만, 돌보다 더 나은 것이다.[3] 페레는 먼 곳을 찾아가 노출된 상태에서 색감이 풍부하게 드러나는 골재를 골라, 숙련된 석공 기술로 콘크리트를 마무리하여 돌과 같은 질감을 나타내려고 애를 썼다. 콘크리트는 이음새 없는 한 덩어리이기 때문에 돌보다 더 우수하다고 생각했지만, 그는 결코 돌에 대한 언급을 저버리지 않았다.

20세기 초 철근콘크리트 업자들은 철강골조 공사에 적용되는 비슷한 공법이 콘크리트에서도 적용된다고 생각했다. 철강골조 공사는 철근콘크리트보다 앞선 혁신적인 기술이었으며, 적어도 애초에는, 철근콘크리트는 콘크리트 안에 단순히 철강재를 넣은 철강골조 공사의 한 형태로 여겨졌다.[4] 이것은 그것에 대한 나름대로의 논리를 가졌다. 초창기의 철근콘크리트 매력 중 상당 부분은 그 자체가 건조물의 내화 방법이라는 점에 있었고, 철강재로 만들어져 보호되지 않은 부재들은 높은 열에 노출되었을 때 좌굴이나 균열이 생기기 쉬웠기 때문에, 철강재보다 더 우수한 대체재라는 점이었다. 철근콘크리트 공사에 대한 과제 중의 하나는 안에 들어

런던 로이드 빌딩, 1978-86, 리차드 로저스 설계. 철강재 골조 형식의 콘크리트 골조.

있는 철강재의 존재를 밖으로 어떻게 보여주느냐는 것이었다.[5] 20세기 초반에 이에 대한 시도 중 어느 것도 특별히 성공하지는 않았지만, 가장 최근의 건물인 런던의 로이드 ^{Richard Rogers} Partnership's Lloyd 빌딩(1978-86)에서 철근콘크리트를 철강재처럼 표현한 것은 주목할 만하다. 이 건물에서는 콘크리트 기둥과 브레이싱 거더를 마치 주조 금속인 것처럼 구성하고 구조 세목도 갖추었다. 이 경우, 복제되고 있는 것은 '자연적인' 재료가 아니고, 오히려 콘크리트보다 시각적으로 훨씬 더 이해하기 쉬운 구조 형식이다. 물체 내에서 힘의 전달 양식이 외부적으로 분명하지 않은 철근콘크리트와는 달리, 철강구조에서는 부재의 위치와 제원은 거의 그 부재들이 전달하는 힘과 들어맞는다. 로이드 빌딩 구조설계 작업에 관여한 바 있는 기술자 피터 라이스 ^{Peter Rice}는 다음과 같이 기술했다. '정상적으로 철강재와 관련된 시각적 표현과 가독성을 이루어내려 했지만, 우리의 목표는 콘크리트의 자연적 특성을 이용하는 것이었다.'[6] 라이스가 '콘크리트의 자연적 품질'로 의미했던 것과는 별개로, 콘크리트를 마치 금속인 것처럼 설계하는 기법은, 금속이 힘의 흐름을 좀 더 현실적으로 표현해주기 때문에, 모사된 재료인 콘크리트가 그 자체로는 '자연적인' 것이 아닐지라도 콘크리트를 자연화하려는 하나의 방법이라고 말할 수도 있다.

콘크리트를 '자연화하려는' 노력은 끝이 없다. 이런 노력 중에는 윤이 나는 대리석의 부드러움을, 석회암의 밀도를, 목재의 널빤지 같은 질감을 나타내려는 마감 작업 같은 것들이 있다. 콘크리트에 대한 이런 마감 방법들은, 어쩌면 그대로 두었으면 의미 있는 형태를 보이지도 못하고 건설 공정의 결과가 엉성하게 될 수도 있었던 것들을 '자연적인 것'으로 나타내고자 하는 시도들이다. 그 모든 시도에서 믿고 싶은 것은, 콘크리트는 영구적으로 '자연적이지 않은 것'의 범주에서 구제되기를 기대하는 것이다.

콘크리트와 돌 Concrete and Stone

건축가들은 콘크리트와 돌이 함께 드러나는 것은 별로 좋지 않을 것이라는 말을 들어왔다. 예를 들면, 덴마크의 건축가 스티인 아일러 라스무센 ^{Steen Eiler Rasmussen}은 건축 미학에 관한 자신의 유명한 저서인 『건축을 경험하다 *Experiencing Architecture*』(1959)에서 '오늘날 덴마크에서는 보도를 몇 열의 콘크리트 슬래브로 포장하여 화강암 연석으로 열을 구분하고 있다. 이런 조합은 전혀 어울리지 않는다. 화강암과 콘크리트는 잘 어울리지 않는다. 신발 밑창을 통해서 얼마나 불쾌한지 쉽게 느낄 수 있다.'라고 언급한 바 있다. 그것말고도, 벽돌 또는 석재와 시멘트를 섞어놓는 '치명적인' 결과에 대하여, 그리고 '실제의' 건물 바로 옆에 콘크리트 구조물을 설치하는 것에 대해서도 경고하고 있다.[7] 라스무센은 콘크리트와 석재를 나란히 두면 콘크리트의 빈곤함만 드러날 뿐이며 석재의 품격을 깎아내리는 것이라고 생각했다.

카사 오톨렌기, 바르돌리노, 베로나. 1974-9. 건축가 카를로 스카르파 설계. 기둥이 콘크리트와 석재로 만들어졌다.

물론, 모든 금기 사항에 대해서 시도하는 것처럼, 사람들은 이런 것도 깨보려고 애를 썼다. 그리하여 세계대전 후 이탈리아에서부터 건축가들은 거리낌 없이 금기를 깨여 시도했다. 피기니 & 폴리니^{Figini & Pollini}가 설계한 것으로서 밀라노에 있는 마돈나 데이 포버리 ^{Madonna dei Poveri}(1952-4)의 유공 트리포리엄 차단벽은 석재 블록과 콘크리트를 교대로 쌓아서 만들어진 것이다. 그것마저 없었다면 조잡해질 수도 있던 건물에 이것이 유일한 석재이다. 콘크리트 층은 연속적이지만, 석재 블록은 간격을 두고 배치하여 그 사이로 빛이 들어와서 신도석 ^{信徒席}을 비추도록 했다. 어떤 재료가 가장 중요한 몫을 하는지 첫 눈에 보기에는 분명하지 않다. 콘크리트가 부분적으로 석재를 밀어냈고, 구조의 연속성을 지켜주지만, 석재는 압축하중을 부담하고 설계도면에 나타낸 대로 기능을 발휘한다. 이탈리아 건축가들은 재료의 서열에서 돌이나 콘크리트 중 어떤 것이 더 나은가라고 말하기는 어렵다고 하면서도, 이런 방식의 혼돈을 즐겼다. 가르다 호수^{Lake Garda} 주변에 바르돌리노^{Bardolino} 근처의 개인주택인 카사 오톨렌기^{Casa}

Ottolenghi의 주인인 카를로 스카르파Carlo Scarpa는 집 안팎으로 거석 콘크리트 기둥에 콘크리트와 석재 블록을 교대로 쌓았다. 여기서는 콘크리트가 돌을 조롱하고 있는데, 훨씬 더 품격 있는 재료로서 석재의 역사적 몫을 더 이상 바랄 수 없었으며, 스카르파는 어떤 것이 구조적으로 또는 상징적으로 더 나은지에 대한 모든 판단을 포기했다. 1950년대에 테르니Terni 시를 재건하면서, 리돌피 & 프랭클Ridolfi & Frankl이 설계한 새로운 건물의 상당수는 그 도시에 맞는 돌과 콘크리트가 섞인 것이었다. 그들의 공식은 아주 단순했다. 가끔은 아주 거칠게 마무리되었지만, 콘크리트 골조를 노출된 채 두었고 테라코타와 세라믹 요소를 포함하여 조심스럽게 선택한 다른 재료로 벽체를 세웠다(때로는 미장하기도 했다). 이런 방식으로 배열함으로써 석재 벽체에 흔하게 벽돌 또는 타일 층이 있는 움브리아Umbria 지방의 전통 주택과의 관계를 지켜주었다.

1960년대와 1970년대에는 돌과 콘크리트를 조합하는 건축 양식이 정상적으로 발전된 양식이라고 간주되었고, 이것을 주창하는 수백 명의 건축가들 중에서 가장 유명한 사람 중 하나가 미국의 건축가 루이스 칸Louis Kahn이었다. 그가 이런 효과를 이용했다는 것은 분명히 이탈리아 방식에서 영감을 얻었기 때문이다. 캘리포니아의 샌 디에고 해안에 있는 소오크 연구소Salk Institute에서, 칸은 이들 재료의 좀 더 보편적인 관계를 뒤집었다. 미장은 트래버틴(온천 석회 침전물)으로 했고, 흔히 품격 있는 재료일 것으로 기대하고 있던 건물의 수직 외관은 노출 콘크리트이다. 칸은 이렇게 생각하였다:

> 콘크리트 타설 중에 생기는 어떠한 불규칙성이든 사고든, 그 자체를 그대로 드러내도 콘크리트를 써야 하기 때문에 트래버틴과 콘크리트는 함께 잘 어울린다. 트래버틴은 콘크리트와 아주 많이 닮았다. 그 특성은 두 재료가 같은 재료처럼 보인다는 것이다. 그래서 건물 전체가 일체로 보이게 하며 여러 면에서 분리되지 않는다.[8]

칸은 유사한 조합을 예일대학교에 있는 영국 미술관 멜론 센터Mellon Center의 계단에 적용했다. 발판과 층계참에는 트래버틴을, 계단 통로 벽체에는 콘크리트를 사용했다. 석재와 콘크리트가 함께 사용된 영국의 사례는 옥스퍼드의 세인트 존스 컬리지St John's College에 있는 토마스 경의 화이트 빌딩White Building이다. 이 건물은 1976년에 준공되었고 아룹 연합Arup Associates사가 설소오크 연구소, 라 졸라, 캘리포니아, 1965, 건축가 루이스 칸 설계.
근접 촬영한 콘크리트 기포 자국. 굳지 않은 콘크리트 속의 공기 방울 때문에 생긴 것이다. 빛을 받아서 그림자를 만드는 돋음 필렛(거푸집 판자에 일부러 홈을 만들었다)을 만들어서, 철저하게 세부적으로 돌처럼 보이지 않게 했다.

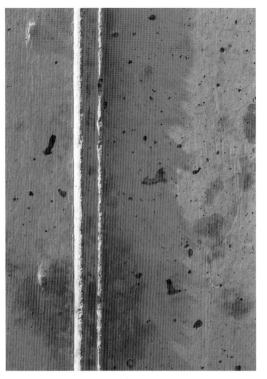

소오크 연구소, 열주. 트래버틴 미장. 콘크리트 구조.

보르사 발로리, 투린, 1952-6, 건축가 가베티 & 이솔라 설계, 출입구 현관. 석재를 콘크리트처럼 장식했다.

계를 맡았다: 이 건물의 지배적 특징은 프리캐스트 콘크리트 골조이며, 격자 안에 조성한 방들의 벽체는 옥스퍼드 돌로 되어 있다. 책임 건축가인 필립 도우슨Philip Dowson은, 칸은 자신에게 영향을 준 인물이라고 주장했지만, 재료들의 조합이나 정교하게 모를 딴 구조 상세 그리고 여러 겹으로 된 건물 외관은 1950 년대의 이탈리아 양식과 많이 닮아 있다.[9] 여기서는 여러 다른 경우에서처럼, 오래된 이웃 건물에 대한 존중의 표시로 예의를 갖추려고, 건물의 표면에 콘크리트와 함께 돌을 사용했다.

콘크리트를 흉내 내려고 석재를 이용하려는 것은 석재의 품격에 대해 아주 뻔뻔스럽게 무시하는 일이다. 콘크리트가 다른 재료를, 특히 돌을 흉내 낼지라도, 어느 때든 다른 재료가 콘크리트를 흉내 내는 것은 아주 이상한 일이다. 그런데도 이런 일들이 반복되었고, 최초의 사례는 이탈리아에서 있었다. 3장에서 다시 논하겠지만, 가베티 & 이솔라Gabetti & Isola 사가 설계한 투린Turin의 보르사 발로리Borsa Valori는, 출입구 현관이 실제로 사암 pietra serena인 회색 재료로 둘러져 있지만, 블록의 치수와 그 블록들이 놓인 방법이나 표면의 미장상태로 미루어보면 콘크리트 블록으로 공사한 듯하나, 아주 세밀히 조사를 해보면 그렇지 않음을 알게 된다.

돌과 콘크리트를 나란히 둔다거나 돌을 콘크리트처럼 보이게 꾸미는 효과는 제자리에 있는 자연적인 것과 합성적인 것 사이에 있는 기존의 범주 구분에 따라 달라진다. 그러한 장식 효과의 힘은 자연적인 것과 비자연적인 것 사이에서 예전의 관례적인 구분 방식을 혼동하는 데서 생긴다. 이들 건축가들이 거의 확실히 의도한 대로, 그 결과는 이런 구별이 얼마나 가치가 있는지 묻게 하고 있다.

불완전성 Imperfection

　　콘크리트의 가시적 외관에서 눈을 돌려 기능적 측면에서 콘크리트를 좀 더 생각해본다면, '자연적인 것'과 '비자연적인 것' 사이에서 콘크리트 위상의 모호성이 더욱 드러난다. 하나의 재료로서 철근콘크리트는 그것으로 만들어진 것에서 분리될 수 없다. 구조물이 어떤 재료로 만들어질 것인지 알아보기 위해서 철근콘크리트 한 조각의 '샘플'을 떼어낼 수도 없고, 그 공정이 시작되어야만 철근콘크리트가 생기며, 철근과 콘크리트 간에 형성되는 힘의 연결망이 '살아나게' 된다. 철근콘크리트의 존재는 그것으로 만들어진 작품을 통해서, 그것의 쓰임새를 통해서만 가능하다. 이런 상황은 자연적으로 생기는 재료의 존재와는 아주 다르다. 돌로 된 블록, 통나무 들보 등은 시공되기 전의 완전한 상태를 유지한 채 존재하며, 시공을 마친 후에 그 결과를 보더라도 재료구성면에서 변하는 것은 없다. 목재는 가공되기 전이나 잘라지기 전에 한 조각을 볼 수도 있고 만질 수도 있지만, 철근콘크리트로는 그럴 수가 없다. 롤랑 바르트 Roland Barthes가 '가공되지 않은' 상태가 없는 플라스틱과 같은 합성재료에 대해서 기술한 바와 같이, 합성재료는 '사용되고 있다는 사실로 존재 가치를 전적으로 인정받고 있다.' 그러한 재료에서는 '얻는다'라는 즐거움은 없다. 미리 정해놓은 용도를 충족시키기 위해서만 존재하기 때문이다.[10] 앞으로 알게 되겠지만, 콘크리트에 대해 많은 의미를 지니어왔던 이런 특징을 통해서 콘크리트는 분명히 합성적이며, 인공적이고, 비자연적인 재료이며 동시에 공정이라는 범주에 속한다는 것이 확인될 것이다. 아직도 콘크리트는 **완전하게 만들어질 가능성**이 없다는 면에서, 합성재료의 기대치에 전혀 부합되지 못하고 있다. 합성재료의 미학적 존재 이유 *raison d'etre*는 천연재료가 갖지 못하는 질감의 동질성과 균질성, 그리고 마감의 매끈함을 얻어낼 수 있다는 그 재료들의 능력에 있다. 질감이나 입자의 변동성은 천연재료의 매력 중의 한 부분일 수도 있지만, 인공재료의 가치는 그 재료에 결함과 흠집이 없고 전체적으로 일관성이 있다는 사실에 있다. 이런 점에서 콘크리트는 특이하게도 부도를 내고 있다. 완벽한 마무리를 얻어내기가 어렵다는 점은 많은 건축가들과 기술자들을 좌절시켰으나, 칸이 깨달은 것처럼, 즐거움의 원천으로 바뀌어왔다. 프랑스의 건축가 폴 앤드류Paul Andreu는 '콘크리트가 완벽하다면, 아마도 덜 좋았을 것이다.'라고 말한 적이 있다.[11] 합성제품 중에서, 콘크리트는 참으로 특이한 것 *oddity*이다. 콘크리트가 안고 있는 결점은 불가피한 것이고 실제로 본질적이다. 철근콘크리트 안의 철근이 제 구실을 하려면, 콘크리트에 미세하기는 하지만, 균열이 **있어야 한다.** 바로 이 점이 재료의 성공적인 모습이 재료가 완전하지 않음에 달려 있음을 뜻한다. 좀 더 직설적으로 말하자면, 사용하는 수준에서 이런 점을 앤드류가 지적한 것이기도 하지만, 몇 가지라도 불완전한 요소가 없는 콘크리트를 얻기란 쉽지 않다. 이런 불완전 요소가 때로는 콘크리트가 인기를 잃는 이유가 되기도 하지만, 그것이 문제의 근원이라고 여겨지는 않는다. 콘크리트는 비자연적인 것으로, 산업 생산 제품인데도, 우리가 합성 제품에서 가지고 있는 기대에 들어맞지 않는다는 점이 더욱 그렇다. 우리가 콘크리트를 전적으로 완벽하게 만드는 데 성공했더라면, 앤드류가 말하는 것처럼, '재미도 없고 합성수지를 닮았을 것이다.' 그래서 우리는, 콘크리트는 처해진 용도와는 동떨어져서 따로 존재할 수 없다는 무능력 면에서는 비자연적이지만, 다른 한편 완벽하지 못하다는 면에서 더욱 천연재료와 같아진다는 점을 어떻게 처리할 것인가라는 문제에 처해 있다. 불완전성 그 자체보다는 오히려, 이런 모순점 때문에 콘크리트가 달갑지 않게 보일 수도 있을 것이다.

풍화 Weathering

콘크리트는 '자연적인' 재료처럼 풍화되지도 낡아 가지도 않는다. 어떤 콘크리트 구조물은 심지어는 마감이 채 끝나기도 전에 낡은 것처럼 보이고 허물어질 수도 있고, 때로는 50년 후에도 거푸집을 방금 떼어낸 것처럼 여전히 풋풋하기도 하다. 콘크리트의 장기 거동은 예측하기가 어려우며 이 점이 콘크리트가 '비자연적인 것'으로 인식되는 주요 원인 중의 하나이고, 바로 그 때문에 오명을 갖기도 한다. 가장 대표적인 것은 역사 지리학자 데이비드 로웬탈David Lowenthal의 비평인데, '기분 나쁜 망가짐'이라는 제목이 붙은, 잘못된 시멘트 콘크리트 공사를 찍은 한 장의 사진과 함께, '어떤 재료는 다른 것에 비해 그다지 잘 낡지 않는다. 콘크리트는 해마다 아주 보기 싫게 되며, 부드럽다면 미끄러워 보이고, 거칠다면 지저분해 보인다.'라고 혹평했다.[12] 시간이 흐르면서 생기는 콘크리트의 불규칙한 거동 때문에 사람들은 그 재료에 대한 흥미를 잃어갔을 뿐만 아니라 건축가들의 직업적 신조마저도 혼란스러워졌다. 시릴 시모네 Cyrille Simonnet는 '콘크리트는 우리의 전통적인 미적 범주에 대해서 예상치 못한 어려움을 보이고 있다. 그것은 **폐허가 되지 않는다.**'라고 말한 바 있다.[13] 시모네는, 오귀스트 페레가 말한 바와 같이, '건축은 아름다운 폐허를 만드는 것'이라는, 프랑스 건축가 단체가 오랫동안 지켜온 견해를 은근히 내비치고 있다.[14] 그러나 폐허가 된 콘크리트는 아마도 숭고해 보일 수는 있겠지만, 아름답지도 않을 뿐더러 위험요소들은 건축의 품격을 떨어뜨린다. 이 모든 것 뒤에는 건축은 유기체처럼 거동해야 한다는 기대가 깔려 있다. 자연에서 시작한 것은 자연으로 돌아가야 한다는 것인데, 콘크리트는 그러한 기대감을 충족시키지 못할 듯하다. 낡아버린 콘크리트 구조물이 바랄 수 있는 최선의 결과는 나중에 고속도로의 기층 골재가 되는 것뿐이다.

천연재료는 세월이 지나면서 쓰임에 따라 점점 좋아진다는 것이 일반적인 생각이다. 일본인 작가 다니자키 주니치로 Junichiro Tanizaki는, 목재가 빛깔이 짙어지고 세월따라 나뭇결이 점점 더 미묘하게 드러나면서, 설명하기 어렵지만 평온하게 진정시키는 힘을 어떻게 얻는지를 묘사했다.[15] 그러한 감정과, 러스킨 Ruskin이 자신의 작품인 『추억의 등잔 *The Lamp of Memory*』에서 시간과 나이듦에 관해 묘사한 의미있는 생각을 알고나서, 데이비드 레더바로우 David Leatherbarrow와 모젠 모스타파비 Mohsen Mostafavi는 '풍화가 건물을 '완성할' 때까지 건물은 아직 완성된 것이 아니다. 사람이 시작한 것을 자연이 끝낸다.'라는 주장을 펼쳐나갔다.[16] 그러나 거의 모든 합성재료는 이런 변화를 보이지 않으며, 잠깐 동안 좋아 보이기도 하지만 이내 낡아 버린다. 코르틴 철강재처럼 몇 가지 예외가 있긴 하다. '포도주가 잘 익어가듯이, 가죽이 잘 길들여지듯이, 그것은 길들여진다. 그것은 귀부인의 살갖 위에서 아름다운 녹청을 연상시키는 반짝이는 진주와도 같다.'라고 한 미국의 건축가가 열광적으로 코르틴 철강재를 묘사한 바 있다. 그러나 그는 '이것은 콘크리트에는 맞지 않아.'라고 탄식했다. 세월이 지나면서 콘크리트는 얼룩지고, 금이 가고, 곰팡이가 생기고 나중에는 떨어져 나가기 때문이다.[17] 콘크리트가 그 광채를 잃는 기세는 때로는 엄청나게 빠르며, 이 점은 시작부터 불리한 점이다. 1864년 프랑수아 크와녜 François Coignet가 세운 르 베지네 Le Vesinet의 콘크리트 교회는 얼룩 때문에 지저분해져서, 프랑스 건축가들은 그 후 40년 동안 콘크리트를 멀리했다.[18] 거의 한 세기가 지난 후에, 제2차 세계대전 후 재건 사업에 쓰일 재료에 관한 조언을 듣기 위해 소집된 영국 왕립건축가협회 RIBA는 '포틀랜드 시멘트의 자연적인 잿빛은 차갑고 우울한 빛깔이며, 풍화와 세월은 벽돌과 돌에게는 묵은 맛을 주지만, 제대로 가꿔지지 않은 콘크리트는 점점 더 더럽고, 침침하고, 지저분해지며 초기에 빛을 내는 낮은 능력마저도 급속히 떨어진다.'라고 경고했다.[19] 이런 수많은 경고와 아직도 남아서 낡아가는 콘크리트 구조물의 증거가 많음에도, 세계대전 후 건축가들은 똑같은 운명이 그들 자신의 건물에도 닥칠 것이라고 믿기를 꺼려했다. 핀란드의 건축가 페카 피트케넨Pekka Pitkänen은 2003년에 자신의 과거를 돌아보면서, 이렇게 말했다.

> 1960년대에 우리는 콘크리트를 시각적으로 뚜렷하게 남아 있어야 하는 거의 영구적인 재료라고 생각했다. 콘크리트는 표면을 덧씌우는 어떠한 '거짓' 미장도 할 필요가 없었다. 잿빛 콘크리트는 뉘앙스가 풍부했다. 그것은 우리를 매료시켰다. 1960년대 콘크리트에 닥친 진정한 문제는 우리가 믿었던 만큼 내구적이지도 않고, 장기적으로 습기와 동해凍害에 견디지 못한다는 것이었다.[20]

1930년대에 들어서 르 코르뷔제는 콘크리트 건물의 말끔하고 깨끗한 느낌을 지키기가 어렵다는 것을 깨닫고 젊은 시절에 설계한 건물들을 부드럽고 하얗게 마감하는 것을 그만두면서 세계대전 전에 지은 자신의 자그마한 집에는 마감을 거칠게 했지만, 1950년대에 활발했던 '거친 콘크리트 beton brut'도 풍화의 영향을 감추는 데 효과적이지 않음을 드러내었다. 1959년에 완공된 밀라노Milan의 바지오Baggio에 있는 마치온디 연구소Istituto Marchiondi 건물은 육중한 콘크리트 양식으로 된 초기 아이콘 중 하나인데, 2년도 지나지 않아서 벌써 모양이 망가졌다. 「건축설계 Architectural Design」지는 그것에 대해 다음과 같이 평가했다: '그 건물은 아주 끔찍하게 풍화되었고, 노출콘크리트가 얼룩지고 기다란 자국이 생겨서, 방문객들 눈에 거슬리게 보인다.'[21] 10년이 지난 후, 런던에 있는 브룬스윅 센터Brunswick Center의 노출콘크리트는 건물이 준공되기도 전에 심하게 얼룩졌다. 테오 크로스비Theo Crosby는 '얼룩과 기다란 줄 자국이 자주 생기며, 보기 싫게 벌어진 표면을 깨끗하게 해주도록 물을 빼돌리게 하는 물받이도 없지만, 그것 또한 새로운 건축의 본질적인 요소이다.'라고 평가했다. 세월이 지나면서 생기는 콘크리트의 결함은 피

할 수 없는 것처럼 보였다.[22]

1950년대 후반에 이미 많은 건축가들은, 콘크리트가 보기 싫게 낡아가는 것에 대해 염려하면서, 그 매체—콘크리트—를 사용해야 한다면, 풍화를 제어하는 방법을 찾아야 한다는 견해를 차츰 받아들이기 시작했다. 시간과 풍화에 대해 저항력을 갖는 콘크리트에 관한 연구에서 두 가지 분명한 방향을 택해서 1960년대 초반과 중반에 건축가들은 그 문제에 엄청나게 많은 시간을 들였고 관심을 보였다. 그 전략 중 하나는 프리캐스트 콘크리트의 적용을 발전시키는 것이었다. 프리캐스트 콘크리트는 재료의 구성면에서 훨씬 더 나은 관리가 가능했으며, 더욱 치밀하게 공극을 적게 하고 얼룩이 덜 생기게 하여 표면이 더욱 완벽하게 되도록 했다. 이런 방법은 건축자재를 건축 현장이 아닌 공장에서 생산하려는 대다수의 선진국에서 바라던 것과 맞아 떨어졌다(또한 그 이상의 명분을 갖기도 했다). 다른 한 가지 방법은, 크로스비가 브룬스윅 센터 건물에서 몇 가지 구조 상세부가 빠져 있음을 확인한 바 있는데, 건물 설계와 구조 상세부의 설계에 주목하여, 풍화영향에 대한 저항성을 향상시키도록 하는 것이었다. 이런 방법이 시도되자 건물의 전반적인 형식에 영향을 끼쳐 갖가지 결과를 낳게 했다. 몇 가지 사례를 통해서 다양한 시도와 독창성 있는 아이디어가 나오게 되었다. 미국의 건축가 폴 루돌프 Paul Rudolph는 골이 파인 노출콘크리트를 개발하여 그 무늬가 부분적으로 콘크리트의 풍화현상을 완화시키는 효과를 갖도록 했다. 표면을 망치로 쪼아내고 두들겨서 거칠게 만든 수직 골을 콘크리트에 새겨서 골재를 드러나게 하는 것이다. 루돌프의 첫 번째 노출콘크리트 건물은 뉴 헤이븐 New Haven의 템플 스트리트 주차장 건물인데, 부드러운 마감을 했지만 거푸집 판 사이에 이음새로 두드러지게 돋음을 준 자국이 있었다. 노출콘크리트의 단점을 인식하면서, 그의 두 번째 건물인 예일대학교의 미술건축학교 건물에는 다른 방식을 채택했다. 그는 나중에 다음과 같이 설명한 바 있다:

> 콘크리트와, 콘크리트가 어떻게 다루어져야 하는가에 대한 생각은, 그것이 어떻게 풍화되는가라는 문제에서 출발한다. 내 생각으로는 콘크리트의 알맹이인 골재와 그 빛깔에 관심을 가지고 그것을 노출시켜서 얼룩이 발생하는 골을 만든다면, 그것은 훨씬 더 멋있게 풍화될 것이다.[23]

예일대 미술건축관 건물. 망치로 쪼아낸 건물 표면.

몬트리올에 있는 굉장히 큰 플레이스 보나벤츄어Place Bonaventure 건물에도 수직 골이 사용되었다(1964-8). 그곳의 혹독한 기후 속에서 노출콘크리트가 어떻게 견디는가를 시험하게 했다. 외측 벽은 프리캐스트 패널로 만들어졌고, 아래쪽 부분의 일부를 제외하고는 수직 골을 만들지 않았으나, 패널 간의 열린 이음새로 빗물이 패널 뒤로 빠져나가도록 했다. 알드위치 Aldwych 가 설계한 것으로서 런던의 아룬델Arundel 거리에 세워진 사무실 건물에는 세 종류의 프리캐스트 콘크리트 외장 패널이 좀 더 정교하게 제작되어 사용되었다. 그 중 하나는 위층의 외곽 보에 매끄러운 면으로 된 얕은 피라미드형이었고, 두 번째는 대각 방향 골로 된 것이었고, 세 번째는 수직 골로 된 것이었다. 이것들의 목적은 파이낸셜 타임즈Financial Times 기자가 언급한 바와 같이, '빗물을 끊어내어 어떤 부분은 닦아지게 하고 어떤 부분은 빗물로부터 보호되게 함으로써 풍화를 좋은 데로 이용한다.'는 것이었다.[24] 빗물의 흐름을 제어할 목적으로, 이런 형태의 대각 방향 골이 새겨 있는 외관을 보이는 건물로서 스코틀랜드의 세인트 앤드류스St Andrews 대학교에 세워진 제임스 스털링James Stirling이 설계한 기숙사(1964-8)와 제임스 큐빗 & 파트너스James Cubitt & Partners사가 설계한 더블린의 대규모 발리멈Ballymum 주택건설 공사 등이 있다. 하우엘 킬릭 파트릿지 & 아미스Howell Killick Partridge & Amis의 건축가인 존 파트릿지John Partridge는 좀 더 발전된 방식을 채택했다. 그의 관심사는, 그가 언급한 바와 같이, 풍화의 영향은 무시할 만한 것이며 일반적인 설계에 심각하게 손해를 입히지 않는다는 것을 방어적으로 보장하려는 데에 목표를 두는 것이었다. 문틀 넘어 물이 흘러내리는 전통적인 옹색한 창문 개구부 때문에 얼룩짐이 어쩔 수 없이 생긴다고 보고, 파트릿지는 완전히 다른 형태의 '차양이 달린' 창문을 고안해서 그런 일이 생기지 않도록 했다.

이런 방법으로, 그리고 표면에 흐르는 물을 고이게 하는 몇 가지 정교한 상세를 만듦으로써 파트릿지는 자신이 설계한 옥스포드의 세인트 앤St Anne대학과 세인트 앤서니St Anthony 대학 건물 두 곳에서 콘크리트가 풍화 때문에 망가지지 않도록 고심했다. 콘크리트의 황폐화를 막고 시간에서 건물을 떼어놓으려는 모든 창의력을 기울인 자신의 노고에 탄식하면서 '풍화는 아직도 한 편의 도박이다.'라고 수긍했다.[25]

시간과 풍화의 우발적 영향을 제어하기 위한 이런 시도들은, 노출콘크리트가 사람들의 신임을 잃으면서 1970년대에 갑자기 중단되었다. 1990년대에 노출콘크리트가 다시 돌아왔을 때, 그것을 다시 사용하기 시작한 건축가들에게 그것의 매력 중 하나는, 엄밀하게는 그것은 얼룩**진다는** 것이었고, 예측할 수 없는 풍화의 영향을 **받는다는** 점이었다. 스위스의 건축 설계회사 헤어촉 & 드 뫼롱Herzog & de Meuron 사의 쟈크 헤어촉Jacques Herzog은 노출콘크리트의 재귀를 주도한 인물 중의 하나인데, '우리는 돌의 표면에 자라는 이끼에 관심이 있다. 자연의 연필(폭스 탈보트Fox Talbot가 사진이라고 말했던 것이다)도 또한 건축가의 연필이 된다.'라고 설명했다.[26] 풍화의 위험성이 더 이상 결점으로 여겨지지 않고 이제는 건축의 긍정적 자산으로 되었다.

레미 조오그Remy Zaugg의 스튜디오 같은 건물이나 바젤Basel 외곽의 레이멘Leymen에 있는 루

스코틀랜드 세인트 앤드류스 대학교 학생 기숙사, 1964–8. 건축가 제임스 스털링 설계.
대각선 방향의 골을 새겨 둔 프리캐스트 콘크리트 패널. 패널의 골로 빗물이 흘러가게 하여 표면이 얼룩지는 것을 막았다.

프랑스 오-린 지역의 레이멘에 있는 루딘 하우스, 1996–7. 허조그 & 드 뫼롱 사 설계.
일부러 빗물이 흘러내려 가게 하여 콘크리트 벽에 얼룩이 지게 했다.

딘 하우스^{Rudin House}에서, 건축가들은 물의 흐름을 제어하려는 어떠한 시도도 하지 않았으며, 물이 그냥 건물의 외면을 따라 흘러내리게 했다. 레이멘에 있는 주택은 물받이가 없어서 물이 바깥 벽체의 노출콘크리트를 따라 그냥 흘러내린다. 분명히 의도적인 것으로, 이 중 한 가지 결과는 건물의 외관이 표면이 젖어 있는지 말라 있는지에 따라 늘 변한다는 점이다. 자연의 연필은 그 흔적을 남긴다. 또 다른 비슷한 방법은 약간은 더 제어된 것인데, 풍화를 유발하는 방법으로서 스위스 건축가인 기곤 가이어가 택한 방식이다. 그는 빈터투르^{Winterthur}에 있는 오스카 라인하트^{Oskar Reinhart} 박물관 확장 공사에서 콘크리트에 구리를 덧대어 표면이 자주 젖는 곳에 불규칙한 녹색 줄무늬가 생기도록 했다. 취리히^{Zürich}의 철도 신호탑(1996-9)은 일체로 된 콘크리트 블록인데, 이곳에 기곤 가이어는 산화철을 덧대어 이 건물이 시간이 지남에 따라 고색창

연함이 보이도록 했다. 풍화를 '촉진시킨다'거나 '가속화'하는, 비교될 만한 실험은 북부 런던의 스톡 오차드 Stock Orchard 거리에 세워진 사라 위글워스 Sarah Wigglesworth가 설계한 건물이 그 예이다. 9장에서 좀 더 상세하게 설명할 텐데, 간선 철도에 인접한 건물의 측면은 모래, 시멘트, 석회석으로 채워진 자루로 덮여 있다; 자루의 섬유가 삭아가면서, 안에 들어 있던 콘크리트가 드러났고, 움푹 파인 곳과 뚫린 곳은 먼지가 그득하고, 노출된 표면은 금이 가고 바스러졌다.

이러한 최근의 실험은 콘크리트가 자연과 같지 않을지라도, 적어도 자연적으로 변화하게끔 시도된 것이었다. 이런 시도는 생산될 콘크리트의 품질이 자연을 극복하거나 저항하는 것이 그 능력이라고 생각했던 앞서의 방법과는 구별된다. 이런 실험들은 모두 비교적 소규모이고, 의도적으로 먼지를 끌어들이는 어떠한 큰 규모의 노출콘크리트 구조물이 현재 우리가 살고 있는 도시에 등장하리라고 기대할 수는 없을 것 같다. 1960년대의 거대 콘크리트 구조물에 대해서 너무도 쉽게 이런 실수를 저질렀다.

건물이 세월 따라 '자연적으로' 변화한다는 기대감은 무엇인가?라고 묻고 싶다. 풍화에 대한 전통적인 태도는, 인간이 나이 들면서 밖으로 드러난 모습으로 나이를 보이는 것과 같이, 건물도 인간과 같다는 상상에 기대는 듯하다. 사람의 피부는 주름지면서, 보기에도 훨씬 더 복잡하고 흥미롭게 되며, 그 사람들의 인상은 그들이 어떻게 지내왔는가를 보여준다. 렘브란트 Rembrandt는 젊은 살결보다 오히려 나이들게 칠하는 것을 무심하게 택하지는 않았으며, 때로는 모델의 늙은 손과 얼굴, 벽체의 스러져 가는 돌 사이에 비슷한 점을 뚜렷이 그려내려 했다. 그렇지만 콘크리트는 밖으로 드러난 모습대로 낡아가는 것은 아니다. 콘크리트 표면은 그 내부의 상태를 나타내는 믿을 만한 지표가 못 된다. 철근콘크리트는 수분이 침투하면 알칼리-실리카 반응이 일어나 철근이 부식되며 중성화가 생기면서 속으로부터 나빠진다. 이 모든 현상들은 부식정도가 상당히 진전된 상태에 이르러 콘크리트가 떨어져 나갈 때까지 눈에 띄지 않는다. 콘크리트 보수공사 중에 상당히 많은 부분은, 화학적 변화가 일어나는지를 판단하기 위해서 표면 아래에 어떤 현상이 일어나고 있는지를 진단하는 일이다. 표면의 겉모습만으로는 내부 상태를 알 수가 없다. 부식이 바깥쪽에서 시작하여 안으로 번지는 전통적인 재료와는 달리, 콘크리트 부식은 안에서 시작하여 밖으로 진행한다. 생물학적으로 비슷한 상황을 그려본다면 황당하게도 암과 같아서, 이런 과정은 '자연적인' 재료의 노화에는 해당되지 않는다. 콘크리트의 불규칙한 노화현상에서 느끼는 불쾌감이 있다면, 그것은 콘크리트의 '자연스럽지 않음'이 아니라 오히려 우리가 재료를 판단하는 미적 기준으로서 인간 피부에 대한 것과 마찬가지로 외관에 대한 우리의 과도한 집착 때문이다.[27] 최근의 콘크리트 실험은 대체로 시간의 해빙 解氷에 관한 것이지만, 부식 발생의 우발성을 인지하고 건축에 수용하면서, 비자연적인 것에서 자연적인 현상을 분리한다는 정상성 normality에 관하여 무모한 가정을 하고 있다는 맥락에서 벗어나 실험이 이루어지고 있다. 콘크리트가 불쾌감을 준다면, '자연적이지 않다는 것'과 관련성이 있다기보다는 오히려 자연과 자연적이지 않은 것들을 구분하는 관습을 위협하기 때문이다.

자연의 재편성 Reworking Nature

콘크리트가 자연의 영향을 받는 것처럼 '자연'도 콘크리트에 의해서 변한다. 샌 프란시스코와 로스앤젤레스를 배경으로 하여 존 부어맨 John Boorman이 연출한 영화인 〈포인트 블랭크 *Point Blank*〉(1967)는 배우 리 마빈 Lee Marvin이 역을 맡았던 주인공 워커 Walker가 그의 처와 공범인 리이즈 Reese로부터 배신을 당한 후에, 외곬수로 작심을 하고, 강도짓으로 얻은 몫을 되찾는다는 내용을 그린 것이다. 워커는 무엇보다 먼저 리이즈를 찾아내고 해치우지만, 그 후로 영화에서 워커는 거의 모든 인물들이 관련되어 있는 것처럼 보이는 지하조직 세계에서 자기보다 윗선의 인물들을 해치운다. 이 영화에서는 콘크리트를 자주 볼 수 있다. 워커가 다른 사람들과 부딪히는 많은 상황은 고속도로, 교량, 수로와 같은 사회기반시설에서 일어난다. 그리고 이런 장면의 단조로움은 워커 자신의 무정함과 불멸성을 말해주는 듯하다. 워커는 무정하고 헤아리기 어려운 인물로 설정되어 관객은 그가 끝까지 정말로 살아남을지 아니면 모든 게 다 죽음의 순간에서 환상이 아닌지를 궁금해하기 시작한다. 콘크리트 풍경 속에서 벌어지는 이런 사건들 중에서 가장 극적으로 연출한 장면은 로스앤젤레스 강에서 일어난다. 그는 리이즈를 해치운 후에 조직에서 리이즈의 윗선인 카아터 Carter를 쫓는다. 카아터는 워커에게 그의 몫인 93,000달러를 주기로 약속하고 로스앤젤레스 강가에서 만나기로 하고 그 돈 보따리를 심복을 시켜 보낸다. 분명히 함정이란 것을 의심하면서 워커는 카아터를 그의 심복과 같이 오게 한 다음, 총을

영화 포인트 블랭크(감독 존 부어맨, 1967). 워커(리 마빈 분)가 로스엔젤레스 강가에 서 있다.

들이대며 그를 강바닥으로 달려가게 해서 상자를 주워오게 하는데, 그곳에서 다리 한 곳에 숨겨놓은 카아터의 저격수가, 워커를 잘못 알아보고 그 대신에 카아터를 쏴 죽이게 된다. 워커는 강바닥 아래로 걸어 내려가서 보따리를 열어보지만, 그곳에는 달러 지폐가 아닌 백지만이 들어 있고, 강으로 흩어져서 떠내려가는 것을 무심하게 지켜본다.

　　콘크리트를 배경으로 설정한 이와 비슷한 장면에서, 인간은 시험받고 때로는 파멸된다.

로스앤젤레스의 콘크리트 풍경은 사막을 대신한 것이다. 서부영화에서 사막은 유태교—기독교 신화에서와 같이 인간이 한계에 몰리고, 그래서 목마름과 배고픔을 겪으면서 그들 내면의 자연—본성—을 드러내는 곳이다. 그러나 서부영화에서나 시련이라는 상징을 나타내는 성서 속의 유래에서 보듯이, 사막은 도시에서 떨어져 있고 그 정의에 따라 '자연적인' 장소라고는 하지만, 〈포인트 블랭크〉에서 '연출된 것 mise en scene'은 도시 속에 있는 변질된 자연이다. 최고조의 장면을 위해 설정된 로스앤젤레스 강은 미국에서 벌린 하천 정비공사 중 가장 큰 것으로서 미국 공병대가 30여 년 동안 수행한 대규모의 공사가 시행된 곳이다.[28] 20세기 초반에 그 강에 홍수가 쉽게 일어났고 홍수로 인해 롱 비치Long Beach에서 바다로 들어가기 전 강의 하류지역에 엄청난 재앙이 생겼었다. 1930년 올름스테드 2세F. J. Olmsted Jr.와 할랜드 바돌로뮤Harland Bartholomew는 로스앤젤레스 시에서 위락 지역을 마련해줄 것으로 기대했던 10만 에이커의 땅을 공공 목적으로 수용하여 홍수를 흡수하는 범람원을 조성할 것을 제안했다. 그러나 개발해서 건물을 세우고 싶어 했던 토지 소유주의 반대로 그 계획은 무산되었으며, 그 대신에 1938년에 콘크리트 수로로 강을 담아내는 공사가 시작되었다. 그 중의 한 단면이 영화 〈포인트 블랭크〉에 등장한다. 어떤 이들은 로스앤젤레스 강 공사를 자연을 탈취하는 행위라고 보았다. 흐르는 물을 수로에 가두고 조절하여 모든 유기체의 징후를 제거해서, 토지개발로 얻어지는 잠재적 이익을 얻고자 하는 욕망을 만족시키려 했다. 그러나 영화 〈포인트 블랭크〉에서 암시하듯이, 한 가지의 자연이 사라진다는 것은 분명히 맞는 말이지만 또 다른 자연이 태어난다. 이런 현상에 대해 글을 썼던 다른 사람들의 말을 따르면, 이 새로운 자연을 '도시의 자연'이라고 불러보자—여기서 그것은 흔히 보는 대로 콘크리트라는 수단을 통해 이루어진다.[29]

콘크리트 속에서 다시 태어난 자연은 영화 제작자와 작가들에게는 풍부한 소재이다. 부어맨처럼, 스탠리 쿠브릭Stanley Kubrick은 남동부 런던의 테임즈메드Thamesmead의 콘크리트 풍경을, 영화 〈클럭워크 오렌지 A Clockwork Orange〉(1971)의 폭력 장면을 위한 배경설정의 기회로 삼았다. 그리고 소설 중에서 발라드J. G. Ballard의 『터미널 비치 The Terminal Beach』(1964)와 같은 이야기는 버려진 군대 연구소 기지의 콘크리트 시설물이 자연의 대체자가 된다는 것인데, 이런 배경으로 조성된 분위기에 기대고 있다. 그러나 이런 자연—문화 관계에 대한 변환은 어디든지 있다. 흔한 말로, 그것은 바로 '콘크리트 정글'이다.

프랑수아 크와네가 건설한 욘 계곡을 횡단하는 수로 구조물. 반 강에서 파리시로 상수를 공급할 목적으로 1870–3년에 무보강 콘크리트로 건설되었다.

이와 같이 자연의 재편성을 가장 잘 드러내는 것은 그 과정에 대한 저항의 순간들이다. 서구 사회에서 아주 흔한 긴장감은 토지 배수, 관개 시설과 깨끗한 상수도, 그리고 도로 건설이 포함된 대규모의 하천 정비공사의 주변에 늘 있었다. 우리는 이미 로스앤젤레스 강에서 자연의 수문학적 재탄생이라는 경우를 보아왔지만, '도시'와 '자연' 간의 경계는 서구 사회에서는 엄청나게 투자되었는데, 생각해왔던 것보다 덜 심각한 범주 구분이라는 인식을 강요해왔던 도시에, 특히 강은 물을 공급할 필요가 있었다. 도시가 성장하면서 점점 더 많은 물이 필요하고, 그 물은 도시의 외곽 어느 곳에선가는 와야 하며, 어떤 경우에는 그곳이 수백 마일이나 먼 곳이기도 하다. 파리에서 수도꼭지를 돌리면 곧바로 샴페인^{Champagne}의 석회암 샘물로 이어진다. 잘 알려지지 않았지만, 바론 하우스만Baron Haussmann의 파리 근대화 계획 중에서 성공적인 것 중의 하나는, 남서쪽으로 80마일 떨어진 곳에 반Vanne 강을 채우고 있는 수원지로부터 상수도를 조성하는 사업이었다.[30] 그 공사에서 몇 가지 인상적인 기술이 생겼는데, 1873년에 완공된 것 으로 한 번에 욘Yonne 계곡을 가로지르는 길이 2마일인 수로가 콘크리트로 건설되었다. 이것은 아마도 새로운 재료를 이용한 최초의 주요 사회기반시설 공사이며, 이 공사는 콘크리트 업자 인 프랑수아 크와네François Coignet가 맡았었다. 그는 원래 화공기술자인데 시멘트 생산에 관련된 실험을 하다가 새로운 제품의 상업적 적용을 위한 연구를 하게 되었고 나중에 선구적인 콘크 리트 건설 사업자가 되었다.[31] 보강재 없이 다진 콘크리트(무근콘크리트)로 건설된 거대 구조 물은—이 때문에 철근의 발명이 앞당겨지게 된다—노출된 채로 있었고, 여타 재료와는 섞이지 를 않았다; 크와네는 그의 도시 계획에 필요한 외장을 고려했음에도, 여기서는 그렇지 않으면 경제적인 문제가 지배하게 되었고 그 당시에 아무런 비난도 야기하지 않았던 것 같다.

그럼에도, 그 후의 상수도 공사에서 전원지역으로 도시의 침투는 아주 민감한 문제였고, 도시, 그리고 기존의 인간 사회에 대한 외부적인 것으로서 '자연'의 위상에 관한 의문을 일으 켰다. 1920년대 말에 아테네의 상수도 공급을 위해 조성하기 위해서 건설된 마라톤Marathon 댐 은 미국의 대여자금으로 미국 건설회사가 시공했는데, 마리아 마이카Maria Maika가 지적한 대로, 그리스의 고대와 관련된 것들을 미끼로 삼아 그리스에게 '팔아먹은' 것이었다. 댐의 바닥부에 는 고대 사원인, '아테네의 보물'의 복제판이 세워졌다; 진품은 기원전 490년에 페르시아 '바바 리안들'에 대항해서 거둔 아테네 사람들의 승리를 기록했던 것이었고, 복제품은 황무지에 대 한 문명의 승리를 축하하는 것이었다. 콘크리트 댐 자체는, 파르테논 신전에서도 똑같이 사용 되었던 펜텔리안Pentelian 대리석으로 덮여 있어서 건설공사가 지역의 역사성과 물리적 환경 속 으로 흡수되도록 했다.[32] 콜로라도에 있는 후버Hoover 댐은 최초의 위대한 수리학적 공사였다. 그 공사의 현대성은 분명하게, 그리고 시각적으로도 축복받았다. 여기서 노출콘크리트는 그 댐이 도시에서 그렇게 먼 곳에 세워졌다는 이유로 당연한 것으로 여겨졌다. 그 밖의 곳에서, 특히 상수도 공사는 정치적으로 논란이 많은 곳에서, 자연 재료를 사용하여 '비자연적인' 댐 건설공사를 감추려는 경향이 있었다.[33]

도로건설 중에서, 특히 온 나라의 도시들을 이어주는 고속도로는 '자연' 속으로 도시화라

뮌헨–잘츠부르그 고속도로. 이르쉔베르그 산을 올라 경관을 즐기도록 노선이 결정되었다.

는 또 다른 침투이다. 전원지역에 있으면서도 고속도로는 전원지역의 것이 아니다; 자연에 대해 국외자인 도시의 동맥이지만, 그럼에도 고속도로는 여행자들에게는 자연을 체험하도록 해주고 있다. 독일의 고속도로 계획은 1933년에 국가 사회주의자들(나치)에 의해서 시작되었는데, 이런 관계에서 야기되는 딜레마를 아주 잘 보여주고 있다.[34] 독일 고속도로 아우토반은 화물은 철도로 운송하고 도로 위의 유일한 교통은 자동차라는 가정을 두고, 여가를 즐기는 운전을 위해 기획된 것이었다. 나치의 이념이 자연을 동경하고 도시에 대해 적대감을 갖으며 국토를 통해 독일 국민들을 재결합시키는 방법을 찾고 있었기 때문에, 도로 덕택에 얻는 전원의 경험은 중요한 우선사항이었다. 고속도로를 달리는 것은 도시민들에게 독일의 전원 풍경을 즐기도록 할 뿐만 아니라 철도 여행객들에게도 생소한, 전체적으로 참신한 방식으로, 아주 특별하게 전원을 경험할 수 있는 기회를 준다는 것이었다. 고속도로 노선이 경사를 감안한다고 해서 반드시 최단거리이거나 가장 타당한 것은 아니었지만, 가장 좋은 경관을 볼 수 있도록 선정되

1930년대 고속도로 횡단 교량. 철근콘크리트 구조이지만 돌붙임으로 장식되었다. 날씬한 형식으로 먼 곳의 경관을 조망하도록 했다.

었다. 고속도로 설계기술자인 발터 오스발트Walter Ostwald는 '우리는 최단 거리의 고속도로를 건설하는 것이 아니고, 오히려 두 점 사이에 가장 멋진 연결선을 건설해야 한다!'라고 강조했다.[35] 뮌헨—잘츠부르크München-Salzburg 고속도로는 계곡선을 따르지 않고 알프스의 작은 언덕들을 따라가면서 변화무쌍한 전원 풍경을 즐기도록 설계되었다. 고속도로 책임자 중의 많은 이들이 말하는 반더푀겔Wandervögel 유래와 일치하는 이야기에 따르면, 그 노선은 프릿츠 토트Fritz Todt가 선정했다고 한다. 그는 국가 고속도로 검사관으로서 '몇 명의 기술자와 스키 친구들과 함께' 산속으로 하이킹을 했었다. 토트는 '다른 어떠한 노선도 여기처럼 다양함과 강렬함을 보이면서 전원 풍경의 경험을 연출하는 가능성을 보여주지 못했다.'라는 글을 남겼다.[36] 도로가 이르쉔베르크Irschenberg를 올라 정상에 이르면 알프스의 웅장한 원경을 볼 수 있다. 이런 효과를 보기 위해서 경사를 설정했기 때문에 교통의 흐름이 자주 끊기고 교통 체증이 생기기도 한다. 가장 좋은 경치를 볼 수 있도록 노선을 선정했고 움직이는 자동차에서도 좋은 시야를 확보할 수 있도록 곡선으로 설계되었지만, 콘크리트로 건설된 아우토반의 물리적 구조물은 눈앞에 펼쳐진 자연 경관 속을 향하는 기술의 침공이었다. 식재와 설계에 상당히 많은 주의를 기울여 경관에 대한 충격을 최소로 했으나, 동시에 기술자들은 건설의 기술적 성과가 완전히 숨겨지고 평가받지 못한 채 사라지는 것을 원하지 않았다. 그것은 자연과 과학기술 간의 모순을 극복하려는 나치 이념의 한 부분이기도 했기 때문이다. 그러므로 도로에서 가장 시각적 특징인 교량과 고가도로는 자연과 과학기술 간의 관계에 대해 성공적인 해법의 중요한 상징물로서 다루어졌다. 가장 중요한 점은 하나의 아우토반이 다른 아우토반을 횡단하는 교차로였다; 정상적으로는 도로공학 기술의 성과물인 교량은 운전자의 아래에 있어서 눈에 띄지 않지만, 교차로에서는 운전자가 한 도로를 달리는 동안에 자신의 통행을 가능하게 했던 도로 기술자들의 솜씨를 감상할 수 있었다. 그래서 이런 교차로 교량의 외관에 특별한 관심을 기울였다. 확 뚫린 전원지역의 아우토반을 횡단하는 곳에 있는 교량에 대해, 도로건설 기관에서 미관 자문위원으로 활동하면서 다수의 교량을 설계했던 기술자 폴 보나츠Paul Bonatz가 천명한 정책은 교량의 중량감을 줄여주면서 이용자들에게 될 수 있는 대로 깨끗한 시야를 많이 확보하도록 하고 그 너머로 전원 풍경을 해치지 않도록 하여 될 수 있는 대로 교량을 뚜렷이 보이게 하는 것이었다.[37] 그래서 그들은 보기에도 답답하고 주로 콘크리트로 만들어져서 교대가 두툼하여 터널처럼 보이는 교량을 피했다. 나중에 새로이 개발된 프리스트레스트 콘크리트는 가장 날씬한 구조가 가능했던 수단이 되었다(철강재는 기술적 합리성, 전반적인 미국적 특성, 그리고 기념비적 성격이 충분하지 않다는 내포된 의미 때문에 배제되었다—무엇보다도 재무장 계획이 착수된 1936년 이후에는 토목공사를 할 만큼 충분한 양을 확보할 수 없었다). 초기의 교량은 노출콘크리트로 건설되었지만, '단조롭고 표현력 없는' 콘크리트 외피를 감추고 그 지역의 풍경과 잘 이어질 수 있도록 설계자는 대체로 그 지역의 골재를 사용했으며 잔 다듬질 석공 기술로 시멘트 외피를 다듬어서, 골재의 천연 색깔이 드러나면서 콘크리트에 그 재료의 특성을 살리게 했다.[38] 그러나 아우토반 구조물에 노출콘크리트를 사용한다는 것은 아우토반의 선전 명분 중의 하나로 대공황 시기에 고통받았던 전통적인 장인들, 특히 석공들의 재고용 기회를 제공한다는 명분과 부딪히게 되었고, 이런 이유와 함께 구조물은 주변 경관과 잘 어울려야 한다는 감각이 고조됨에 따라, 1936-7년 이후에 건설된 교량들의 대다수는 천연 석재로 외장하거나 완전히 돌로 건설되기도 했다. 이에 대한 좀 더 그럴 듯한 이유는, 특히 1936년에 재무장이 시작되면서 아우토반 건설공사에 숙련된 기능공과 노동력이 부족하게 되었고, 또한 노출콘크리트 공사에서 만족할 만한 품질을 얻기가 어려웠을 것이고 돌붙임이 더 쉽다는 것을 알았을 수도 있다. 콘크리트 구조물을 석재로 덮는 일은 또한 미국의 공원도로 방식을 따르는 것이며, 그곳의 교량은 마찬가지로 돌붙임을 하여 운전자들이 공원도로를 운전하면서 '자연 속에' 있는 듯한 착각을 갖게 하는 것이었다. 비록 독일의 아우토반의 규모가 미국의 공원도로보다 훨씬 더 컸지만, 토트는 그것들을 면밀히 연구하고, 그를 돕고 있던 기술자들의 편의를 위해 독일어로 번역된 공원도로에 관한 미국의 관련 문헌 전부를 확보했다.[39]

아우토반 홍보 문구를 살펴보면, 과학기술을 이용하여 감춰져 있던 경관을 드러나게 하고 독일 국민에게 그 경관을 보이게 했다는 생각에 대하여 자주 거론되는 참고자료가 있다. 과학기술을 통해서 새로운 자연을 알게 했지만, 자연을 능가할 만한 힘을 갖도록 할 수는 없었다. 1941년에 발간된 아우토반에 관한 홍보 책자에는 다음과 같이 기술되어 있다:

유려한 노선으로 이루어진 넓고 탁 트인 띠와 같은 아우토반은, 독일의 문화적 상징 기념물과 자연적인 풍광에 새로운 모습인 과학기술 시대의 창작품을 더해주고 있다. 자연의 법칙을 따르면서, 환경의 특성을 해치지 않고, 아우토반은 숲, 들판, 그리고 평원의 눈에 익은

뮌헨–잘츠부르크 고속도로 주변의 키임제의 주유소, 건축가 프릿츠 노오카우어 설계. 넓은 처마가 있는 전통적인 알프스 지방의 양식으로 된 목조 지붕이 노출콘크리트 기둥으로 지지되어 있다.

경치를 잘 이용하고 있다. 마을, 소읍, 도로, 운하, 철로처럼, 아우토반은 전원에 이름을 남기려 하는 인간의 의지를 나타낸 것이다. 무엇보다도 아우토반은 자연과 아주 잘 어울린다. 아우토반의 노선은 사람들의 집중을 피하도록 선정되었기 때문이다. 아우토반은 주변 경관과 무관한 순전히 기술적인 공사처럼 흉하게 따로 있는 것이 아니다. 그 반대로, 예술가의 작품처럼 주변 경관에 가까이 어울리고 있다. 산속에서는 아우토반 교량의 콘크리트 교각은 그 지방에서 캐낸 자연석으로 씌워져 주변 환경에 잘 어울리도록 하고 있다. 그리하여 새로운 과학기술이 자연 경관에 유기적으로 들어맞도록 최선을 다했다.[40]

이 글에는 국가사회주의 체제 하에서 독일기술에 중심이 된 과학기술과 자연의 조화에 대한 견해가 들어 있다. 미국양식이 순수하게 효율성에 이끌린 것처럼 보이지만, 독일기술의 목표는 '문화'를 창출하고 인간의 잠재 능력을 깨우친다는 것이었다. 아우토반의 선임 조경 설계자인 알빈 자이퍼트^Alwin Seifert가 1935년에 최초로 아우토반 담당 부서를 개설하면서 '자동차와 자동차 전용도로를 그 자체에서 목적으로 구상한다는 것이 바로 문명이다. 오랜 경험과 새로운 통찰력을 위한 수단으로서 그것들을 이용한다는 것이 바로 문화이다.'라고 주장했다.[41] 아우토반에서 콘크리트는 과정 속의 하나하나를 새로운 것으로 변화시켜, 독일 자연경관의 인식, 독일 민족의 자각을 가능하게 한 매체이다. 이런 맥락에서 그 구조물을 만들었던 콘크리트를 숨길 것인가 아니면 보이게 할 것인가에 대해, 순찰 검문소와 식당처럼 아우토반과 그것과 관련된 구조물을 설계한 사람들이 당면하는 딜레마를 이해할 필요가 있다. 콘크리트가 '문화'를 나타내었다면, '자연'에 대한 콘크리트의 관계는 분명해야 했다; 그렇지만 그와 동시에 너무 드러난다면, 자연 속으로 받아들일 수 없는 침투처럼 보이거나 '새로운' 자연을 만들어내기로 타협한다는 위험성이 있었다.

독일의 아우토반과 거대한 수문학적 공사에 내재된 콘크리트와 문화를 향한 이중가치는 우리가 '자연'을 특성화하려는 데에서 겪는 어려움에 관심을 끌고 있다. 전통적인 견해는 자연은 인간이 존재하지 않는 곳, 인간이 닿기 전에 지구의 그곳, 인간이 태어난 그곳이라는 것이다. 자연은 그 자체의 힘을 가지고 있다. 그 힘이 인간에겐 없다. 인간이 자연에 의지한다는 명분 때문에 억지로 자연의 자원에 의지하고 있을 것이라고 생각하고 있다. 이런 우주론 속에서, 인간이 건설한 도시는 자연에 맞서고 있다. 자연에 대한 이런 생각은 거의 다 18세기로 돌아가는 것인데, 한동안 공격을 받아왔다. 주로 맑스^Marx가 그랬는데, 인간은 자기의 욕구를 충족시키려고 '자연'을 만들었다고 주장했다. 그럼에도, 자연에 대한 오랜 관념은 유별나게 유지되어 왔고, 치유력을 가진 인자한, 본래의 자연의 존재가 인류의 '이기적인' 이용에 맞서 있는 생태계에 관한 현대의 정치적 관념에서도 다를 바 없다. 콘크리트 또한 자연에 대한 우리의 생각들을 구성하는 혼돈과 모순 속에 휩쓸리고 있다. 한편으로는 자연에서 억지로 빼앗은 인공적인 제품은 자연에 저항하고 자연이 배제된 환경을 만들어내는데, 바로 그것이 '자연에서 벗어난 *denatured*' 것이다. 다른 한편, 자연으로 하여금 일어날 수 있게 하고 다시 태어나게 해주는 그 무엇은, 유기체의 존재 없이도 인간의 의식 속에서 전통적으로 자연이 부담했던 많은 몫들을 해나가는 자연, 장소, 그리고 상황과 같은 것들의 유사체이다.

콘크리트의 '자연스럽지 않음'에 관한 혼란스러움은 바로 콘크리트가 환경에 끼친 결과에 관한 동의가 없었기 때문에 생긴다.

지속가능성 Sustainability

콘크리트는 나에게는 중요한 문제이다; 콘크리트는 그다지 지속 가능한 건설 재료는 아니다.[42]

마아틴 윌리, 왕립 도시계획연구소 소장
Martin Willey, President of the Royal Town Planning Institute, 2009

콘크리트는… 철강재와 목재를 능가한다는 녹색 신임장과 더불어, 환경적으로 지속 가능하다.[43]

콘크리트 센터 웹사이트
Concrete Center website, 2009

1980년대 말 자연과 콘크리트 간의 관계에 대한 논의는 콘크리트가 지구의 자연 자원과 지구의 생태계에 미치는 영향으로 전환되었으며, 그 영향은 이전의 미적 관심이 하찮은 것으로 보일 만큼 커졌다. 콘크리트는 전 세계의 어마어마한 양의 자원을 빨아들이고 있다. 콘크리트는 물을 제외하고는 지구상에 가장 널리 쓰이고 있는 재료이다. 전 세계에 매년 콘크리트 생산량은 일인당 2.5톤을 넘는다.[44] 콘크리트 제품은 연간 80억 톤의 원자재를 주로 모래와 골재, 시멘트의 주성분인 석회석을 소비하는 것으로 추정된다.[45] 이것의 증거는 만족할 줄 모르는 시멘트 요구량을 채우기 위해서 사라진 산들, 석회 채석장, 자갈 웅덩이, 굴착작업으로 생긴 상처 등, 어느 곳에서든지 찾아볼 수 있다. 이런 자원들은 엄청나게 많고 쉽사리 없어질 것 같지 않아서, '성장의 한계'에 대한 경고가 처음으로 언급되었을 때인 1970년대 중반에 천연자원의 고갈에 대한 초기 경고가 있었음에도 콘크리트는 그다지 문제가 되지 않았다.

그러나 1980년대에 들어서서, 인간이 지구에 살면서 직면한 가장 큰 위협은 에너지 자원과 재료를 다 써버린다는 것이 아니고, 이산화탄소 발생으로 인한 지구온난화라는 자각이 점점 커지면서 콘크리트 쪽으로 관심이 쏠리기 시작했다. 콘크리트, 그리고 좀 더 구체적으로 시멘트 제품은 이미 확인된 바와 같이 대기 중에 있는 탄소의 중대한 발생 원인이었다. 보통 콘크리트중량의 13%를 차지하고 있는 시멘트는 예외적으로 많은 이산화탄소량을 방출하고 있다. 포틀랜드 시멘트 1톤을 생산하려면 거의 1톤의 이산화탄소가 발생한다. 그렇다 하더라도 (우리가 알게 되겠지만) 시멘트 성분이 아닌 혼화재를 첨가해서 이산화탄소 발생량을 감소시킬 수 있는 방법들도 있고, 세계 18대 시멘트 제조회사 협회가 제정한 요청은 시멘트 1톤당 이산화탄소 방출량이 670kg으로 예외적으로 낮은 양인데, 이것은 그러한 혼화재를 많이 사용한다는 가정을 근거로 하고 있다.[46] 시멘트 생산은 1,450℃에서 석회석과 점토를 구워서 클링커라고 하는 유리 같은 입자를 생산하고 그 다음에 가루로 분쇄되는 과정을 거친다. 탄소방출은 두 가지 형태로 발생한다. 석회석을 태울 때 일어나는 화학반응이 그 하나이고, 다른 하나는 가마를 굽고 재료를 추출하고 운송할 때 쓰이는 연료로부터 탄소가 방출된다. 탄소 방출량의 약 50%는 화학반응의 산물이다; 가마를 굽는 연료연소에 의해서 약 40%, 원재료를 추출하고 운반하는 데 사용되는 연료에서 약 10%이다. 화학반응으로 생기는 이산화탄소 CO_2는 피할 수 없으며, 이것을 대체할 수 있는 것은 아무것도 없지만, 좀 더 효율적인 가마를 사용하여 연료연소에 의해 발생하는 이산화탄소량을 줄인다거나 그냥 매립지에 버려질 수도 있었던 폐타이어 같은 폐품을 연료로서 사용한다거나 탄소방출을 상쇄함으로써 줄일 수 있는 부분이 있다. 그렇다 하더라도, 결과가 어찌 되든 포틀랜드 시멘트 생산에서 발생하는 이산화탄소량을 톤당 900kg 이하로 줄이는 일은 불가능해 보인다. 그래서 시멘트 생산에서 방출되는 전체 이산화탄소량은 엄청나서 전 세계 이산화탄소 방출량의 약 5%에서 10%에 이를 것으로 추정된다. (이런 큰 차이는 발생원에 따른 것이며 콘크리트의 지속가능성에 대한 '사실들' 중의 많은 것은 부정확하다. 그 이유의 일부는 매년 전 세계 시멘트 생산량에 대한 불확실성에 있으며, 그 범위는 15억 톤에서 25억 톤에 이를 것으로 추정하고 있다.)[47]

개발된 나라의 시멘트 생산업자들은, 자신들은 연료효율이 좋은 가마를 쓰고 있다는 이유로, 시멘트 분야에서 이산화탄소 방출량의 80%는 저개발 국가에서 나온다고 주장하고 있다—

주로 중국인데, 전 세계 시멘트 양의 반을 생산하고 있다.[48] 이런 주장이 전적으로 신빙성이 있는 것은 아니다. 분명히 북미에는 연료효율이 낮은 가마가 있고 연료효율이 좋은 가마는 저개발 국가에 있다고 한다. 인도는 세계 2위의 시멘트 생산 국가인데, 세계에서 가장 효율이 좋은 시멘트 공장을 보유하고 있는 것으로 알려져 있다. 중국이 시멘트에서 유발되는 이산화탄소량의 상당한 몫을 차지하고 있다는 것은 여하튼 반론의 여지가 없어 보이고, 중국에서 방출되는 전체 이산화탄소량에 대한 현재의 수치에 맞는다. 2009년에 생산된 전 세계 이산화탄소량의 24%는 중국에서 방출되는 것으로, 22%를 차지하고 있는 미국보다 바로 위이다. 이런 수치에 대한 중국의 반응은, 중국의 산업이 주로 수출용 상품제조업이기 때문에, 탄소방출에 대한 책임은 상품 생산업자가 아니라 소비자가 지어야 한다는 것이다(중국 방출량의 6%는 유럽 수출과 관련된 것이며 9%는 미국 수출과 관련된 것이다).[49] 상품생산을 위한 기반시설은 대부분 콘크리트로 건설되기 때문에(삼협댐에 사용된 콘크리트 양을 생각해보면), 중국에서 시멘트 생산으로 유발되는 이산화탄소 방출량의 일부는 서유럽 국가에도 비슷하게 책임지을 수도 있을 것이라고 주장할 수도 있다.

이산화탄소 방출에 대한 비난을 돌리는 게임에서 피할 수 없는 것은 전 세계적인 규모로 보았을 때 콘크리트 생산 활동이 불안하게도 높은 비율의 이산화탄소를 방출하고 있다는 점이다. 잘 알려진 원흉인 항공수송에 의해서 생기는 4%에 비해, 적어도 전체의 5%로 추정된다. 이런 현실과 비정상적으로 엄청나게 요구되는 시멘트량—2042년까지 소비량이 거의 현재의 2배에 이를 것이다—을 고려한다면, 환경에 대한 콘크리트의 영향을 염려하는 타당한 이유가 있다.[50] 이 시점에서 좀 더 적은 양의 시멘트를 사용하거나 아니면 전혀 사용하지 않고 콘크리트를 만들 수 있을까라는 문제로 논의가 옮겨가고 있다. 얼마 전부터 시멘트에 특정 분말을 첨가해서 고강도 콘크리트의 시멘트 함량을 줄일 수 있다고 알려져 있다. 가장 효과적인 혼화재는 플라이 애쉬인데, 석탄 화력발전소의 연통에서 필터로 걸러진 잔류물이며, 분말 유리질 고로 슬래그(GGBFS)도 적절한 혼화재로 제강공장에서 생기는 찌꺼기이다. 플라이 애쉬와 GGBFS로 콘크리트 내의 시멘트 양의 80%를 대체하는 것이 가능하며 콘크리트강도를 유지할 수 있다. 그러나 물이 더해져서 응결을 촉진하며 수화열을 발생시키는 시멘트와는 달리, 이런 혼화재는 수화열을 발생하지 않으며 따라서 완전한 강도를 얻기까지 시간이 많이 걸려서 공사가 느려진다는 단점이 있다. 실무에서는 시멘트의 60%를 대체하면 전체 이산화탄소 방출량을 반으로 감소시키며, 만족할 만한 결과를 얻어낸다고 알려져 있다. 브래들리 Feilden Clegg Bradley가 설계하여 2003년에 준공된 쉐필드 Sheffield의 노출콘크리트 미술 스튜디오 건물인 퍼시스턴스 웍스 Persistence Works 건물은 콘크리트에 포틀랜드 시멘트를 40%, GGBFS를 60% 사용하여 지어진 것이다.[51]

콘크리트에서 생성되는 이산화탄소량을 줄이는 좀 더 혁신적 해결책은 포틀랜드 시멘트 없이, 시멘트와 같은 기능을 갖지만 자체로는 시멘트가 아닌 비시멘트질 결합재를 사용하거나, 전통적 재료와 공법—석회석, 다진 흙, 진흙 벽돌 등으로 복귀하는 두 방법을 같이 쓴다는 것이다. 진보적인 방법으로, 포틀랜드 시멘트를 대체하는 여러 재료가 개발되었으나, 어느 것도 여태껏 필수적인 시험과 인증과정을 만족시키지 못해서 포장 석재, 배수관과 해안 방호공사와 같은 비구조 시설물에 제한적으로 쓰이고 있다. 프랑스의 생캉탱 Saint-Quentin에 있는 쟝 다비도비츠 Jean Davidovits의 지질복합체 Geopolymer 연구소가 개발한 지질복합체가 시멘트 대체재로 최초의 것이다. 이것들은 실리콘 알루미늄 분말제이며, 포틀랜드 시멘트보다 훨씬 낮은 온도에서 합성되어, 포틀랜드 시멘트의 이산화탄소량의 30% 정도만 방출한다. 다비도비츠는 특유의 겸손함을 보이면서, '오늘날 지구의 대기를 구하는 희망을 주는 이 세계의 과학기술은 어느 것도 증명된 바 없고 존재하지도 않는다.'라고 주장하고 있다.[52] 오스트레일리아 타즈매니아 Tasmania에 있는 호바트 Hobart 사의 존 해리슨 John Harrison이 개발한 에코 시멘트 Eco-cement가 비교될 만한 제품인데, 탄화마그네슘 소재이며 650℃의 훨씬 낮은 가마 온도로 생산된다. 이 제품은 탄소를 **흡수하는** 성능이 있다고 한다. 이런 현상이 모든 시멘트 제품에서 시간이 지나면 제한된 정도로 발생한다고 하지만, 탄화마그네슘 시멘트에는 훨씬 더 빨리 일어난다고 알려져 있다. 제3의 시멘트 대체재는 정유 공정에서 생기는 무거운 잔류물에서 만들어진다. 이것은 전통적으로 좀 더 가벼운 기름과 함께 섞어서 태움으로써 처리되지만, 델프트 Delft 공과대학과 쉘 Shell 석유회사가 개발한 제조기술은 이른바 '탄소콘크리트'를 만들어낼 수 있는 '씨-픽스 c-fix'라는 폐기물로부터 결합재를 만들어내었다.[53] 이런 제품 중 어느 것도 아직은 구조용으로 검증을 받지 않았기 때문에, 포틀랜드 시멘트 시장에 대한 이들의 충격은 아직까지는 무시될 만하다.

퍼시스턴스 웍스, 쉐필드, 2003. 건축가 브래들리 설계. 콘크리트에 GGBFS를 사용하여 시멘트 함량과 건물에서 생성된 이산화탄소량을 줄였다.

포틀랜드 시멘트보다 앞선 옛 재료와 공법에 대한 논쟁은 그 재료들이 철근콘크리트에서 포틀랜드 시멘트의 구조적 용도를 대체할 수 없지만, 그럼에도 단순히 쓰기가 편하기 때문에 포틀랜드 시멘트가 쓸데없이 사용되는 경우가 많다는 점이다. 시멘트보다 방출되는 이산화탄소방출량이 적은 석회석은 골재와 함께 비비면, 구조물 기초와 같은 곳에 쓰일 정도로 충분한 강도가 생긴다. 새로이 개발된 제품 중에는 (사실상 단순히 전근대적 건축기술의 산업화 형태일지라도) 석회석과 식물성 골재, 잘게 부순 대마를 섞어서 경량의 비구조용 제품인 '대마 콘크리트'를 제조하는 것이다. 이 제품은 적절한 기상대비 보호시설만 있으면 소리 흡수력이 좋고 고온에도 내성이 있으며 내부 벽체용으로 좋고 비구조용 외부 벽체에도 좋다. 이 제품은 영국과 프랑스에서 개발되어 사용되고 있었다. 그 제품을 적용한 사례가 2006년 서포크 Suffork의 사우스월드 Southwold 외곽에 세워진 애드남스 Adnams 양조장의 배급창고 건물이다. 이 건물의 외벽이 '대마콘크리트' 블록으로 만들어졌으며, 아래쪽에는 보호용 벽돌을 붙였다. 대마콘크리트의 큰 장점은 고속성장 작물인 대마를 사용함으로써 대기로부터 탄소를 흡수하여 이산화탄소를 격리함으로써 이산화탄소 방출 억제 기능을 갖는 구조물을 세우는 것이 가능하다는 점이다: 수확된 대마 1톤은 성장하는 동안 2톤의 이산화탄소를 흡수할 것이며, 그리고 대마콘크리트는 이런 이득을 건물에 넘겨줄 것이다. 애드남스 양조장 배급 창고는 이산화탄소 80톤의 **탄소공제액**credit을 생산했으며 이런 크기의 건물이 정상적으로 발생하는 내포된 이산화탄소 방출량은 거의 450톤인 것과 비교가 된다.[54]

다진 흙과 진흙 벽돌이라는 옛 기술에 접해 보면, 우리는 수천 년 동안 오래 지속되고 만족스러운 결과와 함께 사용해왔던 아주 기본적인 기술을 다루고 있다. 여기서의 논점은 세계의 어느 곳에서나 모든 종류의 건설공사에 시멘트가 거침없이 진출하여, 어쩌면 불필요하게 차지하고 있는 시멘트의 에너지 사용 면에서 보면, 만드는 데 전혀 에너지를 소모하지 않고, 극도로 효율적으로 만들어낼 수 있는 이런 옛 방식을 시멘트가 밀어내왔다는 것이다. 세계의 여러

페루에서 진흙벽돌을 말리고 있다. 2006년에 진흙벽돌 1000개의 가격은 70파운드 정도였다: 6000개 정도면 작은 집을 지을 수 있다.

곳에서 진흙벽돌을 사용해왔고 앞으로도 계속 사용할 것이며, 2층짜리 건물도 아주 만족스럽게 지을 수 있을 것이다. 세상에는 돌이나 목재로 지어진 집보다는 굳힌 흙이나 진흙벽돌로 지어진 집들이 훨씬 많을 것으로 추정된다. 그런데도 점점 더 시멘트 산업이 개발 중인 나라에서 자리를 잡으면서, 새로운 시장을 찾으려는 중에 낮은 수준의 기술로 자국의 건설 분야에 진입하게 되었다. 두 가지 요인 때문에 시멘트를 선호한다. 그 하나는 시멘트의 성능이 예측 가능하고 확립된 기준에 맞춰 제조된다는 것인데 반해, 진흙이나 굳힌 흙은 어떠한 건설 기준도 없고 그래서 그 거동을 예측할 수 없다는 점이다. 제3의 무리들—시공업자, 건축가, 기술자—이 건설 시장에 진출하자마자, 공사에 대한 책임을 지고 어떠한 실수에도 법적 책임을 피하려는 것이 그들의 의무이기 때문에, 그들은 항상 시험을 거쳐 검증된 재료와 공법에 매달리려 하며, 예측할 수 없고 인정받을 수 없는 것들을 피하려 한다. 특히 지진이 자주 발생하는 지역에서, 때로는 끔찍한 결과를 낳는 지진 손상을 받기 쉽다는 이유로 진흙 벽돌 공사를 피하는 좋은 구실이 된다. 두 번째로, '현대적'이고 싶은 욕망은 전통적인 공정을 단점으로 여기고 있다. 폴 올리버Paul Oliver가 기술한 바와 같이, 진흙을 사용하는 세상 모든 곳에서는 서구의 모델로서 철강재, 콘크리트, 그리고 유리에 관한 환상이 있다. 그래서 1985년 이것에 대한 구제책으로 제시된 것인데 화려한 서유럽에서 흙 건물에 투자하여 개발도상국에게 모방 모델이 될 수 있게 한다는 것이다.[55] 우리는 그러한 변환이 어느 쪽으로 유리하게 될지 반드시 알아봐야 한다. 지리학자인 데이비드 하아비David Harvey는 우리에게 상기시키고 있다: '생태학적 결핍, 자연적 한계, 과밀 인구, 그리고 지속가능성에 관한 모든 토론은 자연 그 자체에 대한 것이라기보다는 오히려 특수한 사회적 질서 유지에 대한 것이다.'[56] 개발도상국의 사람들이 콘크리트로 집 짓는 것을 단념시키는 것은 약간의 이산화탄소 방출을 절감할 수도 있겠지만, 단순히 그렇게 하는 목적이 서구인들이 익숙해진 그들의 생활양식을 계속해서 즐길 수 있게 한다는 것인가? 브라질의 건축가 리나 보 바르디Lina Bo Bardi는 개발도상국가에서 흙과 흙벽돌 공사를 추진하기 위한 국제협력기관의 노력에 대해서 '제3세계에는 **진흙**을, 적도 위쪽의 나라에게는 콘크리트와 강재를'이라고 신랄하게 비난했다. 그것은 단지 제3세계를 '클럽'에서 차단하려는 방법일 뿐이다.[57] 서구의 탄소방출량의 미미한 절감조차도 개발도상국의 건설공정에서 어떠한 변화만큼 지구상에 커다란 결과를 갖게 되는 것이지만, 중대한 정치적이며 사회적 변화 없이는 쉽사리

성취될 수 없을 것이다.

이제까지 우리는 구조물과 건물의 건설, 그리고 구조물에 투입되는 재료의 생산에서 야기되는 이산화탄소 발생, 이른 바 '내포 이산화탄소'만을 지켜보고 있었다. 콘크리트 옹호자들은 콘크리트가 다른 건설 재료보다 더 높은 내포 이산화탄소를 지녔지만, 그것은 세월이 지남에 따라 건물 사용에 이르면, 콘크리트는 이산화탄소 방출을 줄일 잠재능력이 있다고 주장하고 있다. 이런 주장은 에너지를 소비하는 건물에만 적용되지 교량과 같은 토목구조물에는 그렇지 않다. 건물의 생애기간 동안 난방, 냉방, 조명에 소비되는 에너지량은 건설 당시에 소비된 에너지 양보다 훨씬 크다. 건물의 에너지 사용에 작은 절감조차도 시공 단계에서 크게 절감된 양보다 훨씬 더 큰 장기간 결과를 가져온다. (영국의 콘크리트 센터에서 건물의 '일반적인' 60년 수명 동안에 대해 추정한 바에 의하면 건물의 이산화탄소 방출량의 10%는 건설 당시에 발생한 것이고 나머지 90%는 냉난방과 조명에 기인한 것이다.)

콘크리트는 열용량이 크다. 다시 말하면, 콘크리트는 열을 잘 저장하고, 이런 성질을 이용해서 건물 내부의 고른 온도를 유지하는 데 도움이 될 수 있으며, 냉방과 난방에 대한 필요를 줄이거나, 함께 없애는 데 좋은 재료이다. 이 점 때문에 콘크리트가 다른 건설 재료보다 유리하다고 여기고 있다. 따뜻한 기후이거나 온대 기후의 여름 동안에 건물 내부의 노출 콘크리트 표면은 열을 흡수하며, 밤에는 바깥의 찬 공기로 다시 식어지면서 다음날 다시 열을 흡수할 준비가 된다. 겨울철에는 그 과정이 반대이다. 콘크리트가 낮에는 태양열 흡수, 인간 점거, 전기 장비, 그리고 난방으로부터 열을 흡수하고, 밤에는 건물이 식으면서, 이 열을 방출하여 다음날 아침에 다시 건물을 덥히는 데 에너지가 덜 필요하게 된다. 낮과 밤의 온도를 균등하게 하는 이런 과정은 온대 기후에서, 그리고 내부 최고 온도가 최대 점용 시간에 해당하는 사무실이나 학교 건물에서 가장 효과적이다. 콘크리트의 열용량의 장점을 활용하려면, 표면이 노출되어야 하며, 바닥 아래의 노출면에서 생기는 효과가 가장 크다; 노출된 수직면은 어느 정도 효과가 있으나 바닥면에서는 가장 적다. 또한 여름밤에 찬 공기가 노출면을 스치게 하여 콘크리트를 식히는 방법이 필요하다. 아룹^Arup 연구소가 수행한 영국의 주택 건설과 관련된 실험에서 석재 또는 콘크리트로 지어진 주택은 경량의 목재골조로 된 주택보다 열을 덜 받는다는 것을 보인 바 있다. 벽돌과 유공 블록 벽체로 지어진 집은 목재 골조로 지어진 집보다 더 많은 1.25톤의 내포 이산화탄소를 가지고 있지만, 2001년부터 2061년까지 60년 동안 냉난방에서 15톤 적은 이산화탄소를 방출하는 것으로 평가되었다.[58] 이것은 콘크리트와 관련된 생애 에너지 비용과 내포된 비용 간의 관계를 평가하는 아주 적은 연구 중의 하나로 보인다. 또한 그 실험의 주장은 21세기에 급격히 오르는 여름철 온도 추정에 따르고 있다: 다른 말로 하면, 콘크리트의 지속가능성 이익은 현재에는 존재하지 않지만, 온도가 추정 속도로 오른다면, 미래에 축적될 뿐이다. 건물의 생애 에너지 비용과 내포된 비용 간의 관계에 대해 더 나은 믿을 만한 어떠한 정보도 없기에, 콘크리트의 '지속가능성'에 대한 경우는 어떠한 결론에 이를 수 있기 전에 단지 우리가 그 이상의 증거를 기다리고 있다고 말할 수 있을 뿐이다.

콘크리트의 지속가능성에 대한 마지막 논란은 종국에는 무슨 일이 일어날 것인가에 대한 것이다. 초기의 콘크리트 개발자들은 '영구적인' 재료를 찾아냈다고 생각했다. 이 점에서 그들은 안타깝게도 실망해야만 했다. 알칼리—실리카 반응과 중성화가 원인이 되어 콘크리트의 내부적인 화학적 변화가 의미하는 것은 그들이 추정했던 만큼 안정된 물질이 아니라는 것이기 때문이다. 콘크리트가 오랫동안 지속될 수 있더라도 콘크리트는 변화를 겪는다. 그리고 구성 재료의 미묘한 배합비율과 지역의 대기 조건에 따라, 강도를 잃을 수도 있고 그렇지 않으면 서서히 부식될 것이다. 콘크리트 전문가 중에는, **모든** 콘크리트 구조물은 미래에도 계속 쓸모가 있으려면 조만간 급격한 보수가 필요하게 될 것이며, 콘크리트 보수는 특히 재료의 재알칼리화 re-alkalination가 요구되면, 어렵고 비싼 공사가 될 것이라는 견해가 있다.[59] 그러나 그 물질 자체가 영구적인 것일지라도 그 물질로 만들어진 제품은 그렇지 않으며, 대개는 철거작업으로 종말을 맞는 모든 구조물처럼 노후화에 희생된다. 그렇다면 건물이 철거될 때 어떠한 일이 생기는가? 건설 폐기물과 철거 폐기물은 유럽의 모든 도시의 고체 쓰레기의 25%에서 50% 정도이며, 또는 일 년에 1인당 0.5톤에서 1톤 정도만큼 발생한다고 추정된다.[60] 이런 폐기물은 어디로 가는가? 영국에서는 1999년에서 2000년까지, 건설 폐기물의 약 65%는 지하 또는 지상에서 처리되었다.[61] 콘크리트 폐기물은 재활용되기가 가장 어렵기 때문에 아마도 이런 수치의 대부분을 차지하고 있다. 철강재, 벽돌, 목재 등으로 지어진 구조물은 해체되어서 재료를 재활용할 수 있지만, 일체성을 지닌 철근콘크리트는 말 그대로 해체가 불가능하다. 폭약이나 기계

장비로 철근콘크리트 구조물을 해체해서 여러 조각으로 부수어야 제거될 수 있다. 철근은 구제되어 재활용될 수 있지만, 나머지 것들은 작은 조각으로 부수어져야 골재로서 재활용될 수 있다. 그렇지만 이것은 지저분하고 해롭고 비용이 많이 드는 작업이며, 그 이론은 좋지만 현실적으로 재활용 콘크리트 골재 시장은 제한되어 있다. 그 폐기물의 화학적 반응은 원래 사용된 재료 성분에 따르기 때문에 확실하지 않고, 재활용 골재의 공급이 콘크리트가 아닌 다른 자원으로부터 올 것이라는 점은 신뢰할 만큼 안정된 재료가 아니라는 것을 의미하며, 고속도로 기층 같은 낮은 등급의 공사에만 쓰일 것이다. (몇몇 유럽 국가에는 모든 콘크리트 기초에는, 되메우기 채움재로 끝내지 말고 전환시켜서 일정 비율의 재활용 골재가 포함되어야 한다는 요구조건이 있다.) 콘크리트 옹호론자들은 철근콘크리트는 완전하게 재활용**될 수 있다**고 말하는 것에 옳다고 하지만, 현실은 모든 콘크리트 폐기물은 재활용과는 거리가 멀다는 것이다. 이런 까닭에 콘크리트 건물의 철거를 심각하게 고려하고 있는 사람들은 다른 대안을 지켜보라고 권유받고 있다. 하지만 낡은 콘크리트 건물이 앙상한 뼈대로 돌아가서 새로운 건물을 위한 구조물로 사용된다는 것을 보는 것이 점점 더 흔한 일일지라도, 이것에는 한계가 있다. 문 닫은 쇼핑센터가 주거시설로 변할 수도 없고 다층 주차시설이 사무실로 변할 수도 없다(바닥에서 천정까지의 높이가 너무 낮다). 그래서 콘크리트 건물이 아직도 망가진 채 서 있고, 이론적으로는 콘크리트 폐기물 전량을 재활용할 수 있을지라도 현실적으로 그것의 일부만이 재활용되고 있다.

쉽게 말하면, 환경에 관한 관심으로 야기된 콘크리트의 자연에 대한 관계는 아주 간단하게 정의될 수 없다. 시멘트 콘크리트 업계가 주장하듯이, 시멘트 제품을 개선하고, 시멘트 선택을 신중하게 하고, 장기간 에너지 절약을 촉진하는 건물 설계에 관심을 기울이고, 철거된 콘크리트 구조물에 대한 재활용을 도모한다면, 콘크리트는 다른 건설 재료처럼 더 낫지는 않더라도 지속 **가능할 수 있다**는 점은 분명하다. 그러나 그런 경우의 사실들은 우리가 그러한 위치를 차지하기에는 아직도 멀리 떨어져 있다는 것이다. 콘크리트의 지속가능성에 대한 요구는 완벽하게 실행할 수 있겠지만 현재에서보다는 미래에서 다루어져야 할 것이다.

지속가능성에 관한 논의는 어느 정도가 될지 단정하지 못더라도, 의심할 바 없이 콘크리트에 의해서 야기된, 자연에 대한 물리적 변화에 관한 것이어야 한다. 우리가 '자연적인 것'으로 인식하고 있는 것에 대해 콘크리트가 가져온 변화는 여하튼 중요한 의미가 있다. 세상 어느 곳에서도 한 조각의 콘크리트를 맞닥뜨리게 되면, 당장에 우리는 '자연'이란 무엇인가라는 대화 속으로 달려갈 것이며, 그 말을 둘러싸고 있는 혼돈과 모든 불확실성이 드러나게 될 것이다. 콘크리트가 없었다면 '자연'은 정말로 황폐해졌을 것이다.

생쟝 드 몽마르트 교회, 파리, 1897–1904. 건축가 아나톨레 드 바도 설계.
역사적 전례에서 벗어난 최초의 콘크리트 건축물로 알려져 있다.

셋

역사 없는 매체
A MEDIUM
WITHOUT
A HISTORY

개인의, 민족의, 문화의 건전성을 위해서 역사적이지 않은 것과 역사적인 것을 똑같은 잣대로 바라볼 필요가 있다.

프리드리히 니이체 Friedrich Nietzsche (1874)[1]

콘크리트는 역사적 매체인가 아니면 콘크리트의 매력 중에 역사적 요소가 없는 것인가? 20세기 내내 전문가들과 비전문가들은 하나같이 콘크리트를 이해하려 애를 써왔다. 이 매체가 기술적으로 발전하고 그 매체에 대해 사람들이 생각하고 있었던 능력을 넘어서 건설산업에서 차지하는 비율은 놀랄 만큼 급속하게 증가했다. 사람들은 과거에 없었던 것을 자신들의 정신 세계로 받아들여야 했다. 한 매체가 발명되어 창의적으로 활용되고 그것이 문화적으로 동화될 때까지 시간적 격차가 생기는 것이 드문 일은 아니다. 영화와 텔레비전에서도 최초로 창의적인 결과가 쏟아져 나온 다음에 비로소 그 매체들이 사회적으로, 그리고 예술적으로 어떠한 영향을 끼쳤는지에 대한 비판적 의견들이 제대로 전개되었다. 그러나 콘크리트에서 그 과정은 훨씬 더 길어졌다. 19세기 중반부터 후반에 개발된 한 매체에 대해, 사람들은 그 매체에 대해 생각하고 있던 것을 20세기 후반에도 여전히 알아내려 하고 있었다. 역사와 관련하여, 콘크리트가 어딘가에 있다면, 어디에 있는지를 알아내려고 사람들은 엄청나게 많은 정신적 노력을 쏟았다. 건축 분야에서는 건축이 콘크리트의 운명을 만들어가고, 이전 시대의 사람들이 꿈꾸어 왔지만 실현시키는 수단이 없었던 것을 이룰 수 있게 했던 것으로서 콘크리트를 보는 하나의 지적知的 전통이 있다. 그럼에도 다른 관점에서 보면, 콘크리트의 새로움은 건축을 과거의 모든 전통에서 따로 떨어뜨렸고, 역사 밖으로 떼어놓았으며, 건축가들에게는 과거의 짐에서 벗어나게 하는 방법을 보여주었다. 그 후에 뒤따르는 것들은 이 두 가지의 명백히 조화될 수 없는 견해들과 그 결과에 대한 반성이다.

콘크리트의 역사성 The Historicity of Concrete

콘크리트가 프랑스에 등장했을 당시에 가장 설득력 있고 지배적인 건축이론은 구조합리주의라고 알려진 원칙들을 모아놓은 것이었다. 그러므로 '건축은 당시까지 개발된 구조 양식이다.'라는 논리를 따른다면, 건축가들에게 던져진 문제는 구조합리주의자들이 콘크리트를 자신들의 원칙에 받아들이냐는 것이었다. 콘크리트가 마치 그 원칙에 적합할 것처럼 보였지만, 그와 동시에 콘크리트는 구조합리주의자의 원칙들 중 몇 가지에서 의문을 제기하게 되었고, 결국 그들은 콘크리트를 받아들이지 않았다. 구조합리주의의 원칙 중 하나는, 그 주의의 주요 이론가였던 외젠 임마누엘 비올레 르 뒥Eugene-Emmanuel Viollet-le-Duc의 말 중에 '재료의 변화는 형식의 변화를 낳는다.'라는 것이었다.[2] 그 원칙을 추종했던 건축가들에게 콘크리트가 제기한 문제는 새로운 재료에 적합한 구조 형식은 어떤 것인가라는 것이었다. 두 번째 원칙은 어떠한 재료도 다른 재료의 형식을 흉내 내서는 안 된다는 것이었다. 이 원칙은 비올레 르 뒥이 다른 주요 19세기 건축 사상가인 존 러스킨John Ruskin, 그리고 독일의 건축가이자 작가인 고트프리트 젬퍼Gottfried Semper와 함께 공유했던 금기사항이었다. 프랑스의 비올레만큼 독일어권 국가에서 중요한 인물인 젬퍼는 각 재료의 독자성을 크게 강조했다. 처음으로 발표된 자신의 글에서, '재료는 그 자체를 보여주어야 한다. 벽돌은 벽돌로, 목재는 목재로, 철강은 철강으로, 각 재료의 역학적 법칙에 따라 자체를 드러내어야 한다.'라고 주장했다.[3] 그래서 독일어권 건축가들에게는 젬퍼의

생장 드 몽마르트, 파리, 공사 중인 아치 리브, 1902. 코타생의 철강 보강 벽돌 공법을 적용하여 콘크리트의 영구 거푸집으로 활용된다.

생각이 널리 받아들여졌고, 예를 들면, 19세기 말에 비엔나의 건축가이자 비평가인 아돌프 루스Adolf Loos도 1898년에 자신의 평론인 『외장 원칙 *The Principle of Cladding*』에서 똑같은 주장을 반복하고 있음을 알 수 있다: '모든 재료는 그 자체의 언어로 된 형식을 가지며, 어떠한 것도 다른 재료의 형식에 대한 권리를 독자적으로 주장할 수 없을 것이다.'[4] 가장 피상적인 콘크리트 역사에서도 알 수 있듯이, 콘크리트는 다른 재료의 형식을 분별 없이 닥치는 대로 빌렸을 뿐만 아니라, 그것의 적절한 형식이 무엇이어야 하는 것에 대한 확실한 합의도 부족했었다.

　　구조합리주의와 젬퍼의 건축이론은 **역사성이 있는** 교리였으며, 말하자면 그것들은 과거의 건축물을 검토한 것을 근거로 한 것이고, 그 이론들은 과거 건축물에서 미래의 건축이 어떻게 진화해야 하는가에 대해서 처방한 것이었다. 비올레 르 뒥이 저술한 10권짜리 『프랑스 건축이론 *Dictionnaire raisonné de l'architecture française*』 서적과 젬퍼가 저술한 900여 쪽의『구조 양식 *Der Stil*』은 역사적으로 오래된 건축과 기술에 관한 평론들을 거의 완벽하게 수록한 것이다. 비올레가 고딕 양식을 다루었다면, 젬퍼는 아시리아, 이집트, 그리스 양식을 다루었다. 비올레가 생각했던 대로 건축은 진보적인 구조 양식이었다. 그 목표는 그 자신의 시대에 이를 때까지 지어졌던 어떠한 형식의 건축보다 고딕 건축이 훨씬 더 가깝게 부합했던 정의라고 여긴 최적의 경제적인 방법과 더불어, 건물의 외관에서 구조 형식을 종합적으로 표현하는 것이었다. 구조합리주의는 건축가들이 건축을 역사적으로 생각하게끔 부추겼다. 다시 말해서, 과거의 건축을 원칙에 대해 바라볼 뿐 아니라, 거기에 맞서 그들 자신의 건축을 가늠해보고, 스스로 과거를 돌아보면서 얼마나 발전되었는가에 따라 자신들의 성패를 판단하는 것이었다.

비올레 자신은 그가 살아 있는 동안 건축가들이 콘크리트를 거의 사용하지 않아서 콘크리트에 대해 언급하지 않았지만, 그를 따랐던 건축가들은 철근콘크리트가 고딕 양식을 이어나갈 수 있다는 가능성, 그리고 구조합리주의 이론과 관련성을 재빠르게 알아내었다. 이런 가능성을 찾아내기 위해 최초로 지어진 건축물이 아나톨레 드 바도 Anatole de Baudot가 설계한 것으로, 의견이 분분했던 파리의 생장 드 몽마르트 Saint-Jean-de-Montmartre 교회(1897-1904)였다. 그 건물에서는 고딕 건축의 석조 아치 리브가 철근콘크리트 아치 리브로 대체되었다.[5] 1900년대 초기에 프랑스 건축계에서 고딕 양식과 콘크리트 구조는 눈에 띄게 유사성을 보인다는 의견이 많았다. 젊은 르 코르뷔제는 오귀스트 페레의 사무실에서 일하면서 비올레 르 뒥의 건축이론서를 구입하여 1908년에 플라잉 버트리스에 관한 부분에서 고딕 양식과 철근콘크리트구조 간의 유사성을 기술했다:

> 그것 또한 철사로 엮은 틀로 된, 큰 돌기둥이며, 콘크리트 안의 철근은 로마식 돌쌓기 모르타르를 대신하여, 연직 압축력과 경사방향 압축력을 견디고 있다. 오귀스트 페레는 나에게 '자, 옛것을 지켜라, 그러면 새로운 양식에 잘 들어맞을 것이다.'라고 말했다.[6]

그리고 페레가 설계한 노트르담 뒤 랭시 성당이 1924년에 완공되었을 때, 그것의 별명은 '철근콘크리트로 된 라 생트 샤펠 La Sainte-Chapelle du Béton Armé 성당'이었으며, 중세의 건축 장인들로부터 전해진 공법으로 건립된 최고 걸작으로 알려졌다.[7] 1926년 파리의 거대 교회인 생 쟌다크

Saint-Jeanne d'Arc 교회 공모 설계에 응모했던 페레의 설계에 대해, 폴 자모 Paul Jamot 는 '이런 건물은 석재의 약점 때문에 고딕 건축가들이 계획했던 만큼 성당 위의 높은 탑처럼 많이 세울 수 없었던 그들의 꿈을 완성시킬 것이다.'라고 평가했다; 그리고 그는 '철근콘크리트와 철근콘크리트가 가져온 변화 덕분에 오귀스트 페레는 오, 육백 년을 이어서 중세 시대의 이상을 달성하고 있다.'라고 덧붙였다.[8] 철근콘크리트가 고딕 양식을 논리적으로 지속하고 있다는 생각이 널리 퍼졌다. 미국의 기술자 프란시스 온더동크 Francis Onderdonk 는 그 생각을 받아들였지만, 묘하게 변화시켜서 콘크리트를 고딕 양식의 완성으로 보기보다 오히려 고딕 양식의 계승자로서, 뾰족한 아치를 포물선 아치로 바꿔놓은 '새로운 형태의 고딕 양식'이라고 주장했다.[9]

그러나 철근콘크리트는 고딕 양식의 계승자일 뿐만 아니라, 영국의 역사가 피터 콜린스 Peter Collins 가 특히 강조해서 해석했던 바와 같이, 고전 전통 양식의 연속성을 제시하는 것으로 여겨졌다. 1953년에 그는 자신의 글에서 '프랑스 고전 건축가들의 꿈이었던, 새로운 상인방식 석재 공법이 이제 우리 손 안에 들어왔고, 그래서 기본적인 고전 원리를 새로이 적용하면, 적절한 방식에 따라 철근콘크리트 설계 발전에 도움이 될 것이다.'라고 천명했다.[10] 콜린스는 페레의 작품은 고전 원칙을 개선한 것이라고 해석했다. 그는 노트르담 뒤 랭시조차도, 구조적으로 필요한 것보다 기둥이 더 많고 대칭이라는 이유로, 고전적이지만 고딕 양식은 아니라고 주장했다.[11]

다른 비평가들은 철근콘크리트를 또 다른 역사적 전통을 실현하는 것으로 보았다. 그리스 건축가 미켈리스 P.A. Michelis 는 1950년에 자신의 글에서 철근콘크리트가 돔과 석축으로 특징짓는 후기 로마 비잔틴 건축을 계승한다는 것으로 보았다.[12] 이런 해석은 쌍곡 포물선 모양의 형식과 쉘, 콘크리트 돔이 달걀껍질보다 더 얇은 비율의 두께로 되어, 건축의 핵심을 표면으로 이전시켰다는 미켈리스의 주장과 들어맞았다. 비잔틴 건축의 내부 곡면이 새로운 콘크리트 쉘 구조의 외부에 아주 잘 표현되었다. 이탈리아의 비평가 길로 도플레스 Gillo Dorfles 는 조금 달리 해석했는데, 그는 1950년대 중반에 자신의 글에서 철근콘크리트가 바로크 건축의 완성을 나타내었다고 주장했다:

놀랄 만한 대형 건축물의 건설, 고르지 않은 돌출부와 퇴각부 형식, 바닥으로부터 떨어져 있는 정면부, 겹겹이 쌓아올린 조형 요소들의 접합들은 철강재와 철근콘크리트의 출현으로 2, 3세기 후에나 실현될 법한 그러한 건설 가능성의 맹아들이다.[13]

노트르담 뒤 랭시, 파리, 1922-3. 페레 건축사 설계. '노트르담 뒤 베통 아르미'라는 별명이 붙여졌다.
페레가 설계한 성당은 채색 유리창이 유난히 크고, 고딕 건축가들의 야망을 콘크리트로 실현했다.

콘크리트의 역사성을 극단적으로 해석하는 면에서 보면, 콘크리트가 출현함에 따라 건축이 종말을 찍었다는 주장이 따르고 있다. 영국의 비평가 애드리안 스톡스^{Adrian Stokes}는 1935년 자신의 글에서 서구의 건축과 조각의 전통은 늘 파내는 것에 의존해왔다고 주장했다; 그러나 석재를 대신한 철근콘크리트는 새기는 것이 아니라 틀로 만들어진 재료이다. 이 재료를 합성하는 과정을 보면 상상의 유산을 지켜가는 모든 기회에서 전통을 앗아가는 것이었다. 스톡스는 다음과 같이 기술했다:

> 오늘날 석재 건축은 죽어가고 있다. 르 코르뷔제와 여러 사람들의 작품들은 건물이 더 이상
> 석재의 근본 예술로서 적절하지 않을 것이며, 새김이나 공간적 구상으로 건물의 강도를 새롭
> 게 한다는 원천으로서 더 이상 효과적이지 않을 것임을 보이고 있다. 정말로, 단어 자체의 가
> 장 근본적인 의미로 말하면, 의미로서 건축은 존재하지 않을 것이다.[14]

반어적으로, 스톡스의 반현대적 주장은 철근콘크리트의 확실한 참신성을 인지하는 데 가장 근접한 것이었다. 철근콘크리트를 하나의 역사적 전통과 또는 또 다른 전통과 연결했던 각각의 해석들은 부분적으로 콘크리트의 현대성과 콘크리트 덕분에 세상은 새로운 건축의 탄생을 목격하고 있다는 주장을 절충한 것이었다.

역사성 없는 매체 An Unhistorical Medium

1950년대까지만 해도, 건축가들은 철근콘크리트를 역사적 매체로 간주하지 않았던 것 같고, 미켈리스가 말한 대로 '철근콘크리트 건축의 형태론은 아직은 확립될 수 없지는 않지만, 부분적이고 불완전하다.'는 견해를 보였다.[15] 건축가들은 분명한 역사적 궤적이 없는 상태에서 새로이 찾아낸 믿음을 가지고, 콘크리트업자와 기술자들이 쭉 지켜왔던 자리로 다가서게 되었다; 철근콘크리트는 이전의 모든 건설공사 체계를 철저히 단절시키고 역사에 대한 어떠한 연결점도 없었다. 1901년 엔느비크의 주택 잡지인 「철근콘크리트 *Le Béton Armé*」에 프랑스 건축가 에두아르 아르노^{Edourd Arnaud}는 기고한 글에서 '철근콘크리트는 재료 그 이상의 것이고, 모든

형상을 실현시킬 수도, 모든 건설상의 문제를 해결해줄 수도 있는 완전히 새로운 건설 형태이다.'라고 주장했다. 앞을 내다본 듯이, 그는 '콘크리트는 외관이 어떠한 모습일지라도 그 모습을 나타낼 수 있다. 적절한 물상物相을 갖기에는 지극히 일반적이다.'라고 덧붙였다.[16]

아르노는 20세기에 들어와서도 엔느비크와 그 외의 콘크리트 생산업자와 기술자들이 몇 번씩 반복했던 견해를 보이고 있었다. 애초부터 시멘트와 콘크리트업계에서는 과거의 개발품에는 별로 관심을 보이지 않았다: 엔느비크의 잡지인 「철근콘크리트 *Le Béton Armé*」나 영국의 「칸크리트 기술 *Kahncrete Engineering*」, 그 밖의 다른 유사한 기술계통 책자의 목적은 콘크리트의 역사성을 확립하는 것이 아니었고, 오히려 현재와 미래에서 콘크리트를 어떻게 이용할 것인가를 보여주는 것이 목적이었다. 그들이 발행한 책자에서 오래된 콘크리트 건물을 언급한 몇 안 되는 경우에도, 다른 어떤 재료로 지어졌다면 그 건물들이 겪어야 했을 노후화와 부식의 과정을 거치면서도 콘크리트 건물들은 어떻게 그러한 것들로부터 별로 영향을 받지 않았는가를 지적하는 것이 목적이었다. 다시 말하면, 철근콘크리트 건물은 영원히 새롭다는 것을 광고하는 것이었다. 1932년 「칸크리트 기술」지는 1905년에 지어진 철근콘크리트 건물로서 런던의 사우스와크Southwark의 파리 정원에 있는(현존하고 있음) 이전의 클레이 프린팅 워크Clays Printing Works 건물은 건설되던 당시만큼 오늘날에도 좋다고 칭찬하는 기사를 실었다.[17] 시멘트와 콘크리트 산업계에서 유포된 것으로 모든 재료에서 꾸준하게 강조되는 점은 콘크리트의 '현재의 가능성'과 '미래의 잠재 가능성'에 관한 것이라며, 단조롭게 상투적인 말만 되풀이하는 것이었다. 여러 번 반복하건대, 사람들은 콘크리트는 가능성이 가득 찬 재료이고, 그 완전한 잠재력은 아직도 실현되고 있다고 말을 하고 있다. 그러한 말은 1900년대 초반에도 있었고, 1960년대에도, 오늘날 아직도 듣고 있다. 콘크리트 산업에 종사하는 가족이 있었던 미국의 건축가 알버트 칸Albert Kahn이 1924년에 '구조적이며 예술적인 콘크리트의 개발은 현재의 어떠한 기대도 능가할 것'이라는 주장은 주목할 만한 것이었다. 2년에 걸쳐, 같은 저널에 다른 기고자도 콘크리트를 '무제한으로 개발이 가능한' 것으로 주장했다. 그로부터 40년이 지난 1966년에, 미국의 저널 「진보 건축 *Progressive Architecture*」지도 비슷한 맥락으로, '노출콘크리트의 가능성은 아직 손대지도 않았다.'라고 주장했다.[18] 역사의 거부는 총체적이다. 콘크리트가 단순히 새롭다는 것이 아니고, 콘크리트는 아주 새로워서 아직도 역사는 일어나지 않았다는 것이며, 콘크리트의 역사는 미래에 있다는 것이다.

150여 년 전부터 지금까지 존속되어왔던 재료와 그 재료의 미래에 대해서 유별나게 관심을 갖는다는 것은 확실히 예사롭지 않은 일이다. 콘크리트는 '현대적'일 수는 있지만 '새로운 것'은 아니다. 콘크리트가 가지고 있는 특이한 특징 중 하나는 콘크리트 건설의 발전이 어떻게 해서 그렇게 불연속적이었는가라는 문제이다. 상인방식에서 포물선형 천정 구조, 셸 구조, 프리스트레스트 콘크리트로 된 경이적인 장경간에 이르기까지 나름대로 성공적인 기술이 지금까지 개발되어왔다. 그리고 갑자기 버려졌으며, 이제는 전적으로 새로운 기술 개발을 추구하려는 시점에 서 있다. 각각의 기술을 점진적으로 개선하고 건설의 한 종목으로 동화시키기보다 오히려 우리에게 남겨진 것은 기술의 단절로 인하여 어지러워진 전문 분야이다. 새로운 세대마다 번번이 그들은 이제 막 찾아낸 재료로 아무런 준비 없이 시작하는 것처럼, 콘크리트에 대해서도 그런 식으로 접근했던 것 같다. 콘크리트를 점점 더 진화하는 기술로 취급하는 이런 억지는 콘크리트 자체의 역사를 거론할 때도 이미 지어진 건축 작품 중에서 별로 거론되고 있는 것이 없다는 점에서 특히 분명하다. 런던의 엘리자베스 여왕 홀Queen Elizabeth Hall(1965-8)의 버섯머리 모양의 기둥 같은 구조 상세는 드문 예외인데, 이것은 이런 특징을 영국에 소개한 영국의 콘크리트 개척자인 오웬 윌리스엄Owen William 경에 대한 경의를 나타내는 것이었다. 상 파울로에 있는 리나 보 바르디의 문화 스포츠 종합 센터 SESC 폼페이아Pompeia(1977-86)는 한 가지 이상의 여러 방식으로 콘크리트를 찬양한 것이었지만, 그 건물의 상징인 굴뚝의 이음새에 물이 줄줄 새고 있는 모습은 멕시코 시에 있는 루이 바라강Louis Barragán의 위성 시티 타워에서 보였던 똑같은 특색에 관하여 인식할 만한 참고대상이 되었으며, 그 때문에 콘크리트의 라틴 아메리칸 특색에도 참고가 되었다.[19] 그럼에도 대체로, 콘크리트 역사를 어떻게 나타낼 것인가라는 문제는 걱정할 만큼 가치 있는 것으로 고려되지 않았으며, 이 문제가 참고기준 또는 명백한 반대를 알아가는 데에 느끼는 관습적인 즐거움과 건축 문화의 심한 역사적 지향성에 관한 것일지라도 그다지 놀랄 만한 일은 아니다. 과거의 기술과 공법에 관하여 언급하기를 회피하거나 입을 닫고 있다는 것은, 특이한 매체인 콘크리트가 과거, 현재, 미래 간의 관계에 대한 우리의 인식과 일시성temporality에 관련해서 바로 어떠한 것인가를 의미한다.

콘크리트는 분명히 역사를 **가지고 있다.** 건축가들은 때때로 역사적인 것과 또한 겉으로는 역사가 없는 매체로써 콘크리트의 역설적인 성질을 자각하고 있었지만, 그들은 대체로 자신들

SESC 폼페이아, 상 파울로, 1977–86, 건축가 라나 보 바르디 설계. 보 바르디가 '진정한 추함'이라고 묘사했던 왼쪽의
스포츠 블록—연결 보도를 통해 오른쪽의 객실 구역으로 이어진다. 건물 뒤편에 굴뚝 모양의 수조탑이 있다.

SESC 폼페이아, 수조탑에 보이는 조잡한 이음새. 루이 바라강과 마티아스 괴리츠가 멕시코 시에 있는 위성 도시 타워의 라틴 아메리칸 특성을 입증한 건물이다.

의 건물에서 이런 통찰력을 알리는 방법을 알지 못하고 어찌할 바를 모르고 있었다. 오귀스트 페레는 예전에 '콘크리트 건설 공사는 모든 건설 공법 중에서 가장 오래된 것이며, 동시에 가장 현대적인 것 중의 하나이다.'라고 언급했으며,[20] 이 말이 역설의 완전한 의미를 온전히 전달하지는 않더라도 콘크리트가 역사 안에도, 그리고 밖에도 있다는 느낌을 가지고 있었다. 역사적이지 않은 것과 역사적인 것에 대한 의식은 문화의 건전성을 위해서 필요하다는 니체의 통찰력이 철근콘크리트의 공사에는 거의 전달되지 못한 것 같다.

과거와 현재의 혼재: 종전 후 이탈리아
Mixing Past and Present: Post-war Italy

　　콘크리트 역사에 관한 반성에 대해 비난하지 말자는 금기사항에 중대한 예외적 사건이 종전 후 이탈리아에서 있었다. 유일하게 이탈리아에서는 콘크리트가 미래뿐만 아니라 과거도 가지고 있다는 사실이 진지하게 받아들여졌다. 역사적인 문제에 관한 이탈리아 건축가들의 관심은 종전 후에 그들이 처한 특이한 환경을 통해서 생겼다: 파시즘으로부터 자신들을 멀리해야 했지만, 파시즘 아래에서 번성했고 추진되었던 건축의 근대주의를 아직은 배척하고 싶지 않았던 그들이었다. 그러나 그들은 또한 세월이 지나면서, 파시즘 이전의 근대건축으로 돌아가서, 파시스트 시대는 다만 근대건축의 넓은 역사 안에서 하나의 일화일 뿐이었다는 핑계를 댈 수도 있었지만, 파시즘에 오염되지 않은 근대주의의 다른 전통이 있었다는 것을 보여줄 필요가 있었다. 1940년대 말기와 1950년대 초기에, 에르네스토 로저스Ernesto Rogers가 편집장을 맡았던 「카사벨라 콘티누이타 Casabella-Continuita」지의 기사를 통해서 상당한 정도로 밝혀진 이탈리아인들의 일반적인 전략은 파시스트 시대와 절대적인 단절을 제시하기보다는 하나의 역사적 현상으로서 종전 전 근대주의의 자리를 잡아주어서 과거와 다각도로 연속성을 강조하는 것이었다. 이런 의미로 본다면, 콘크리트는 한때 역사적인 재료일 수도 있었고 현재에도 그럴 수 있을 것이다. 1950년대와 1960년대 초기에 지어진 북부 이탈리아 건물을 보면, 이런 생각들이 어떻게 탐구되었는가를 알 수 있다.

　　투린에 있는 2-4 코르소 프란시아Corso Francia는 BBPR(에르네스토 로저스가 이 회사의 동업자였다)에서 설계해서, 밀라노의 유명한 토레 벨라스카Torre Velasca가 똑같은 공법으로 지었던 바로 다음인 1959년에 준공되었다. 그 건물은 도로 레벨에 상점이 있고, 중간층—메짜니네—에는 사무실이 있으며, 그 위는 아파트로 되어 있다. 밖으로 드러난 격자 모양의 골조는 벽돌로 빈 곳이 채워졌고, 1950년과 1954년 사이에 로마의 비알레 에티오피아Viale Etiopia에 건설되어 유명해진 주택단지를 설계한 리돌피 & 프랭클Ridolfi & Frankl의 모델을 따른 것이다. 비알레 에티오피아 단지는 노출된 골조, 잘려진 모서리, 다른 재료로 채워진 벽체 같은 것으로 우아하거나 섬세하다고 할 수는 없으나, 20세기 후반에 북부 이탈리아 전 지역에 지어진 아파트 건물이라면 어디서나 볼 수 있는 하나의 공식을 확립했다.[21]

그러나 2-4 코르소 프란시아(아마도 비알레 에티오피아처럼)도 페레의 영향을 크게 받았던 건물이었고, 로저스는 1955년에 페레에 대해 짧지만 대체로 열성적인 책을 썼다. 그 건물이 페레의 건물들과 다른 점이 많았음에도, 르 아브르^{Le Havre}에 있는 페레의 후기 작품의 판에 박힌 특징이라고 보았던 것에 대한 로저스의 비평이 실제 공사에 녹아들었음이 분명했다. 모서리에 빈틈을 조성하는 것은 그 위치에서 구조를 두껍게 함으로써 모서리를 강조하는 페레의 흔한 방식과는 완전히 반대인 것이다. 페레의 특징과 아주 다른 것은 중간층 레벨에서 절단되어 방향을 바꾸어 돌출된 상층부를 지탱하고 있는 변단면 기둥들이다; 페레는 결코 각이 진 기둥에 동의하지 않았을 테지만, 다른 한편 이런 기둥과 엔타시스 형상은 철근콘크리트의 이탈리아 장인인 피에르 루이지 네르비^{Pier-Luigi Nervi}의 작품에서 보는 바와 같이, 또 다른 콘크리트의 전통 덕분에 만들어낸 것이다. 벽돌을 쌓아서 아파트의 벽체를 만드는 방식은 페레가 독창적으로 설계한 것은 아니지만, 투린에서 전통적으로 사용한 건설 재료에 대한 경의를 보인 것이다. 또한 페레의 방식과는 달리, 아파트의 창문도 세밀하게 계획된 불규칙한 것이다. 다른

2-4 코르소 프란시아, 투린, 1959. BBPR사 설계. 페레의 원숙한 작품과는 다르지만, 그래도 비슷하다.

한편, 콘크리트 표면을 살펴보면 BBPR은 분명히 페레의 방식을 따르고 있었다. 세 가지 각기 다른 표면 처리방법이 있는데, 각각의 방법들은 그 구조물의 서로 다른 우선순위에 맞춘 것이다. 상층의 골조 격자는 망치로 쪼아냈으며, 이런 방식은 계속해서 지상층 기둥의 상단부로 합쳐지는 리브까지 이어지는데, 표면이 거칠어지면 먼지를 흡착하게 되며, 두 번째 마무리 방식인 매끈한 기둥 저단부의 표면보다 더 어둡게 보이게 된다. 세 번째 마무리는 현관 지붕의 아랫면에 판자 자국이 있는 콘크리트이다. 구조물의 각기 다른 부위에 맞춰 마무리에 차이를 둔 것은 페레의

2-4 코르소 프란시아, 투린. 아케이드 기둥의 일부분은 돌붙임이 되어 있고, 성인의 시선 아래 빈 공간 쪽으로 노출된 쐐기 모양의 콘크리트 조각을 보이고 있다.

방식과 같은 것이며, 페레의 방식과 같지 않은 것은 보도 레벨 정도의 기둥 높이에 얇은 시트 같은 돌로 부분적으로 덧대는 것이다. 돌붙임을 정렬하여 콘크리트 부분을 기둥 측면에서는 눈높이에서 노출된 채로 보이게 하면, 구조 재료의 진정한 특성을 의심하지 않고 보게 된다. 짐작컨대, 기둥에 미장을 함으로써 현관 지붕 공간을 사람에게 친근하게 만들었으며, 상점들을 세입자에게 더 매력적으로 보이게 했다. 이유가 어떻든 간에, BBPR은 색조와 거친 질감의 표면이 거의 콘크리트처럼 보이는 돌을 선정해서, 보통의 주의력 없는 사람들이 보기에는 그

것을 프리캐스트 콘크리트라고 여기게끔 했다. 우리가 지금 보고 있는 것은 콘크리트의 다양한 역사 중의 몇 가지를 따르는 것이지만, 그 건물의 건설 시기와 현장 안으로 역사의 부분들을 품게 했던 한 건물이다.

투린에서도, 가베티 & 이솔라^{Gabetti & Isola}의 설계보다 약간 먼저 1952년과 1956년 사이에 건설된 보르사 발로리^{Borsa Valori}는 아주 복잡한 형태의 역사적 연결점을 보이고 있다.[23] 로저스와 마찬가지로, 로베르토 가베티도 페레에게 관심이 있었다. 그들의 관점에서 보면, 페레는 그저 몇 개의 걸작으로 지나치게 특권을 갖는 근대건축의 정통파 명부에 들어 있지 않은 국외자였다. 그러나 가베티도 또한 결코 주류의 한 부분이 되지 못하고 사라졌던 그 밖의 '소수의' 건축가들과 독특한 양식의 기질이 있는 사람들에게는 매력적이었다. 이런 관심들 중 가장 주목할 만한 것은 투린에 있는 보테가 데라스모^{Bottega d' Erasmo} 작업실의 악명을 낳았던 아르 누보 *Art Nouveau* 또는 스타일 리버티 *Stile Liberty*에 있었다. 이 시기에 한 건축가에게는 아주 어색하게도, 가베티는 코아네, 엔느비크, 그리고 코타생을 염두에 두고, 철근콘크리트의 초기 개발 역사를 연구하고 저술했다. 그는 이 연구를 통해서 그 자신의 작품이 이들과 그 밖의 선구자들의 작품들을 비판적이고 역사적인 건축의 흐름 속에서 어떻게 받아들였는가를 돌아보게 되었다. 보르사는 이 질문에 다소 과장된 학자적 반성이긴 하지만, 아주 많은 아이디어를 보여주고 있는 그러한 건물 중의 하나이다. 이 건물 안에 있는 그저 콜라주 무늬들의 하나일 뿐인 콘크리트 블록을 나타내기 위해서 출입구 현관에 석재를 억지스럽게 사용한 것에 대해서는 이미 이 책의 2장에서 거론한 바 있다.

정면에서 보면 보르사는 흰 벽토로 칠해진 흰 상자와 같은 상층부가 있고, 그 벽에는 석조를 연상시키는 정교한 골들을 새겨놓았다. 상층부는 거친 주춧돌에서 솟아 오른 노출 콘크리트 기둥으로 지지되어 있다. 이것은 두 가지 건축 전통의 결합 형태이다. 기계화 시대의 기하학적 정교함이 깃든 상층 바닥과 그것을 지지하고 있는 기둥들은 주류의 국제적 현대주의의 이탈리아 판인 1920년대와 1930년대의 합리주의자 운동인 일체 콘크리트 건설 양식을 나타낸 것이다. 반면에 석재 기단은 보기에는 국제적 근대주의로 대체된 건축 전통의 다른 하나이며, 시카고파 선구자 중의 한 사람인 19세기 미국의 건축가 리차드슨^{H. H. Richardson}이 고안했던 돌다듬질을 연상시키는 것처럼 보일 것이다. 그런데도 모서리를 돌아서면, 합리주의를 구현한 상

보르사 발로리, 투린, 1952-6. 건축가 가베티 & 이솔라 설계. 상이한 현대적 전통이 혼재되어 있다.

충부는 급작스럽게 끝이 나고, 이내 그저 처마널로 드러나면서, 아르 누보를 연상시키는 더욱 장식적인 선은 마치 그 건물의 진정한 모티브였던 것처럼 율동적으로 각이 진 지붕선에 압도 당하고 있다. 이 건물에는 적어도 세 가지의 건축 전통이 외부에 표현되어 있다. 그러나 보르 사에서 가장 크게 놀랄 만한 것은 사교실의 내부이다. 이 건물은 가늘게 가지처럼 뻗어나간 리 브로 만들어진 지붕으로 덮여진 커다란 홀이다. 리브의 양끝은 얇은 리브로 된 돔을 지탱하고 있다. 이런 거미줄 같은 리브와 종이처럼 얇은 패널의 효과는 바도^{Baudot}가 가베티의 이른 바 '잊혀진 소수의 인물들' 중의 또 다른 한 사람이었기에, 거의 확실하게 의도적이었던 유사작품 인 파리의 아나톨레 드 바도의 생쟝 드 몽마르트를 연상시키며, 바도는 그 교회를 철근콘크리 트가 건축 설계에서 대우받을 수 있었던 점을 보여 주었던 첫 번째 작품으로 생각했다.[24] 가베 티는 콘크리트에 대한 역사성을 이렇게 정교한 몽타주처럼 나타내는 방식을 이용하여 과거와 현재 간의 살아 있는 연속성을 보여주었다.

남부 이탈리아의 바실리카타^{Basilicata} 지방의 마테라^{Matera} 교외에 세워진 스피네 비안케^{Spine}

보르사 발로리, 투린, 사교 홀의 내부. 지붕 양식은 바도의 생쟝드 몽마르트를 연상시킨다.

Bianche(1954-7)는 밀라노의 건축가 지안카를로 데 카를로^{Giancarlo De Carlo}가 설계한 것으로, 아파트와 상점이 같이 있는 주상복합 건물이다.[25] 그 건물에서 보이는 뚜렷한 단정함과 익명성 때문에, 그 건물은 예상 밖으로 1959년 오텔로^{Otterlo} 총회에서 토레 벨라스카^{Torre Velasca}와 함께 근대 건축 국제회의 CIAM의 해체를 유발했던 논쟁을 촉발시켰던 건물 중의 하나로 악명을 얻었다. 첫 눈에 보기에 그 건물은 일상적인 건설 공법으로 지어진 것이지만, 건축 문화에 대한 몇 가지 잘 알고 있는 자료들을 품고 있다. 그 건물은 페레 양식 같은 노출 콘크리트 골조가 있지만 뒷면 저층에는 기둥 간격이 일정하지 않고 모서리에는 다 빠져 있다는 점에서 '일탈'이지만 1층과 2층의 기둥의 몇 개는 아래층 간격에 맞춰 세워졌다. 저층에 있는 기둥 상단 부분과 보 접속부의 헌치 형태는 당시에 오랜 시간이 지나 시효가 소멸된 엔느비크의 특허와 관련 있는 특징을 보이고 있다.

지금까지 역사적인 것과 역사적이지 않은 것을 함께 녹이려는 가장 극단적인 시도로서,

스피네 비안체, 마테리아, 이탈리아, 1954-7, 건축가 지안카를로 데 카를로 설계. 경간 중앙 위로 기둥을 둠으로써 뼈대의 불규칙성을 살렸고 이 때문에 멋지게 흐트러진 모습을 보인 콘크리트 건설의 전통을 입증하는 건물이다.

치샤 디 지오바니 바티스타(치샤 델 아우토스트라다) 플로렌스, 1960-4, 건축가 지오바니 미켈루치 설계. 건물 내부의 기둥과 브레이싱이 비논리적으로 배치된 듯 보인다.

그리고 여러 가지 면에서 종전 후 이탈리아 건축에서 이런 경향을 보인 절정기의 걸작품은 플로렌스 외곽에 세워진 치사 델 아우토스트라다Chiesa dell'Autostrada (1960-4) 건물이었다. 이 건물은 지오바니 미켈루치Giovanni Michelucci가 설계했고 아우토스트라다 델 솔레Autostrada del Sole 건설 중 사망한 이들을 추모하는 기념물로서 세워졌다. 외관은 충분히 주목받을 만한 것이고, 캐나다 출신 건축가인 프랭크 게리Frank Gehry보다 40년을 앞선 것이며, 아주 특이한 것은 그 내부이다. 이곳은 콘크리트 건설에 관한 어떠한 생각도 **합리적인** 일이라고 여겨진 점들이 완전히 깨뜨려진 곳이다. 기둥, 스트럿, 브레이싱 등이 완전히 혼돈 상태의 방식으로 모두 뒤엉켜 있다. 네르비가 보여준 기술의 우아한 투명성에 대하여, 그리고 정말로 미켈루치 자신이 세계대전 이전에 지켜왔던 구조합리주의자 건축에 대하여, 또한 페레의 영향을 받아 그가 예전에 설계한 후 교회 건축에 대하여, 그러한 양식은 모욕적인 것이었음을 보여주고 있다. 롱샹 성당의 팽팽한 쉘 형태의 지붕은 여기서는 늘어진 텐트가 되었고, 몇 줄의 넉넉하지 않게 보이는 콘크리트 브레이싱으로 겨우 모양을 갖추고 있다. 비평가들은 그 결과에서 르 코르뷔제뿐만 아니라 가우디Gaudi, 독일의 표현주의 건축가인 핀스털린Finsterlin과 쉬타이너Steiner의 괴테기념관Goetheanum, 그리고 샤론Scharoun의 베를린 필하모니 연주 홀과 유사한 점을 보았다. 아주 잘 알려진 콘크리트 작업의 전통기법에 대혼란이 생겼다. 그것은 골조도 아니고 쉘도 아니며, 제멋대로 그어진 것처럼 보이는 구조 부재로 서로 다른 전통을 뒤섞어놓았을 뿐만 아니라 그때까지 콘크리트 건축을 지배해왔던 공학 원리의 가치에 대하여 의문을 갖게 한 것이다. 밀라노의 산타 마리아 델 포브레 성당을 설계한 건축가 루이지 피기니가 상세하게 설명한 바와 같이, 그 성당은 '순수 과학기술에 대한 경고'이며, 공학기술의 권위를 인정하기를 거부하는 것이었다. 미켈루치도 그것의 결점을 옹호하려 하지 않았다. 그 반대로, 그 양식이 그 건물에서는 대단히 중요하다. 그가 피기니에 대한 답장에서 인정한 바와 같이, '이 건물에는 결점도 많고 엄청나다. 그러나 진실로, 어떻게 내가 그것들을 피할 수 있었을까는 나는 모른다.'[27]

이 모든 이탈리아 건물들은 여러 가지 재료로 만들어진 합성 구조물이었다. 그들은 콘크리트를 벽돌과, 석재, 다른 재료와 섞어서 사용했다. 이런 방식은 아직도 다른 지역에서는 이단이라고 여기고 있다. 그러나 재료를 섞어서 쓴다는 의미에서, 그것들은 합성된 것일 뿐 아니라 더 이상 이단이 아닌, 함께 더불어 더욱 주목할 만한 가치 있는 성과로서 역사를 섞어놓은 것이다. 대다수의 콘크리트 업자들은 일체적인 것이든, 상인방 형식이든, 아치나 쉘이든, 하나의 전통적인 건설방식에만 철저하게 매달려왔고, 또한 그것들을 조합하는 것을 인정하지 않으려 했지만, 우리가 지금 보고 있는 것은 **역사적으로** 혼합체인 구조물을 만들려는 자발적인 의지이다. 발전이 단절되었던 콘크리트의 불연속적인 역사를 벗어나 이들 이탈리아 건축가들은 그것들을 통합하여 재료의 역사가 의미가 있게 하고, 니체가 주장했던 역사적인 것과 역사적이지 않은 것들의 결합이 필연적이었다는 것을 깨달으려고 노력했다.

건축가가 콘크리트를 이해한다는 것은 콘크리트를 역사적으로 이해한다는 것을 의미했다. 그러나 기술자가 주도하는 콘크리트 문화의 전반적인 방향은 콘크리트는 역사적이지 않은 재료였다는 것이며, 이런 점은 콘크리트를 역사의 틀에 맞추려는 데 가장 큰 장애가 되었다. 일반적으로 그 문제는 너무나도 어려웠고, 종전 후 이탈리아 밖에서는 노력할 만한 가치가 있는 것으로 생각한 사람들이 거의 없었으며, 그러한 목표를 단념하는 대신에 콘크리트를 현대적이면서 역사적이지 않은 재료로 이용하려 했다.

치사 디 지오바니 바티스타의 실내.
신도석 위로 콘크리트 지붕이 처진 모습이다.

논을 갈고 있는 농부. 카르프 엘-쉐이크. 나일 삼각주. 2009.

넷

콘크리트의 지정학
THE GEOPOLITICS OF CONCRETE

    가상의 파리를 배경으로 설정하여, 자크 타티^{Jacques Tati}가 1967년에 만든 영화 〈플레이타임 *Playtime*〉을 보면, 한 미국인 여자 관광객이 여행사를 나오면서 걸음을 멈추고 런던을 홍보하는 포스터를 보고 있다. 포스터에는 건물 앞마당에 2층 버스와 함께 커다란 현대식 고층 건물의 그림이 보인다. 그런 다음 그녀가 밖으로 나가면서 카메라는 멈추고, 길 건너편에 똑같은 건물을 보여주고 있다. 조금 후에 그녀는 여행사 뒤쪽에서 미국, 하와이, 멕시코, 스톡홀름과 같은 다른 여행지의 홍보 포스터를 보고 있다. 우리가 찾아낸 것은 똑같은 건물의 풍경을 보여주는 포스터이다. 사무실의 다른 홍보물에도 역시 그 건물이 보인다. 타티는 자신이 만든 영화에서 현대건축 때문에 생긴 방향감각의 상실문제를 많이 다루었는데, 공간을 망가뜨리고 지역적 차이를 없애는 것을 조롱하는 방식으로 시대를 앞서 나아갔다. 그리고 이런 결과에 콘크리트가 끼친 영향은 콘크리트가 호감을 얻지 못하는 특징 중 하나이다. 콘크리트는 어느 곳에서나 있으며, 어느 곳이든 같은 것을 만들어내고 있다. 과연 그럴까? 이것이 우리가 여기서 살펴보아야 할 역설 逆說이다.

    시멘트는 이제 석유처럼 전 세계적으로 거래되고 있는 세계적인 원자재이다. 전 세계 생산량의 1/4을 차지하는 4대 시멘트 업체 중의 하나인 독일의 시멘트 회사 하이델베르크^{Heidelberg}

는 900척이 넘는 선박을 운영하고 있으며, 지역적 가격폭등 기회를 이용하면서 전 세계로 시멘트를 나르고 있다.[1] 그 거래는 전 세계 어느 곳에서 구입해도 보통 포틀랜드 시멘트 한 포대의 절대적 균질성과 일관성을 담보로 하고 있다. 그러나 시멘트가 표준 생산품이기는 하지만, 콘크리트의 다른 요소인 노동력, 철근, 그리고 골재는 곳곳마다 다르기 때문에 콘크리트는 지역적으로 뚜렷이 다른 품질을 가질 가능성을 열어두고 있다. 때때로 이런 점은 문화적으로 또는 정치적으로 이용되기도 했다. 1930년대 독일 도로검사관이었던 프릿츠 토트Fritz Todt는 알프스 저지대에서 캐낸 석회석에서 부순 골재를 어떻게 사용해야 아우토반 교량과 여타 구조물들이 독일의 그 지역 풍경과 조화를 잘 이룰 수 있을까 그리고 그 골재들이 흙에서 나온 것처럼 보일 수 있을까에 무척 고심했다. 골재 선정을 통해서 콘크리트의 지역적 성격을 나타내려고 이와 비슷하게 시도해봤지만, 많은 사람들이 보기에도 그것이 정말로 그 지역에서 나온 재료라고 확신할 만큼 그다지 효과적인 것처럼 보이지는 않았다. 구조물은 거의 다 흔히 볼 수 있는 콘크리트의 보편적인 분위기를 띠고 있으며, 이런 보편성은 실제로 오랫동안 그 가치의 일부였다.[2]

콘크리트를 개발하던 초기 시절에 이미 콘크리트에는 보편적 특성이 있다고 잘 알려져 있었다. 1850년대 화학제품 사업을 하다가 개발의뢰를 받고 시멘트 제품을 개발했던 프랑스 기업가 프랑수아 크와네François Coignet는 이전에는 지리적 한계 때문에 재료를 사용하는 데 겪었던 어려움을 콘크리트가 허물어뜨림으로써 건설산업에 혁명적인 효과를 보일 것이라고 예견했다. 더 이상 그 지역의 석재를 공급해야 한다고 제한될 필요도 없었고, 더 이상 벽돌을 구울 연료도 필요 없게 되었으며, 숙련된 노동력을 사용하지도 않게 되었고, 어느 곳이든 콘크리트로 지속적이고 안정적인 시공이 가능하게 되었다. 1861년 크와네는 '파리에서 할 수 있는 어떠한 것이든', '똑같은 것이 어느 곳에서든 가능하다.'라는 글을 남겼다.[3]

제1차 세계대전 후, 철근콘크리트의 보편성은 건축적 미학과 '국제양식'의 추구라는 문제와 얽히게 되었다. 철근콘크리트가 보편적 특성을 가지고 있기 때문에 모든 나라와 모든 지역에서도 균일한 양식의 건축을 추구하는 것이 정당하다고 받아들여졌고, 한편으로는 철근콘크리트 공사가 전 세계적으로 확산된다는 것은 균일한 양식으로 건축을 해도 아무런 문제가 되지 않음을 보이는 것으로 여겨졌다. 물론 이런 '국제양식'은 서유럽 국가들이 만들어낸 것이었으며, 이 양식이 전 세계로 확산된다는 것은 어떤 특정한 매체 또는 공법이 보편적이고 장소를 가리지 않다는 것과 관계가 있을 뿐만 아니라, 20세기 서유럽의 지배력과도 관계가 있다. 콘크리트로 보편적 양식의 건축을 창출한 결과들이 21세기가 시작하는 현재에도 우리와 함께 남아 있으며, 출발점부터 암시된 것이지만 콘크리트는 여전히 그 문제의 일부로 남아 있다.

　　1920년대 프랑스에서는 매체로서 콘크리트의 보편성과 건축양식의 보편주의 간에 혼란이 일어나기 시작했다. 1925년 파리에서 열린 장식미술 전시회 *Exposition des Arts Décoratifs*(르 코르뷔제는 이곳에 자신의 에스프리 누보관 *Pavilion de l' Esprit Nouveau*을 설치했다)에 관한 보고서에서 비평가 마르셀 망네^{Marcel Magne}는 '철근콘크리트는 모든 나라에서 찾아볼 수 있는 재료의 복합체이다. 콘크리트가 여러 가지 많은 건설공사의 요구사항을 경제적으로 만족시킬 수 있다면 콘크리트의 사용은 더욱더 보편화될 것이다. 과연 이런 건설 수단이 보편적 양식을 낳을 수 있다고 말할 수 있을까?'라는 글을 남겼다.[4] 망네의 수사적 질문은 곧바로 스스로 타당하다는 사실로 바뀌었다. 예를 들면, 이듬해에 건축가 로버트 말러-스티븐스^{Robert Maller-Stevens}는 '로스엔젤레스, 암스텔담, 도쿄에서도, 사람들은 파리에서처럼 똑같은 건물을 짓는다. 콘크리트 때문에, 욕구도, 관습도, 재료도 똑같다.'라고 언급했다.[5] 지그프리트 기디온^{Siegfried Giedion}은 1928년 자신의 저서 『프랑스의 건축물 *Building in France*』을 저술할 당시까지도 콘크리트는 국가적인 것과 국제적인 것 간의 차이를 해소하는 증거가 되었고, 그러한 차이들이 건축을 변화시키고 있다고 믿었다.[6] 또한 1928년 미국인 기술자 프란시스 온더동크^{Francis Onderdonk}는 자신의 저서에서 철근콘크리트는 포괄적인 재료라는 견해를 널리 알렸다. '고딕 양식은 유럽 전체에 번성했지만, 이제 새로운 양식이 전 세계에서 발전될 것이다. 철근콘크리트가 이제 어느 대륙에서나, 러시아뿐만 아니라 아르헨티나, 스톡홀름, 봄베이에서도 사용되고 있기 때문이다.'라고 기술했다.[7] 그러나 온더동크는 '기후가 다르고 역사적 배경이 다르기 때문에 콘크리트가 단조로워지지는 않을 것이다. 그렇게 됨으로써 뚜렷하게 경계가 없는 콘크리트의 보편성에 틈새를 열게 될 것이다. 결국은 어느 곳에서든 아주 똑같지는 않을 것이다.'라고 덧붙였다.

　　1950년대와 60년대 사람들이 현대건축의 국제양식에 대한 반론을 찾기 시작하면서 콘크리트에 관한 해석은 바뀌기 시작했고, 지역적 또는 국가적 차이의 가능성에 더욱더 무게가 실리기 시작했으며, '스위스 콘크리트', '인도 콘크리트', '일본 콘크리트'라는 말이 들리기 시작했다. 그러나 1920년대의 '보편적 콘크리트'라는 말보다 이런 진짜처럼 들리는 범주 구분에 더 이상 속아서는 안 된다; 국제적 통일성을 갖는 건축양식에 관한 논쟁을 지속시키는 데에 콘크리트가 이용되었지만, 이와 같이 새로운 '국가적 콘크리트'는 그 반대로 이용되고 있다. 어느 한 조각의 콘크리트를 보았을 때 그것으로 단번에 우리가 모든 다른 콘크리트 사물의 세계로 함께할 것인가, 아니면 대신에 그 콘크리트 조각이 그것이 속해 있는 특정한 곳에만 우리를 붙들어 놓는 지역적인 현상인가 아니면 국제적이며 국가적이라는 두 가지 현상이 동시에 가능할 것인가라고 묻고 싶을 것이다. 그곳이 세계적이면서 지역적인 한, 한 곳은 단지 한 곳이라고 말하는 주장처럼, 아마도 한 조각의 콘크리트를 '**콘크리트**'로 여기게 하는 것은 두 가지 모두에 연관되었기 때문일 것이다. 그리고 콘크리트를 '국가적인 것'이라는 인위적이고 중간자적인 범주 안으로 끼워 맞추려는 시도들은 변칙적인 것이다.[8] 이런 문제들의 어려움 때문에 우리는 콘크리트가 지정학적으로 어떤 특성을 보인다는 것이 얼마나 유동적인가를 알게 될 것이다.

콘크리트의 국적 The Nationality of Concrete

논쟁의 시발점은 콘크리트가 누구의 것인가를 묻는 것이다. 철근콘크리트가 보편적이라는 본성과 전 세계적 가용성을 지니고 있다고 생각한다면 이 질문이 엉뚱하게 들릴 수도 있겠지만, 말처럼 아주 우스꽝스러운 것은 아니다. 어떤 나라들은 콘크리트 소유권을 주장하는 데 엄청난 노력을 들이고 있기도 하며, 그 반대로 소유권을 포기하려고도 애쓰기 때문이다. 당연하게도 가장 적극적으로 콘크리트가 자기 것임을 내세우는 나라는 프랑스인데, 그런 주장이 터무니없는 것은 아니지만, 콘크리트와 철근에 관련된 많은 수의 발명품과 발견물이 프랑스에 있었기 때문이다. 하지만 몇몇 똑같은 발명품이 다른 곳에서도 동시에 만들어졌고, 가장 결정적인 몇 가지 단계가 프랑스에서는 전혀 일어나지 않았다. 1849년 박람회에 전시된 랑보Lambot의 철근시멘트 보트는 철근콘크리트의 프랑스 역사에서 신화적 지위를 차지하고 있고, 모니에Monier, 코탕생Cottancin, 엔느비크Hennebique와 같은 이들이 개발한 제품들은 잘 정돈된 그 매체의 족보 안에서도 두드러지는 것들이며, 프랑스가 철근콘크리트의 초기 적용 부분에서 확실하게 탁월한 위치를 차지하도록 했다. 그러나 또 다른 족보가 있는데, 1840년대에 정원, 화단, 그 외의 구조물들(그의 제품이 아직도 버킹엄 궁 정원에 남아 있다)을 콘크리트와 인공 석재로 다양하게 장식했던 영국의 시멘트 제조업자인 제임스 풀럼James Pulham의 경우를 예로 들어 본다면, 당시 프랑스식 콘크리트 기술이 재료의 지배적인 구조적 특성보다는 오히려 장식적 특성으로 더 중요하게 여겨질 수도 있었던, 그 재료의 또 다른 역사가 등장할 수도 있었다.[9] 실제로 시릴 시모네Cyrille Simonnet가 언급한 바와 같이, 콘크리트는 여러 다른 곳에서 여러 번 개발되었다. 이러함에도 프랑스는 시멘트와 콘크리트가 프랑스 것이라고 반복적으로 주장해왔다. 1926년 프랑스 비평가인 폴 자모Paul Jamot는 '한 프랑스인이 80년 전에 그것[철근콘크리트]을 발명했고 그것을 최초로 응용한 제품을 개발한 사람도 프랑스 기술자이다.'라고 주장했다. 또 다른 프랑스 비평가인 미론 말킬-지몬스키Myron Malkiel-Jirmounsky도 몇 년 후, 건축의 새로운 양식은 보편적이지만, 철근콘크리트는 프랑스의 발명품이고 철근콘크리트의 조형적 가능성과 현대적 가능성을 최초로 보여준 사람도 프랑스인이었다고 주장했다.[10] 그 후에도 그 주제에 대한 프랑스 사람들의 주장은 점점 더 국수주의적으로 되었고, 1938년 장 엡스탱Jean Epstein이 만든 영화인 〈건축가 Les Bâtisseurs〉에서는 콘크리트가 프랑스의 새로운 국가적 재료로 등장한다.[11] 1949년 프랑스의 시멘트 콘크리트 업체들은 철근콘크리트 백주년을 기념하는 총회를 개최했다. 물론 그 행사는 랭보의 보트가 가장 오래된 것임을 확인하려는 행사였지만, 그 행사에서 발간된 『철근 콘크리트 100주년 Cent ans de béton armé』에서는 철근콘크리트의 프랑스 기원설에 대해 지대한 영향을 미칠 내용을 주장하고 있으며, 그 책의 마지막 이미지는 철근콘크리트가 '전 세계로 프랑스의 사상과 창의성을 전파하고 있음'을 보여주고 있다. 그 책은 거의 프랑스가 개발하고 업적을 이룬 것에 관한 것이었으며, 독일이나 미국이 개발한 것에 대해 어떠한 것이라도 전혀 언급이 없었다. 재건부 장관인 클로디우스 쁘티Claudius Petit는 자신의 의회 연설에서 국수주의자적인 어조로 '이 재료는 프랑스 영토에서 태어났고 프랑스 영토에서 축복받은 것이다.'라고 말했다.[12]

프랑스에서 열린 철근콘크리트 100주년 기념행사에서 주목할 만한 것은 콘크리트 발전에 독일이 기여한 바에 대해 어떠한 언급도 없었다는 점이다. 모니에, 엔느비크, 그리고 그 밖의 초기 콘크리트 시공업자들이 사용했던 시행착오법을 벗어나서, 철근콘크리트 구조해석을 위한 수학적 방법을 최초로 개발하여 그 매체가 발전될 수 있게 했던 사람은 독일기술자였기 때문이다. 철근콘크리트 역학계산을 위한 최초의 매뉴얼은 독일어로(1887년 봐이스 운트 쾨넨 Wayss & Könen의 『모니에 설계법 *Das System Monier*』과 1902년 에밀 뫼르쉬 Emil Mörsch의 『철근콘크리트구조 *Der Betoneisenbau*』) 출간되었으며, 이 책이 발간됨으로써 콘크리트 설계 지식을 공공의 영역으로 끌어들여, 콘크리트가 전 세계적으로 확산될 수 있게 했고, 결과적으로 어느 나라 어떤 기술자이든 철근콘크리트구조를 설계할 수 있도록 힘을 실어주었다. 1902년 오스트리아의 기술자 프릿츠 폰 엠퍼거 Fritz von Emperger가 기술자를 위한 월간지 「콘크리트와 철강 *Beton und Eisen*」을 발간하기 시작했으며, 이어서 콘크리트 공사에 관한 한 질의 편람을 발간했다. 처음에는 12권으로 계획되었다가 그 후 1939년에 24권으로 늘어났다. 엠퍼거의 출판물은 과학적이고, 객관적이며, 같은 시기의 상업적 목적으로 발간된 프랑스 서적과 선전 매체보다도 장래 전망에서 훨씬 더 국제적이었다. 또한 시모네는 엠퍼거가 잡지와 편람을 발간하는 목적의 하나는 철근콘크리트에 관한 독일의 권위를 내세우는 것이라고 말했다.[13]

　프랑스의 철근콘크리트 백주년 행사에서 빠진 것은 쉘 구조에 관한 언급이었는데, 전쟁 중간 해에 독일인들이 개발해서 완성시켰던 것이었다. 1950년대 후기에 들어서서 겨우 프랑스는 쉘 구조를 이용하기 시작했다. 이때까지만 해도 쉘 구조는 충분히 국제화되었고 더 이상 그들에게 독일이나 다른 나라에서 확인해줄 필요가 없었다. 20세기 초기에 프랑스와 독일간의 경쟁은 철근콘크리트의 두 가지 양상을 중심으로 크게 생겨났다: 규모와 마감인데, 이 두 가지 양상에서 독일이 초기에 유리한 점을 쥐고 있었다. 제1차 세계대전 이전에 독일은 가장 큰 철근콘크리트 건물을 지었다. 프랑스에는 1913년에 세워진 브레슬라우 Breslau 백주년 기념관과 같은 크기의 건물이 없었다. 프랑스어로 된 서적에서는 오랫동안 이 건물을 철저히 무시했다. 프레시네 Freyssinet가 설계한 비행선 격납고가 1923년에 오를리 Orly 공항에 준공된 후에야 프랑스에도 비교할 만한 것이 있었고, 차후의 프랑스 콘크리트 구조물 계보에서 이 작품들이 돋보이는 특징을 가지게 되었다. 1900년대 초기에 독일의 건축가와 기술자들의 다른 한 가지 우월한 점은 콘크리트 마감에 있었다. 1900년대 초기에 독일의 고급 건축물에는 노출콘크리트가 사용되고 있었고, 독일 회사들은 콘크리트 마감 기술을 확립하여 콘크리트를 돌처럼 보이게 했다.[14] 그리고 구조용 콘크리트를 제대로 타설할 수가 없어 마감이 좋지 않게 되는 상황에서도, 독일 건축가들은 프릿츠 슈마허 Fritz Schumacher가 설계한 함부르크 Hamburg 미술 학교의 출입구 홀의 내부

함부르크 미술대학교, 1911–13, 건축가 프릿츠 슈마허 설계.
현관 홀의 돌무늬 콘크리트 마감.
1914년 이전에 독일에서 완성되었다.

에 마감한 것처럼, 능숙하게 외관을 일체로 타설된 콘크리트처럼 보이게 했다. 독일 건축은 이처럼 돌처럼 보이는 콘크리트 표면마감으로 좋은 평판을 얻었고, 나중에 프랑스에서도 이런 기법을 흉내 내었지만, 당시에 프랑스에서는 그러한 마감을 깔보았다. 페레 형제가 설계한 샹젤리제 극장은 콘크리트가 노출되지 않았는데도 1913년에 준공되자, 표면장식이 부족한 이유를 독일의 영향을 받아서 그렇게 된 것이라고 둘러댔다.[15] 이탈리아에서도 마찬가지로, 실내를 노출콘크리트로 처리한 최초의 공공건물 중 하나로 피아센티니^{Piacentini}가 설계한 시네마 코르소^{Cinema Corso}는 로마에서 역사적으로 민감한 곳에 세워졌는데, 1918년 준공 당시, 세계대전 중에 이탈리아와 동맹국이었던 독일을 연상시키는 노출콘크리트 때문에 호되게 비난을 받았다. 그 건물은 '비애국적이다.'라고, 심지어는 '패배주의적이다.'라고까지 맹렬한 비난을 받았다.[16] 프랑스 기술자 레옹 쁘띠^{Leon Petit}는 1923년 자신의 글에서, 노출콘크리트를 돌처럼 보이게 하는 독일식 마감을 '순 엉터리'라고 무시했다. '망치로 쪼아내기, 위장 이음새, 붉은 사암처럼 보이게 하는 염색, 염산으로 표면을 발라서 화강암처럼 보이게 하는 짓과 같은 위장 마감기법 중 어느 것도 우리는 원하지 않으며, 두말 할 것도 없이, 이런 것들은 거의 다 라인 강 넘어서나 볼 수 있는 것들이다.'라고 깎아내렸다.[17] 그의 이런 특성화 인식이 정확한지 아닌지 어떻든 간에, 그 목적은 독일의 콘크리트작품이 좋은 평판을 얻게 되는 유사석재 마감기법을 폄하하려는 것이었다.

1920년대 초기에 콘크리트가 지리적으로 조금 다르게 배치되는 현상이 일어나기 시작했는데, 미국은 철강의 나라로, 유럽은 콘크리트의 지역으로 인식되었다. 이와 같이 흔히 반복되는 절반의 진실이 거의 반 세기 동안 지속되었다. 1967년의 비평을 인용하자면, '유럽 기술자들은 철근콘크리트를 선호하며, 미국 기술자들은 철강재를 선호한다.'라고 되어 있다.[18] 흥미롭게도, 철근콘크리트에 대해 미국이 편견을 가지고 있다는 혐의가 결코 캐나다로 확장되지는 않았으며, 캐나다에서는 철근콘크리트를 아주 쉽게 받아들였는데, 흔히 하는 말로, 유럽에서 이민 온 건축가와 기술자들의 수가 비교적 많아서 그렇다고 하며, 이들 기술자들과 건축가들은 철근콘크리트를 선호했고 그것에 능숙했다.[19] 콘크리트가 미국의 재료가 아니라는 추정은 기본적으로는 적어도 뉴욕이나 시카고에 세워진 마천루 건물들이 철강 골조로 되었다는 사실 때문이다. 그러나 철근콘크리트가 미국에 없었던 것도 아니고 실제로 개발 초기 단계에서 미국인들이 중요한 몫을 차지했었고 프랑스 사람들보다 앞서기도 했다. 어니스트 랜섬^{Ernest}

Ransome은 1880년대에 공장을 짓기 위해 성공적인 공법을 창안하여, 캘리포니아뿐만 아니라 중서부, 동부 연안에서도 그 공법을 이용했다. 레이너 밴험Reyner Banham은 랜섬의 업적 평가보고서를 작성하면서 대부분의 초기 콘크리트 역사에 관한 프랑스의 편견을 수정하고, 1895년경에 철강구조의 주요 기술적 발전은 끝났으며 1910년경에 미국 기술자 단체에서는 흥미로운 새로운 재료로서 철근콘크리트에 모든 관심이 쏠렸다고 기록하고 있다.[20] 그 당시 랜섬 공법을 적용하여 콘크리트로 건설한 세계에서 가장 높은 건물은 신시내티의 16층짜리 잉갈스Ingalls 빌딩이었다.[21] 뉴욕 마천루 건물의 상당수를 철강재로 시공했던 건설회사의 대표인 스타렛W. A. Starrett은 1928년의 기록에서 마천루 건설에 콘크리트가 기여한 몫을 인정했다. 그의 말에 따르면, 미국에 10층이 넘는 350개 이상의 철근콘크리트 건물이 있었고, 그 중 가장 높은 건물은 오하이오 주 데이톤Dayton에 세워진 21층짜리 사무실 건물이었다. 그러나 스타렛이 보기에 철강이 전반적으로 미국의 재료였던 반면에, 콘크리트는 아주 부분적이었으나, 그는 공사의 반을 유럽인들에게 흔쾌히 양보했다.[22] 1903년 디트로이트의 칸 삼형제인 알버트, 줄리우스, 모릿츠는 독일 전문가의 도움을 받아, 트러스트 콘크리트Trussed Concrete 건설회사가 추진하여, 그들 스스로 아주 훌륭한 철근콘크리트 공법인 트러스콘Truscon을 개발했다. 이 공법으로 헨리 포드Henry Ford의 자동차공장 건물을 지었을 뿐만 아니라, 칸 형제의 영향은 미국을 넘어 멀리까지 뻗쳤다. 세계대전 중인 영국에서, 상업용 건물의 콘크리트 건설을 주도했던 것은 '칸크리트Kahncrete'라는 이름으로 시장에 나왔던 칸 공법이었다.[23] 제1차 세계대전 이전, 그리고 그 후에도, 유럽의 처지에서도 미국의 콘크리트는 중요했다. 어떠한 언어로 기술되었든 철근콘크리트의 미학에 관한 최초의 서적은 에밀 폰 메센제피Emil von Mecenseffy가 1909년에 쓴 『철근콘크리트 구조의 예술적 조형 Die Künstlerische Gestaltung der Eisenbetonbauten』인데(엠퍼거 편람 시리즈로 출판되었다) 독일을 벗어나 어떠한 나라의 건물 사진보다 미국의 건물 사진이 더 많이 수록되었다.

철근콘크리트의 기원설을 주장하기를 꺼려하는 미국인들에게는 철근콘크리트가 과연 '산업용' 재료로 고려될 수 있는지 여부에 대한 불안감이 가장 큰 문제였다. 미숙련 노동자들도 조립할 수 있었던 조립제품의 대량생산 방법을 개발함으로써 숙련된 기능 인력의 결핍을 극복하는 방식을 통하여 미국의 산업경쟁력을 키워나갔다는 것이 미국의 국가적 신화이다; 이 모델에 적합하지 않으면 어떠한 공정도 불신을 받았다. 거푸집 조립에 많은 숙련 기능공이 요구되는 철근콘크리트 공사는 미국의 산업 원칙에 부합되지 않았으나, 현장에서 공장 생산된 부품을 조립하는 철강구조 건설은 완벽하게 미국인들의 원칙에 들어맞았다. 철근콘크리트에 대한 미국의 권위를 세울 것이라고 기대되었던 알버트 칸조차도 이런 이유로 유럽인들을 기꺼이 따르려고 한 것처럼 보인다. 그는 '여기보다 훨씬 낮은 임금을 받지만 더 나은 기능을 보유한 유럽인들이 이 나라에서는 거의 불가능한 일들을 당연히 해내야 한다.'라고 언급했다.[24] 1960년대에 들어서도, 콘크리트는 기능 인력에 의존해야 하기 때문에 미국 재료가 아니라는 견해가 지속되었다. 미국인 건축가 월터 셀리그만 Walter Seligman 은 '콘크리트에 관한 논쟁의 근본은 재료의 특성과 미국인들의 기술에 관한 개념에 대해 미국인들이 가지고 있는 이분법적인 사고 방식이다. 기껏해야 관리를 아주 잘해서 콘크리트를 산업화 개념에 맞추는 일이 가장 잘 된 일 tour de force이다.'라고 자신의 의심을 드러냈다.[25]

아니나 다를까, 유럽의 건축가들과 기술자들은 콘크리트가 미국의 재료가 아니라는 오류에 기꺼이 한 통속이 되었다. 우리는 이미 독일의 나치이념은 철강은 미국 것으로 인식하고, 콘크리트는 좀 더 대중적인 국민의 것이라고 주장하는 것을 알고 있었다. 프랑스에서는 1925년 네덜란드 저널 「벤디겐 Wendigen」에 실린 프랑크 로이드 라이트 Frank Lloyd Wright 특집에 로브 말러-스티브스 Rob Maller-Stevens 가 기고한 글에서 '미국은 오랫동안 이런 양식의 건설을 싫어했고, 건물공사에는 철강이 최고이다.'라는 것을 찾아볼 수 있다.[26] 당시에는 그것이 그다지 중요하지는 않았지만, 거의 무시될 수 없고, 오히려 그 점이 의도적으로 무시되었다. 콘크리트는 유럽으로, 철강은 미국으로라는 지정학적 할당이 실제로는 제2차 세계대전이 끝난 후에서야, 유럽 정세에 미국의 영향이 심각하게 정치적이고 문화적인 사안이 되면서 문제가 되기 시작했다. 하나의 재료 또는 여타 재료 간의 선택이 단순히 기호나 경제적 문제가 아니라, 미국 문화세력에 저항할 것인가 아니면 수용할 것인가의 신호가 되었다. 제2차 세계대전 후 유럽에서 철강재와 콘크리트간의 구별은 늘 미국을 향한 태도를 암시했다. 예를 들면, 1957년에 발간된 이탈리아 건축가 지오 폰티 Gio Ponti 가 저술한 『건축을 찬양하며 In Praise of Architecture』에서 발췌한 글의 숨은 뜻이 바로 그러한 것이었다.

여러 해 전 이탈리아인으로서 나는 '철근콘크리트 건축은, 아무리 새로울지라도, 건축이다.
건축가에 의해서 만들어진 것이다. 철강구조건축은 그것이 철강재뿐만 아니라 공간으로 만들어졌을 때만 건축이다. 단지 구조물에 불과하고 골조 상태일 뿐인 철강재는 아직은 건축이 아니며, 적어도 철강재는 아직도 건축에서 무엇이든 받아들여야 한다. 철강재는 타인들에 의해서 만들어진 것이다. 이들은 대장장이, 금속가 공장이, 공장사람들과 같이 서로 다른 부류의 사람들이다. 건축가는 여전히 물로 일하며, 그들은 현장을 모델로 삼는다. 건축가들은 타인을 통해서 작품을 만드는 조각가들이다. 이런 상이한 부류는 현장에서는 일하지 않는다; 철강재 작업은 물 대신 불과 더불어 일하며 모델을 삼지 않으며 금속을 버린다. 그런 다음 철강재는 거대한 메커니즘을 구성한다. 철강작업은 볼트와 렌치, 용접, 깎아내지 않고 두드리는 망치와 더불어 일한다. 적어도 우리 이탈리아에서는 철강건축은 아직은 더 이상 존재하지 않는다.'라고 생각했다.

그는 또한 이렇게 덧붙였다:

나는 다른 목적을 가지지 않고 단지 그 솜씨만으로 아름다움을 표현하고, 단순히 기술적으로 이루어진 것이 아닌, 무엇인가에 바쳐진 예술 작품을 건축이라고 의미한다면, 완전히 철강재로만 이루어진 구조물을 절대로 건축으로서 분류할 수 없다.[27]

전후 유럽의 환경에서 폰티가 철강재보다 콘크리트를 선호했다는 것은 미국 문화에 대해 유럽 문화의 우월성을 강조한 것으로 읽혀질 수밖에 없다.

그 점에 대해 미국의 건축가들은 1950년대 말기에 시작하여 1960년대에 콘크리트에 흥미를 갖게 되면서, 무엇을 해볼 것인가를 근거를 삼으려 그들이 고개를 돌렸던 곳은 유럽 쪽이었다. SOM 건축설계회사의 고든 분샤프트 Gordon Bunshaft 는 늘 콘크리트를 갈망했었다. '우리는 콘크리트로 무엇이든지 할 수 있다는 것을 알았지만 교육이 필요했다.'라고 나중에 회고했다. 미국 건축가의 최초 콘크리트 작품은 유럽에 세워졌다. 이스탄불 힐튼 호텔 Istanbul Hilton (1951-5)과 브루셀의 뱅크 램퍼트 Banque Lampert 건물 (1959-65)이었다. 특히 에로 사리넨 Eero Saarinen 의 작품과 같은 몇 가지 중요한 예외적인 것과 함께, 1960년대 말기에 이르러서 겨우 철근콘크리트가 미국 건축의 정규 건설 종목의 한 부분을 형성하기 시작했다.[28]

종전 후 유럽 건축 중 두 개의 상징적 작품에서 각기 다른 방식으로 어떻게 철근콘크리트가 대서양 횡단—미국과 유럽 간—교류의 일부를 이끌어갔는지를 알 수 있다. 이들 중의 첫

토레 벨라스카 밀라노, 1950–8. 건축설계회사 BBPR 설계.
점포, 사무실 등이 있으며, 돌출된 상층부에는 아파트가 들어서 있다. 유럽식 마천루이다.

번째 것은 지오 폰티의 고향인 밀라노에 있는 토레 벨라스카^{Torre Velasca}이다. 이 건물은 종전 후 건축 문화에 있어 여러 방면에서 중심이 되는 건물이었다.[29] 1959년 근대건축 국제회의 CIAM 에 참가한 대표단들 내에서 그 건물 때문에 야기되었던 논쟁이 너무나 격렬해서 CIAM은 다시 열리지 않았지만, 그 건물은 미국과 유럽의 관계 역사 내에서 또한 중요했다. 토레 벨라스카는 비정상적으로 길었던 1950년부터 1958년까지 잉태 기간의 산물이었다. 건물이라는 맥락에서 보면, 그 기간 동안에 수요자에게도, 그리고 설계 그 자체에도 중대한 변화가 있었다. 전쟁 중 에 폭격으로 부분적으로 파괴되었던 밀라노의 한 지역에, 애초에 미국 자금을 지원받는 새로 운 중심 업무 지구의 일부로서 계획되었기 때문에, 그 설계는 국가의 이념적이고 정치적인 통 제를 위해서라도 공산주의 영향에 맞선 투쟁과 관련된 것처럼 보여야 했다. 건축설계회사 BBPR은 저층과 고층으로 두 가지 대안을 준비했다. 고객들은 짐작컨대 훨씬 더 '미국적'이었 다는 이유로 고층(이 중에는 애초에 두 가지 안이 있었는데, 하나는 곡절판 구조이고, 다른 하 나는 정사각형 타워였다)을 선택했다. 먼저 추진되었던 것은 정사각형 타워 형태였고, BBPR의 원래 설계는 최종 건물의 외형이 비슷하긴 해도 미국의 마천루에 적용된 전통에 맞추어 철강 재로 지어지기로 했었다. 1950년대 중반에 미국의 후원자들이 철수했고 그 현장은 이탈리아 소유로 넘어갔다. 그 시점에서 건설재료가 철강재에서 콘크리트로 바뀌었다. 기술자들도 바뀌 었고, 새 기술자로 밀라노 출신의 콘크리트 옹호자인 아르투로 다누소^{Arturo Danusso}가 임명되었 다. 철강재에서 콘크리트 건설로 바뀐 정확한 이유가 무엇이든 간에, 당시에도 마천루를 철강 재로 짓고 있는 중이었던 미국과 거리를 두고 있음을 나타낸 것이었다(세계대전 후 최초의 미 국의 철근콘크리트 마천루는 사리넨이 설계한 CBS 사옥과 야마자키^{Yamazaki}가 설계한 세계무 역센터^{World Trade Center}인데, 착공 후 10년이 지날 때까지도 준공이 안 되었다). 건설 재료의 변화 는 또한 같은 시기에 에르네스토 로저스가 개발한 것과 거의 맞물렸다. 그는 BBPR 동업자의 한 사람이었으며 또한 전통, **주변 환경** ambiente, 그리고 지역 토착 언어와 건축의 관계에 관한 아이디어를 다룬 건축 저널 「카사벨라 *Casabella*」의 편집자였다. 이 시기에 유럽에서는 어떠한 형태의 마천루도 참신한 것이었으며, 분명하고 정말로 유일한 모델은 미국식이었다. 토레 벨 라스카에서 드러난 기이한 형상은 롬바르디^{Lombardi}의 성채와 그 건물의 두드러지는 철근콘크 리트 공사와 관련하여 미국의 규준을 명백하게 거부하는 것으로 여겨졌다. 사롬^{Sarom} 빌딩과

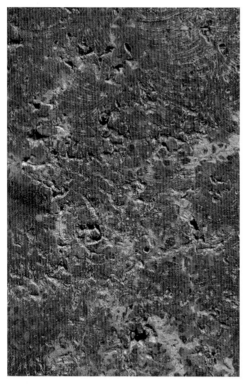
토레 벨라스카 밀라노. 콘크리트 골조에 미장질 마감.
둥그런 모양은 수작업의 흔적이다.

지오 폰티의 피렐리Pirelli 타워와 비교해보면, 밀라노의 두 개의 다른 마천루는 몇 년 후에 준공되었으며(그것들의 설계 기간이 토레 벨라스카의 건설기간과 겹쳤었다.), 토레 벨라스카는 어김없이 유럽식이었다. 나중에 두 개의 타워도 철근콘크리트로 지어졌지만, 재료가 드러나지 않았으며, 칸막이벽을 도입하고 날렵한 외형을 보임으로써 그 타워들을 미국 마천루 전통에 맞췄다. 다른 한편, 토레 벨라스카는 건물 전체가 확실한 철근콘크리트 골조, 대리석 색깔의 시멘트로 미장한 외관, 노련한 장인의 솜씨로 다듬어진 시대에서 벗어난 마감, 특수한 세라믹 성분의 대리석 쪼아내기로 된 독특한 프리캐스트 패널로 되어, 그 당시의 미국 건물과는 전혀 연관성이 없었다. 그 후 10년 동안 미국의 마천루는 콘크리트로 지어지기 시작해서, 시카고의 존 행콕 타워John Hancock Tower와 시어스 타워Sears Tower 같은 건물들이 외형상으로 보기에도 과감해졌을 때도 그 건물들의 건축가들은 밀라노에서 BBPR이 했던 것처럼, 칸막이벽으로 된 표준설계에서 탈피하는 것을 정당화하기 위한 구실로 이탈리아의 역사적 건축을 거론했다. 혹평을 받은 토레 벨라스카는 비록 그 자체가 논란의 기원으로서 인용되지는 않았을지라도 그 다음 10년 동안에 등장했던 마천루 설계의 대안 모델로서 가능성을 보여주었다.

철근콘크리트가 유럽풍을 나타낸 또 하나의 유명한 작품은 앨리슨 & 피터 스미슨Alison & Peter Smithson이 설계하여 1964년에 준공된 런던의 이코노미스트 빌딩이다. 스미슨 설계회사는 1959년에 그 건축계획의 설계사로 지명되어, 같은 해에 CIAM의 오털로Otterlo 총회에서 그들이 겪었던 BBPR의 혹평을 당연히 염두에 두고, 토레 벨라스카처럼 공개적으로 대치되는 어떠한 일도 피하려고 많은 애를 썼다. 이코노미스트 빌딩은 미국과 유럽의 건설기술이 절묘하게 조합된 건물로서, 그 건물에는 어느 쪽의 전통도 지배적이지 않았다. 이전에 세워진 셸 센터Shell Center, 뷔커스Vickers 빌딩, 런던 월London Wall의 건물들, 뉴질랜드 하우스, 캐스트롤 하우스Castrol House와 같은 대다수의 런던의 고층건물들은 철강골조로 지어졌다. 영국은 세계대전 후 대형건물 공사에 철근콘크리트 건설을 채택하는 것이 유별나게 더뎠다. 철근콘크리트 건설을 채택하면 경제적인 이점이 있음에도, 1950년대 내내 영국의 도시들은 '철강재의 숲'을 닮았다고 묘사되었다.[30] 리차드 세이퍼트Richard Seifert는 그 시기에 사무실 건물을 철근콘크리트로 설계해본 유일한 런던의 건축가였다. 여러 가지 면에서 뉴욕 사무실 건물들의 축소판이었던 건물을 철근콘크리트로 설계한 스미슨 설계회사의 선택은 충격적이었으며, 영국 건축의 미국화를 향한 그들 자신의 이중가치라는 맥락에서 보아야 할 것이다.[31]

이코노미스트 빌딩은 그 당시 많은 영국의 사무실 건물 설계에서 볼 수 없었던 비교적 새로운 발전 양식인 중앙 서비스 구역이라든가, 에어 컨디셔닝, 참신함, 미스 반 데어 로에Mies van der Rohe의 미국식 건물에서 볼 수 있는 특징인 전반적인 과묵함을 보이는 미국식 사무실 설계의 특징이 반영되었지만, 어떤 부분에서는 미국식 모델을 벗어났다. 가장 눈에 띄는 차이는 바닥의 뒤편까지 깊숙하게 태양광이 들어올 수 있도록 모서리 부분에 모를 따는 것이었다. 이런 것은 고급 임대 층의 면적에 손실이 생긴다는 핑계로 미국의 투기목적으로 지어진 사무실 건물에서는 결코 허락되지 않았을 특징이다. 대지의 경사를 이용해서 그 건물이 도로 레벨에 있는지 아니면, 관례적인 미국 양식대로 들어올린 기단 위에 얹혀 있는지 일부러 모호함을 조성했다. 구조물의 외관 처리는 비슷하게 혼합되어 있었다. 그 건물은 철강골조로 완벽하게 잘 만들어질 수도 있었으나, 스미슨 설계회사가 그 건물이 미국식 건물이라는 더 확실한 검증을 원했더라면, 사람들이 그 건물은 철강재로 지어진 것이었다고 믿게끔 바랐을 수도 있었을 것이다. 그러나 그들이 이미 미국 양식의 미스 반 데어 로에의 영향을 받은 철강 골조 건물인 헌스탄톤Hunstanton 학교를 지었음에도, 스미슨은 1950년대 말기에 철강재 건물에서 손을 떼고서 마침내 일반적인 미국 건축에 등을 돌렸다. 1958년 기사에서 피터 스미슨은 근래의 미국식 건물을 '융통성 없는 기준에 따르면 전혀 건축이 아닌, 철강작업 인부들이 지은 건물'이라고 맹렬히 비난했다.[32] 피터 스미슨에 따르면, 이코노미스트 빌딩은 원래 '콘크리트로 지어지도록 설계된 것이지만, 거친 콘크리트는 아니고, 기술적으로 훌륭하게 보이는 콘크리트로… 그러나 그 당시에… 아마도 건물주들은 세인트 제임스St. James 거리에 있는 콘크리트 건물에 대한 의심을 갖기 시작했다.'[33] 그 결과 이코노미스트 건물과 부속 건물들은 철근콘크리트로 지어진 것이지만, 런던의 대다수 공공건물들이 특히 영국식 근무복 같이 보이고 있는 수수한 석재로 미장되었으나, 스미슨은 보통의 결이 고운 포틀랜드 석재가 아니라 석재층의 상부에서 캐낸 둥근 바닥의 포틀랜드 석재를 채택함으로써 이런 예상을 뒤집었다. 포틀랜드 석재는 정상적으로 그 시기에 건물용으로 적합하지 않았지만, 화석이 풍부하고 깊게 틈이 갈라져, 트래버틴 대리석과 다르지 않게 더욱 고급스러운 촉감을 주었다. 돌붙임을 기둥의 아래로 광장바닥까지 쭉 연장하기보다는 그 치장을 광장바닥에서 몇 인치 짧게 끝내서 아래쪽 골조에 맨살의 콘크리트가 드러나게 했다(또는 적어도 건물 개보수의 한 부분으로 콘크리트의 노출부분을 칠로 덮어버렸던 1990년대까지만 해도 그렇게 되었다).

이렇게 치맛자락을 아주 얌전하게 들어올려 발목을 살짝 드러나게 하는 것을 피터 스미슨은 '브레치안 트릭 Brechtian trick'이라고 했는데, 이것은 미국식 건물과 유럽식 건물 간의 차이를 나타낸다는 다소 억지스러운 암시였고, 같아 보이지만 엄밀하게 보면 같지 않다.

콘크리트가 종전 후 시대에서 유럽-미국 간의 대화의 일부가 되었지만, 유럽 국가들 간의 콘크리트에 대한 권리를 향한 경쟁은 잠시나마 조립식 구조의 부상과 함께 1950년대와 1960년대로 돌아왔다. 이런 일화는 5장에 좀 더 상세하게 기술되어 있고, 여기서는 단지 그것의 지정학적 의미만을 새겨보기로 한다. 콘크리트 조립식 부재를 미리 만들어서 완전한 건물로 조립하는 것은 그것이 가능하게 했던 제작공정에 대한 관리라는 이유로, 1870년대부터 가장 흔

이코노미스트 빌딩, 런던. 1990년 보수하기 전에 이코노미스트 타워의 기둥 하단부. 스미슨의 브레치안 트릭.

이코노미스트 광장, 런던, 1959-64, 건축가 피터 스미슨 설계.
콘크리트 골조가 기둥에 맞대어 붙인 포틀랜드 석재 뒤로 보인다.

하고 신뢰할 만한 콘크리트 적용 방법 중 하나였다. 콘크리트 건설의 기본적 특징으로서, 많은 사람들이 여겨왔던 일체성 원칙을 저버린다는 이유로 몇몇 사람들은 거부했지만, 조립부재 공법 prefabrication은 언제나 옹호자가 있었다. 다양한 방식의 조립부재 공법은 19세기 후반에 영국, 미국, 프랑스에서 개발되었지만, 이 중 어느 방식도 전 세계적으로 확산되지 않았다. 주택 건설 수요가 많고 숙련된 노동력이 귀했던 시절에 숙련된 현장 건설기능공 수요를 줄여준다는 전망 때문에, 제1차 세계대전이 끝나고 나서 프리캐스트 콘크리트 조립부재 공법에 대한 관심이 높아졌다. 개발된 방식의 대부분은 한 남자가 쉽게 다룰 수 있을 만큼인 부품의 크기라는 면에서 콘크리트 블록의 변종이었다.[34] 그러나 더 큰 부재에 관한 실험도 몇 차례 있었다. 이 중 잘 알려진 것은 1920년대 후기에 프랑크푸르트에서 있었다. 그 당시 도시의 대규모 공공주택 건설계획 때문에 공장에서 큰 벽체 패널을 만들 필요가 있어서 연구와 투자가 타당성을 얻었다. 1929년 후반의 불황기와 함께 막을 내리면서, 노동력 절감이라는 이유로 개발되었던 공법은 짧은 생애를 끝으로 쓸모없게 되었지만, 그 실험은 대규모 조립부재 방식의 성공적인 개발을 위한 예비조건 중의 하나로 관심을 끌었다. 장기간에 걸쳐 실질적이고 꾸준한 수요에 대한 확신이 있어야 부재를 만들고, 완전 가동으로 지속적인 작업이 보장되어야만 공장에 정당한 투자가 가능하다.

유럽 전체에 새로운 주택건설에 대한 수요가 늘고 금융기관으로서 국가가 개입하여, 조립부재 공법 실행을 재개하기에 이상적인 조건이 조성되었지만, 제2차 세계대전 후에 급증한 주택 수요와 숙련된 건설기능공의 부족 때문에, 한꺼번에 대규모로 제1차 세계대전에 이은 상황을 반복하게 되었다. 모든 나라가 조립부재 공법에 뛰어들었으나 여러 가지 복합적인 이유로, 프리캐스트 콘크리트 조립부재 공법 개발을 이끌었던 나라는 프랑스였다. 세계대전 전에 이미 프랑스에서는 모팡Mopin 공법이라는 철강콘크리트 합성공법이 개발되었었다. 이 공법은 아주 널리 사용되었고 영국을 포함한 다른 나라에서도 허가를 받고 수출되었다.[35] 세계대전 중에 독일의 군사기술자들은 프랑스 시공업자를 고용해서 대서양 안벽Atlantic Wall과 수많은 콘크리트 군사시설을 프랑스 전 국토에 건설하도록 했으며, 강압적으로 아주 조그마한 건설회사에게도 비교적 고급의 콘크리트 시공기술을 전수하도록 했다. 그 기술은 나중에 그 업자들이 버틸 수 있었던 전문기술이었다. 전쟁이 끝난 후에, 조립부재 공법을 선호하게 된 결정적 요인은 도시

계획에 관한 관리, 주택에 관한 재정지출, 그리고 건설에 관한 연구를 담당하는 도시 재건부라는 단일 부처 내로 주택 건설사업을 집중시킨 것이었다. 이렇게 흔치 않게 기능을 집중시킨 것이 국가가 그 제품에 대한 수요를 보장할 수 있었기 때문에 조립부재 사업에 대규모 투자를 위한 최적의 조건이 되었다. 대형 패널 방식에 관한 세계대전 후 최초의 특허는 1949년에 레이몽 카뮈Raymond Camus가 취득했으며, 이어서 파리 근교의 한 단지에 4,000가구의 아파트건설 공사를 프랑스 정부로부터 수주계약을 하고 몽테송Montesson에 그의 첫 번째 공장을 세울 수 있게 되었다. 카뮈는 예전에 시트룅Citroën 회사에 근무한 적이 있었고, 자신의 자동차 제조회사의 근무경험이 건축부재 제품에 관한 자신의 생각에 여러 부분에서도 도움이 되었다. 사업조직 면에서도 카뮈와 그의 지도를 따랐던 나머지 시공업자들이 최초로 혁신을 일으키자, 이전에는 중소규모의 건설회사가 맡았던 주택건설 사업이 이제 매우 큰 회사가 지배하는 하나의 시장이 되었다는 것이었다. 그 회사가 시장에 진입한 이유는 그들이 조립부재 공장을 자본으로 설립할 수 있는 역량을 가지고 있었으며, 그 분야에서 그들이 지속적으로 존재할 수 있었던 것은 이들 공장 제품을 수용하는 새로운 현장이 있었고 주택건설 계획이 끊임없이 성공한 덕분이었다. 이것이 바로 프랑스의 각 도시의 외곽을 수놓은 대규모 다층 시민주택단지인 '그랑땅상블 grands ensembles'의 이야기이다. 카뮈, 발렌시, 크와네, 여타 프랑스식 공법들을 통해서, 1950년대와 60년대의 유럽의 콘크리트 조립부재 공법이 탁월하다는 것을 보여주었다. 1962년까지 카뮈는 유럽 전체에 12곳의 조립부재 공장을 소유했고, 5장에 소개된 바와 같이, 소련에서도 그의 공법이 채택되었다고 알려졌다. 나머지 서구 나라 중에서 특히 덴마크와 스웨덴은 프리캐스트 콘크리트패널 공법을 개발했음에도, 어느 나라도 프랑스 회사의 자본과 크기를 갖는 건설회사를 보유하지 못했으며, 프랑스 국가가 후원하고 대규모로 보장하는 시장에 아무도 진입할 준비가 안 되었었다.[36]

프랑스인들은 그랑땅상블이 인기가 없어진 후에도 오랫동안 1950년대와 60년대에 프리캐스트 콘크리트 조립부재 공법에 대한 자신들의 업적을 자랑했으며, 적어도 한 프랑스 역사가는 프랑스가 전 세계로 특별한 선물을 전했다는 엄청난 자부심을 보였다.[37] 건설업계에서 대규모의 국제적 거래는 겉으로 보기에는 그 공법들이 보편성을 보인다고 할 수 있지만, 실제로는 단지 전문가의 눈만이 스웨덴 공법, 덴마크 공법, 프랑스 공법, 벨기에 공법 또는 영국 공법들을 식별할 수 있고, 그럼에도 후원 회사들 간에는 치열한 애국심이 있었다. 그 중 하나의 공법으로 영국의 콘크리트 회사에서 개발한 비손 월$^{Bison\ Wall}$ 골조 공법은 영국의 다른 공법보다 더 많은 주거시설을 공급했다. 그 공법은 영국에서 개발한 것인데, 그 회사가 조심했던 사실은 그 공법의 잠재적 고객이 그 공법을 알지 못한 채로 있어서는 안 된다는 것이었다. 비손의 홍보책자에는 다음과 같은 글귀가 있었다: '이 공법은 영국 안에서만 가능하며 아무도 해외 면허를 받을 수 없습니다.'[38]

1970년대 초기 프리캐스트 콘크리트 조립부재 방식은 유럽에서는 거의 사라졌으며, 공법의 국적도 아무런 의미가 없게 되었다. 그와 동시에, 유럽과 미국 간의 문화적 긴장감이 느슨해지고, 특히 콘크리트 건설이 미국에 널리 확산되면서, 콘크리트와 철강재 간의 차이도 두 대륙 간의 분명한 차이가 아니었다. 지난 20여 년 동안, 경제의 중심은 동남아시아로 이동했으며, 점점 더 중국으로 향하고 있고, 콘크리트 소유권에 대해 새롭고 전혀 다른 보유자가 등장했으며, 프랑스 또는 독일, 유럽 또는 미국 소유권에 대한 어떠한 문제들도 제거되었다. 그러한 초기의 논쟁들은 이제 사소해 보이며, 의미도 없어 보인다. 오늘날 긴급한 문제는 콘크리트가 '개발된' 세계의 것인지 아니면 '개발 중인' 세계의 것인가이다. 이런 이동의 초기 징후는 1950년대에 토레 벨라스카의 설계 일을 맡은 BBPR 회사의 건축가들 몇 명이 브라질의 상 파울로에 가서 풍하중을 받는 고층 콘크리트 건물의 거동에 대해서 배우고자 했다.[39] 당시에 유럽이나 북미에서도 토레 벨라스카에서 계획한 높이만큼 되는 콘크리트 구조물은 없었다. 오로지 브라질만이, 개발된 서유럽 나라 밖에서, 그것과 같은 높이의 건물들과 그것들을 시공할 수 있는 전문기술이 있었다. 1950년대에 이미 콘크리트 노하우는 유럽 나라에서 사라지고 있었다. 50년이 지난 후에 그 균형은 완전히 이동했다. 새 천년이 시작하면서, '개발 중인 세계'의 콘크리트 소비량은 '일등국 세계'의 소비량을 훨씬 뛰어넘어서, 콘크리트 소유권에 대한 타이틀이 '개발 중인 나라들'로 옮겨가고 있다. 중국은 전 세계 시멘트 양의 반 이상을 생산하고 있으며, 중국의 생산량은 제2의 생산국인 인도의 열 배에 이른다.[40] 1973년에서 2004년까지 중국의 1인당 시멘트 소비량은 25kg에서 430kg으로 증가했지만, 같은 기간 동안에 미국의 1인당 소비량은 약 350kg에 머물러 있다. 상당한 양의 시멘트가 토목공사에 투입되었다. 그중 가장 큰 공사는 삼협 댐이며, 이 공사는 세계에서 가장 큰 토목공사로서 26,430,000m^{3}의 콘크리트를 소비했으며, 그 다음으로 큰 댐인 브라질의 이타이푸^{Itaifu} 공사의 2배나 되는 물량이었다. 삼협 댐 건설 경험을 통해 중국 기술자들과 시공회사는 대형 콘크리트 공사의 설계와 운영관리에 관해 높은 수준의 전문지식을 얻게 되었으며, 이제 그들은 세계의 다른 곳에 그들의 기술을 수출할 위치에 있다. 세계에서 가장 높은 주거 가능한 건물들인 샹하이의 세계금융센터^{World Financial Center}, 타이페이 101^{Taipei 101}, 페트로나스 트윈 타워^{Petronas Twin Towers} 등은 모두 콘크리트로 지어진 것이며 모두 동남아시아에 있다. 콘크리트의 무게 중심이 더 이상 건설시장을 지배하지도 못하고 전문성도 점점 더 떨어지고 있는 서유럽에서 벗어나고 있다. '개발된 세계'에서 콘크리트는 때때로 거의 쇠락하는 모양새로 취급받으면서 맞춤 생산 재료가 되는 경향이 있으나, '개발 중인 세계'에서 콘크리트는 현대화라는 목적에 이르는 수단을 나타내는 건설산업의 대표적인 매체이며, 남을 의식하지 않고 맘대로 사용되고 있다. 예측 가능한 미래에 대해, 콘크리트가 어딘가에 속해 있다고 말할 수 있다면, 그 주인은 그것이 생겨났던 '최초의 세계'가 아니라 더 가난하고 아직도 개발되고 있는 세계일 것이다. 다른 어떠한 과학기술도 콘크리트처럼 거의 완벽하게, 서양에서 동양으로, 북에서 남으로 변신하지 않았다.

여러 나라의 콘크리트 National Concrete

철근콘크리트 시장이 프랑스의 엔느비크, 독일의 봐이스 운트 프라이탁^{Wayss & Freytag}, 미국의 트러스콘^{Truscon}과 같은 회사의 독점적 체계로 지배되는 한, 한 회사의 콘크리트 건물과 다른 회사의 것 간의 가장 뚜렷한 차이는 짐작되는 국적보다는 오히려 적용되는 공법에 있었다. 투린에 있는 엔느비크 사의 건물은 투린에 있는 봐이스 운트 프라이탁 사의 건물보다는 상 파울로에 있는 엔느비크 사의 건물과 공통점이 더 많다. 세계대전 중 몇 해 동안 그 공법들이 쇠퇴하면서, 콘크리트는 더 이상 브랜드로 판별되지 않게 되었으며, 곧 알게 되겠지만, 건물의 안전을 보장하기 위하여 각 나라들이 콘크리트 건설공사를 위한 독자적인 규정을 내놓기 시작하면서, 아무런 제약도 받지 않는 이들 두 개의 콘크리트 건설업자들은 국가적 차별성을 목표로 하는 쪽으로 기울기 시작했다. 프랑스는 1906년에 자체적인 콘크리트 공사규정을 확립했고,

독일은 1907년에 뒤를 이었으며, 1908년에 철근콘크리트 공사에 관한 국제 규정을 만들려는 시도가 있었으나 결코 받아들여지지 않았다. 그리하여 나라마다 독자적인 규정을 제정하면서, 그것은 각 국가의 관심사가 되는 일이 되었다. 이것이 어떤 면에서는 역행하는 행보였지만 철근콘크리트에서 국가의 정체성을 형성하는 데 기여했다. 규제체계가 서로 다르고, 건설문화가 서로 다르며, 지역의 노동시장에서 차이가 있기에 콘크리트를 만드는 방식에서 차이가 나게 되었다. 예를 들면, 1930년대에 독일, 스위스, 그리고 스페인은 각각 자신들만의 독특한 양식의 얇은 콘크리트 쉘을 개발했다.[41] 그럼에도 어떤 나라들은 전적으로 국가적 특색을 갖는 콘크리트를 만들어서 좀 더 심오하다는 것 때문에 좋은 평판을 얻었다. 이들 중 잘 알려진 사례의 두 나라는 브라질과 일본이다.

브라질 Brazil

1940년대 국제건축무대에 브라질이 등장하게 된 것은 콘크리트의 사용과 밀접한 관계가 있었다. 1943년 현대미술박물관 *Museum of Modern Art* 전시회인 '브라질 건설 *Brazil Builds*'은 브라질 건축가의 위상을 높인 것인데, 이 전시회의 큐레이터인 필립 굳윈[Philip Goodwin]은 전시회 소개책자에 '브라질의 현대건축은 언제나 철근콘크리트에 의존해왔다.'라고 기술했다.[42] 콘크리트에 대해 갖는 동질감은 브라질에만 유일한 것이 아니고 모든 남미 국가에게도 마찬가지이지만, 브라질의 경우는 그 자체의 독특함이 있다.

20세기 초 브라질에 시멘트가 도입되면서 모든 개발도상국들처럼 이 나라도 개발도상국에 오르게 되었고, 시멘트를 사용하는 건축가와 기술자에게는 개발된 국가에서 생산되는 것에 비해 모든 면에서 동등하거나 심지어 더 우수한 작품들을 만들 기회를 주었다. 그 건축가들과 기술자들의 상당수가 그들 자신이 유럽에서 온 이민자들이었다는 사실은 그들이 철근콘크리트에 익숙할 뿐만 아니라 그들이 자라왔던 나라에 있는 작품들과 견줄 만하다고 여겨진 작품들을 철근콘크리트로 만들어낼 수 있으리라고 기대했다는 것을 의미했다. 콘크리트는 브라질에게는 아직 '세계로 향하는 한 걸음'이었지만, 콘크리트 또한 브라질 건축가와 기술자들을 서유럽에서 발단되어 서유럽으로부터 주로 규제를 받았던 가치 체계 속에 놓이게 했다. 그리하여 콘크리트는 그들에게 자유를 주었지만 또한 그들에게서 자유를 앗아갔다. 서유럽의 개발된 중심 국가들 밖에 있는 한 나라가 서유럽 국가들과 동등한 조건으로 발언하는 수단을 얻어내려면, 서유럽 국가들이 설정한 조건을 따라야 한다는 의무를 이행해야 한다는 난제는 개발 중인 국가 전체에서는 익숙한 문제이다. 그것이 바로 브라질 사람들이 검토할 만한 가치가 있는 문제에 접근하는 방식이다.

1926년 브라질에 최초의 시멘트 공장이 생기기 전, 브라질의 시멘트는 전량이 수입되어서 비교적 귀하고 비싼 재료였고, 거의 다 유럽이나 북미 특허로 수행되는 공사에 유럽 태생이거나 유럽에서 교육받은 기술자의 감독 하에 사용되었다. 제2차 세계대전 후에도 국내에서 생산되는 시멘트 양은 적었고 브라질에서 사용되는 시멘트의 대부분은 수입된 것이었다. 철강구조보다 콘크리트구조를 선호한다는 것은 제2차 세계대전이 끝난 후에도 압연 강재를 생산할 수 있는 제련소가 브라질에는 없었다는 사실로 설명될 수 있다. 모든 건설용 철강재는 수입되어야 했고 시멘트 수입가격보다 더 비쌌다. 1950년대에 수입 대체 정책이 발표되자 브라질에서 소비되는 시멘트를 공급하는 해외업자들은 브라질에 공장을 세우기로 하고, 얼마 지나지 않아 브라질에서 사용되는 거의 모든 시멘트는 브라질 내에서 생산되었다. '주목할 만한 것'은 '브라질은 예외적으로 설비가 잘 갖춰져서 대규모로 시멘트를 생산하고 있다.'고 1965년 브라질 경제 조사보고서에 기록되어 있다. 1959년 브라질은 370만 톤의 시멘트를 생산하고 겨우 29,000톤을 수입했다. 이 수입량은 국내 생산량의 1%도 안 된다. 1966년 생산량은 600만 톤으로 증가했고 다음 10여 년 동안 브라질 경제의 호황에 힘입어 1976년에는 1,910만 톤으로 3배 이상 생산되었다.[43] 이런 비정상적인 시멘트 생산량의 증가가 브라질 건축에 큰 영향을 끼쳤다는 것은 놀랄 만한 일은 아니다.

흔히 브라질은 1939년 뉴욕 세계 박람회에서 처음으로 평가를 받은 개발 작품으로, '최초의 **국가적** 양식을 보인 현대건축'[44]을 창안해냈다고 한다. 그 박람회에서 루치오 코스타Lucio Costa와 오스카 니마이어Oscar Niemeyer가 설계한 브라질 전시관은 특별히 '브라질 정신'을 구현하고자 했었다. 4년이 지난 후에 현대미술박물관 전시회와 동시에 발간된 책자인 『브라질 건설 *Brazil Builds*』과 더불어 한 나라의 새로운 건축으로 브라질의 정체성을 완전히 인식하게 되었

다. 근대 양식을 한 나라의 양식으로 창출한 브라질의 독창성은 다른 나라에서 보여준 비평 덕분에 그러한 인식이 형성되었다는 것이고, 특히 그들 나라 중에서도 그때까지 가장 영향이 큰 나라는 미국이었다. 뉴욕 전시회의 '브라질 건설 *Brazil Builds*'이 브라질 사람 자신들, 그리고 그 밖의 나라에게까지 알려진 브라질 건축을 어떻게 만들었는가에 대한 얘기가 가끔씩 회자되고 있다.[45] 그러나 이런 일화에 대해 특별히 주목할 점이 있다. 브라질 건축의 '브라질다움'은 거의 다 미국인들이 찾아내었으며 이것을 전 세계적으로 알리는 뉴스와 정보의 확산도 미국의 권위를 통해서 가능하게 되었다. 어떤 이는 브라질 현대건축의 '브라질다움'은 실제로는 제2차 세계대전 중 그러한 특별한 순간에 미국의 정치적 목적에 부합한 미국적인 창의력이었다라고 말하기도 한다. 브라질 건축가들이 발단이 되었는지 어쨌든 간에, 그들이 브라질 억양으로 건축의 세계 언어를 변형시키는 데 얼마나 효과적이었는지, 궁극적으로 이 계획의 성공 여부는 세계의 다른 곳에 그것이 어떻게 나타났는지에 따라 결정되었다. 이상할 정도로 '브라질 건설 *Brazil Builds*'이 널리 알려지고 받아들여지게 되자, 브라질 사람들은 다른 곳에서도 정해진 규칙으로 통제되는 여건에 맞춰서, 그들이 변함없이 해낼 수 있음을 확신시켜 주었다. 흔히 말하듯이, 브라질 사람들의 모더니즘이 콘크리트 건축에 관한 한, 브라질식 콘크리트 사용법은 결코 '일등국 세계'에 자리잡은 권위로 통제되는 언어로 나누는 대화를 넘어서지 못했다. 브라질 사람들의 관점에서 보면, 콘크리트라는 매체를 통해서 '브라질'의 정체성이 확립되었어도 그것이 꼭 이로운 것만은 아니었다. 그것이 곧바로 브라질을 세계적 담론 속으로 끌어들였기 때문이며, 그 담론 속에서 불가피하게 브라질은 약자였고, 주체이기보다는 객체였다.

브라질 사람들이 콘크리트를 적용하는 방식에는 세 가지 분명한 모습이 있다. 첫 번째는 다른 나라에서는 콘크리트가 아닌 재료로 지어졌을 건물을 콘크리트로 짓는다는 것이다. 이것은 1920년대 후기와 1930년대 초기에 브라질을 잘 알리게 했던 전략이다. 좋은 예가 1929년에 상파울루에 세워진 마티넬리 Martinelli 빌딩이다. 이 건물은 북미의 마천루처럼 보이지만, 전형적인 미국식인 철강재로 지어진 것이 아니고 콘크리트로 지어졌다. 그 건물이 어떠한 기술적 업적을 보인다 하더라도, 문화적인 면에서 그것은 한 조각의 모조품일 뿐이며 콘크리트 본연의 활용이라고 보기는 어려웠다.

두 번째 모습은 리우데 자네이로 Rio de Janeiro의 이른바 카리오카 Carioca 학교 출신의 건축가들이 주도한 것이었다. 이들 중에 오스카 니마이어 Oscar Niemeyer가 가장 유명하다. 그의 명성은 20

세기에 그를 제외한 모든 브라질 건축가들의 명성을 잠재웠다. 그 학파의 기원은 1936년 르 코르뷔제가 리우데 자네이로에 있는 교육부청사 공동설계 작업에 참여하기 위하여 브라질을 방문했을 때이다. 카리오카 학파가 발전하면서, 그 학파의 기본적인 특징은 얇고 휘어진 콘크리트 쉘을 사용하는 것이었고 정통적 형상을 탈피하는 것이었다. 니마이어와는 별도로, 그 학파의 유명한 주동자는 마차도 모레이라Machado Moreira와 아폰소 라이디Affonso Reidy였다. 니마이어의 기술자였던 호아킴 카르도조Joaquim Cardozo는 1955년에 카리오카 학파의 주요 특징으로서 그가 보았던 것들을 요약했다: '그 특징은 넓은 표면을 실제의 얇은 천과 같은 콘크리트로 표현하는 경향이 뚜렷하다. 열기구 풍선이나 비행선의 외형을 꼭 닮은 친숙한 경쾌함을 보여주는 얇은 막을 형성하기 때문에 나는 그것을 천 sheets이라고 했다.'[46] 팜풀라Pampulha에 있는 니마이어가 설계한 상 프란시스코São Francisco 성당, 라이디가 설계한 현대미술박물관 진입로에 있는 보도교인 벨로 호리존테Belo Horizonte, 페드로굴류Pedregulho에 있는 학교에서 카르도조가 의도했던 바를 알 수 있을 것이다. 브라질 콘크리트 작품이 이처럼 놀랍게도 날렵함을 보일 수 있었던 것은 브라질의 콘크리트 공사 규정 덕분이었다. 그 공사 규정에서 요구하는 콘크리트 피복 두께는 미국 규정에서 요구하는 크기의 반 정도밖에 안 되었고, 이런 허용규정은 1979년까지 지속되었으나, 이후로는 규정이 바뀌면서 약 20% 정도 콘크리트 사용량이 증가하게 되었고 구조물이 중량감 있게 변했다.[47]

유럽 건축의 아방가르드 건축가 중 몇 사람이 1953년에 브라질에 갔을 때, 그들은 카리오카 학파의 작품을 보고 나서 놀랍게도 비판적이었다. 르 코르뷔제가 그들의 대부 노릇을 했지만, 방문자 중 몇 사람은 그들이 일탈적 경향이라고 간주했던 것에 대해 비판했다. 니콜라우스 펩스너Nikolaus Pevsner는 팜풀라 건물들의 '파격적 특징'에 관해서 비판했으며, 스위스 건축가 막스 빌Max Bill은 매우 비판적이었다. 「건축 평론 Architectural Review」지에 실린 기사에서 빌은 그 건물의 '야만주의 barbarism'에 대해 언급하면서, '가장 나쁜 말로 정글의 성장'이라고 했으며, 자기표현에 대한 부적절한 욕구로 몰락시켰다고 그 건축가들을 비난했다. 늘 낙천적이고 자신감 넘쳤던 에르네스토 로저스도 「건축 평론」지의 같은 호에 니마이어에 대해서 '이런 변덕스런 예술가의 작품에 용서할 수 없는 적지 않은 실수투성이를 그냥 지나칠 수가 없다.'라고 혹평했다. 그를 추종하는 제자들의 '흉물스런 건축'에 대해서도 언급했다.[48]

이런 평가들은 브라질 사람들을 자극했고 현대건축을 변방으로 수출해왔던 서방 세계가

도시 계획 및 건축학부 건물, 상파울루, 1962-9, 건축가 빌라노바 아티가스 설계. 가느다란 콘크리트 기둥 위에 콘크리트 상자가 얹혀 있으며 넓은 실내 공간을 연출했다.

그 당시 콘크리트의 적용을 관장하려고 추진했던 방식을 사례를 들어 설명한 것이었다. 그 평론지에서는 콘크리트를 사용하는 개발된 세계 밖에 있는 건축가들과 기술자들에 대한 이해의 어려움뿐만 아니라 그 매체를 처음으로 개발했던 서유럽 나라들이 설정한 감각의 틀에서 탈피하려는 어려움을 예를 들어 설명했다. 빌과 로저스의 비평 때문에 감정이 상한 상파울루의 젊은 브라질 건축가 그룹은 서구의 판단과 가치에 의존하지 않고 외국인들의 권위에 영향을 받지 않는 콘크리트 적용 방식과 건축을 발전시키기로 작정했다.

특히 한 건물은 콘크리트에 대한 대안적 담론의 발전을 보여주고 있다. 상파울루 대학교의 건축 도시 전공 학부 Faculty of Architecture and Urbanism (FAU) 건물은 빌라노바 아티가스 Vilanova Artigas가 1962년에 설계해서 1969년에 준공되었다. 그 건물은 건축 학교로서 그 건물의 직접적인 목적말고도 건물의 의미가 확장되는 작품이다. 거대한 콘크리트 덩어리가 12개의 막

대기 같은 짧은 다리 위에 얹혀 있다. 모서리에는 거대한 캔틸레버가 있고, 덩어리를 지탱하고 있는 다리들의 연약함에 비해서 캔틸레버들은 위에 있는 덩어리의 중량감을 과장하려는 듯하다. 눈에 띄게 생동감 있는 다리 위에 얹혀 있는 묵직한 무게를 보면서, '가벼움 위에 묵직함', '포갬'이라는 러스킨 Ruskin의 원칙을 보인 것으로 이 건물보다 더 나은 사례는 없다. 건물 전면 쪽으로 정면에서 이 다리들을 보면, 위에 있는 블록 외벽과 연속되어 있고 뒤집어진 삼각형 모양을 보이면서, 그 꼭지점은 바로 땅에 닿은 듯하고, 홀쭉한 피라미드로 합쳐짐으로써 단절되어 있지 않았다. 그 피라미드의 꼭대기는 위에 얹힌 콘크리트 상자의 바닥 가장자리에 이어진다. 정면에서 보면 이 다리들은 중간 부분이 가늘어지기는 하지만, 상당히 튼튼해 보이며, 고전적인 기둥의 배흘림과는 정반대로, 그 무게감을 줄이고 있다. 그러나 이 다리들을 옆에서 보면 그 형상이 지면에서 솟아

열주랑이 보이는 상파울로 대학교의 건축 및 도시학부 건물. 보는 각도에 따라서, 이 콘크리트 기둥들은 끝이 뾰족해지는 가느다란 피라미드처럼 보인다.

오르는 길쭉한 피라미드로 변하면서 바늘 끝처럼 좁아지고 그 위의 묵직한 콘크리트 상자에 닿는다. 이 다리들은 러스킨 식의 말로는 전적으로 '생동감 있는' 것으로서, 아주 기발한 기술의 산물이다. 아티가스와 그의 기술자들은 엄청난 고통을 감수하면서 작은 것으로 큰 것들을 지탱하고 있는 효과를 이루어냈다.

이 건물에서 눈여겨볼 만한 것은 뚜렷이 대조되는 것으로서, 한편으로는 극도의 우아함과

구조물의 기술적인 세련됨이 보이지만, 다른 한편으로는 콘크리트 품질 자체가 거칠고 빈곤하게 보이기 때문에 그 시공의 조잡스러움을 보이는 '후진성'의 산물이라는 것이다. 일반적으로 말하자면, 건축가와 기술자들은 기술적으로 발전된 작품은 능숙하게 처리되어야 한다는 견해를 가지려 하기 때문에 이것은 보기 드문 결합이다. 작업 중에 솜씨가 엉성하다는 흔적이 드러난다면 마치 작품의 기술적 우월성마저도 위협받게 될 것 같은 것이다. 작업 솜씨가 엉성하다는 것이 눈에 띄게 드러나는 작품들도 많지만─아마도 르 코르뷔제의 1950년대 '거친 콘크리트 *beton brut*' 작품인 마르세이유에 세워진 위니테 다비타시옹^{Unite d'Habitation}, 또는 라 뚜레뜨^{La Tourette}의 수도원을 떠올릴 것이다─이 작품들은 **기술적** 기교로 평가되지는 않았다. FAU와 같이, 원초적이며 동시에 기술적으로 세련된 작품을 찾아낸다는 것은 비교적 흔치 않은 일이다. 남미의 맥락에서 보면, 이런 결합은 라틴아메리카, 콘크리트, 그리고 현대성이라는 세 가지 연결된 주제에 관해 아주 독특하고 흔치 않은 비평을 낳고 있다. 그 건물은 분명히 콘크리트의 범세계적인 담론에 대해서 알고 있다. 예를 들면 기둥의 축을 90도 틀어놓는 방식은 이미 이탈리아의 기술자 피에르 루이지 네르비^{Pier Luigi Nervi}가 시도했었다. 그러나 그와 동시에 그 건물은 라틴아메리카 경제의 독특한 상황에 응답한 것이다. 마찬가지로, 그 건물은 이미 확립된 '카리오카' 양식과 친숙감을 보이고 있다: 첫 눈에 보기에도, 다리 위에 얹혀 있는 커다란 콘크리트 덩어리라고 보이는 것이, 사람들이 구석부터 찬찬히 살펴보면, 그 안에 있는 무언가─열린 공간─를 둘러싸고 있는 아주 얇은 콘크리트 천처럼 보이며, 그것은 어떤 의미로는, 카르도조가 얇은 콘크리트 천으로 이루어진 '브라질 양식'이라고 여겨왔던 것에 잘 들어맞고 있다. 그렇다 하더라도, 그것이 카리오카 학파의 콘크리트 천과 다른 것이 있다면, 첫 번째로는 드러내놓고 평평한 상태에 있으며, 두 번째로는 지나치게 거칠다는 것이다. 앞서 말한 바와 같이, 이 건물에서 우리가 알 수 있는 것은 상당히 세련된 기술적 전문성과 다른 한편으로는 극단적인 시공의 조악함이 어우러진 괴상한 조합이다. 이런 조합을 순순하게 미적인 효과에 대한 것으로서 볼 수도 있는 반면에, 브라질 사람들의 노동력의 후진성, 그리고 산업 생산성의 결핍 등을 흡수하려는 시도로서 볼 수 있음을 주장한 바 있다.[49] 여기서 우리가 보고 있는 원시적인 것과 세련된 것의 조합은 유럽의 '야수주의 *Brutalism*'와는 구분될 수 있는 것이며 때로는 비교되기도 했다. 오히려 우리가 여기서 보고 있는 것은 라틴아메리카가 풍부하게 가지고 있는 하나의 재료, 길들여지지 않은 노동력, 라틴아메리카의 기타 자원과 그것을 조합함으로써, 인간의 창의성을 이용해서 라틴아메리카의 고질적인 경제 위기에 대한 전략을 제시하고 있는 어떤 건물이다. 그러한 결합이 어색하다면, 어떤 의미로는 라틴아메리카의 문제라고 여겨지는, 개발의 교착상태에 대해 **어떠한** 해결 방안도 소용없다는 표현임에 틀림없다. 자본, 공법, 그리고 기술을 '일등 국가'에서 수입해서 개발을 성취하기보다는 여기서 나타낸 전략은 브라질 경제의 후진성을 인식하고 그 제한 조건들을 이용한다는 것이다. 그 결과는 좀 더 진보적이어서 짧은 기간 동안에 더딘 성장을 이루었을지라도, 이런 접근방식은 그 당시 몇 사람의 경제전문가들이 생각해낸 것으로서 그들은 발전된 제조 산업을 확립하기 위해서 외국 자본에 의존하는 개발방식보다는 이런 방법이 사회적 통합에 이르기가 좀 더 가능하다고 보았다.

브라질 건축기술의 기술적 결함을 흡수하려는 시도로서 FAU를 이해한다는 것은 우리가 아티가스의 의도를 알고 있다는 것으로 확인된다.[50] 아티가스는 기술자로서 교육을 받아왔었고 기술적 혁신에 희열을 느꼈다. 그가 설계한 론드리나Londrina 버스 터미널(1950)은 남북 아메리카를 통틀어 최초로 건설된 콘크리트 쉘 구조물이었다는 평판을 받았다. 동시에 아티가스는 공산주의자였고 미국이 라틴아메리카에 간섭하는 것을 반대했다. 그는 또한 『브라질 건설 Brazil Builds』이 추진한 카리오카 양식에 대해서 엄밀하게 보면 브라질 건축의 이런 양식이 미국인들에 의해서 '만들어진' 것이었기 때문에 굉장히 비판적이었다. 마찬가지로 그는 카리오카 학파가 브라질 건축을 종속적 위치로 몰아갔다는 이유로 카리오카 학파에 영향을 준 르 코르뷔제에 대해서도 비판적이었다.[51] 유명한 브라질 건물의 '진실들'—콘크리트, 풍부하지만 덜 숙련된 노동력, 생산성 자본의 부족—을 담고 있는 아티가스의 대안적 작품은 '일등 국가' 모델에 덜 의존하는 '브라질다움'의 양식을 발전시키기 위해서 이런 것을 이용했지만, 동시에 브라질 경제를 현대화하려는 모든 계획들의 영웅적 허망함을 연상시키기도 했다.

상파울루 건축과 유럽 야수주의 작품 간의 유사성 때문에 어떤 비평가들은 파울리스타Paulista 파를 '야수파'라고도 불렀다. 놀라울 것도 아니지만, 아티가스 자신은 유럽 비평가들이 정의했던 양식과 결탁하는 것을 아주 단호하게 거절했다. 그가 언급한 대로, '유럽 야수주의의 이념적 내용은 별개의 것이다. 그것은 어마어마한 '불합리성'을 동반하고 있다.' 건축학적 형식은 기술적 결정주의의 모습일지라도 사실상 자의적이거나 돌발적인 미적 선택을 통해서 도달한 곳이 유럽의 야수주의이다.[52] 브라질의 관점에서 보면, 유럽의 야수주의는 제2차 세계대전 중에 거의 모든 게 파괴되었던 문명의 작품이며, 기술의 이용이 자체파괴적인 것에 대한 그 자체 능력의 인식에 의해서 더럽혀졌다는 우울함의 표현인 것처럼 보였다는 것이 반대의 요지이다. 이런 점에서 유럽의 '야수주의'는 오만함이었다. 유럽 나라들이 곧 이어진 종전 후 시기에 물자 부족을 감당했어야 함에도, 이런 현상들은 단기간에 지나지 않았으며 1950년대 후반과 1960년대까지 이어진 야수주의의 미학적 '내핍 생활'에 대해서 정당성을 보여주지도 않았다. 브라질에 대해서는 이런 조건이 적용되지 않았다. 브라질은 제2차 세계대전 중에 망가지지도 않았으며, 그렇다고 이전에 발전된 개발 상태를 즐기지도 못했다. 브라질의 문제는 발전된 경제의 쇠락을 감당해야 하는 것이 아니라, 이제 막 시작한 반쯤 발전된 정도의 경제 개발을 성취하는 것이었다. 이런 맥락에서 보면, 다듬어지지 않은 콘크리트 마감을 사용한다는 것은 역사학자 유고 세가와^{Hugo Segawa}가 말했듯이, '기술적으로 "앞선 위치"가 아니고, 브라질 건축이 지녔던 가장 발전된 기술이었다.'[53]

아티가스가 설계한 FAU는 브라질 제품의 사회적 관계에 대한 표현일 뿐만 아니라, 콘크리트의 세계적 담론에 대한 저항을 암시하는 것이었다. 브라질 사람들이 했어야 하듯이, 콘크리트 건물은 브라질 내외의 비평가들이 그들의 작품을 세계 다른 지역의 콘크리트 건축과 비교하도록 부추겼다. 모든 국가를 통합하고 다른 국가와 서로 관계를 맺게 하는 것이 콘크리트의 '자연스러운' 효과이다. 독자적인 정체성을 발전시키기 위한 개별 국가들의 어떠한 시도도 늘 그러한 차이의 근거가 되는 '다른 것'에 근거를 둔 것이며, 그리고 경제개발이라는 정치학에서 이런 '다른 것'이란 항상 '개발된' 세계의 것으로 드러날 것이다. 브라질 건축은 콘크리트라는 범문화적인 매체 속에서 영향을 끼치고 있으며, 더 발전된 세계에 종속하는 쪽으로 틀이 잡혀졌다는 세계적 담론에 빠져들었다. 20세기 중반 브라질 건축의 세 가지 모습을 보면서, 변방에 있는 나라의 건축가들이 콘크리트라는 매체를 통해서 자신의 나라의 정체성 모습을 표현하고자 갈망할 때, 이들이 특별한 어려움에 부딪히고 있음을 알 수 있다; 브라질 사람들의 성공 기회가 제한되었을지라도 그 결과는 독창성을 지녔다. '브라질 콘크리트'라는 것이 있다면, 그것은 이런 담론의 제약을 벗어나려는 시도로부터, 그리고 콘크리트에 대한 국제적 담론의 존재로부터 발생한 것이었다.

일본 Japan

안도 타다오^{Tadao Ando}의 작품에서는 그가 설계하여 코오베^{Kobe}에 지어진 로코^{Rokko} 아파트라든가 오사카에 세워진 빛의 교회^{Church of Light}의 예를 보면, 일본의 특징이 확실히 보인다. 그 특징 중 어떤 것은 콘크리트에 관련된 것이다. 브라질 사례와 비교해 보면, 안도의 작품은 웅장하고 육중하며, 부재에 재료를 지나치게 많이 사용한 듯이 보인다. 로코 아파트의 기둥 상단을 가로지르는 보들은 구조적으로 그렇게 두꺼워야 할 필요가 없음에도, 보를 지지하고 있는 기둥의 단면과 크기가 같다; 안도가 설계한 건물의 어느 곳에서나, 필요 이상으로 콘크리트가 많이 들어간 듯하다. 마감은 아주 정교해서, 콘크리트 안에 기포가 몇 개 보이는 정도이며, 지나칠 정도로 매끈하며 부드럽다. 다시 말하면, 브라질의 콘크리트와는 상당히 대조적이다. 콘크리트 타설 작업을 훨씬 단순화할 수도 있는 모따기 모서리는 없으나, 그 대신에 모서리가 지나치게 날카롭고 거푸집을 떼어낼 때 아무런 흠집도 없이 깔끔하게 되었으며, 그 위에 덧댄 작업 흔적이 전혀 없다. 이런 효과는 모두 다 작품을 꼼꼼하고 세심하게 작업을 함으로써 얻어진 결과이다; 콘크리트 표면이 매끈하게 된 것은 부분적으로는 거푸집 작업을 아주 조심스럽게 했고, 콘크리트를 타설하는 동안에 콘크리트가 매끄럽게 흘러들어갈 수 있게 하고 공기 방울이 잘 빠지게 나무망치로 거푸집을 반복해서 두드려줌으로써 가능했다. 거푸집을 떼어낸 뒤에, 표면을 유약으로 처리하여 광을 낸다. 뾰족한 모서리는 거푸집 이음부에 신문지를 넣어서 습기를 빨아내고 그곳에서 시멘트의 밀도를 높여줌으로써 만들어낸다. 이것 말고도 다른 특징으로는 안도의 콘크리트 작품은 완벽주의를 보이며 '일본적인 것'임으로 평판을 얻고 있다. 그러나 그와 동시에 안도는 여러 나라에 자신의 설계 작품을 세웠던 국제적인 건축가이다. 텍사스의 포트 워스^{Fort Worth}에 세워진 안도의 건물은 아직도 '일본적인 콘크리트'인가 아니면 '미국적'인 것인가? 역사가 오지마 켄^{Ken Ohsima}은 안도의 작품은 '콘크리트의 국제적이며 지역적인 자연을 변증법적으로 묘사하고 있다.'라고 기술한 바 있다.[54]

철근콘크리트와 '건축에 관한 것'들이 일본에 도입된 이래 이런 변증법적 방식이 일본에 전해 내려오고 있다. 일본에서 '건축'은 낯선 일이었다. 19세기 중반에 서양과 교류를 트기 전에는 건물 장인과는 다른 독립된 전문 설계자도 없었고 설계라는 담론조차 없었다. '건축' 그리고 '건축가'가 일본에 처음으로 등장했을 때, 그들이 채택한 건물 양식과 공법은 전적으로

로코 아파트, 코오베, 1983, 안도 타다오 설계. 수평 방향 보의 치수가 필요 이상으로 크다.
보의 치수가 기둥단면치수와 같아서 구조 합리주의들로부터 공격을 받았다.

서유럽의 예를 본보기로 했다. 처음에는 영국을 본보기로 했으나, 1920년대까지는 미국과 독일을 따랐다. 그러나 외국의 모든 것들을 경계하는 일본 문화에서는 서양의 방식을 채택한다는 것에 상당한 저항이 있었다. 이런 저항에 대한 특별한 이유는 지진이었다. 지진의 심각성과 규칙성이라면 서유럽의 여러 나라들과는 다르게 일본을 꼽았고, 이것이 서양의 건축 방식을 채택하지 않는 이유가 되었다.[55] 21세기가 되기까지 가장 끔찍했던 1891년의 노비[Nobi] 대지진과 그 결과로 인해 일본은 독자적인 건설기술을 개발해야 한다는 확신을 가지게 되었다. 일본인 기술자들이 지진을 연구하고 내진건축기술을 개발했던 처음의 이유는 서양의 방식과 거리를 두려는 것이었고, 특히 철근콘크리트에 관심을 갖기 위함이었다. 1900년대 초기에 일본에 처음으로 철근콘크리트가 도입되었을 때, 콘크리트의 내진 가치라는 명분으로 거의 곧바로 건축학교에서 승인받았다. 반면에 미국이나 유럽에서 그 당시 콘크리트는 거의 독점적으로 기술자와 시공업자들의 영역이었으며, 건축분야의 기득권층은 콘크리트를 의혹 또는 경멸의 시선으로 바라볼 정도였다. 콘크리트가 일본에 도래할 때부터 콘크리트는 내진 특성을 지닌 건축 매

빛의 교회, 이바라시키, 오사카, 1989, 건축가 안도 타다오 설계. 빛의 교회, 상세 부분. 말끔하고 날카로운 모서리(콘크리트에서 습기를 빨아내기 위해서 거푸집 모서리 이음새에 신문지를 쑤셔넣었다). 매끈하고 반질반질한 콘크리트 표면은 안도 작품의 특징이다.

체로서 인식되었고, 곧바로 일본에서 건축기술의 중심이 되었다. 특별한 건축가이며 기술자였던 사노 리키$^{Rikki\ Sano}$는 최초로 지진학자로부터 교육을 받은 이로서 그의 영향으로 일본은 '내진설계 왕국'으로 전환되고 건축의 전문성을 확보하게 되었다. 지진과, 지진에 대한 해결책으로서 철근콘크리트는 일본 건축가들에게 서양의 예술적 문화적 지배권에서 벗어나는 기회를 주었다. 애초에 일본 건축가와 기술자들은 서양의 예술과 문화에 사로잡혀 있었지만, 유럽식 교육을 받은 건축가들은 자신들을 사로잡았던 예술적 관심거리를 무관하게 만들어버렸다. 나중에 사노는 그의 자서전에 '나는 건물이 보기 좋은지 그렇지 않은지 색깔이 어떤 것인지는 여자들이나 관심을 두는 것이지 남자는 그런 것들에 대해서 얘기하면 안 된다.'라고 기술했다.

그리고 일본에서는 내진설계 기술에 우선순위를 두기 때문에, 사노는 '일본 건축가들은 본질적으로 유럽이나 미국의 건축가들과는 다르다.'라고 말할 수 있었다.[56]

엔느비크는 1908년 메시나Messina 지진이 발생한 후에 철근콘크리트가 지진에 저항하는 성능을 가질 것이라고 주장해왔지만, 회사는 내진 전문성이나 경험이라고 할 만한 것을 제공하려는 실질적 조치가 없었다.[57] 일본인들은 자신들을 위해 이것을 개발해야만 했었고 일본 정부는 그러한 과학 학문을 공식적으로 허가해주었다. 그와 동시에, 철근콘크리트는 일본인들이 겪어왔던 문제—지진, 화재, 주택난, 과밀 도시—의 연결고리에 중심적인 것으로 알려지게 되었다. 브라질에서와 같이, 일본에서도 비교적 철강재가 부족하여 이런 해결책으로서 콘크리트를 선호 매체로 삼았다.

지진저항성이라는 관점에서 여타 재료에 비해 콘크리트가 우월하다는 것은 1923년에 발생한 도쿄 대지진으로 증명되었다. 마루노우치Marunouchi 업무 구역에 당시 최근에 건설된 대다수의 콘크리트 건물은 거의 손상을 입지 않고 남아 있었으며, 좀 오래된 유럽식 벽돌 건물들이 심하게 손상되었다. 프랭크 로이드 라이트Frank Lloyd Wright는 자신이 설계하여 철근콘크리트로 지어진 임페리얼 호텔Imperial Hotel이 손상을 입지는 않았다는 사실을 중시했으나, 일본 건축가 단체들은 손상이 덜 된 건물로 미국 기술에 대하여 감동을 받기보다는 그 근처에 있는 다른 미국인이 설계하고 미국인이 건설한 구조물인 미스비시Mitsubishi 회사의 마루비루Maru-Biru 사옥의 운명에서 훨씬 더 강한 인상을 받았다. 이 건물은 1922년에 소규모의 지진 때문에 시공 중에 손상을 입은 철강골조 건물이었으나, 일본인 소유주는 철강 골조를 콘크리트로 보강하라고 권했던 일본 기술자의 자문을 구했다. 그러나 그렇게 보강했음에도 건물은 이듬해 발생한 지진 때문에 다시 손상을 입었다. 일본의 건축가와 기술자들 사이에서 마루비루는 실패한 미국식 건물로 알려지게 되었다; 외국 기술의 전문성과 지식들이 초라하게 되었고, 반면에 일본의 철근콘크리트 건설기술과 내진 전문성은 당당하게 입증되었다. 지진을 겪고 나서 사노와 그의 동료들이 작성한 새로운 건축규정은 사실상 대형 건물에 벽돌과 석재 사용을 금지했으며, 철근콘크리트가 미래의 건설재료가 될 것으로 기대했다. 다른 어떠한 나라에서도, 심지어 프랑스조차도 관계 당국이 철근콘크리트를 그만큼 강력하게 인정하지 않았다.

1923년 대지진으로 생긴 손상도 1944-5년에 미국공군이 일본 도시에 일으킨 재앙에 비하면 아무것도 아니었다. 그 재앙은 가장 큰 파괴를 일으켰던 히로시마와 나가사키에 떨어뜨린

원자탄말고도, 무엇보다도 도쿄와 여타 도시에 가해진 모든 재래식 폭격이었다. 한 젊은 건축가인 마에카와 쿠니오 Kunio Maekawa는 일본의 도시들이 쉽게 망가졌던 것에 충격을 받아 일본인은 미래에는 건물을 더욱더 견고하고 더욱더 오래 견디게 지어야 한다고 결심했다.[58] 재료가 지닌 내진 특성 때문에 일본 건설에서 제일의 매체로써 1920년부터 이미 설정된 콘크리트는, 일본의 도시들이 얼마나 취약하고 불이 잘 나는지를 전쟁 중에 확실히 드러냄으로써, 더욱 가치가 있는 것으로 입증되었다.

마에카와와 그의 동료들 중에서 사카쿠라와 요시자키는 제2차 세계대전이 발발하기 전에 마에카와처럼 파리의 르 코르뷔제의 사무실에서 근무한 적이 있었는데, 그들의 야망은 일본 건축은 무엇보다도 현대적이어야 한다는 것이었고, 두 번째는 일본적이어야 한다는 것이었다. 그들의 목표를 실현하는 데에 철근콘크리트는 어떤 구실을 했으며 그들이 세웠던 건물들이 '일본적인 것'으로서 철근콘크리트에 얼마나 큰 영향을 끼쳤을까?

여기서 유럽의 현대주의자들이 일본의 전통 건축을 보고나서, 무엇보다도 그들의 관심을 끌었던 것들은 일본 건축의 초기 현대주의적 특성, 순수성, 내외 공간의 유동성, 세심한 재료 선택이었다는 사실을 눈여겨 보아야 한다. 1933년에 일본에 왔던 브루노 타우트 Bruno Taut는 가벼운 재료로 된, 천막으로 만들어진 엉성한 카쓰라 임페리얼 빌라 Katsura Imperial Villa에 깜짝 놀랐다.[59] 레이너 밴험은 세계대전 후 일본건축에 관해 상당히 통찰력 있는 자신의 논문에서, 카쓰라를 방문한 월터 그로피우스에 대해 '찾으려고 뻔히 바랐던 것을 찾을 작정으로 다른 나라로 들어간 탐험가는 별로 없다.'라고 논평했다.[60] 그로피우스와 동세대의 모더니즘 건축가들에 대해 일본건축가들은 자신들의 우매함에서 스스로를 구제하려는 길을 서유럽인들에게 제시하려는 듯했으며, 서유럽인들은 일본 건축이 어떻게 발전해야 하는가에 대해서 확실한 기대감을 가졌다. 그들이 예상했던 방향대로 가지 않았다는 것은 일본의 전통적인 건물과 20세기 현대 건축 간의 유사성이 전적으로 일치했기 때문에, 일본건축은 '서유럽의 건축과는 거의 관계가 없는 자원과 목표를 가지고 있었다.'는 것이라고 밴험은 주장했다.

아직 일본 건축이 특별한 과정을 따라야 한다는 예상은 일본 건축가들, 특히 서구에서 공부했거나 근무했던 사람들을, 그들이 따르기 꺼려하는 의무 하에 둔다는 것이었다. 이런 긴장감 중의 어떤 것은 그로피우스가 서문을 썼고, 마에카와의 전 조수였던 단게 겐조 Kenzo Tange가 본문을 쓴 카쓰라 빌라에 관한 책에서 분명해진다. 카쓰라에 대한 단게의 해석은 그로피우스의 해석과는 거의 반대이다. 그것을 오묘하고 세련된 것으로, 그리고 국제적인 현대주의 정신에서 보는 것이 아니라 그곳에서 일본의 초기 조몬 문화의 특징인 흥청거림, 본능적 욕구, 그리고 정력적임을 보았다.[61] 단게 자신의 건축에서 터져나오려 했던 이런 특징들은 밴험이 주장했던 것과는 반대로, 서유럽과 전적으로 무관하지는 않았다. 그 이유는 이소자키 아라타 Arata Isozaki의 주장대로 적대 행위의 공식적 종말을 선언했던 1951년도의 샌프란시스코 조약과 종전 후 합의 조건에 대한 분노가 커지면서, 1950년대에는 종전 후 초기에 격벽과 세장한 요소를 사용했던 국제적 모더니즘의 미국식을 따른 일본 양식이 점점 더 싫어졌기 때문이었다. 이런 양식의 **자포니즘**japonisme—미술의 일본주의—은 일본의 관심사에 관한 미국의 영향과도 관련되었고, 이소자키의 말대로, 대안으로서 조몬 문화에 대한 관심은 일본에 있었던 반미 운동과 '관계가 없는 것'은 아니었다.[62]

지진, 전시의 폭격, 조몬 문화 같은 것들이 일본 건축가와 기술자들로 하여금 철근콘크리트와 그것의 이용에서 중량감 있는 구조물 건설을 선호하는 성향을 가지게 했다. 하지만 흔히 일본에서 거론되는 것으로 목재와 콘크리트의 상징적 관계는 특별히 감안해야 할 한 가지 중요한 요소이다. 유럽이나 북미에서와는 달리, 일본에서 목재는 품격 있는 건축 재료였다. 돌은 오로지 토목시설과 방어시설에만 쓰였다. 역사적으로 품격 있고, 종교적이고 성스러운 모든 건물들은 목재로 지어졌다. 게다가 목재를 사용할 때도 가느다란 단면으로 성기게 사용했던 유럽과는 달리, 일본에서는 경제적인 면을 고려하지 않고 넉넉하고 넘치게 목재를 사용했다. 유럽에서와 같이 일본에서도 콘크리트가 건설 재료 목록에 들어가면서, 콘크리트는 재료의 상위 서열에 있는 어떤 재료—일본에서는 목재, 유럽에서는 석재—에 대한 대체재로 간주되었다. 한 일본인 건축가는 '이탈리아에서, 그들은 콘크리트를 마치 돌인 것처럼 사용하고 있다; 일본에서는, 일본에서 목재가 지니고 있는 고상한 품격을 연상시키면서, 목재인 것처럼 사용되었다.'고 말했다. 레이너 밴험은 일본인들이 사찰의 웅장한 목조구조에 익숙해지고 목재로 된 전통 가옥에서 이런 똑같은 특징이 있다는 것을 목도했을 때, 일본인들이라면 당연히 그리리라는 것 이상으로 지나치게 가느다란 부재, 넓은 공간을 가로지른 길고 평평한 보, 지나치게 큰 내민 보 모두가 콘크리트로 만들어져서 통기둥에 이어져 있는 모습에서 어색하다거나 논리적이지 않다는 것을 알아채지 못했을 것이라고 주장했다. 구조합리주의자들이 생각하는, 최소한의 재료로 최대의 효과를 얻어야 한다는 압박감에 구애받지 않고, 일본 건축가들은 재료의 과잉 또는 과도함에 불편해 하지 않았다. 세상의 다른 한 쪽에서 콘크리트가 보여준 경량감의 가능성, 특히 쉘 구조와 어울리기 시작할 즈음에—그래서 한 평론가는 목적은 '질량을 통한 강도보다는 형태를 통한 강도'였다고 언급했다—일본인들은 중량과 견고함을 향하여 결연히 반대쪽으로 가고 있었다.[63] 쿠라시키 시청사(현재는 미술관)의 웅장하고 겹겹이 쌓아놓은 블록 구조는 동시대 서유럽에 지어진 날씬한 구조와 비교하면 이상하게 보였으나, 기념비적인 건축을 구성하는 데 나라奈良 박물관이 판단 기준이 된다고 해도 그다지 이상한 것도 아니었다.

육중함과 과도함이 일본인이 콘크리트를 활용하는 방법을 나타내는 두 가지 특징이라면, 다른 하나는 극도로 정교한 마감이다. 이것 또한 목재, 특히 일본의 목공 전통에서 전해온 강도와 어느 정도 관련이 있다. 건물이 문화적 의미가 있고 아직도 어느 정도 문화적 의미를 갖는 환경에서 목공일은 콘크리트의 마감기준에 대한 규정과 기대감을 결정짓는 독특한 기교이다. 비록 일본 건축가들이 인도의 샹디가르Chandigarh와 프랑스의 '거친 콘크리트 beton brut'의 널빤지 자국이 있는 르 코르뷔제의 콘크리트 사용법에 영향을 받았을지라도, 자신들의 작품에서는 거친 마감을 따르려고 하지는 않았다. 단게 겐조의 첫 번째 주요 작품인 히로시마 평화 기념박물관은 1955년에 준공된 것으로, 샹디가르처럼 거푸집 자국을 그대로 드러낸 채 콘크리트로 지어진 주요 국가 기념물이었다. 이런 마감은 이전에는 감히 생각도 할 수 없었던 건축 관행 규칙을 위반하는 행위였다. 그럼에도, 샹디가르가 거칠다면, 히로시마는 품위 있다. 가장 아름답게 처리된 널빤지 자국이 있는 콘크리트로 마감된 것이다. 콘크리트로 지어졌지만, 히로시마 박물관은 목조건축을 염두에 두고 지어졌고, 거푸집 제작에 공들인 솜씨를 보면, 이것의 흔적은 표면에 드러나 있거나 적어도 '예전에는' 있었다. '예전에는'이라고 말하는 까닭은 원래의 마감이 다 망가졌을 때, '본타일 bontile'이라고 하는 뿜칠 질감을 지닌 합성피막으로 처리되었기 때문이다. 이 방식이 일본에서는 콘크리트 부식을 막는 데 널리 쓰였고, 이 또한 망가지기 시작하자 면 전체를 다 들어내고 새로운 원목 거푸집으로 다시 마감했으며, 원래 노출콘크리트로 되어 있었던 상층부는 대리석으로 덧씌웠다. 지금 우리가 보고 있는 것은 예전 그 건물의 겉모습이 아니다.[64]

타카마쓰에 있는 카가와현 청사(1958)는 콘크리트가 목재의 특성을 띠게 한 단계의 또 다른 작품이다. 이 건물은 목조 건물의 모든 구조세목과 양식이 완전히 녹아든 건물이며, 모든 것들이 놀랄 만큼 잘 들어맞아서 완성체를 이루고 있다. 단지의 뒤쪽에 있는 사무실 건물에서

미술관(이전의 시청사), 쿠라시키, 일본, 1960. 건축가 단게 겐조 설계.

보, 기둥, 발코니의 세심한 연결 부분은 나라^{奈良} 지역의 사찰과 관련이 있다; 노출된 보는 마치 목재로 된 것처럼 구조적으로 필요한 것보다 훨씬 더 많고, 발코니 난간의 연결부는 목조구조 형상이다. 지표 위치에서 기둥은 널빤지 자국이 드러난 콘크리트이며 바닥 부분에서 끊어져 기둥을 목재로 덧씌우게 했다; 그 효과는 런던에 있는 이코노미스트 빌딩의 외관상 유사한 구조세목과는 완전히 다르다. 그 건물에서 구조 상세는 내적인 '진실'을 내포하고 있었지만, 여기서 어떤 '진실'이란 그 안에 들어 있는 것보다는 첨가된 부속물에 있다. 일본 건축가들 중에서 단게는 '표면의 건축가'라고도 불리고 있으며, 타카마쓰의 카가와현 청사에서 지극히 당연한 서술이다.

콘크리트와 목재 간의 연관성은 분명히 세계대전 후 일본 건축 문화의 한 부분이다. 건축평론가 야수구로 요시오카^{Yoshioka Yasuguro}는 1958년 그의 저서에서 '콘크리트 질감에 대한 일본인이 갖는 느낌은 확실히 타일, 도자기, 그리고 목재와 같은 재료에서 갖는 오랜 경험의 산물이다.'라고 논평했다. 계속해서 그는, 언급했다:

> 일본을 제외한 어디에서든 콘크리트가 그러한 고통을 가지고 다루어지고 있는지는 의심스럽다. 노출콘크리트 표면 아이디어는 일본인들의 장식에 대한 생각과 잘 어울리는 듯하다. 일본풍의 실내 장식에서는 울퉁불퉁한 통나무, 그리고 송진 냄새나는 소나무 바닥을 사용하는 시공에서 친근한 연대감을 찾아볼 수 있다.[65]

일본 콘크리트의 목재 같은 특성은 아직도 자국 내에서 상당히 인정받고 있다. 쿠라시키 박물관의 큐레이터가 이렇게 말한 적이 있다: 나는 콘크리트에서 느끼는 목재 질감의 면을 좋아하고 그것에 편안함을 느낀다.' 쿠라시키 박물관의 내부 장식은 널빤지 자국이 넉넉히 드러난 콘크리트로 마감되어 있다. 그것은 일본인의 정서에 콘크리트를 친숙하게 보이게 했다. 1950년 이래 콘크리트를 벽돌과 석재와 혼용하는데 친숙해진 서양의 건축가와는 달리, 일본 건축가들은 이런 병렬 형식을 피하는 듯하다. 그 대신 콘크리트와 흔히 익숙한 동반자는 목재, 대나무, 다다미 매트, 옷감 천—모두 아시아 재료들이다—이며 일본인들은 이런 것들이 벽돌이나 석재보다 더 잘 어울린다고 생각하고 있다. 일본에서 콘크리트와 목재 간의 관계는 제작에서도 분명하다. 정교한 마감은 거푸집을 세심하게 제작한 결과이고, 거푸집을 통나무로 만

들 때에도, 일본 건축가들은 전해 내려온 일본의 목공 전통을 이용할 줄 알고 있으며, 목공 작업솜씨의 수준이 다른 선진국에서 찾아낸 것보다도 더 높다. 일본에 많은 목공 장인이 존재함으로써, 다른 곳에서는 감히 엄두도 못 내고, 상상할 수도 없는 고품질의 목공기술을 확보할 수 있다. 이런 것이 일본의 콘크리트 공사 수준에 기여한 바가 크며, 특히 1950년대와 1960년대에 제작하기 어려운 형상인 경우에도 현장 거푸집 조립이 비교적 쉬웠기 때문에, 일본이 프리캐스트 콘크리트에 많은 관심을 두지 않은 이유이기도 하다. 오늘날, 일본 콘크리트의 현재 '달인'들인 안도 타다오, 마키 후미히코, 이토 토요 같은 건축가들의 작품은 거의 다 철제 거푸집에 타설된 것이며 목재 거푸집은 좀 더 특별한 작품에 사용되었

사무실 건물, 가가와 구, 다까마쓰, 1958. 단게 겐조 설계. 발코니 모서리 부의 상세와 과도한 수의 보들은 목조 건축을 본 뜬 것이며, 기둥은 목재로 덧붙인 것처럼 보인다.

다. 이런 작품에서 거푸집은 아직도 목재로 해야 성공적으로 제작할 수 있음을 알고, 일본 건축가들은 자신 있게 복잡한 형상을 활용할 수 있었다. 이토 토요가 설계해서 2006년에 준공된, 카가미가하라에 세워진 화장장 지붕의 불규칙한 곡선은 단면마다 다른 형상을 보인 목재 거푸집을 사용해야만 가능한 것이다.

　거푸집들은 그 자체로 예술 작품이었으며, 거푸집을 조립할 능력이 있는 숙련된 장인을 가용할 수 있어야 이루어질 수 있다. 매체 그 자체에 관련된 것으로서, 일본의 콘크리트 산업

사무실 건물, 카가와 현, 다까마쓰.

2006년에 준공된, 화장장, 카가미가하라, 일본, 2004-6. 이토 토요 설계. 지붕의 불규칙한 곡선은 단면마다 다른 형상을 보인 목재 거푸집을 사용하여 이루어졌다.

은 자기충전 콘크리트 개발을 주도했다. 이 콘크리트는 혼화제를 사용함으로써 보통 콘크리트보다 훨씬 더 유동성이 좋고 훨씬 더 신뢰할 만한 부드럽고 매끈한 마감을 보이고 있다. 일본에서 콘크리트 제품의 기술적 수준은 건축가들과 기술자들이 다른 문제에 신경 쓸 필요 없을 정도로 완벽했다.

일본에서 이룰 수 있는 거의 완벽한 콘크리트 기준에서 벗어나서, 아마도 일본 문화에 상당히 중요하게 여겨져온 다른 두 가지 특징이 남아 있는 곳이 어디인지 궁금할 것이다: 미완성의 멋(메타볼리스트 Metabolist 처럼)과 불완전함의 멋(일본 정원과 도자기처럼)이 있다. 서유럽의 건축가들이 콘크리트의 불완전함과 우연함의 멋에 쏠려 있었던 반면에, 일본의 건축가들은 이 매체의 이런 모습을 활용하는데 관심이 덜한 것처럼 보인다. 자하 하디드Zaha Hadid는 최근에―안도 작품의 내면적 비평에서―'나는 자연적이며, 생명력 있고 흙과 같은 특성을 지니는 건축을 좋아한다. 콘크리트를 완벽하게 부드럽게 만든다거나 칠을 한다거나 광을 낼 필요 없다.'라고 말했다.[66] 그러나 일본 건축가들이 콘크리트의 예측 불가성에 매료되었다고 보이지는 않는다. 안도는 자신의 콘크리트 결과물에 확실히 무관심한 듯했다―그의 초기 주택 중 몇 곳의 철제거푸집 속의 불룩함은 일정 조명 조건에서 누비이불 같은 효과를 보였지만, 이것은 의도적인 것은 아니었으며, 그의 후기 작품에서는 이와 같은 불상사가 다시 일어나지 않게 하려고 무진 애를 썼다, 오사카에 세워진 '빛의 교회'에서는 콘크리트에 생기는 기포에 무관심하다고 했으나, 나중에 지은 건물에서 이런 현상들을 없애려는 그의 결정을 보면 그렇지 않다는 것을 알 수 있다. 필자는 일본 콘크리트의 세련된 불완전함에 관한 두 가지 사례에 대해서 알고 있다. 하나는 도쿄에 있는 작은 주택인데, 1966년에 지어진 타카미쓰 아주마의 타워 하우스이다. 그 집은 경제적인 이유로 건축가가 내부 마감을 세련되게 하려는 시도를 부득이 포기하게 되었다; 다른 하나는 1987년에 도쿄에 세워진 업무용 건물인 아자부 엣지Azabu Edge이다. 이 건물에서는 벌써 철거 중에 있는 것처럼, 쪼개지고 금이 간 콘크리트 모서리는 일본 콘크리트의 완벽주의에 대한 의도적이고 노골적인 비판인 것처럼 보

토오코 시부야 지역, 타워 하우스의 침실, 1966, 건축가 아주마 다카미쓰 설계. 일본에서 드물게 콘크리트 마감을 거칠게 처리한 사례이다.

인다. 1966년에 준공된 거대한 쿄토 컨퍼런스 홀은 건물 표면이 아주 정교하게 잔 다듬질이 되어 있고, 고르게 골라낸 화강석 골재와 시멘트와 잉크를 섞어서 얻어낸 깊고 풍부한 잿빛의 콘크리트를 드러낸 것이라고 설명되었는데, 판단 대상이 되는 그 어떤 것보다도 '일본 콘크리트의 최고작'임을 과시하고 있다.

　　그렇다면 '일본식 콘크리트'는 객관적인 사실인가? 그렇지 않다면, 동양의 신비스러움을 지키기 위해 서유럽인들과 일본인들이 똑같이 꿈꾸어 온 가상의 것인가? 이것들은 독점적 선택은 아니다─또한 별개의 문제도 아니다─둘 다 가능할 수도 있다. '일본식' 또는 여타 국가

의 콘크리트 환경은 공간의 소멸에 대한 1980년 이후의 논쟁이라는 면에서 보일 수 있다. 통신 속도가 빨라지면서, 공간상의 거리를 압축하여, 자본과 투자에서 서로가 경쟁한다는 필요에 의해 공간상의 위치는 더욱더 같아지고 있다는 주장이 나오고 있다. 자본은 정해진 곳은 없지만, 그럼에도 경제적 활동과 성장을 일으키기 위해서 비록 또 다른 더 유리한 장소가 나타나면 자본이 다른 곳으로 떠날 것일지라도, 현지성을 필요로 한다. 노동임금이 낮고 규제체제가 좀 더 느슨한 곳으로 먼저 자본이 찾아가게 되지만, 다른 요소들은 도시 또는 국가의 이미지, 그리고 살 만한 곳으로서 활기차고 부유한 것으로 끌린다는 점이다. 이와 같은 주장을 처음으로 펼친 데이비드 하비David Harvey는 중심적인 역설을 설명하고 있다. '공간적 장애물이 덜 중요할수록, 공간 내에서 위치가 변하는 데에 따라 자본이 더욱 민감하게 움직이고, 자본에 이끌리는 방식대로 위치가 차별화될 때 우대 대가는 더 커진다.'[67] 건설된 환경이라는 관점에서 유럽의 도시는 습관적으로 그것 자체를 '유산'이라는 것을 통해서 구별되지만, 하비는 또한 포스트 모던 건축은 똑같은 과정의 일부로 보여야 한다고 주장했으며, 특히 이용할 만한 유산이 없거나 적은 곳에서 새로운 건물은 의심할 바 없이 처음에는 자본을 끌어들이고 시간이 지나면 그곳에 자본을 지킬 것이라는 이미지를 만들어내는 것이 중요하게 되었다. 자본은 그것이 어떠한 목적의 기초가 되든 안 되든, 차이를 만들어내는 위치에 대해서 경제적 필수품이 되었다. 콘크리트는 이런 과정 중의 일부이며, 실제로 국가적인 것이 아니라면 이런 범세계적인 매체에 뚜렷한 '국가적인 것'이라는 성격을 지적할 수 있다는 것보다 차별성을 주는 더 나은 방식일 수도 있다는 것이다. 대다수 일본의 도시들이 이상하리 만큼 단조롭고 동질적인 성격을 지녔음에도 불구하고, 일본은 비교적 일본의 창의적인 산업, 패션, 디자인, 영화, 만화, 건축 따위를 통해서 일본 자신에 대한 정체성을 얻는 데에 성공적이었다. '일본적인 것'으로 콘크리트가 발전한다는 것은 그것의 실제 특징이 어떻든 간에, 한 곳과 다른 한 곳 간의 가장 미미한 변동성에 차이를 두려는 욕구의 징조로 보아야 한다. 똑같은 논리가 브라질, 스위스, 멕시코 또는 콘크리트의 국가적 양식을 보이는 나라에도 적용될 것이다.

콘크리트의 지정학은 어느 한 국가나 시멘트 회사가 통제할 수 있는 것이 아니며—회사 규모나 부의 정도에도 불구하고—그 대신 20세기의 모든 문화적 형태를 특징지었던, 그리고 금세기에도 지속될 것 같은 자본의 거래와 이동과정의 한 부분을 형성하고 있다.

국제 회의관, 쿄토, 1966, 건축가 사치오 오타니 설계. '일본식 콘크리트의 최고작'이다.

1969년 1월 21일 동부 런던지역의 캐닝 타운. 린다 부인이 퍼리어 포인트 아파트의 19층 난간에서 도시를 응시하고 있다. 멀리 4개의 아파트 단지가 보인다: 로난 포인트, 메리트 포인트, 돗슨 포인트, 가논 포인트이다. 1966-8년에 라센 닐센 공법인 프리캐스트 콘크리트 패널로 지어졌다. 현재는 다 철거되었다.

다섯

콘크리트의 정치학
POLITICS

콘크리트는 여러 의미에서 정치적이지만, 20세기가 시작할 때 태생한 것으로 볼 수 있는 정파인 좌파의 정치적 성향과 특히 동질감을 갖는 것으로 여겨졌다. 이렇게 오랫동안 지속되는 관계 속에서 초기의 한 사건은 1913년 브레슬라우^{Breslau}(당시에 독일에 속했지만, 지금은 폴란드의 브로츠와프^{Wroclaw}이다)에 백주년 기념관^{Centennial Hall}을 건립한 것이었다. 이 건물은 프러시아의 황제인 프리드리히 빌헬름 3세^{Friedrich Wilhelm III}가 국민들에게 나폴레옹에 반대하기를 소명한 100주년 기념축하행사의 하나로 세워진 것이다. 준공 당시 10,000명의 청중을 수용할 만큼 세계에서 가장 넓은 실내 공간이 확보되게 설계된 이 거대한 원형 홀은 근대건축과 철근콘크리트 역사에서 상징적인 건물이 되었다. 당시에 그들은 분명히 정치적 의도가 없는 것이라고 고백했지만, 최근까지도 그 건물은 정치적으로 내포된 의미가 간과되었다.[1] 축하행사가 애국적이고 제국주의적인 성격임에도 불구하고, 1913년 8월 황제는 기념행사에 참석했으나, 어린 학생 합창단이 그를 위해 노래하려고 기다리고 있었던 홀에 들어가기를 거부했다. 그가 꺼려했던 것은 브레슬라우의 사회민주당과 진보당 지방자치단체가 조직한 그 행사에 평화주의자와 민주주의자들이 숨겨놓은 의도였다. 그 도시와, 그 도시의 건축가인 막스 베르그^{Max Berg}는 거대한 행사에 모든 계층의 군중들을 함께 끌어들이려고 홀을 지어서, 그들을 '유기적인'

사회 구성원으로 재통합하려는 의도가 있었으며 그렇게 되기를 희망했다. 이런 진보적인 정치적 의도를 황제만이 이해하고 있는 것이 아니라 일반인들도 잘 이해하고 있었고, 그러한 일을 가능하게 했던 것은 철근콘크리트였다는 것도 알려지게 되었다. 비평가 로버트 브로이어Robert Breuer는 황제가 방문하기 다섯 달 전에 건물을 살펴보면서, '철근콘크리트와 민주주의는 함께 간다.'라고 기술했다.[2]

1913년 봄 건설 중인 백주년 기념관. 브로츠와프, 폴란드(예전의 독일의 브레슬라우). 건축가 막스 베르그 설계.

브로이어는 홀의 내부를 '선사시대의 짐승을 가두는 우리 안' 같다고 묘사했고, 그 느낌에 대해서 분명히 이중가치적인 견해를 보였다. '구조물의 대담함은 사람들을 어지럽게 하며, 그 느낌은 걱정과 열정이 섞인 듯하다.', 그리고 모든 구조 요소가 기울어지고 휘어져 있는 내부에서는 '모든 수직면은 투명하고, 닫힌 공간 내에 평온함은 없다… 그 인상은 자극적이지만, 만족스럽지 않다.'라고 언급했다. 그러나 브로이어는 이런 대역작의 건설공사가 품고 있는 정치적 의미를 의심하지 않았다. 그 콘크리트 홀은 '권력으로 가는 길에 민중의 승리를 나타내는 상징'이었다.

철근콘크리트가 사람들을 좀 더 가까이 끌어들이는 수단을 제공하고 그렇게 함으로써 사람들의 총체적인 사회적 의식을 고양시킨다는 의미는 1917년 러시아에서 10월 혁명이 일어난

1913년. 브로츠와프의 백주년 기념관에서 열린 막스 라인하르트의 축제공연에 모인 청중들.

런던의 핀스베리 건강 센터, 1935-8. 건축가 루베트킨 & 텍튼 설계. 콘크리트가 정치적 선전도구로 이용되었다.

후에 더욱더 지지를 얻게 되었다.

그 체제 속에서 많은 신축 건물들이 콘크리트로 지어졌을 뿐만 아니라, 철근콘크리트의 합성적 성질은 혁명의 과정을 통해 형성된 노동자 계급은 '불가분의 단일체'라는 레닌^{Lenin}의 견해에 대한 상징으로 인식되었다. 러시아 내전이 일어난 시기와 그 이후에 시멘트 공장을 배경으로 한 표도르 글라드코프^{Fyodor Gladkov}의 고전적이고 사회주의적 사실주의 소설 『시멘트 Cement』(1925)에서, 시멘트는 사회주의처럼 느슨한 입자들 간에 결합을 생기게 한다는 점이 중요하다고 보았다. 그 소설의 주인공인 글레프 추말로프^{Gleb Chumalov}는 '우리는 시멘트를 생산한다. 시멘트는 견고한 결합제이다. 시멘트는 우리, 동료—노동자 계급이다.'라고 말하고 있다.³

전쟁기간 중 서유럽에서 콘크리트는 관례대로 급진적 정치와 연관되었으며, 좌익 지방자치단체들은 그 매체를 활용하기 위해서 엄청나게 노력했다. 이 기간부터 '선언문' 성격의 콘크리트건물로서 건축가 토니 가르니에^{Tony Garnier}(그의 초기 작품인 산업도시^{Cité Industrille}는 콘크리트로 건립한 이상적인 도시를 계획한 것이다)가 설계하여 파리 교외 불로뉴 비앙쿠르^{Boulogne-Billancourt}에 세워진 노동자 계층을 위한 시청사(1931-4)도 포함되어 있다.

이 건물은 이전에 공산주의자였지만 당시에 사회주의자 시장이었던 앙드레 모리제^{André Morizet}가 말한 바와 같이, 그 내부는 '화려함이 실용성에 희생된' 건물이다.[4] 또한 파리 외곽에 공산주의자가 지배했던 빌레쥐프^{Villejuif} 지방자치단체에 세워진 칼 막스^{Karl Max} 학교는 앙드레 뤼르사^{André Lurçat}가 설계한 것으로 콘크리트로 지어졌다. 영국에서는 사회주의자들이 관장했던 런던 자치구에 러시아 이민자인 건축가 버트홀드 루베트킨^{Berthold Lubetkin}이 설계하여 핀스베리^{Finsbury}에 건립한 핀스베리 건강 센터(1935-8)는 핀스베리 지방정부가 콘크리트를 극적으로 활용함으로써 중앙정부의 사회주의 프로그램의 부족에 맞서서 핀스베리의 급진주의를 선전하려 했던 '사회주의 응결체'의 축소판으로 여겨졌다.[5] 가는 곳마다 콘크리트는 좌파 정치인과 관련되었다. 영국의 미술역사가인 앤서니 블런트^{Anthony Blunt}는 나중에 소련 스파이로 드러났지만 1930년대에 시인 루이스 맥니이스^{Louis MacNeice}와 함께 스페인에 갔다가 사회주의 혁명을 기대하면서 영국으로 돌아왔다. 맥니이스는 훗날 이와 같이 기술했다:

> 앤서니는 스페인이 공산화되면, 프랑스가 따라갈 것이고 영국도 뒤따를 것이며, 나중에 전부 다 공산화될 것이라고 말했다. 그것은 미술에서는 새로운 피를 의미한다. 어느 교구마다 디에고 리베라^{Diego Rivera}의 그림이 있다. 그리고 종국에는 이젤 페인팅은 죽은 것이라고 인정할 것이며 모든 시청 건물은 벽화와 콘크리트로 된 부조로 가득찰 것이다. 콘크리트는 살아 있는 새로운 매체이기 때문이다.[6]

하지만 철근콘크리트는 냉전의 무기고에서 어마어마한 무기가 되었고, 종전 후 시대에서는 정치적으로 성숙하게 되었다. 냉전이라는 상황에서 콘크리트는 벙커, 미사일 격납고, 비행기 격납고, 낙진 대피소와 같이 다양한 군사시설들과 관련되었는데, 이런 시설물들은 본질적으로는 방어목적으로 콘크리트로 지어져 폭발을 흡수하고 방사능으로부터 사람과 장비를 보호했다.[7] 냉전시대의 이념적 전략 속에서 콘크리트는 더욱더 능동적으로 이용되었다. 냉전 중 건축의 정치학은 '대표작'이라고 할 수 있는 '건축물'로 드러나곤 했는데, 동베를린의 스탈리날레^{Stalinallee} 같은 것은 다양한 서구 건축가들이 설계하여 국제적 양식의 주택 단지로서 비공식적으로 조성된 서베를린의 한자피어텔^{Hansaviertel}에 대응해서 지어진 것이었다.[8] 그러나 이념적 분쟁은 이렇게 상대적으로 독립된 선전기획에 국한되지 않았고, 일상적인 건물건설 분야에서 더욱더 널리 존재했다. 양측은 동은 공산주의자, 서는 자본주의자로서, 상대를 능가하려고 애를 썼다. 이런 경쟁 속에서 콘크리트는 진가를 발휘하게 되었고, 처음에는 동쪽이 승자였지만, 과도한 경쟁의 대가로 그 자체의 최후의 몰락으로 이어졌고, 예전에 소련이 지배했던 연방 국가들은 여러 해 동안 그 비용을 감당해야만 했다.

소련과 동유럽의 콘크리트 Concrete in the USSR and Eastern Europe

1945년 유럽 전체에는 전쟁 중 많은 주택이 파괴되었고 6년 동안 새로운 주택을 건설하지 못해 주택난이 극심했다. 그 중 가장 극심한 나라는 소련이었다. 1939년 이전에도 소련에서는 주택 공급이 딸렸고 여러 세대가 한 아파트에서 공동으로 생활했다. 새로운 주택이 급하게 필요하게 되자, 비슷한 상황의 나라들은 특히 시급한 주택공급문제를 해결하기 위해 숙련된 노동력을 여타 산업분야에서 건설 산업 분야로 전환시켜 경제회복을 방해하지 않도록 했다. 그 해결책은 조립식 주택인 것으로 널리 알려졌으며, 거기에 적합한 매체는 대체로 철근콘크리트이었다. 모든 나라들은 철근콘크리트 조립식 주택을 개발했지만 소련처럼 완전히 조립식 자재를 활용한 나라는 없었다. 철근콘크리트 패널로 만들어진 플라텐바우텐 *Plattenbauten* 아파트 단지는 소련의 상징이 되었고 동유럽에서 지배적인 양식이 되었다. 이런 일들이 어떻게 일어났는지 자세히 알아볼 필요가 있다.

공산당 중앙위원회 제1서기인 니키타 후르시쵸프^{Nikita Khrushchev}가 1954년 12월 7일에 건설 재료 산업에 종사하는 건설업자, 건축가, 근로자 총연합대회에서 연설하는 중에, 소련이 처음으로 콘크리트 패널을 독점적인 건설양식으로 개발하려는 정책을 내세웠다.[9] 이 연설이 얼마나 주목할 만한 사건이었는지 지나치게 강조할 필요는 없다. 그 연설은 '산업 방식, 건설비용의 절감, 품질 향상 등에 관한 소개에 관하여'라는 제목으로 적어도 두 시간 이상 지속되었고 거의 콘크리트 건설에 관한 것이었다. 그 이전에도 그 이후에도 어떠한 기회에도 국가의 최고 지도자가 콘크리트에 관해서 그렇게 길고 잘 정리된 연설을 한 적이 없다. 그 연설은 소비에트 Soviet 이념 속에서 콘크리트의 전통적인 중요함을 재확인했을 뿐만 아니라 정치적으로 상당히 중요한 순간에 그러한 행사가 있었다. 1953년 3월 스탈린이 죽었고, 이어서 능수능란한 후르시 쵸프가 지배자의 모습으로 등장했다. 1956년에 들어서자 그는 자신의 그 유명한 연설을 통해서 스탈린주의의 종말과 '해빙'기의 시작을 본격적으로 알리면서 개인숭배를 맹렬히 비난했다. 바로 1년 전쯤에 그가 건설업자와 건축가 청중들에게 연설했을 때, 후르시쵸프는 스탈린 정책에 대한 그의 첫 번째 대중적 비판의 근거로서 건설업을 선택했다. 그리하여 그 연설은 소련 정치에서 획기적인 전환점이 되었다.

연설 그 자체를 들여다보기 전에 1950년대 초기 소련의 건물 건설에서 몇 가지 특징을 살펴보아야 한다.[10] 전쟁이 끝난 후, 새로운 아파트 건물이 프리캐스트 콘크리트 패널로 지어졌다. 어떤 경우에는 패널로만 지어지기도 했고, 다른 곳에서는 철강재 골조와 함께 사용되었다. 스탈린주의 교리에 따라 모든 건물들은 신 고전양식으로 적당한 장식을 넣어서 지어져야 했다. 프리캐스트 콘크리트로 지어진 아파트에는 패널에 일체로 장식을 넣었고, 패널 사이의 연결부를 가리려고 벽체기둥을 이용했다. 이런 구조 상세는 시공을 까다롭게 했고, 그 장식들이 쉽게 망가져서 보수를 하려면 숙련공이 있어야 했다. 건축가들과 기술자들이 조립시공을 적용해야 하는 경우에, 그들이 마음대로 택하는 단계는 아닐지라도, 그들은 고전적 설계방식을 포기해야만 한다는 결론에 이르게 되었다. 후르시쵸프의 연설 직후에 발행된 전문잡지의 기사를 인용하자면, 건축가들의 견해는 '테두리 없이, 매끈한 패널을 설계하여, 노출 연결부가 있는 대형 패널로 조립식 건물을 짓는 것이 필수적이다.'—소련 건설의 상징이 된 바로 그 특징이었다.[11] 러시아 건축가들은 1950년대 중반까지만 해도 서유럽 국가들의 철근콘크리트 패널 시공 기술이 굉장히 발전했다는 사실을 잘 알고 있었지만, 소련의 고립주의와 부르주아 같은 모든 서구적인 것들에 대한 반사적인 반감 때문에 새로이 발전된 기술을 공유하지 못했다.

이런 여건 속에서 젊은 건축가인 게오르기 그라도프 Georgei Gradov는 1954년 2월, 소련 건설의 문제점들을 열거하면서 100쪽이 넘는 장문의 편지를 니키타 후르시쵸프에게 보냈다. 1930

년대에 모스크바 지하시설물 공사감독으로서 일찍이 건설 분야에 경험이 있었던 후르시쵸프는 그라도프의 용기 있는 편지의 정치적 잠재력을 알아차리고 그라도프의 조언대로 건축가와 시공업자들의 대회를 소집하기로 작정한 후, 그 대회 말미에 연설하기로 했다. 후르시쵸프의 연설은 잘 알려져 있고 때로는 건축의 사회주의적 사실주의에 대해 연설 중에 그가 했던 비판—'현대의 아파트 주택은 교회나 박물관의 복제품으로 변해서는 안 된다.'—때문에 역사가들에 의해서 거론되기도 하지만, 실제로 이런 언급은 전체 연설 중 소소한 것이며 그다지 중요한 부분이 아니었다. 여하튼 그때나 나중에서나, 후르시쵸프는 사회주의적 사실주의를 그 자체로서 단지 과도할 뿐이었지 결코 단념하지 않았다.[12] 연설의 주요 내용은 콘크리트와 건설 현장에 관한 것이었다.

후르시쵸프의 주장에는 다섯 단계가 있다. 첫 번째는 콘크리트로 만들어질 수 있는 것이라면 어떠한 것이든 콘크리트로 만들어져야 한다는 것이다. 철도 침목, 전신주, 공장 골조 등이다. '동지들이여, 우리는 철강재를 너무 많이 쓰는 것을 단호히 중단해야 합니다. 꼭 필요한 것만 철강재로 지어야만 합니다. 콘크리트나 철근콘크리트로 대체할 수 있는 건물 내의 모든 것들을 바꿔야 합니다(박수 소리).'[13] 결국 이런 원칙은 몇 가지 교조적 부조리에 이르게 되었다. 예를 들면, 목재가 풍부한 발틱 Baltic 국가에서조차 모든 전신주들이 콘크리트로 만들어졌다. 벽돌도 노동집약적이고 비효율적인 재료라고 비난받았다. '벽돌 대신, 기존의 기중기를 사용하기 위해서 2, 3, 5톤이나 되는 콘크리트 벽체 블록을 제작하는 것이 더 낫지 않을까? 블록으로 지어진 건물이 높은 노동생산성과 높은 성과를 얻을 수 있다.'[14]

두 번째 주제는 현장콘크리트 작업과 비교해 조립식 공사의 장점에 관한 것이었다. 현장작업은 '불가피하게 공사현장의 폐기물, 철강재의 과다 사용, 시멘트 손실, 콘크리트와 비활성 재료의 손실, 거푸집 설계와 갖가지 모양의 거푸집 사용과 같은 일로 번거롭게 된다.'[15] 현장콘크리트 작업은 낭비적이며, 가장 나쁜 것은 수작업에 의존해야 하는 것이어서 '후진적' 공사방식이다.

현장작업에 비해 조립식 공법의 장점을 확신하면서 고려해야 될 다음 문제는 어떤 방식의 조립공법을 택해야 하느냐는 것이다: 대형 블록인가 아니면 무거운 패널인가? 후르시쵸프는 노동력을 20-25% 줄인다고 말하면서 패널공법을 선호했다. 그리고 후르시쵸프가 소개되기

콘크리트 전신주, 에스토니아, 목재가 풍부한 지역에서 콘크리트 남용.

를 바랐던 것은 프리캐스트 벽체 패널뿐만 아니라 프리캐스트 바닥 부재였다. '바닥이나 천정에 패널을 널리 사용함으로써 우리는 타설 콘크리트를 사용하는 "수작업" 건설공사에서 탈피해야 한다.'라고 언급하면서 수작업 건설방식에 대한 공격을 반복했다.[16] 그는 계속했다.

현재 마무리가 좋지 않은 채 콘크리트공장에서 만들어진 계단 부품들이 공사현장에 전달되고 있다. 그래서 건설현장에서 계단 조립품이나 부속품들을 설치하면서, 즉석에서 계단 제품

에스토니아의 소비에트 산 도시인. 실라매에 대형 블록으로 건설 중이었던 아파트 건물, 2004년에 찍은 사진이다.
후르시쵸프 지시에 따라 대형 블록에서 프리캐스트 콘크리트 패널 공법으로 전환하면서 일어난 결과이다.

들에 대한 마무리 손질을 해야 한다. 똑같은 일을 벽체, 바닥, 천정에서도 수없이 하고 있다. 이것은 잘못된 일이다. 철근콘크리트 제품의 모든 마감 작업은 반드시 공장에서 완전히 마무리되어야 한다. 계단 조립품들은 윗면이나 아랫면이 잘 마무리되어서 전달되어야 한다… 부품들은 완전한 형태로 공사현장에 도착해서 완전하게 설치될 준비가 되어 있어야 한다. 그렇지 않고 공장에서 조립부재들을 준비해서, 그것을 8층에 설치하고, 표면 마무리를 위해서 거기에 닿는 방법을 생각해야 한다면 조립공법에서 우리가 어떤 장점을 얻어낼 수 있겠는가?[17]

이런 주장이 제기되면서 소련의 건설산업은 대형 패널을 생산하는 방향으로 전반적인 재조정이 뒤따랐다.

중량 패널 건설공법의 장점을 확립하면서, 후르시쵸프는 네 번째 주제로 넘어가며 표준화된 설계법의 필요성을 강조했다:

왜 양성소에서는 아직도 38가지의 표준화 설계를 가르치고 있는가? 이것은 편법이 아닌가? 분명히 많은 관리들이 건물공사에 돈을 낭비하는 태도를 보이기 때문에 이런 일이 생겼다. 우리는 아파트주택, 학교, 병원, 유치원과 양로원 건물, 점포, 그리고 기타 건물들과 시설물에 대해서 제한된 수의 표준화 설계를 채택해서 단 5년 동안 이 설계에 따라 대단위 건물 공사를 집행해야 한다.

계속해서 그는 설명했다:

표준화 설계를 사용해서, 구조부재와 부속품들을 체계적으로 공장에서 제조하면, 건물을 짓는데 재래식 공법을 그만둘 수 있기 때문에 공기를 단축할 수 있게 된다.

분명히 반대가 있을 것이라고 예상하면서, 그는 계속했다:

표준화 설계를 도입하려면, 이 문제에 저항을 야기할 수도 있기 때문에, 우리는 각오해야 하며 집요해야 한다. 분명히 표준화 설계의 필요성에 대한 좋은 설명을 들어야 하는 사람들이 있다. 건물공사에 표준화 설계를 사용하면 건설공사가 개선되고, 경제적이며, 공기가 단축되는 엄청난 효과를 낼 수 있을 것이다. 이에 대해서는 의심할 바 없다(박수).[18]

설계 표준화는 새로운 정책의 가장 쉬운 양상이며, 1955년 8월 2일의 법령으로 단일 체계의 설계를 법제화했다. 하나의 제도가 이룩되기 전에 어느 정도 시간이 있고, 그래서 그것의 변동 사항이 있기 마련이지만, '전 국토를 위한 하나의 건설 체계'라는 슬로건은 유효했다.

연설의 다섯 번째 주제는 건설노동과 관련하여 프리캐스트 패널 공법의 중요성에 관한 것이었다. 패널 공법은 수작업 노동의 종말을 가져왔을 뿐만 아니라, 8장에서 살펴볼 것인데, 많은 나라에서 실무적으로는 목표를 거의 이루지 못했지만, 소련의 처지에서는 더욱 중요하게, 미숙련 노동자들을 없애고 누구든 '숙련공'이 되게 했다.

한 집단 농장의 농부가 아무런 기능도, 자격도 없이 건설현장에 도착하여, 잘 알다시피, 멸시를 받으며 잡역부로 일하게 된다. 그의 생산성은 형편없고, 특별한 일거리도 없어서 소득도 형편없다. 그는 주위를 둘러보기 시작한다. 그때 한 동료가 그에게 다가와서 말한다: '여보게, 이 일 그만두고, 공장이나 가보게나. 거기서 여섯 달 동안 기술을 배우면, 등급도 얻을 수 있고 집도 얻게 될 걸세.' 그는 주위를 돌아보고 떠난다. 여섯 달 후 그는 공장에서 기술을 배워 건설현장에서 받는 것보다 2배, 3배나 많이 벌고 있다. 그게 말이 되는가?(네!라는 외침이 들린다)… 모든 건설기능공들이 맡은 일을 잘 다루도록 교육을 받고 기계장비를 효율적으로 사용할 수 있는 유능한 기술자가 된다면, 아마도 그는 자기 일을 좋아할 것이며 자신 있게 말할 것이다. '나는 건설 기술자다.'라고

후르시쵸프의 연설은 냉전 시대의 매체가 왜 철강재나 유리가 아니고 콘크리트였는가라는 질문에 하나의 답을 주었다. 후르시쵸프가 아주 단호하게 말했던 것은, 한 번에 두 개의 문제를 풀어줄 것이라고 예상했던 방법인 콘크리트 조립식 공법에 관심을 갖게 하는 것이었다. 이것은 동유럽에서처럼 서유럽에서도 맞는 말이었다. 하나는 주택공급을 늘리는 것이고, 다른 하나는 기술력 부족을 극복하는 것이었다. 후르시쵸프가 연설할 당시에, 러시아 도시에 건설되고 있던 주택의 일부만이 프리캐스트 콘크리트 공법으로 지어지고 있었다. 러시아의 건설노

공사 중인 라스나메, 탈린, 에스토니아, 1977. 프리캐스트 패널로 지어진 9층 아파트 단지. 소련과 동유럽에서 1960년대 초기부터 지어졌다.

동자들은 임금이 낮았고 작업 솜씨도 형편없었으며, 심지어 1956년에 모든 건설노동자의 40% 는 여자였고, 도시건설노동자의 대다수는 인근 지역에서 새로 이주해온 이들이었다.

후르시쵸프의 주도로 서유럽과 접촉이 이루어지고, 기술자들을 영국과 프랑스, 여타 유럽 국가로 보내서 프리캐스트 콘크리트 조립부재 공법을 연구하도록 했다. 가장 가깝게 관계를 맺은 프랑스에서 러시아인들은 카뮈 시스템에 관심을 보였고(4장 참조), 소련에서는 그것을 변형시켜 채택했다. 1957년에 설립된 건설협동조합 DSK에서 제정한 법령으로, 건설협동조합이 표준화된 자재를 제조하도록 정한 후, 이들 중 첫 번째가 1959년에 레닌그라드에 세워졌다; 1967년까지 DSK는 300개소였고, 1982년에는 소련에 482개소의 DSK가 있어서, 해마다 $58.4km^2$ 의 주택단지를 건설했다. 1965년 새로 지어진 주택의 25%는 대형패널 공법으로 지어졌고,

1977년까지 50%, 1988년까지 모스크바 지역의 신축주택의 90%는 DSK가 제작한 대형 패널로 지어졌다.[20] 초기의 표준설계는 승강기가 없고 대형 패널로 지어진 후르시체비[krushcheby] (슬럼의 러시아 말인 트루시쵸비[trushchoby]라는 연극에서 유래되었다)라는 별명이 붙은 5층짜리 아파트 단지 형식이었다. 1960년대 초기에 이런 공법으로 지어진 아파트는 비교적 비쌌으며, 승강기가 없음으로써 절약되는 비용으로는 패널의 생산과 운송에서 발생하는 비용을 상쇄시키지 못했음을 알게 되었다.[21] 서유럽에서도 똑같이 공장의 자본비용에 대해 더 큰 이익을 얻기 위해 9층이나 16층으로 더 높게 지으려는 조치를 취했다. 그렇지만 5층짜리 후르시체비의 패널 공법으로는 더 높이 지을 수 없었기 때문에, 그런 현장에는 새로운 공법을 설계해야만 했다. 1960년대 소련은 관대하게도 남미의 동맹국들인 칠레, 쿠바에게, 당시에 거의 쓸모가 없어진 5층짜리형 패널 제작 공장시설을 기증하고, 소련의 콘크리트 주거시설은 새로운 변화를 맞게 되었다.[22] 새로운 16층짜리 블록용 표준형은 소련의 시대가 끝난 후에도 생산 중에 있었다. 모스크바의 DSK-1 공장은 2000년에도 $1.2km^2$ 면적의 주택을 생산하고 있었다.[23] 애초에 서유럽에서는 설계되었던 제품을 이용하는 반면에, 소련은 서유럽에서 어느 누구도 상상하지 못했던 규모로 악명 높은 경직된 체계의 생산방법을 개발했다. 이 시스템을 이용해서, 절정기에는 1,300만 명을 고용했던 하나의 기구 통제 하에 블라디보스톡부터 엘베에 이르기까지 똑같은 건물을 지어냈다.[24]

주택건설을 산업화하려는 후르시쵸프의 추진력은 물질생활의 모든 면에서 1966년까지 미국을 따라잡고 그 후에 미국을 능가할 것이라고 선언했던 소련의 목표가 배경이었다. 이 시기에 기술 장인 노동력을 폐기하고 모든 노동자를 숙련된 기능공으로 전환시키려는 욕망에서 보듯이, 콘크리트에 부가된 것은 이념적인 것이었다. 다른 한편, 후르시쵸프가 자신의 연설에서 밝혔듯이, 여타 건설 공법보다 콘크리트를 선택한 이유도 경제적인 것이었다. 두 곳의 모스크바 학교를 세우는 데 동원된 노동력을 비교해보면, 벽돌로 짓는 학교는 7,360일·명이 필요하지만, 콘크리트 패널 공법으로 짓는 학교는 겨우 1,780일·명이 필요했다. 이 노동력은 벽돌 공사의 24% 정도에 불과할 뿐이다. 벽돌건물 공사장 인부의 일일 평균 수입은 268루블이었고 콘크리트건물 공사장 인부의 수입은 1,432루블로서, 벽돌 공사장 인부보다 5.4배나 많았다. '동지들, 그것이 노동생산성의 성장과 임금 증가를 위한 우리의 잠재력이 있는 곳이다.'[25] 소련에서 콘크리트 패널 시스템은 미숙련 노동력에 갇혀 있던 잠재력을 풀어놓아서 생산성을 향상시켰고 군비와 방어비용에 분산되었던 잉여가치를 창출했지만, 소련 GDP의 엄청난 몫을 차지하게 되어 궁극적으로 소련이 몰락하게 되는 원인이 되었다.[26]

서유럽의 콘크리트 Concrete in Western Europe

　　서유럽의 어떠한 나라도 소련처럼 콘크리트에 전념하지도 않았고, 소련의 규모만큼 콘크리트를 생산하는 수단을 개발하지도 않았지만, 서유럽 국가들도 주택공급이라는 같은 이유로 콘크리트를 많이 사용했다. 프리캐스트 콘크리트 패널 공법을 정당한 것으로 이루어낸 후르시쵸프의 주장은—새로운 건물의 신속한 공급, 특수 기능공의 소멸, 그리고 미숙련 노동력의 활용—서유럽에서도 통하는 모두 익숙한 것이었다. 그렇지만 서유럽 국가들의 정치적 환경은 서로 달랐고, 콘크리트에 대한 정치적 굴곡은 다른 양상을 나타내고 있었다. 세계대전 후 모든 서유럽 나라들의 민주주의에 대한 중심적인 문제는 자본과 노동 간의 안정적 합의를 확립하고 유지하는 것이었다. 어떠한 나라이든 주요 전략은 복지 국가의 건설이었다. 모든 국민들이 건강관리, 교육, 주택 보급, 노령 연금 및 실업 급여 등, 최소한의 수준에 확실히 진입할 수 있도록 보장하는 것이었다. 영국의 정치가인 애뉴린 비번^{Aneurin Bevan}의 '요람에서 무덤까지'라는 말은 국민들에게 이런 혜택을 국가가 제공해야 한다는 것이다. 그렇지만 가장 진보적인 세금 제도를 택해서 부의 재분배를 가장 잘 이룬 그런 나라조차도 사회적, 경제적 불평등이 완전히 해소되었다고 허세를 부릴 수도 없었다. 대신에 그 체제를 위해 서로간의 합의를 통한 지원은 꾸준히 상승하는 생활수준, 끊임없는 변화를 겪고 있는 세상에서 생활의 의미, 그리고 현재가 어떻든 간에 미래는 더 나아질 것이라는 확신에 기대고 있었다. 영국의 복지국가 이념가인 마아샬^{T. H. Marshal}은 1950년에 '국민들에게 중요한 것은 합법적인 기대감의 구조체이다.'라고 주장했다. 그러나 이것은 국가가 더 많이 제공할 수 있을수록 사람들은 더 많이 기대할 것이라는 이유로, 국가는 더 많은 재정지출을 저지르면서, 늘 가속되는 인플레를 유발하는 반복주기로 이어질 것이다. '서비스 수준이 올라가듯이'는 '진보적인 사회에서 그것은 불가피하며, 책무가 당연히 무거워져야 한다. 기대치는 끝없이 오르고 있으며, 국가는 재정의 범위 내에서 결코 해결하지 못할 것이다.'라고 마아샬은 주장했다.[27] 정치인들의 희망은 사회적으로 급작스럽게 변환이 일어나고 있다는 광범위한 증거를 제공함으로써 이런 반복되는 과정을 종식시키는 것처럼 보여주는 것이다. 영국의 고속도로 건설 계획을 주도 했던 교통부 장관인 해롤드 왓킨슨 Harold Watkinson은 단순한 비유 이상의 표현으로 '어쩌면 우리는 짚도 없이 많은 벽돌을 재빨리 만들어야 한다.'라고 말했다.[28] 그들이 정치적으로 곤궁한 상태에 빠져 있을 때 콘크리트 조립식 공법을 채택함으로써 사회적 민주주의가 살아나게 되었다. 그 공법으로 주택, 병원, 학교, 그리고 도로의 건설 전망을 신속하게 숙련된 노동력 없이도 제시했기 때문이다.

콘크리트와 조립식 공법을 활용하면 건설비용이 절감될 것이라는 주장은 거의 없었다. 서유럽 모든 나라에서는 숙련된 기능공의 여력이 충분해서 전통적인 건설을 항상 더 경제적으로 할 수 있지만, 이런 방법들로는 공사 속도를 향상시킬 수 없었다. 공사 속도, 그리고 공급 기준의 극적인 향상을 제공할 수 있다는 전망 때문에 조립식 콘크리트 공법은 매력적인 것이었다. 주택건설 시스템 추진을 위한 영국 국가기관의 담당자인 클리이브 바아 Cleeve Barr가, 조립식 콘크리트 공법으로 얻은 것은 싸지는 않지만 더 나은 생산성이라고 강조한 바와 같이, '표준화를 함으로써 추가의 돈을 거의 들이지 않고서도 더 큰 공간을 제공할 수 있다.'는 점이다.[29] 정치인들의 걱정거리는 꾸준히 상승하는 시민들의 기대치에 대한 도전을 그들 스스로 충족시킬 수 없음을 알게 된다는 것이었다. 이런 두려움에 떨며, 1964년 노동당 정부의 경제 자문역인 마이클 쉥크스 Michael Shanks는 건설 산업이란 급증하는 주택수요를 그저 건설하는 것이 아니라고 경고했다; 여러 나라에서 기존의 생산성 추세가 지속되었을 때, 1970년대 초반까지 보통 수준의 영국인들은 거의 모든 유럽 대륙의 다른 나라 사람들보다 자신들이 더 나빠져 버렸다는 것을 알게 되었으며, 대충 비교할 만한 수준으로는, 평균적인 러시아인, 베네주엘라인, 이스라엘인이었다.[30] 영국인들과 그 밖의 서유럽 정부들은 자신들의 주거 수준이 러시아 수준으로 떨어질 것이라는 것과 비용 절감이 더 이상 불가능하다는 것을 알고 있음에도, 프리캐스트 콘크리트 패널 건설 시스템을 채택하도록 몰아간 일은 두렵고도 비참한 모습이었다. 이 점에서, 예를 들면, '비손 Bison' 콘크리트 벽체 골조 시스템으로 지어진 평지붕 블록은 1950년대와 1960년대에 영국에서 널리 사용되었고, 냉전 중에 전략적인 무기로서 고려될 수 있었다. 영국인들이 간절히 갈망했음에도, 안타깝게도 그 무기는 이륙 직후에 폭발했다. 1968년 5월 16일 이른 아침에 라아센 닐센 Larsen Nielsen 공법으로 지어진, 런던의 캐닝 타운 Canning Town의 핵심 단지

동부 런던의 뉴햄 지역의 로난
포인트 아파트 단지.
1968년 5월 16일
가스 폭발 후 건물 일부가
파괴되었다.

인 로난 포인트^{Ronan Point} 아파트의 8층에서 가스가 폭발하여 건물의 모서리가 붕괴되어 4명이 죽고 17명이 다쳤다.[31] 다른 어떠한 얘기보다도, 로난 포인트의 붕괴사고는 콘크리트가 **삶의 질**을 더 나은 쪽으로 변화시킬 것이라는 기대를 간직한 영국인들을 환상에서 깨어나게 했다. 예전에 있었던 콘크리트 조립식 공법에 대한 자신감도 사라지고, 그 이후로 조립식 공법의 사용은 급격히 줄어들었다.

이념의 고향으로 여겨지는 공산주의 치하의 동유럽에서 사람들은 건설재료로서 콘크리트를 선호했다는 것이 기본적으로 **이념적**이었다는 것을 기대했을 수도 있었겠지만, 서유럽에서는 시장이 주도함에 따라, 사람들은 콘크리트 사용이 경제적인 면에서 활발해질 것이라고 기대했을 것이다. 그러나 상황은 전혀 반대였던 것처럼 되고 있다. 소련권에서는 군비확장 계획을 통해 콘크리트가 널리 사용되도록 기본적으로 책임지게 했고 여기에 필요한 기금을 마련하기 위한 잉여자금을 창출해내는 것이 경제적 유인책이었다. 반면에 서유럽에서 유인책은 무엇보다도 관념적이었으며, 삶은 정지해 있을지라도 주변 광경은 계속해서 움직이게 함으로써 사회민주주의 정부가 그들의 선거 전략상의 유리한 점을 유지하도록 하는 의도였다. 서유럽에서 프리캐스트 콘크리트 공법은 국가가 시공업자들에게 보조금을 지원해줄 준비가 되어 있는 동안에 한해서 지속되었다; 그 보조금 지원이 중단되자 시공업자들은 그 공법을 사용하지 않았고, 더욱더 전통적인 시공기술로 돌아갔다. 실제 경제성장의 원천인 제조산업에서 숙련된 노동력을 **빼내**가지 않고, 일상생활의 주변 환경이 급속한 변화를 겪고 있다는 환상을 만들어내기에는 프리캐스트 콘크리트 공법이 도움이 되었기 때문에, 국가는 콘크리트건설 산업에 보조금을 지급했다. 세계대전 후 서유럽의 혼합된 경제체제 내에서 콘크리트건설은 무엇보다도 **이념적**이었다. 테임즈메드 ^{Thamesmead}(1971년 스탠리 쿠브릭 ^{Stanley Kubrick}의 영화인 〈클럭워크 오렌지 *A Clockwork Orange*—과학에 의해 개성을 상실한 로봇 같은 인간〉의 배경으로 제공되었다)는 런던 시의회의 최대, 최후인 주택개발사업 중의 하나로서, 전통적 방식으로 지어진 단지들을 조립식 공법으로 지어진 것처럼 보이게 했는데, 그것은 콘크리트 조립식 공법으로 유지된 이미지에 대한 투자였다. 그 주택개발 사업은 조립식 콘크리트 패널 공법—발렌시 공법—으로 건설되도록 설계되었지만, 계획의 일부였던 3층짜리 단지의 몇 곳에 사용하기에는 실용적이지 않은 것으로 드러났다; 시스템에 맞게 설계를 수정하는 대신에 이런 부재들은 현장에서 타설하고, 특히 구조용이 아닌 패널들을 계획상 다른 곳에 사용했던 패널에 맞춰 사용해서, 이

함부르크 미술대학교, 1911–3, 건축가 프릿츠 슈마허 설계. 현관 홀의 돌무늬 콘크리트 마감. 1914년 이전에 독일에서 완성되었다.

'폭파 해체' 홀리 스트리트 에스테이트, 해크니, 런던. 1966년 3월.

1989년 이후 Post-1989

소련이 붕괴된 후에 동서 유럽이 당면한 주요 문제는 콘크리트 패널 시스템으로 지어진 주택들의 '해체'였다. 흔히 '재생산'의 문제로 나타나는 것은 단순히 유지관리와 이제 낡아가는 거대한 공룡 같은 구조물을 한층 더 개선시키는 일이 아니라, 동서 유럽의 냉전관계에서 생긴 문제 중에서 잘못된 점을 없애는 일이다―주택 문제에 관해서 동유럽에서는 공산주의로, 서유럽에서는 복지국가로 접근했다. 그 과정은 오히려 서유럽에서 더 먼저 시작되었고 이중 전략을 통해서 실행되었다―임차인에게 자신들의 아파트를 구입할 수 있는 기회를 제공하거나, 아무도 아파트를 살 여력도 없고 사고 싶지 않은 단지는 철거하는 것이었다. 이런 철거작업은 때로는 폭발물을 사용해서―'폭파 해체'―시행되기도 했는데, 정기적으로 시민들의 구경거리가 되었으며 정치인들은 시민들에게 종결되었다고 생각하기를 바랐던 역사의 한 시기의 종말을 알리는 유용한 장치였다. 그러나 콘크리트건물의 재고량을 처리하는 데에서 서유럽의 문제는 동유럽과 옛 소련에 비교될 정도가 아니었다. 소련은 프리캐스트 패널 시스템 건물의 수가 훨씬 많았고, 전체 건물에 대한 그 비율도 상당히 높았다.

동유럽과 소련의 여러 곳에서, 콘크리트 플라텐바우텐(조립식 집단주택 단지)의 물리적인 문제는 인구감소로 인하여 복잡하게 되었다. 국가 주도의 산업체제가 막을 내리면서 사람들이 떠나버리고, 아파트는 텅 비게 되면서, 남아 있는 사람들에 대한 생계유지의 부담이 커졌다. 동독은 특히 이런 일이 문제가 된 곳인데, 철거가 하나의 답이었지만, 또한 좀 더 창의적인 해결방안은 플라텐바우텐의 일부를 헐고 나머지 부분에 발코니를 추가하고 그 밖의 개선 작업으로 나머지 부분을 개조하는 방식이었다. 이런 사례는 베를린 교외의 마짜한[Marzahan]에서 있었고, 좀 더 급진적으로 플라텐바우텐을 철거하고 패널을 새로이 2층―또는 3층 집을 짓는 데 재활용하는 것으로, 이 방식은 코트부스[Cottbus]에서 시행한 바 있다. 베를린[Berlin] 교외의 메로우[Mehrow]에서는 건축가 에르베 빌레[Herve Biele]가 주도했다.[33]

플라텐바우텐의 '해체'와 관련하여, 그것들을 '미완성'으로 보는 새로운 대응 자세를 이끌어내는 것이다. 코트부스 재건축사업의 책임자인 건축가 프랭크 지머만[Frank Zimmermann]은 '조립식 공법으로 지어진 주택들은, 말하자면 마무리 단계에서 너무 일찍 입주되었던 매우 평범한 주거시설이다. 그 주택들은 꼼꼼한 작업솜씨로 마무리되어서, 사용된 재료가 양질이면 이 주택들은 완벽하다는 것임을 보일 것이다.'라고 설명했다.[34] 서유럽에서도 유사한 사례가 있었는데, 프랑스의 건축가 라카통 & 바살^{Lacaton & Vassal}은 각 아파트 내에 주거 가능한 면적을 늘리기 위해서 패널을 밖으로 확장하여 콘크리트 패널 시스템으로 지어진 이전의 대규모 주택 단지를 개선하는 작업을 전문적으로 다루었다. 이런 모든 경우에서 우리가 알고 있는 것은, 콘크리트 패널 시스템은 공산주의국가 또는 복지국가 생산품으로서 그것들의 발생지 내에서 항상 고착된 것이 아니고, 이런 것들이 그 패널 시스템의 존재의 한 단계인 초기 단계를 나타낼 뿐이라는 것과 그 시스템의 '완공'이 또 다른 정치 영역으로 이전해가는 효과를 가져온다는 점을 보이려는 노력이다.

그러나 이렇게 애초에 완공되지 않을 것 같은 건물을 '준공한다'는 선택은 좀 더 부유한 나라에서만 가능한 일이다. 동유럽의 여러 나라와 소련에서, 방음이나 단열처리가 조잡하여, 무너져 가고 점진적으로 버려지는 콘크리트 도시에 관한 문제의 규모는 그러한 전략과는 거리가 먼 것이다. 1950년대부터 1990년대에 이르기까지 40여 년 동안 광범위하게 유사한 체제로 지어진 수백만 호의 주택들은 똑같은 시간을 거치면서 모두 망가질 것이다. 그것들 중의 일부는 훨씬 더 빨리 망가질 것이다. 동유럽 국가와 아시아 국가에서 이런 건물들은 그들이 손을 쓸 수 있는 대책 밖에 있는 것이며, 그 건물들의 건설상의 특성 때문에 그 안에 살고 있는 사람들도 어찌할 수 없는 커다란 짐이다. 2000년에 세계보건기구 WHO의 한 관리는 건물의 상태는 그 지역에서 정치적 안정성을 위협할 수도 있을 것이라고 예측했다.[35] 사회적 통일의 한 요인인 것과는 동떨어져서, 콘크리트는 여전히 혁명을 일으킬 수도 있다.

제인 루이제 윌슨, 아제빌, 2006, 알루미늄 판에 흑백 레이저 크롬으로 인화, 180×290cm.

여섯

하늘과 땅
HEAVEN
AND
EARTH

'콘크리트–종교에 내린 신의 선물.'[1]

브렌트우드 Brentwood 대주교

콘크리트는 미천한 재료이다. 이 조밀한 덩어리는 그 힘이 인간에 의한 것이든 자연에 의한 것이든, 자신을 던져 자연에 저항한다. 구조물 기초, 해안 방호벽, 방어 요새, 핵 차단시설 등과 같이, 일체성을 지닌 불활성이 요구되는 곳이면 어디든 좋은 것임에도, 콘크리트는 재료의 계층에서 아래쪽으로 밀려 있다. 그럼에도 그와 동시에 콘크리트는 초창기 때부터 교회 건설업자에게 매력적이어서 가장 웅장하고 창의적으로 지어진 콘크리트건축 중에는 종교건축에 관한 것들이 많다. 역설적으로 이런 미천한 매체가 가장 신령스러운 것을 위해 이용되고 있음을 알 수 있다. 의도적이든 아니든, 이런 관계를 지속할 만한 역동성이 꾸준하지 않고 시간에 따라 변화하기는 하지만, 콘크리트의 영적 도상 靈的 圖像은 그다지 명예스럽지 못한 지난 일들 때문에 늘 왜곡되어왔다.

1903년 공사 중인 조아지아, 트빌리스의 세인트 조오지 아르메니안 교회. 건축가 자로우비안 & 아크나자론 설계.
기술자 로티노프가 엔느비크 공법 면허를 얻어 건설했다.

19세기 초에 처음으로 개발되어 확대기초나 옹벽에나 어울리는 낮은 등급의 재료로 취급되었던 콘크리트를 살려내는 일은 프랑스의 프랑수아 크와네, 영국의 라셀레스$^{W.H.\,Lascelles}$와 제임스 풀럼$^{James\,Pulham}$과 같은 사업가들의 임무였다. 건축에서 가장 권위 있는 분야인 교회건축은 그 매체—콘크리트—에게 미천한 계층에서 벗어나 위상이 높아지는 최고의 기회를 부여했다. 교회건축은 콘크리트건물 중에서도 가장 먼저 지어진 것이며, 이 가운데 1835년에 타른 에가론$^{Tarn-et-Garonne}$ 지방의 코르바리^{Corbarieu}에 세워진 프랑수아 마르탱 르브렝$^{François-Martin\,Lebrun}$이 설계한 교회, 1835-6년에 서포오크^{Suffork} 지방의 웨스틀리^{Westley}에 세워진 윌리엄 레인저$^{William\,Ranger}$가 설계한 교회, 부알로^{Boileau}와 크와네^{Coignet}가 설계하여 르 베지네$^{Le\,Vesinet}$에 세워진 교회 건물들은 아직도 남아 있다. 영국에서만 해도, 19세기와 20세기 초반에 엄청나게 많은 교회건물 전체 또는 일부가 무근콘크리트로 지어졌고 어떤 곳에서는 약간의 철근보강 흔적도 있으며, 1910년까지 전통을 지키려는 의지가 있는 많은 건축가들조차도 교회건축에 콘크리트를 사용했다.[2] 교회의 상징성을 지킨다는 이유만으로 결코 재료를 선정하지는 않았기 때문이다. 드문 예외가 있는데, 그레이브센드^{Gravesend} 지방의 노스플릿^{Northfleet}에 세워진 교회 건물이다. 건축가 자일스 길버트 스코트$^{Giles\,Gilbert\,Scott}$는 그 지역이 그 재료와 역사적 연관성을 가지고 있다는 이유로 콘크리트를 사용하는 것이 타당하다고 생각해서 콘크리트로 교회를 설계했다.[3] 그곳은 윌리엄 아스피딘$^{William\,Aspidin}$이 세운 시멘트공장에서 가까운 곳이며 지금까지도 많은 석회암 갱도가 버려진 채 있는 곳이다. 콘크리트 사용 동기는 대체로 경제적이기 때문이라고 보이지만, 콘크리트 옹호자들은 지상의 공사에 그 재료의 사용을 못마땅하게 여기는 편견을 극복하는 방편으로서 콘크리트 사용을 생각했었을 것이다. 영국에서 콘크리트에 관한 최초의 매뉴얼 저자이며, 영향력 있는 육군공병장교인 찰스 파슬리$^{Chalres\,Pasley}$도 그러한 편견에 책임을 면할 수 없었다. 마찬가지로 사업가 기질이 있었던 프랑수아 엔느비크가 멕시코에서 아르메니아에 이르기까지 모두 185곳이나 되는 매우 많은 교회를 맡아서 지었다는 것은 단순한 금전적 이익보다는 권위 때문이었을 것이다.[5] 전통적인 교회건축자재인 돌과 콘크리트가 닮았다는 것이, 본질적으로 보수적인 세계인 교회에서 여타의 가용한 새로운 재료보다도 덜 위협적인 것으로 보이게 했을 테지만, 새로운 재료에 대해 성직자들이 어떻게 생각했는지 우리는 잘 모른다. 그렇기는 하지만, 그 매체가 널리 퍼져 사용되었음에도 1920년대까지 어떠한 건축가나 건설업자도 벽돌 하나하나에 존엄성을 부여했던 윌리엄 버터필드 ^{William Butterfield}에 버금갈 만한 일에는 손도 대지 못했다. 콘크리트는 대체로 보이지 않게 가려졌는데, 예를 들면, 웨스트민스터 대성당의 상층부와 같이, 원래 의도는 좀 더 품위 있는 재료로 콘크리트를 덮으려는 것이었지만 자금 부족으로 이루지 못하게 되었고 콘크리트가 어쩔 수 없이 드러나게 되었다.

엄청난 힘을 견딜 수 있고 본질적으로 수동적인 매체로서 콘크리트의 방어적 특성은 일찍이 잘 알려져 있었기에, 건축공사 외에 초기에 콘크리트를 사용한 사례는 해안 방어시설과 항구 공사였다. 프랑스 기술자들은 1830년대에 알제리의 항구, 그리고 1840년대에는 마르세이유의 새로운 항구에 방파제 건설용으로 콘크리트를 성공적으로 사용했다. 해안 방파시설에서 군사용 방어시설까지는 큰 차이가 없지만, 일체성이라는 특성 때문에 폭발물 폭발에 대해 특히 좋은 방어시설이 가능했다. 19세기 후반에 들어서, 콘크리트는 군사용 요새로 많이 사용되었다. 영국에서는 뉴헤이븐 ^{Newhaven}에 최초의 대규모 방어시설용으로 콘크리트를 사용했다. 1865년 그곳에서는 20,000m³의 콘크리트를 요새 건설에 퍼부었다. 1914년 이전에 민간용과 군사용 공학기술의 이런 연관성이 콘크리트에 대한 사람들의 인식에 얼마나 깊게 영향을 주었는지 말하기 어렵지만, 제1차 세계대전을 겪은 사람들이 그 매체에 대한 관점을 완전히 바꾸었다는 것은 의심할 여지가 없다.

프랑스의 뵈르댕 ^{Verdun}과 벨포르 ^{Belfort}에 있는 요새는 어마어마한 양의 콘크리트로 지어져서, 전쟁 중 대규모로 정적인 군사 활동에서 최고의 방어시설용 매체로 진가를 발휘했으며, 독일은 특히 서부 전선에서 막대한 양의 콘크리트를 사용했다.[7] 1918년 이후로는 콘크리트의 장점이 아니더라도 콘크리트와 전쟁 간의 연결고리를 떼어낼 수 없었다. 영국의 건축가 찰스 라일리 ^{Charles Reilly}는 1924년 웸블리 ^{Wembley}에서 열린 대영제국 박람회 ^{Empire Exhibition}에 사용된 대규모의 콘크리트 환경에 대해서 언급했다; '가까이에서 보이는 맨살의 콘크리트는 나에게는 전쟁과 그 후유증을 연상시킨다… 나는 콘크리트가 고유의 특성과 강도를 지녔음을 인정한다. 하지만 내 마음에는 콘크리트가 대영제국을 문명 수준이 낮은 국가로 추락시키는 듯이 보인다.' 그리고 지적한 바와 같이, '전쟁은 진정 우리를 동굴인으로 다시 만들어 놓았는가?'라고 그는 묻고 있다.[8] 그와 동시에 콘크리트도 형편없이 낮은 수준의 가치로 추락해버렸다.

프랑스와 독일의 콘크리트 교회, 1919-39
Concrete Churches in France and Germany, 1919-39

제1차 세계대전 후, 프랑스와 독일 양국에서 콘크리트는 교회건설에 중요하면서도 눈에 띄는 매체가 되었다. 이런 사실들을 살펴보기 전에 교회건물에 대한 콘크리트의 대중성이 단순히 콘크리트가 건설재료 중 대중적 품목의 하나이기 때문에 특별한 의미가 없는 것인지, 아니면 19세기 종교건축학에서 의미로 볼 때, 교회건축에 관한 한 '성찬의식 예배'로서 다른 재료에 비해서 우월하다는 예배용 또는 도상의 특성을 가지고 있는지에 관한 의문이 20세기의 콘크리트와 종교건축에 관한 전반적인 담론에서 떠나지 않고 있다. 또한 콘크리트가 우월한 품질이 있어야 한다면, 우리는 콘크리트가 미천하다는 생각에서 벗어나 어느 정도까지 고상함을 끌어낼 수 있을까라고 물을 수도 있다. 영혼의 성찬 앞에서 20세기 교회 종사자들이 어떠한 형식으로든 마지못해서 성전 건축에 대한 토론에 끌려오게 한다는 것 때문에, 이 질문들은 대답하기 가 쉬운 것들이 아니다. 이 장의 첫머리에서 인용된, 어쩌면 출처가 분명하지 않은 브렌트우드 Brentwood 주교의 소견은 특색이 없다. 적어도 서유럽에서는 20세기의 신학은 교회를 건물의 구체적 실체에 있다기보다는 하나의 사회적이고 영적인 시설로서 강조하는 경향으로 특징지어져 왔다. 콘크리트가 지닐 수 있는 신학적 의미에 대해서 교회 성직자들이 침묵한다는 것은 건물 그 자체가 증거이자 건축가들의 진술에 의존해야 한다는 것을 뜻한다. 또한 건축가들은 종교건축에 대한 콘크리트의 가치를 논할 때, 일반적으로 신학적인 관점에서보다는 건축적 관점에서 언급했다. 예를 들면, 1934년 프랑스 건축가 조르주 앙리 팽귀송 Georges-Henri Pingusson은 자신의 글에서 콘크리트야말로 교회건축에 적합한 고상한 재료이지만, 콘크리트가 일체성을 지니고 있다는 본질적인 건축학적 이유로, 건물 전체가 단일 재료로 건설될 수도 있다고 주장했다. 그러나 콘크리트의 신성함에 대해 그는 아무런 언급도 하지 않았다.[9]

완전히 철근콘크리트로 지어진 최초의 교회는 아나톨레 드 바도 Anatole de Baudot가 설계하여 코탕생 Cottancin 공법으로 지어진 생장 드 몽마르트 Saint-Jean-de-Montmarte 교회(1897-1904)라고 흔히 알려지고 있다. 이 교회가 건축계에 엄청난 관심을 불러왔음에도, 구조합리주의에 관한 토론에서 그 건물의 기여도를 볼 때, 콘크리트가 교회건축에 끼친 충격은 미미한 것으로 보였으며, 그 이후에 철근콘크리트 교회건물은 더 이상 유행하지 않았다. 제1차 세계대전이 끝난 후에야 콘크리트는 교회건설에서 대중적 매체가 되었으며, 그 중에서 가장 축복받은 사례는 오귀스트 페레가 설계한 노트르담 뒤 랭시Notre-Dame du Raincy였다. 페레는 노출 철근콘크리트로 교회 설계를 많이 했으나, 그 매체의 활용 동기는 기본적으로 건축에 관한 것이었으며, 그가 특별히 교회건축의 신학적 모습에 관심을 두었다는 증거는 없으며 예배의식이라는 관점에서 보아도 그의 설계는 비교적 전통적인 것이었다.[10] 바젤Basel에 있는 훨씬 더 크고 현대적인 안토니우스 교회Antoniuskirche는 종종 노트르담 뒤 랭시와 연관성이 거론되지만, 실제로는 그것과는 아주 다르게 거의 다 노출콘크리트로 마감되었다. 이 교회는 클라우스 모제르Klaus Moser가 설계해서 1925년부터 1927년까지 지어졌다. 따로 떨어져 있는 객체인 페레의 교회와는 달리, 또 고전적 경향도 없이, 안토니우스 교회는 북쪽을 향해 있는 도로 쪽 정면과 예배의식용으로는 정확히 서쪽 문과 남쪽 문이 기념비 같은 아치 입구를 통해서 거리에서 접근할 수 있었다; 이런 요소들을 자유롭게 배열함으로써, 탑, 아치 입구, 북쪽 벽과 같은 구조물을 그 거리 건축의 일부로서 아주 효과적으로 보이게 하고 있다. 교회 주변의 도시적 환경과 교회 간의 관계는 특히 이탈리아에서는 제1차 세계대전 후 교회 건축에서 중요한 선례가 되었다. 구조적으로는 페레의 교회보다 덜 창의적이지만, 노출콘크리트는 건축 효과에 중요한 몫을 차지하고 있다. 또한 건물 규모에 비해 노출콘크리트보다 나은 그 무엇이 있을 뿐만 아니라, 격자창과 부드럽고 장식이 없는 외관, 창문의 장식 무늬와 함께 좀 더 분명하게 여러 형태를 만드는 방법으로 콘크리트가 사용되고 있다.

종교와 건축 간의 좀 더 분명한 접점에 관해서, 우리는 독일을 돌아볼 필요가 있다. 독일과 오스트리아에서 1914년 이전에는 철근콘크리트는 훨씬 더 웅장한 규모로 교회 건축에 사용되었다. 그 중 뛰어난 사례는 1910년 울름Ulm에 테어도어 피셔Theodor Fischer가 설계하여 아주 크게 세워진 파울루스 교회Pauluskirche이다.

제단과 목사의 시야가 방해받지 않는 조건을 충족시키면서 통로 없이 넓으며, 2,000명의 신도를 수용할 수 있는 신도석이 마치 극장처럼 만들어졌고 지붕은 콘크리트 보로 지지되어 있다; 비엔나Vienna에는 요제프 플레니크Josef Plecnik가 설계하여 1913년에 준공된 홀리 스피릿Holy Spirit 교회는 철근콘크리트로 지어졌으며, 그 중 상당 부분, 특히 교회 지하실의 노출된 부분은 나무망치로 쪼아내어 다듬어졌다. 그러나 독일에서 콘크리트와 종교 간의 잠재적 연관성을 평

건축가 카를 모제르 설계, 바젤 시의 세인트 앤서니 교회, 1925-7.
로마식 교회, 안팎이 노출콘크리트로 되어 있다.

가하기 위해서 우리는 먼저 제1차 세계대전이 일어나기 전, 독일의 세속적인 건물에 무슨 일이 일어났는지 살펴보아야 한다. 건축혁신이라는 사회정치적 의미에서 다른 어떤 곳보다 독일에서는 콘크리트에 훨씬 더 관심이 많았다. 독일 기술자들은 실내에 기둥 같은 지지대가 없어야 좋은 곳이 되는 시장이나 철도역사에 철근콘크리트 아치로 넓은 내부 공간을 개발하는 데 선구자였다. 1914년 이전의 뛰어난 사례는 뮌헨과 브레슬라우에 세워진 시장 건물과 라이프찌히Leibzig와 칼스루헤Karlsruhe 철도역 대합실 건물이었다. 이런 기술로 건설된 건물 중에서 제1차 세계대전 이전 독일에서 가장 큰 건물은, 5장에서 이미 언급되었던, 1913년에 브레슬라우(지금은 폴란드의 브로츠와프Wroclaw)에 세워진 백주년 기념관이었다. 이 백주년 기념관 덕분에 집단 행사에 전례 없이 많은 사람들의 집회가 가능했고, 홀이 중앙에 배치되어 특히 막스 라인하르트Max Reinhardt가 준비한 대규모 집단 공연을 동시에 누구나 똑같이 즐길 수 있게 되었다.[11]

교회가 이런 행사를 1920년대의 교회 건물의 주요 프로그램으로 시작하면서 독일의 천주교 교회는 대중 관객을 위해 이런 형태의 건물에 주목하게 되었다. 교회가 보수적인 시설임에도 그 교회는 라인하르트와 베르그가 개발한 기법을 이용해서 종교를 다시 살려내었다; 특히 그 교회는 독일의 표현주의 이름으로 이끌어졌던 사회적 진보주의와 예술적 아방가르드가 확고히 정립되지 않은 상태에서 있었던 아이디어에 반응을 보였다. 독일의 표현주의에서 예술과 건축은 교회가 도시와 산업화 사회의 일부임을 의미한다는 의식을 일깨워주는 힘을 가진 것처럼 보였다. 철근콘크리트, 집회행사, 그리고 집단이 어우러지는 이런 현상에서 벗어나 천주교 교회 건축가들은 예배의식으로나 건축학적으로 혁신적인 교회건축을 위한 계획을 마련했다.

독일에서는 제1차 세계대전이 참혹하게 끝나고, 뒤이어 혁명이 일어나고 새로운 공화국이 세워지면서, 프랑스 사회에서 찾아볼 수 없었던 사회적 자기성찰과 정치적 토론의 수준이 향상되었다. 천주교 교회 건립 활동은 사회를 안정시키는 이런 운동의 하나였으며, 건축과 예술은 이런 목표에 이르는 수단으로서 이용될 수도 있다는 믿음을 가진 브루노 타우트Bruno Taut와 페터 베렌스Peter Behrens 같은 건축가들에게 의지했다. 신학에서는 핵심 사상가로서 1918년에 발간된 『예배의식의 정신 *The Spirit of the Liturgy*』의 저자인 로마노 과르디니Romano Guardini가 있었다. 교회건축을 부흥하려는 두 명의 선도적 건축가인 도미니쿠스 뵘Dominikus Böhm과 루돌프 쉬봐르츠Rudolf Schwarz는 과르디니의 생각을 받아들였다. 예배혁신 운동의 목표는 교회의 위상을 포함해서 모든 양식의 신앙을 다시 생각해보는 것이었다. 초기의 기독교인들이 예배를 보았던 당시의 상황에서는 심한 압박이 있었다. 그들은 어찌되었던 안전하고 쓸 만한 공간이라면 지하묘지, 동굴, 가정집 방이든 어디든지 이용했었다. 그런 일을 겪은 다음에 기독교가 공식적으로 인정을 받고나서 그 전에는 시민들을 위한 다른 목적으로 사용되던 건물―바실리카 *basilica*―을 넘겨받게 되었다. 예배혁신 운동은 기독교 신앙의 요구에 순순하고 단순하게 부응하는 무엇인가를 찾으면서 그 운동 자체를 1,500년 동안 쌓여진 전통을 벗겨내는 것으로 보았다. 성직자와 신도 간의 계층을 해소하는 데 역점을 두어서, 건축학적 의미로 신도석과 성직자 구역을 함께 가까이 두고 기둥 같은 구조요소 때문에 시선이 방해받지 않도록 해야 한다는 조건을 충족시킴으로써 종교의식이 양자 간의 대화가 되게끔 했다. 제2차 세계대전 전에 이런 조건들을 고려한 집단공동체를 위한 공간의 건축이 장려되었으며, 뵘은 마인츠에 자신이 설계하여 세워진 비쇼프스하임^{Bischofsheim} 교회에 브레슬라우 홀에 있는 것과 비슷한 포물선 아치 모양의 천정을 사용했고, 쾰른^{Cologne}에 세워진 좀 더 큰 세인트 엥겔베르트^{St. Engelbert} 교회에는 아치를 더 크게 하여 한 곳으로 수렴하는 포물선 모양의 천정을 배치함으로써 공간을 확보하여 가운데로 계획된 원형의 신도석을 마련해놓았다. 캐슬린 제임스 차크라보티^{Kathleen James-Chakraborty}가 기술한 바와 같이 예배 혁신 운동은,

> 역사적 양식이나 복잡한 도상의 느낌에 대해서 교육받지 못한 노동자층의 신도들을 건축과 의식이라는 공감적 경험으로 하나가 되게 하는 수단으로서, 당시 수준의 콘크리트 건설을 이용한다는 것이다.[12]

저자는 현대의 극장에서 교훈을 끌어냄으로써 직접적으로 그 효과를 얻어내었다고 보고 있다.

과르디니의 제자인 루돌프 쉬봐르츠는 1926년부터 그가 죽은 1961년까지 약 70여 개의 천주교 교회를 설계했다.[13] 소형교회건물 운동 시기였던 1938년에 쉬봐르츠는『교회건물 *Von Bauen der Kirche*』이라는 책을 저술했고, 나중에『교회의 화신 *The Church Incarnate*』이라고 번역되었다. 이 책은 단순히 교회건물에 대한 것이 아니라 일반적인 건물에 관한 철학을 정립한 것

이었는데, 쉬봐르츠는 교회건물을 단순히 건설이 뜻하는 바를 가장 순수하고 완성된 표현으로서 보았기 때문이다. 건축의 현상학에 대한 기여로 보았을 때, 쉬봐르츠의 저서는 지금까지 잘 알려진 마르틴 하이데거^{Martin Heidegger}의 논문인 「건설, 주거, 사유 *Building Dwelling Thinking*」보다도 여러 면에서 훨씬 더 재미있다. 쉬봐르츠가 설계한 교회에도 콘크리트가 사용되었는데, 대체로 다른 재료들—석재, 벽돌, 목재 또는 철강 따위—과 함께 어우러져 있었다. 더 중요한 것은 그가 교회 건물에 사용된 전통 양식과 재료들을 거부했다는 것인데, 쉬봐르츠도 알았듯이, 건설의 기술적 수단이나 건축양식의 의미 같은 것들이 아주 많이 바뀌어서 그러한 것들은 한물간 것이 되었으며 그것들로 되돌아갈 수도 없었기 때문이다.

> 그 벽은 이제 더 이상 무거운 벽돌 공사가 아니라 팽팽한 막이며, 철강재의 엄청난 인장강도를 알아내고서, 철강재로 둥근 천정 공사를 마칠 수 있었다. 우리에게 건설재료란 나이든 장인들이 쓰던 것과는 사뭇 다르다. 우리는 그 재료들의 내부 구조, 그 재료들의 원자 위치, 그 재료들의 내부 인장력 전달 경로 등을 알고서 건물을 지었다. 그것은 돌이킬 수 없는 것이다. 오래되고 무거운 틀은 우리의 손 안에서 극적인 과시적 요소일 뿐일 것이며 그것들은 텅 빈 껍데기였음을 사람들은 알게 될 것이다.¹⁴

쉬봐르츠는 그래서 새로운 과학기술과 새로운 건축의 자유스러운 힘을 믿는 열렬한 신봉자였으며, 그 점에서 그는 도미니쿠스 뵘보다도 더 열린 마음을 가지고 있었다. 쉬봐르츠가 현대 건축과 종교를 동일하게 본다는 것은 제2차 세계대전 후 독일에서 특히 중요했다. 그 당시 독일에서는 새로운 교회 건물 공사 계획이 활발하게 세워지고 있었고, 1947년 독일의 '교회 건축을 위한 지침서'에는 다소 희석된 양식이지만, 쉬봐르츠의 원칙을 담고 있었다. '오늘날의 교회 건물은 우리 시대의 사람들을 위한 것이어야 한다. 그러므로 우리 시대의 사람들이 알아볼 수 있고 사람들에게 말을 걸고 있다고 느낄 수 있는 양식으로 갖춰져야 한다.'¹⁵

독일 교회 건설업자들이 세계대전 전에 근대건축에 보였던 지지가 세계대전 후에도 유럽 전역에 뒤따르는 선례를 세웠지만 또한 예배의식에 더해진 중요성에도 변동이 있었다. 뵘과 그 밖의 사람들이 세운 세계대전 전 교회들은 더 큰 틀 안에서 사회적 통일이라는 가시적인 증거에 역점을 두면서 개인이 집단에 묻혀버린 것과 관련이 있었다. 과르디니는 이렇게 말했다.

예배는 개인이 올리는 것이 아니라 신앙인들의 몸이 올리는 것이다. 이것은 단순히 교회 안에 있는 사람들로 이루어지는 것이 아니며, 또한 그 예배는 그곳에 모인 신자들만의 것이 아니다. 그 반대로 그것은 공간의 경계를 넘어서, 나아가 지상의 모든 진실된 이들을 품는 것이다.[16]

제임스 차크라보티가 지적한 바와 같이, 가시적이든 비가시적이든, 개인보다도 대규모 미사를 소중하게 여기는 경향은 파시즘을 포함하여, 여타의 반현대적인 비판에 부합하며, 제2차 세계대전 후 교회는 공동체 정신에 관한 언급에 대해 더욱 신중해졌고, 신도 개인의 독자적인 신앙 강도에 더 역점을 두려는 경향이 있었다. 뵘 건축의 정치적 중요성은 그 자신의 변화하는 정치적 충성심으로서 논쟁이 분분했고, 뵘이 설계한 콘크리트 교회는 나치주의와 연루되었다고 말할 수는 없었지만, 동시에 교회가 종전 후 유럽에서 받아들이기를 멈춘 방식인, 개인이 큰 집단에 함몰되게 독려했다는 점도 부정할 수 없다. 종전 후 유럽 건축의 정치적 임무 중 하나는 1920년대와 1930년대의 거대한 철근콘크리트 건물들 덕택에, 세속적이든 종교적이든, 가능하게 되었던 대규모의 행사를 연상시키는 것에서 '근대건축'을 따로 떼어놓는 작업이었다.

1945년 이후 Post-1945

전례 없이 엄청난 양의 콘크리트를 쏟아 부은 제2차 세계대전은 콘크리트를 영구히 폭력, 파괴, 죽음과 나란히 하여, 그 전보다도 가치 수준을 더 낮게 깎아내리며 몹쓸 것으로 만들어 버렸다. 전쟁은 교회건축에 콘크리트를 사용하려는 열의를 사람들에게서 앗아갔음에도, 콘크리트는 그 전 어느 때보다도 더욱 인기 있는 교회건물 매체가 되었다. 세계대전 후 지어진 교회에 대한 최근 조사에 따르면, 130곳의 교회 중에서 60곳은 노출콘크리트로 지어진 것이며, 상당히 많은 곳은 가려진 채 있다; 독일어권 나라를 향한 이런 특별한 편향성과 건축학적으로 주목할 만한 가치를 고려하더라도, 콘크리트의 파급효과는 피할 수 없다.[17]

방어 매체로서 가장 눈에 띄는 콘크리트 사용은 대서양 안벽 건설이다. 이것은 제2차 세계대전 중 독일군이 세운 해안 요새 전선인데, 덴마크에서 프랑스 스페인 국경까지 이른다. 공사 후반기에 책임자였던 알버트 스피어Albert Speer가 진술한 대로, 요새, 개인 벙커, 토치카 전선을 구축하는 데에 2년 동안 공사하면서 1,320만 m³의 콘크리트를 퍼부었다. 스피어가 나중에 인정했듯이, 군사적인 관점에서 보면, '이런 모든 경비와 수고는 어처구니없는 낭비였다.'라고 하지만, 특히 전후 세대가 보기에는 방어의 상징적 효과는 상당했다.[18] 폴 비릴리오Paul Virilio가 콘크리트의 의미에 관한 독보적으로 뛰어난 연구로서 저술한 『벙커 고고학 Bunker Archaeology』 (1975)에서, 그는 빠르게 움직이는 이동 전쟁무기 시대에 전혀 쓸모없는 벙커의 기능을 지적했지만, '콘크리트로 만들어진 가짜 탱크'의 상징적 위력을 인정했다.[19]

비릴리오Virilio는 벙커 형태의 '자연스러움', 벙커의 현대성과 그것들의 원시성 간의 대비,

느베르 지방의 상떼 버나뎃 뒤 반라이 교회, 1963-6, 건축가 클로드 파랑, 폴 비릴리오 공동 설계.

'작은 사원에서 제단이 빠진 듯한 하나의 포대'와 같은 이전 문명의 유물이라는 인상에 관해서 논평했다.[20] 비릴리오는 벙커를, 방호의복의 형태로서 벙커의 구부러지고 공기역학적인 모양과 '일찌감치 닳아서 부드러워진' 둥그런 모서리는 포탄의 폭발과 충격에서 보호하고, 또한 벙커로 드리워진 그림자와 실루엣을 완화시킴으로써 벙커를 시야에서 보호하는 이중의 목적을 이루는 인공기관 물체로 보았다. 그는 또한 벙커의 중요성은 그 자체에 있는 것이 아니고 부정적인 성질에 있다는 사실에 주목했다; 그것은 방어 대상의 실체를 반사하는 거울이며, 이 경우에 그 실체는 연합군의 화력이다.[21] 벙커의 혐오스러움은 그 자체에 있는 것이 아니고 그것이 상대하고 있는 것에 있다. 이런 부정적 성질은 세계대전 후 위험의 원천인 방사능은 보이지 않고 상상 속의 많은 부분에 존재하는 핵무기 시대에 오히려 더 큰 중요성을 가지게 되었

상떼 마리 드 라 뚜레뜨 수도원 성당, 에보 쉬르, 1953–9, 르 코르뷔제 설계.

다. 이런 점에서 핵 낙진 대피소는 보이지 않는 것과 알려지지 않은 것의 공포에 대한 형상을 만들고 있다.

　제2차 세계대전 중 유럽 전역에 걸쳐 방어용 요새와 폭격을 피할 수 있는 대피소에 엄청 난 양의 콘크리트를 사용하게 되면서, 비릴리오의 말대로, 콘크리트가 가졌던 이전의 진보적 인 이미지에 공격적이고 방호적인 성질로 덧씌워짐으로써 콘크리트의 의미가 바뀌었다. 순수 한 콘크리트 덩어리인 벙커는 인간의 가장 원초적인 욕구인 피난처를 제공한다. 전쟁 지역에 서 콘크리트의 안전성은 피난처를 소중하게 지켜주고 있다. 1970년대와 1980년대 동안 레바논 의 베이루트^{Beirut} 거주자들은 폭격이 있을 때마다 콘크리트 건물 피난처를 찾아야 한다는 것을 일찌감치 알았다. 비릴리오가 쓴 것처럼, '콘크리트는 방호를 통해서 생명을 지켜주고 있다.'[22] 공격적이면서 방호적인 콘크리트의 이중적 성질 덕분에 덜 하든 더 하든 콘크리트는 과거에 그랬던 것보다 교회건물에 더욱 적합한 재료로 되었다. 느베르^{Nevers}에 세워진 생 버나뎃^{St Bernadette} 교회(1966)는 건축가 비릴리오와 클라우드 파랑^{Claude Parent}이 함께 작업을 하면서, 이런 이중성을 이용한 것이었다. 그 교회는 생 버나뎃이 환상을 품고 있었던 동굴의 기억이 그 하 나이며, 핵무기 시대에 방호와 구원의 상징이 또 하나인 벙커 같은 것이다. 그것말고도 제2차 세계대전 후 많은 종교 건물은 공격성과 방호성이라는 이중성을 띄고 있다. 롱샹에 있는 노트 르담 뒤 오^{Notre-Dame-du-Haut}를 순례하는 이들이 묵는 곳은 창문처럼 생긴 엠브레이져 銃眼가 있는 벙커이며, 외부 콘크리트 벽에 아무렇게나 흩어져 박혀 있는 돌의 효과는 마치 포사격으로 생 긴 파편처럼 보인다. 라 뚜레뜨의 수도원에 세워진 르 코르뷔제의 교회건물은 보조 요새가 있 는 콘크리트 포대모양이다. 교회의 외벽과 그 요새를 쳐다보고 나면 토치카를 연상하지 않을 수 없다. 건축가 자신이 광원을 '대포'와 '기관총'으로 묘사한다는 것은 마치 그것들이 필요했 던 것처럼, 군사적 이미지를 연상하도록 강조한 것이다. 외부의 공격성, 그리고 표면의 거칠음 은 분명히 어떤 수도승들에게는 그 건물이 '고통의 성스런 흔적'으로 보이게 했으며, 종교적 도상과 연관되어 있는 콘크리트의 드문 예이다.[23] 그럼에도 교회 안에는 완전한 고요함, 안전 감, 그리고 세속으로부터 탈피의 분위기가 있다. 아래쪽의 바닥 조명창과 윗 층의 좁은 창을 통해서 나오는 한 줄기의 빛으로 당신이 지하에 있는지 지상에 있는지 알 수 없게 한다.

교회와 도시 Church and City

세계대전 후의 교회들 중 극소수만이 벙커의 모습을 보이고 있다. 세계대전 후 교회들이 콘크리트를 효율적으로 사용하는 데에는 두 개 분야의 관심사가 있다. 하나는 교회와 도시 간의 관계이며, 그리고 빈곤이다. 그 부분에서 콘크리트는 나름대로 맡은 일이 있다. 제2차 세계대전 후 많은 유럽 도시들이 급속하게 외곽으로 팽창하면서 종교에 접근하지 못한 채 사람들은 주거지역을 떠났고, 그로 인해 신앙이 쇠퇴해갈까 봐 염려한 여러 나라의 종교 당국은 급한 순서대로 도시의 외곽지역에 새로운 교회가 세워지는 것을 보았다. 이들 새 교회가 택한 양식에 대해서 의견이 분분했다. 프랑스에서는 1935년에 창간된 전문지 「종교예술-라 사크레 *L'Art Sacré*」는 1969년에 발행을 중단하기까지 이 문제에 관해 몇 년 동안 토론을 열었다. 그 저널은 관습적인 종교상징의 부재, 그리고 평범함, 가난, 겸손함을 지지하면서, 교회건축—탑, 풍성한 장식, 기념물, 경관—의 관습적인 모습을 깎아내렸다. 그렇지만 이탈리아에서 건립된 교회들은 새로운 도시의 사정에 공개적으로 반응했으며, 거기서는 독립적인 대상으로서가 아니라 도시건축의 한 부분으로서 교회의 개념에 대해 건축가들과 신도들이 주목하고 있었다. 제2차 세계대전 후 이탈리아 교회건축의 부흥에 중요한 인물이었던 지아코모 레르카로^{Giacomo Lercaro} 추기경은 1950년대 후기와 1960년대 초기에 볼로냐^{Bologna} 교구에 건축학적으로 혁신적인 교회를 주로 콘크리트로 아주 많이 세우도록 지시했으며, 1955년 한 연설에서 이 점을 강조했다.[24] 최초의 기독교인들이 민간 바실리카를 종교 목적으로 어떻게 적응시켰는지 설명하면서, '여기에 한 건물이 있나니, 본디 목적이 있음에도, 에워싼 다른 건물 사이에서도 완전하게 편안한 집이라, 그와 함께 도시를 이루었으니 아직도 완벽한 새 영혼으로 맥박 치도다.'라고 추기경이 말했다. 이것은 그의 믿음대로 새 교회들이 그 도시의 환경과 연계되는 방법이었다. 이탈리아 건축가들에게 도시와 교회 간의 이런 관계가 중요한 관심사가 되었으며 여러 가지로 해석되었다. 지안카를로 데 카를로^{Giancarlo De Carlo}와 루도비코 콰로니^{Ludovico Quaroni}가 설계하여 제노아^{Genoa}의 교외에 세워진 치사 델라 사크라 파미글리아^{Chiesa della Sacra Famiglia}(1956-9) 교회는 대표적인 본보기로 자주 언급되었다. 언덕 쪽의 계단은 일반 시민과 공동으로 사용하게 했다. 제2차 세계대전 후 이탈리아에 세워진 수백 개의 콘크리트 교회는 교회의 사회적 의미와 도시환경 내에서 그 건물이 의미를 갖게 하는 의도로 보아야 한다.

산타 마리아 델라 비지타지오네 교회, 로마의 티부르티노 지역, 1965-71.

그 결과 중 어떤 것은 놀라운 것이었다. 로마의 티부르티노^{Tiburtino} 지역은 1950년대 초기에 공공지원 주택단지로 지어진 곳인데, 남부 이탈리아 마을의 모습을 흉내 내었다. 그 지역의 많은 거주자들이 그곳에서 왔기 때문이다. 건물들의 불규칙한 육중함, 먼 거리 전망이 안 보이는 구불구불한 도로 형태, 경사진 지붕과 옆으로 늘어진 덧문들은 티부르티노를 '신 사실주의자 *neo-realist*'로 묘사하게 했던 전통적 주거단지의 특징이었다. 조그마한 닫힌 마당이 있는 2층짜리 주택의 배열은 그 마당에서 자기들의 재능을 다루는 기능 장인들의 공동체를 위하여 설계된 것처럼 보였다. 이렇게 살며시 낭만적 분위기가 있는 건물 위로 희미하게 드러나 수조탑 또는 변전소 같은 시설물과 관계가 있는 것이라고 생각했던 커다란 콘크리트 물체가 있었다. 내가 처음 그것을 보았을 때 그 물체의 목적이 무엇인지 알아차릴 수 없었지만, 그것에 가까이 다가가서 겨우 그것이 실제로는 교회건물이라는 것을 알게 되었다. 1965년부터 1971년 사이에 지어진 산타 마리아 델라 비지타지오네^{Sta Maria della Visitazione} 교회는 주변 환경과는 완전히 반대이다: 채색 벽토로 꾸며진 주택 단지에서 아련히 향수를 불러일으키는 분위기에 어울리지 않게, 노출콘크리트로 경사진 벽체가 있는 교회건물은 이탈리아 마을의 전통적 교구 교회의 복제판인 것을 빼고는 모두 다른 것이었다. 분명히 이 교회는 정확히 그것이 있는 그대로 도시 기반시설의 한 조각처럼, 주민들에게 봉사하기 위한 영적 에너지의 저수지인 것처럼, 무엇인가 아주 독특하게 의도된 것이었다.

또 다른 예로, 노베그로Novegro가 설계한 것으로서 밀라노 교외에 있는 것인데, 그다지 뛰어나지 않으며 크고 거칠게 마감된 콘크리트 상자형 건물이 있다. 건축물로서 설명할 가치가 있다고 보기는 어렵고 공공 시설물로 창고나 배전소 같은 것이다. 이 컨테이너는 산타 알베르토 마그노St. Alberto Magno 교회가 나눠주는 특별한 자원으로서 물질적인 것이 아니라 영적인 것이다. 그러나 그 언어는 같은 것이다. 이것이 마치 고속도로, 전기 변전소, 그리고 상수도 배수지와 같은 것으로서, 종교를 도시교외로 이끄는 하나의 방식이라면, 콘크리트를 사용함으로써 이런 연결이 확실하게 되었다. 이 건물의 내부는 건축학적으로 두 가지의 '놀라움'을 보여주고 있다. 무엇보다 벽체에 조그마한 창이 뚫려 있으며, 밖에서는 알 수 없게 채색 유리로 장식되어 있다. 또 하나는 지붕이 바깥 벽체에 지지되어 있지 않고 성당의 중심으로 가로지른 긴 가로 보로 지지되어 있어서, 연속적인 유리창 띠가 벽체의 상단 주위로 이어지게 하고 있다. 이것은 치사 델 아우토스트라다Chiesa dell' Autostrada에서 미켈루치Michelucci가 간절히 피하고자 했던 공학기술의 위업이다.

또 다른 예로, 세계대전 후 유명한 밀라노 교회는 바기오Baggio의 교외에 세워진 마돈나 데이 포버리Madonna dei Poveri 교회인데, 콘크리트와 석재가 섞인 것으로 이미 언급한 바 있다.[26]

주로 6층짜리 주택 단지에 세워져 있기 때문에 밖에서 보면 그 교회건물은 마치 창고처럼 보이고 정상적인 교회라고 알아볼 수 있는 어떠한 상징물도 없다. 내부 공간은 바실리카처럼 길고 높은 신도석, 그리고 낮은 측면 통로로 더욱 친숙하다. 콘크리트 창살은 성단소를 비추고 어떤 광선은 상층석 쪽으로 석재와 콘크리트 차단벽을 통해서 걸러진다. 아래의 마감은 모두 콘크리트로 되어 있고, 신도석을 가로질러 성단소 아래로 두 개의 육중한 성곽 모양의 보가 있으며, 철강재를 감안하여 장비 같은 것들을 실내로 반입하는 뚫려 있는 곳들이 있다. 짐작컨대, 이 교회에서 초기 기독교신도와 산업을 융화시켰던 것은, 그 지역 공장 노동자들에게 그와 더불어 정체성을 갖도록 격려하고, 그들의 일상생활에서 그들의 영적 삶과 산업적 환경

산타 알베르토 마그노 교회, 노베그로, 밀라노.

간에 연결고리를 만들게 하고자 의도된 것이었다. 그와 동시에 교회의 사회에 대한 기여라는 것이 세계대전 후 시대에 건축가들과 신학자들 간에 벌였던 토론의 정규 주제가 되어 주목을 끌었으며, 그것은 '빈곤'이 교회건축 언어의 일부를 형성해야 한다는 정도였다.

빈곤과 모조 Poverty and Kitsch

빈곤은 절약과 동일한 의미는 아니다. 시카고에 세워진 프랭크 로이드 라이트의 유니티 Unity 사원, 페레의 노트르담 뒤 랭시, 라 뚜레뜨에 세워진 르 코르뷔제의 수도원과 같은 건물들은 비용을 절약하기 위해서 모두 노출콘크리트로 지어졌다. 이런 교회를 위한 매체로서 콘크

산타 알베르토 마그노 교회 실내.

리트를 선택하는 이유 중 하나는 비용이지만, 이것이 콘크리트가 널리 사용되는 일반적인 설명이라고 단정할 수는 없다. 실제로 콘크리트가 싸든 그렇지 않든, 값싸다는 것은—실제이든 그렇게 보이든 간에—종교 건물에 관해서는 두 가지로 해석될 수 있다. 희생의 원칙은 교회건물에 최선을 다하는 것이라고 요구하고 있다. 그러나 이것은 종전 후 유럽에서 특별한 경우였고, 교회건물에 흥청망청 돈을 쓴 것에 대해 혹독한 비난이 있었다. 값싸게 지어진 많은 교회들이 웅장한 교회보다 종교의 목적을 더 잘 이룰 것이라고 말했다. 이런 맥락에서, 값싼 것이 미덕이 되었지만, 한편으로는 콘크리트가 정말로 '값싼' 것인지 의문도 있다. 널리 그렇다고 인식되고 있음에도, 어떤 것과 관련하여 값싼 것인가라고 물어보아야 한다.

돌을 자른다는 것은 아마도, 독자적으로 실행 가능한 20세기의 다른 대체 재료인, 벽돌, 철강재 또는 목재에 비해서 비싸지만, 반드시 그렇지만은 않다. 비용의 상당 부분은 숙련된 작

마돈나 데이 포버리 교회, 바기오, 밀라노, 1952-4, 건축가 피기니 & 폴리니 설계.
건축학적 '빈곤'인가?

업의 예상 기대수준과 재료비용에 대비한 지역 노동 인건비에 따라 결정되는데, 일반적으로, 교회 공사에서 드러난 콘크리트 공사는 결코 '싸구려'가 아니다. 교회건물에 콘크리트를 사용하는 이유로 경제성을 거론하는 것은 대체로 반대 방향을 가리키는 것이다.

교회건물이 웅장함 아니면 소박함을 표방해야 하는지의 의문은 유럽의 제2차 세계대전 후 기독교계에서 뜨겁게 토론이 벌어졌다. 1947년 독일의 '지침서'는 모호하게 발표했다:

> 편안하고 아늑한 부유층 저택의 분위기를 내려는 방식으로 교회의 실내를 배열하고 장식하는 것은 잘못일 수 있다; 또한 노동자 주거지의 소박함을 흉내 내려는 것도 잘못이다. 교회 내부는 부자의 것도 노동자의 것도 아니어야 한다.[28]

웅장함에 대해 특히 노골적으로 비판한 사람은 프랑스의 신학자 아베 폴 위닝거 Abbe Paul Winninger였다. 그는 당장에 필요한 것은 주택과 학교 건물을 짓는 데 사용되고 있는 것과 똑같은 방식의 조립식 공법을 사용해서, 급속히 팽창한, 신이 없는 교외지역에 교회를 빨리 짓는 것이라고 주장했다. 그는 예수가 빈곤 속에서 살다가 죽었으므로, 천상의 예루살렘 궁궐 같은 이미지의 교회를 짓는 것은 적절하지 않다고 말했다: '가장 빈곤한 예배당이 낙원의 적합한 상징이다.' 그가 좋아했던 수수한 교구 성당은 그의 말대로 '목재와 시멘트는 진실하기 때문에, 그것들 또한 고상하다.'는 이유로 추하지 않았을 것이다.[29] 콘크리트가 경제 형편상 타당한 것이라면, 세계대전 후 재건과 산업화된 건물이라는 환경에서 콘크리트는 금욕적임을 보이고 싶어 하는 세속적인 부유한 기독교 신자들의 예배의식을 충족시켰다.

쉬바르츠는 모든 교회건물도 종교적 의미로 보면 그냥 일시적인 것이라는 이유로 웅장함에 대해 반대했다:

> 우리 스스로는 어떠한 교회도 지을 수 없다. 그것은 신께서 해야 한다. 그러나 참된 건축의 격상된 세계에 비해 뒤쳐져서, 어떤 곳에서는 교회가 궁핍한 움막이나 비좁은 피난처나 다름없는 임시 구조물로 세워지고 있다. 그 곳은 신 앞의 인간이 문턱 앞 대기실에서 할 수 있는 유일한 업적일 뿐이다…
> 이것이 교회를 세우는 명예로운 길이다; 신이 작업을 시작하기 전에.[30]

쉬봐르츠의 칼빈주의자와 같은 정서가 천주교에서 생겨난 것은 놀라운 일이지만, 종전 후 시대에 교회는 안전하고 금욕적인 장소이어야 한다는 견해는 교회건축에 콘크리트를 사용해도 된다는 처방은 아니었으나, 분명히 교회건축에 콘크리트의 사용을 유리하게 해주었다. 엄성함은 새로운 건축 미학과 잘 들어맞았으며, 모더니즘 일색의 건축가들도 건물의 재료를 매체로 하여 빈곤을 표현하는 것에 대해 동정적이었다. 라 뚜레뜨 수도원이 보여준 금욕주의('내부는 완전한 빈곤을 보이고 있다.')가 지지를 받자 르 코르뷔제는 글을 썼으며 적어도 몇 사람의 시사 해설자에게 이것은 신성함과 동격이었다. 르 코르뷔제가 설계한 교회에 대해 기자인 알렉산더 페르지츠^{Alexandre Persitz}는 '재료의 소박함이 결코 높은 영적 권위의 표현을 호화스럽게 나타내지 않았다.'라고 썼다.[31] 또 다른 콘크리트 신봉자인 조르주 앙리 팽귀송은 콘크리트로 지어진 성당에 대한 자신의 설계에 대해서 평가했다. '볼품없고 미천하다는 것 때문에 비난을 받는다면 나는 기뻐할 것이다―금욕생활이 부족함을 뜻하지는 않는다.'[32] 그러나 사람들은 '빈곤'을 다른 방식으로 해석했으며, 미천하고 영적인 것의 대립적 개념인 콘크리트의 부유함과 소박함은 거기서 또 다른 양극성―성의 대립성과 같이―을 돋보이게 한다.

프랑스 환경에서 금욕생활에 대한 팽귀송의 언급은 '종교예술 L' Art Sacré' 운동을 하는 이들의 비판을 받았지만, 어느 정도 대중화된 종교 미술에 대한 저항감을 또한 내포하고 있다. 종교예술이 비난했던 것은 천주교 성당을 가득 채웠던 감각적이고, 단순하고, 다른 것을 베낀 그림들이었다. 달리 말하면, 싸구려 모조품이었다. 대중문화―로맨틱 허구, 헐리우드 싸구려 영화―를 여자와 함께 연결시켜, 오랫동안 지속된 타락한 전통과 마찬가지로, 라 사크레는 대중적인 천주교 미술과 건축을 여성적이라고 폄하했으며, 그 자리에 좀 더 남성적인 미학을 넣으려고 했다.[33] 금욕의 미덕에 관한 팽귀송의 주장은 이런 논쟁 안에 들어 있다. '모조품' 미술에 대한 경우를 성별로 구분하는 것은, 특히 1950년대 미국의 신학자의 글에서 분명하다. '기독교인들은 미술로 끝나 버리는, 종교를 빙자한 사기에 대해서만 모욕감을 갖는다. 콘크리트는 마치 목재인 것처럼 쓰였고, 철강재는 돌인 것처럼 쓰였다. 가짜 보, 모조 대리석, 모조 휘장 등… 예수는 사람인 것처럼 보이지만 현실에서는 사람이 아닌 것이다.'[34] 교회는 여자와 아주 가까이 관련되었을 때 힘을 잃었다. 그리고 세계대전 후 교회개혁의 목표의 하나는 좀 더 많은 남자들이 예배에 참석하도록 설득하는 것뿐만 아니라, 종교를 구역 중심에서 벗어나 외부 세상과 연계되어 좀 더 역동적으로 만드는 데 있다. 남성적인 것과 남성스러움에 관한 이런 주장은 예배의식의 개혁에서도 나타나고 있지만, 새로운 교회의 건축에서도 볼 수 있다. 페레의 노트르담 뒤 랭시에서 시작하여 콘크리트로 지어진 많은 교회는 남성적인 것, 장식 없는 가시적인 구조 시스템, 노출된 마감, 그리고 어떤 경우에는 마감의 거칢이라는 관념에 순응하고 있다. 그러한 마감은 빈곤함의 상징적인 것으로 해석될 수도 있지만, 좀 더 남성적인 기독교에 대한 열망과 연결되어 있었다. 하지만 르 코르뷔제는 롱샹에 있는 교회를 여성적인 것으로서 암호화하려고 많은 노력을 했기에, 이에 대한 예외도 있었다. 벽체를 콘크리트 뿜칠로 거칠게 마감하는 것은 여성의 피부를 연상시키려 했던 것이고, 예배 제단을 이례적으로 배치한 데에도 그 밖의 다른 여성적인 연결점이 있었다. 교회는 종교적 요구조건보다도 '감정의 정신 생리학'이 그 이상인 것임을 르 코르뷔제는 분명히 밝혔다. 달리 말하면, 그것은 관능적인 것과 감정을 유발하려는 의도였다; 그것을 '쓰레기'라고 치부한 루돌프 쉬봐르츠^{Rudolf Schwarz}의 관점에서는 지나치게 대중문화에 근접해 있고, 지나치게 여성적으로 보였다.[35]

치사 델 아우토스트라다와 북부 이탈리아 몇 곳의 교회를 설계한 건축가인 지오바니 미켈루치는 '빈곤'을 약간 다르게 해석했다. 미켈루치는 피스토이아^{Pistoia} 부근의 콜리나^{Collina}에 1946년부터 1953년에 세워진 교회에 대한 반응에 실망했었다. 그 교회에서 일부는 경제적인 이유로, 다른 한편은 '원시적 종교성'을 떠올리기 위해서, 그는 지역 주민들 주택의 소박함을 재현했지만, 교구주민들은 그 결과를 싫어했다.[36] 미켈루치는 나중에 설계한 교회에는 빈곤을 표현하는 이런 방식을 포기했으며, 그 대신에 건설 과정 그 자체에 집중하기로 했다. 미켈루치는 '빈곤은 작품의 도덕적 조건이다.', 그러나 투박한 재료에 '삶이 살아 움직이는 증거'를 부여함으로써 그 재료들은 '우리 내면의 풍요함'을 실현할 수 있었다고 믿었다.[37] 사람을 구원하는 작품의 힘을 믿는 이런 네오 러스키니안^{neo-Ruskinian} 식의 신념은 치사 델 아우토스트라다에서 충분히 증명되었다. 미켈루치는 건물 터를 인간적인 것과 영적인 공동체에 대한 은유로 보았으며, 육체 노동자와 두뇌 노동자가 함께 와서 창의적인 협동 작업에서 보잘 것 없는 재료로 만들어진 것이지만, 인간성의 풍요로움을 보여주는 무엇인가를 생산해내는 곳으로 여겼다. 치사 델 아우토스트라다에서 혼란스럽고, 추하고 분명히 일시적인(이것들은 새로운 '빈곤한 사람들의 도시'에 꼭 필요한 것이라고 미켈루치가 말한 것이었다) 것들인데, 가지가 뻗친 기둥들

산타 지오바니 바티스타, 아르지그나노. 미래의 실내 장식을 위해서 실내를 비워 놓았다.

비센자 부근 아르지그나노 지역의 산타 지오바니 바티스타 성당, 1966-90. 건축가 지오바니 미켈루치 설계. 외관은 독특한 지붕과 그 아래로 장식용 널빤지 자국 마감을 한 노출콘크리트로 되어 있다.

노트르담 뒤 오, 롱샹, 프랑스, 1950–5, 르 코르뷔제 설계. 자유 형식인가 공학 기술의 산물인가?

은 하나하나가 일정하게 변하는 치수와 제각기 다른 형상을 보이면서, 고도의 기술과 인내력이 요구되어, 시공하기가 매우 까다로운 것들이었다. 미켈루치는 중세 교회의 건설 현장처럼 현장을 확실하게 관리했다. 매일 그 자신이 그 현장에 머물며, 기능 장인들을 독려하여 현장에서 발생하는 시공 문제를 그들 스스로 해결하도록 주도권을 쥐어 주었다. 그 결과는 세련되지 않았음에도, 확실히 경제적 의미의 '소박함'은 아니었다. 치사 델 아우토스트라다는 교구 교회가 아니어서, 미켈루치는 종교적인 건물을 얻기 위해서 필수적인 것이라고 믿었던 건축가, 시공자, 그리고 교구주민들 간에 지속적인 토론이 없었지만, 비센자 Vicenza 근처의 아르지그나노 Arzignano에 세워진 그 후의 교회에는 그러한 협업을 위한 기회가 있었다. 미켈루치는 사제와 교구주민들은 될 수 있는 대로 빨리 교회를 완전하게 지어져서 예배를 보고 싶었지만, 한정된 건축자금 때문에 수년 동안(1967년부터 1990년에 건축가와 사제가 사망할 때까지 공사가 지속되었다) 완공되지 않을 것임을 알면서 교회를 설계했다. 철근콘크리트가 이런 성과를 얻을 수 있게 하는 유일한 재료는 아니었지만, 철근콘크리트로 건물을 지음으로써 시작할 때부터 예배를 볼 수 있을 만큼 완전한 교회의 모습을 짓는 것이 가능했기에, 나중에 장식을 하고 시간을 들여 개선될 수 있었을 것이다.[38]

건물의 풍부함은 여러 가지 형식을 취할 수 있으며, 미켈루치가 반발했던 특별한 형식은 기술적 세련됨이었다. 고딕식 성당의 구조공학상의 업적을 본받아서, 현대의 많은 교회와 성당들은 이런 효과를 얻기 위한 기술을 따랐다. 예를 들면, 니마이어가 설계한 브라질리아의 성당, 멕시코 시티의 칸델라^{Candela}가 설계한 라 비르겐 밀라그로사^{La Virgen Milagrosa} 교회, 그리고 알바 알토^{Alvar Aalto}가 설계한 교회들은 유명한 것들이지만, 밀라노의 산타 알베르토 마그노^{St. Alberto Magno} 교회 같이 덜 유명한 것도 많다. 이 교회의 효과는 구조적 독창성에 있다. 순수하게 공학적인 성당의 좋은 예는 쥬세페 바카로(레코아로 테르미^{Recoaro Terme}에 세워진 전통적 성당을 설계하여 많은 칭송을 받았다.)가 설계하여 1955년부터 1965년까지 공사한 볼로냐 도시 외곽의 보르고 파니갈레^{Borgo Panigale}에 세워진 치사 델 쿠오레 이마콜라타^{Chiesa del Coure Immacolata}라는 작은 성당이다; 아주 뛰어난 두 명의 이탈리아 기술자인 피에르 루이지 네르비와 세르지오 무스메시^{Sergio Musmeci}가 참여했다. 완전히 둥그런 지붕은 위로 뻗으면서 가늘어지는 세 개의 기둥으로 지지되어 있고, 기둥에서 리브가 뻗어 나아가 채광창 빛의 연속적인 줄기가 지붕과 벽체를 떼어놓고 있다. 2차 바티칸 위원회를 기념하기 위해서 특별히 교황의 호의에 힘입어 1968년부터 1971년까지 비센자 북부의 트리시노^{Trissino}에 지어진 산타 피에트로 아포스톨로^{S. Pietro Apostolo} 성당은 볼로냐 성당의 확대판이다: 여전히 세 개의 기둥으로 지지되어 있으며, 5,000명의 신도를 수용할 수 있다. 그러한 기술의 '풍부함'은 엄밀하게 보면 미켈루치를 역겹게 했으며, 치사 델 아우토스트라다에서는 거부했던 것이었다. 교회가 기념하려 했던 것은 고속도로의 준공인데, 그 자체로 나라의 위대한 기술 업적의 하나라는 것은 아이러니이다.

기술적 기교의 반론으로서 '빈곤'에 대한 이 논의의 종결로서 롱샹에 있는 르 코르뷔제의 노트르담 뒤 오는 모호하게 드러나고 있다. 롱샹의 가장 주목할 만하고 기억할 만한 특징은 그 건물의 지붕이다. 그 형상은 보는 위치에 따라, 여전히 의문 속에 있다.

르 코르뷔제가 밝힌 대로, 그것의 형식에 대한 아이디어는 게딱지에서 나왔다. 다른 사람들은 비행기 날개라고 말한 바 있다. 둘 다 맞는 듯하지만, 어느 것이든 간에 이것은 르 코르뷔제 경력 중에 돋보이는 한 건물이다. 이 건물에서 그는 결정적이며 완벽하게 직선과 단절했다는 말을 듣게 되었다. 듣던 대로 그 설계는 기본적인 스케치에서 모형으로 진행해 나갔으며, 그 후 곡선을 직선으로 변환시키는 선직면 *ruled surface* 기법을 사용하여 그 모형에서 최종 실시 설계도면을 완성했다. 창의적인 기법에 담겨진 자유로운 형상은 선직면이라는 공학기술을 통해서 탄생했다는 흔한 이야기에 대해 로방 에반스 Robin Evans는 의문을 제기했다. 그럼에도 그는, 선직면은 시작부터 거기에 있었으나, 창의적인 충격의 뚜렷한 힘을 약화시키지 않도록 시야 밖에 있었음을 밝혀내었다. 이런 세계대전 전 '기계 시대' 작품 중 어느 것에서보다도 건물 설계의 발전에 스며 있는 공학기술의 증거는 많지만, 르 코르뷔제는 지나치게 많은 공학기술이 건물의 경건함을 손상시킬 수도 있다는 듯이, 이런 공학기술들을 감추고 있다.[39]

20세기 종교와 콘크리트 간의 연애는 시들해져 간다는 징조가 있다. 석재 아치로 지지된 거대한 지붕이 있는 교회 중에서 그 교회를 설계한 건축가인, 뛰어난 모더니스트 렌조 피아노 Renzo Piano는 '돌은 교회를 더 교회답게 보이게 한다. 돌로 지어진 교회가 지닌 본능적인 기억이 있다.'라고 말한다.[40] 전쟁 중의 콘크리트의 공격성과 폭력성을 돌이켜보면, 적어도 서유럽에서는 더 이상 영적 임무를 부여하기에는 콘크리트는 너무도 동떨어져 있다.

유럽에서 학살된 유태인을 위한 추모비, 베를린, 1997-2005, 건축가 피터 아이젠만 설계.

일곱

기억인가 망각인가
MEMORY OR OBLIVION

오늘날 웬만한 대형 기념물은 거의 다 콘크리트로 만들어졌다. 피터 아이젠만^{Peter Eisenman}이 설계한 유태인 대학살 Holocaust 베를린 추모공원은 면적 45,000m², 1m에서 4.5m 정도로 높낮이가 각기 다른, 모두 2,751개의 잿빛 콘크리트 비석으로 조성되어 있다. 달라스^{Dallas}에 세워진 케네디^{Kennedy} 추모비는 9m 높이의 콘크리트 벽으로 둘러싸인 한 변이 15m인 정사각형 모양이다. 예전 유고슬라비아의 마샬 티토^{Marshal Tito}의 지시로 세워진, 제2차 세계대전 때 전사한 유격대원을 위한 특이한 시리즈의 추모비인 '스포메닉스 Spomeniks'도 있다. 그 밖에도 셀 수 없을 만큼 많은 추모비가 있으며, 콘크리트는 추모비에 당연히 쓰이는 재료가 되었다.

그런데 여기서 이상한 점은, 때로는 콘크리트는 기억을 지우고, 사람들을 과거로부터, 자신들로부터 서로를 단절시키는 망각의 재료라고 여겨지기도 한다는 점이다. 프랑스의 철학가 가스통 바슐라르^{Gaston Bachelard}는 콘크리트로 둘러싸여 있을 때에는 꿈을 꿀 수 없다고 불평했다: '내가 파리에 있을 때, 이 기하학적인 입방체 안에서, 이 시멘트 방 안에서, 밤에 일어나는 일에 너무도 적대적인, 이 철문으로 닫힌 침실 안에서는 도저히 꿈을 꿀 수가 없다.'[1] 그리고 또 다른 철학가 앙리 르페브르^{Henri Lefebvre}는 종전 후 프랑스 신도시의 콘크리트 건물이 역사에 녹아들지 못하는 것처럼 보이는 방식에 거부감을 보였다: '여기서 나는 세기도, 시간도, 과거도, 가능한 어느 것도 읽어낼 수 없다.'[2] 콘크리트 건물은 깊이가 없어 보여 새로 건설된 도시는 되살릴 수 없을 만큼 역겹게 보였다. 이 모든 것은 1992년 독일의 마르부르크^Marburg에 있는 다층 주차장의 콘크리트 벽에 한 마디의 낙서로 간단히 정리된다. 콘크리트는 혼수상태이다. *Beton ist Koma.*[3]

콘크리트는 콘크리트와 기억에 대해 도대체 무엇인가? 흔히 기억상실증 환자로 여겨지는 한 재료가 어떻게 동시에 기억을 보존하기 위한 매체로 선택될 수 있는가? 1960년대에 미니멀리즘 minimalism 예술이 출현하면서 예전부터 있었던 거의 모든 조각의 전통양식에 의문이 제기되자 이런 역설에 또 다른 변화가 더해졌다. 모든 조각 표현의 양식에 대해 무엇보다도 어떠한 연상기억 표현에 철저하게 반대하면서, 미니멀리즘 예술가들은 기성 산업용 재료에 매료되어 이상적인 매체로서 불활성, 산업용, 무감각이라는 특성을 보이는 콘크리트에 끌렸을 것이라고 예상할 수도 있었을 것이다. 그런데 신기하게도, 미니멀리즘 예술가들은 콘크리트를 거의 사용하지 않았으며, 그들이 콘크리트를 사용했을 때는 일반적으로 약간은 예외적인 상황에 놓여 있거나 의도적으로 미니멀리즘에 대한 관심을 끌고 싶어 할 때였다. 마침내 종전 후 시대에 건립된 콘크리트 추모비 중 일부는 그 추모비들이 분명히 대립되는 미학적 의도를 보였음에도, 미니멀리즘 예술 작품과 묘한 물리적 유사성을 품고 있다. 베를린 추모공원을 보면, 아이젠만이 설계 초기단계에서 조각가 리차드 세라^Richard Serra와 공동으로 작업을 했기 때문에 그러한 연관성은 실제로 있었지만, 이런 개인적인 관계가 없었어도 시각적 유사성은 피할 수 없다.

연상기억 표현방식에 부정적인 생각을 가진 예술가들은 망각의 재료인 콘크리트를 기피했지만, 기억을 표현하려는 예술가들이 선택했던 콘크리트에 대한 이런 돌고 도는 퍼즐을 풀어내는 것은 적어도 우리에게 기억의 현대적 표현에 관한 것이 아닐지라도 콘크리트의 의미론에 관한 무엇인가를 말해줄 수도 있었을 것이다.

20세기는 기억으로 사로잡혀 있었고 20세기의 파괴적인 전쟁에 희생된 많은 이들을 추모하기 위해서 이전 어느 역사 시대보다도 더 많은 추모비를 세웠다. 그와 동시에, 철학가들과 심리학자들은 기억의 과정에 대해 이전 세대에 통할 만했던 것보다 더 대단한 통찰력을 보여주었다. 그 이전 세대들의 일반적인 결론은, 건망증, 그리고 억압의 힘에 대한 기억의 취약성, 기억의 접근불가성, 기억의 우연성 같은 것들을 강조하는 것이었고, 또한 기억을 의미할 수도 있는 물리적인 형상을 만듦으로써 기억을 영속시키려는 모든 시도가 완전히 헛된 것임을 역설하는 것이었다. 한 마디로, 기억을 현대적으로 이해한다는 것은 모든 물리적 유사체를 부질없는 것으로 보이게 하는 이동성과 무상함의 속성을 기억에게 부여한다는 것이었다. 그리고 특히 콘크리트로 만들어진 것들의 불활성과 비파괴성은 그 유사체들을 인간의 기억이라고 일컬어지는 모든 것과는 정반대로 만들려는 것처럼 보일 것이다.

대중적 기념물을 건립하는 행위가 철학자들과 심리학자들이 기억에 대해 말해야 했던 것을 거역하는 것일지라도, 모더니즘 예술가들과 건축가들은 일반적으로 기념물을 꺼리는 경향이 있었다. 기념물은 둘 중의 어느 조건도 충족시키지 못하면서, 예술과 건축 간의 경계에서 어중간한 위치를 잡고 있다. 철저하게 상징적인 것이라면, 기념물들은 정상적으로 건축물에서 기대되는 효용성의 규모를 갖추고 있지는 않지만, 기념물들이 일반적으로 나타내려고 하는 고유의 메시지는 예술작품의 한 부분으로서 정상적으로 가치가 있는 개인들의 다양한 반응을 보일 기회를 거부하는 것이다. 상징물로서 그 기념물들의 기능은 특정 사람들이나 사건을 기념하는 것인데, 대부분의 모더니즘 예술 활동은 일반적으로 문자 그대로 드러낸 의미를 피하려하기 때문에, 기념물들은 예술 활동의 경계 밖으로 내몰리고 있다. 좀 더 특별하게도, 기억의 저장소로 기념물들의 기능은 기념물들을, 예술과 건축 두 분야에서, 연상기억 표현 방식에 관한 일반적인 20세기 금기 사항을 직접적으로 위반하는 상태에 놓이게 하는 것이다. 모더니즘 미학자들은, 물체는 그 자체로 직접적으로 의미를 가져야 한다는 물체의 내재론을 강조했으며, 물체가 불러일으키려는 생각과 형상의 훈련을 통해 미학적 반응이 생긴다는 견해에, 즉 관념연상에 대해 일반적으로 부정적이었다. 모든 형태의 기념비와 기념성을 보이는 것들에 대한 반대론은 1939년 이전에는 건축가들의 담론에서 공통적인 불평이었다. 제2차 세계대전이 끝난 후 회화와 조각 분야에서 추모를 위한 작품 활동에 강력히 반대하는 의견들이 있었다. 미국의 비평가 클레멘트 그린버그^{Clement Greenberg}의 영향력은 당시에 관객과 직접적인 관계 때문이라기보다 타인을 조정하려 했던 모든 작품에 차단막을 두게 할 정도였다. 모더니즘과 관련 있는 대다수의 건축가와 예술가들은 이런 저런 이유로 기념물들이 자신의 예술적 평판에 무덤이 될 수도 있다고 두려워했기 때문에 기념물들을 꺼려했다.

그러나 제1차 세계대전 이후 전 세계적으로 진보적인 예술가와 건축가들이 마지못해 추모비와 기념비 제작에 동원되었지만, 도시와 마을의 풍경은 죽은 자를 추모하는 기념물로 변해가고 있었다. 1939년까지 기념물의 도상은 보수적이며 전통적이었고 기념비 설계에 독창성이 있을 수 있더라도, 몇 가지 예외가 있기는 하지만, 이런 독창성은 건축의 전위적인 것에서 아무 것도 얻지 못했다. 거의 예외 없이 이런 기념물들은 위엄과 존경을 나타내는 전통적 재료인 석재와 청동으로 제작되었다. 콘크리트가 건물기초와 구조물에 사용될 수도 있었겠지만, 거의 다른 재료로 덧씌워지는 경우가 많았다; 아주 드문 몇몇 경우에서 기념물 표면에 콘크리트를 노출시켰다. 기념물이 콘크리트로 만들어진 것처럼 보일 수도 있거나 콘크리트로 만들어졌다고 생각되는 기념물조차도 석재로 만들어진 것으로 드러나거나 적어도 석재로 덧댄 것이었다. 1931-3년에 세워진 이탈리아 코모Como 지역의 전쟁기념비는 미래파 건축가인 안토니오 산텔리아Antonio Sant'Elia의 스케치를 본떠서 합리주의 건축가인 쥬세페 테라니Giuseppe Terragni가 설계한 것으로, 원래의 자재인 콘크리트로 제작될 것이라고 기대할 수도 있었을 텐데, 콘크리트가 아니었고 표면이 석재로 되어 있었다. 산텔리아와 마리네티Marinetti는 콘크리트에 열정적이고 석재 건축을 경멸하는 태도를 보이고 있었지만, 죽은 자를 추모하는 데 맨살의 콘크리트를 쓴다는 것이 아마도 불경스럽다고 생각했을 것이다.

제2차 세계대전 희생자를 위한 추모행사는 제1차 세계대전 이후인 1918년의 경우보다 더 큰 문제를 드러냈다. 제1차 세계대전이 비교적 정적인 성격에 비해서—비교적 쉽게 분류된, 주로 병사들의 죽음—제2차 세계대전은 동적이었다. 추모행사는 모든 곳에서 펼쳐졌고, 게다가 그 전쟁에서 희생된 거의 모든 민간인 피해자의 죽음은 가해자에 의해 철저히 감춰지거나 드러나지 않게 되었다. 테오도르 아도르노Theodor Adorno가 전쟁 막바지 무렵에 저술한 『한 줌의 도덕 Minima Moralia』에서 제2차 세계대전의 특이성 중 하나는 일반 대중들이 최전선 부대에 사진기자나 사진작가로 참여함으로써 이전 전쟁에서 있었던 경우들보다 군사 활동에 훨씬 더 가까이 관련되어 있었고 전쟁에 대해 더 많이 알고 있다는 인상을 가졌지만, 다른 한편으로는 군사 활동의 전략을 이해하는 것이 더 어려워졌다는 점이었다:

> 육체의 동작에서 기계의 기능이 떠나 있듯이, 제2차 세계대전은 경험과 완전히 떠나 있다…
> 전쟁은 연속성, 역사, '서사적' 요소가 없는 것 같지만, 이것은 오히려 각 단계의 시작부터
> 새롭게 출발하는 것처럼 보인다. 그래서 전쟁은 무의식적으로 기억 속에 이미지를 남겨놓을
> 뿐, 영구적인 것은 남겨놓지 않을 것이다.[4]

전쟁 기념비. 이탈리아. 코모. 1931-3. 건축가 쥬세페 테라니 설계.

전쟁은 추모할 만한 것들을 남겨놓지 않았지만, 대체 경험으로 충분히 기록될 만한 것들을 필름에 남겨놓았을 뿐이다.

그와 동시에, 전쟁과 파시즘의 잔혹 행위는 이전 시대의 어떠한 행위보다 훨씬 더 가혹했으며, 이것 또한 불가능하지는 않았더라도 기념하기에는 어려웠을 것이다. 아도르노는 가장 큰 위험은 아무 일도 없었다는 것처럼 예전과 같이 행사들이 지속되고 정기적으로 열린다는 것이라고 지적했다. 제1차 세계대전 후 대규모의 기념관 건설을 반복하고 계속하는 것은 단순히 현재 상황으로 회귀라는 정상상태를 과시하는 것일 수도 있으며, 아도르노가 말한 대로, 파시즘이 다른 어느 곳에서 다른 모습으로 변장하여 지속되게 했다는 것일 수도 있다.

아방가르드 건축가나 설계가들의 관점에서 보면, 어떠한 종전 기념비도 그 시대의 것이 아니고 현대적이라는 것과 잔혹행위의 상황을 용납한다는 이중의 위험성을 안고 있었다. 이런 혹평이 있음에도 사람들이 기념물 건립을 중단하지는 않았지만, 그 효과는 대다수 이전의 기념 모델을 부적절한 것으로 여기게 했다는 것이었고, 기억되는 사건에 진부하지도 않고 연루되지도 않았다는 결과를 얻기가 더욱 어려워졌다는 것이다. 이런 이유로 현대예술을 둘러싸고 있는 중대한 담론을 통해서 사람들이 기대했던 것보다 아방가르드 예술의 관심과 많은 것을 공유하는 것으로 드러난, 분명 새롭고 근본적인 해결책이 등장했다.[5]

기념물에 대한 담론도 아니고 콘크리트에 대한 담론도 아닌데, 기억의 매체로서 콘크리트는 많은 주목을 받았다. 드문 예외로서 스위스 포틀랜드 시멘트 회사가 발간한『현대 예술에서 콘크리트 *Le Béton dans l'art contemporain*』라는 제목의 책자가 있는데, 다음과 같은 내용을 찾아 볼 수 있다. '기념비 성격의 작품을 창작하는 데에 콘크리트를 사용하는 것이 충분히 타당한지를 보이고 있다.'[6] 이제, 이것은 놀라운 언급이다. 교량에서도 아니고, 넓은 경간의 지붕에서도 아니고, 최소비용으로 최대 효과를 얻는 이상을 실현하는 그 어떠한 구조물에서도 아니고, 재료에 대한 관례적 타당성의 척도로서 콘크리트는 충분히 타당하다는 것을 보이고 있지만, 기념물에서는 엄청나게 재료의 심각한 과잉상태를 보여주고 있다. 저자인 마르셀 조레이 Marcel Joray가 말한 대로, 콘크리트는 기념물 작품에 아주 적합하다고 한다. 첫째로 필요한 만큼 큰 규모에 적합한 유일한 재료이며, 둘째로 돌이나 청동으로는 불가능하다고 여겨지는 형상들을 만들어낼 수 있기 때문이다.

그러나 이런 설명이 전적으로 설득력 있는 것은 아니다. 기념물과 관련해서 제작 비용을 고려하면 안 되거니와 당연히 고려해서도 안 되는 것처럼 보여야 한다. 기념물이 싸구려라는 것은 그것이 기념하고자 하는 대상에 모욕적이기 때문이다. 교회 그 이상인 기념물들은 적어도 표면적으로는 비용을 아껴서는 안 되는 구조물이다―그래서 제2차 세계대전까지만 해도 화강암이나 석회암을 사용하는 것이 거의 변함없는 정설이었다. 기념물 재료로서 콘크리트를 선택한 것이 충분히 타당하다고 해서 비용을 깎는다면, 그 구조적 가능성에 대한 논쟁도 무시될 수 있다. 견고성, 규모, 중량감 같은 특징들은 기념물들이 보여주어야 하는 것들이다; 구조적 독창성의 예를 찾는다면, 기념비들은 일반적으로 우리가 찾고자 하는 예가 아니다. 전체적으로, 특정 개인들의 기념비들(그것들 중의 상당수는 기념 목적을 위해 제시된 것들이 아니다)이 내세우려 하는 구조공학적 야망을 깎아내리는 것은 아닐지라도, 구조공학적 의미로는 기념물들은 구조물 중에서 가장 보수적인 것들이다.

기념비 제작에 콘크리트를 선택하는 것이 경제적인 이유도 아니고 구조공학적인 이유도 아니라면, 도대체 다른 명분이라는 것은 무엇인가? 기념비가 본질적으로 비현대적인 형식이라면, 가장 그럴 듯한 설명은 콘크리트가 현대적이라는 분위기를 주고 있기 때문에 현대성을 연상시킨다는 점에 있다고, 거짓말을 하는 것처럼 보인다. 콘크리트는 기념물이 고풍스럽고 낡은 것이라는 인상을 벗어나게 해주었으며 현재의 것으로 만들어놓았다.

그 반대로 콘크리트 관점에서 보면, 콘크리트는 기념물에서 과거를 다룰 수 있는 귀중한 기회를 얻은 셈이다. 콘크리트는 꾸준히 새롭다는 신화에 맞지 않게 기념물들은 콘크리트가 미래와 현재(어떠한 콘크리트 기념물에서도 불가피한 특성)뿐만 아니라, 역사적 사건을 말하도록 기회를 주고 있다. 그렇지 않고 역사를 말할 기회를 거부당한다면, 그 기념물은 관습 때문에 콘크리트가 언급하지 못하는 것, 즉 과거를 다룰 수 있다는 그저 건설 공사의 한 부류일 뿐이다. 콘크리트가 기억에 어떠한 기여를 해왔든 간에, 기념물들은 콘크리트가 보통은 억압된 채로 남아 있는 것들을 드러나게 함으로써 콘크리트를 이로운 것으로 만들었다.

아주 많은 기념물들이 콘크리트로 만들어진 이유는 그렇지 않았다면 잊게 될 뻔한 것들이 영구적으로 보존될 기회를 연장해준다는 것과 콘크리트가 비교적 비파괴적이라는 것 때문이라고 한다; 그렇다면 콘크리트 블록이 더 커지고 치밀해질수록, 기억은 더욱 더 안전해질 것이다. 그러나 이런 가정은 인간의 기억을 연장하려는 대상들의 적절하지 못한 힘에 의존하고 있다. 기억을 보존하는 데에 기념물이 효과적이지 않도록 하는 것은 기념물의 물리적 소멸만은 아니다.[7] 콘크리트가 다른 재료에서는 찾아볼 수 없는 본질적으로 중요한 몇 가지 성질을 지니고 있다고 가정할 수는 없다. 이것은 단순히 역사적 증거로도 증명되지 않는다. 다음의 4개의 기념물에 대한 논의에서 밝혀지는 것이 하나라도 있다면, 어떠한 재료도 콘크리트와 같은 현대적인 합성재료는 결코 절대적이거나 내재적인 가치가 없다는 것이다. 그 기념물 중의 셋은 건축가가 설계한 것이고, 나머지 하나는 미술가가 설계한 것인데, 어떠한 경우에도 콘크리트의 선택이 미리 정해진 결정은 아니고, 이것을 만드는 제작 환경과 관계가 있었다.

아마도 가장 일찍이 알려진 콘크리트 기념비는 바이마르Weimar 현장에서 그 당시 바우하우스Bauhaus의 책임자였던 발터 그로피우스Walter Gropius가 설계한 바이마르 묘지에 세워진 '3월 항쟁희생자 Märzgefallenen'를 위한 추모비이다.[8] 그 추모비는 사회민주주의 정부를 전복시키려는 볼프강 카프Wolfgang Kapp가 이끄는 우익 반란세력에 저항하다가 1920년 3월에 죽은 7명의 노동조합원들을 추모하기 위한 것이었다. 그 당시 카프는 전후 독일의 격동적인 역사에 크게 부각되는 참전 용사들로 구성된 의용무장단체 Freikorps의 지지를 받았으며, 노동조합원들은 이들과 대치하다가 죽었다. 카프의 반란은, 부분적으로는 노동조합들이 정부의 지원 속에 성공적으로 총파업을 준비했기 때문에 실패로 끝났으며, 또한 그 사건은 극단주의자에 대항해서 새로운 헌법을 지키는 데에 조직화된 노동자 계급의 단체행동이 얼마나 효율적인가를 보여주었기 때문에, 바이마르 공화국의 짧은 역사에서 중요한 일화가 되었다; 12년이 지난 후 1933년 1월에 히틀러가 권력을 잡을 수 있게 이끌었던 합헌 정부의 지원 속에 조직화한 것은 부분적으로 노동조합의 실책이었다.

그 추모비의 원래 설계는 1920년 말에 그로피우스가 준비해서 1921년에 공사가 시작되어 1922년 5월에 준공되었다. 그래서 그 추모비가 기리고 있는 죽음들은 전쟁 후에 일어났음에도, 그 추모비는 제1차 세계대전에 죽은 자들을 추모하는 대부분의 추모비들보다 먼저 세워졌으며, 그것은 분명히 전쟁 추모비와 혼동되지 않으려는 그 계획의 중요한 의도였다. 노동자 계급의 희생에 대한 정치적인 추모비로서, 그것에 대한 모델도 없었고 전례도 없었던 유형이었다 (바이마르 시기의 그 밖에 잘 알려진 정치적인 추모비는 스팔타쿠스 당의 당수였던 로자 룩셈

바이마르에 세워진 3월 항쟁희생자 추모비. 1921-2년에 처음에 세워졌고 1945년에 재건되었다. 건축가 발터 그로피우스 설계.

부르크Rosa Luxemburg와 카를 리프네히트Karl Liebknecht를 추모하는 것으로 미스 반 데어 로에Mies van der Rohe가 설계하여 1925-6년에 세워졌다). 바이마르 공화국의 희생자 열전에서 그 추모비의 명백한 정치적 의미와 장소는 왜 그것이 1936년에 나치에 의해서 폭파되었는지 그 이유를 설명해주고 있다. 그 후 10년이 지난 1946년에 소련에 의해서 다시 세워졌다. 1946년의 재건설은 거의 원래의 것을 정밀하게 복원한 것이며, 같은 공정으로, 거의 같은 재료로 시행되었다. 이 공사는 소련점령하에서 수행된 최초의 재건 행위 중 하나이다. 오늘날 우리가 보는 것은 1946년에 복원된 추모비이다. 그것은 이중으로 추모하고 있다. 추모비에 대한 추모비이다.

추모비가 있는 바이마르 국립묘지는 독일 예술인과 문학인들의 신전이다. 그곳에는 어느 누구보다도, 헤르더[Herder], 괴테[Goethe], 쉴러[Schiller], 리스트[Liszt] 같은 인물들의 묘가 있다. 3월 항쟁 희생자 추모비는 이곳에서 약간 떨어져 있음에도, 그 추모비의 설계와 그 재료의 선택은 민감한 문제였다. 위대한 독일 예술가들을 위한 기념비는 카라라 대리석으로 건립되었다. 그로피우스가 설계한 3월 항쟁희생자 추모비의 원안은 석회암으로 되어 있었다. 출입문과 창문 가장자리 같은 건물의 장식 요소로 바이마르에서 전통적으로 쓰이던 재료이지만 묘지에는 쓰이지 않았다. 그로피우스가 추모비에 석회암을 선택한 이유는 뾰족하면서 수정 같은 반짝임 때문이었다. 그 형식만큼 급진적이었다. 그러나 석회암이 추모비에는 쓰이지 않았고, 추모비의 기초로 쓰였지만, 이런 특별한 석재를 선택함으로써 상당히 관례를 벗어난 형식을 거리낌 없이 받아들일 수 있게 만드는 데 어느 정도 도움이 되었을 것이다. 돌은 바우하우스 선언의 원칙과, 예술가와 건축가의 협동 작업에도 부합하는 것이었다. 예술작품을 만드는 데 그 지역의 기능 장인들을 쓰기도 했기 때문이다. 그 행사에서 그 추모비는 명성이 대단한 바우하우스가 의도한 계획인 것으로 드러났다. 그 작품은 바우하우스 장인 중 하나였던 요제프 하트빅[Josef Hartwig]이 감독했으며, 노동력의 일부는 바우하우스 직원들과 학생들로 충원되었다. 1921년 초기까지 석회암으로 추모비를 짓기에 자금이 충분하지 않다는 것은 분명했다. 그래서 그로피우스는 콘크리트 구조물에 석회암을 덧씌우는 것으로 설계를 변경했다. 그와 동시에 그 추모비는 석회암 덩어리로 만들 수 있었을 것이라는 것보다 더 크게 만들어졌고 더 역동적이고 불안정한 모습을 보였다. 그 설계에 비용이 너무 많이 들 것으로 보이자 그로피우스는 좀 더 싼 사암으로 덧붙임 돌을 바꾸기로 제안했지만, 그렇게 해도 비용은 아주 조금만 줄여주었을 뿐이고 결국에는 순전히 콘크리트로만 만들기로 결정해서 지금은 더 확대된 모습으로 되었다.

애초에 미학적이거나 의미론적인 이유라기보다 재정적인 이유로 콘크리트를 선택했음에도, 1921년의 아방가르드 예술계와 바우하우스에 불고 있는 새로운 재료에 대한 열정과 들어맞았다. 바우하우스에서는 요하네스 이텐[Johannes Itten]의 기초 과정에서 재료실험을 장려하여 재료의 성질을 탐구하도록 했으나, 독일과 러시아 건축비평가들은 새로운 재료가 어떻게 새로운 형식을 만들어낼 것인가에 대해서 쓰고 있었다. 그리고 정말로 그 곳에 콘크리트 구조물을 세우기로 결정하기만 하면 기념물의 형상은 바뀌었다. 그렇다 하더라도, 천연 돌 골재를 배합에

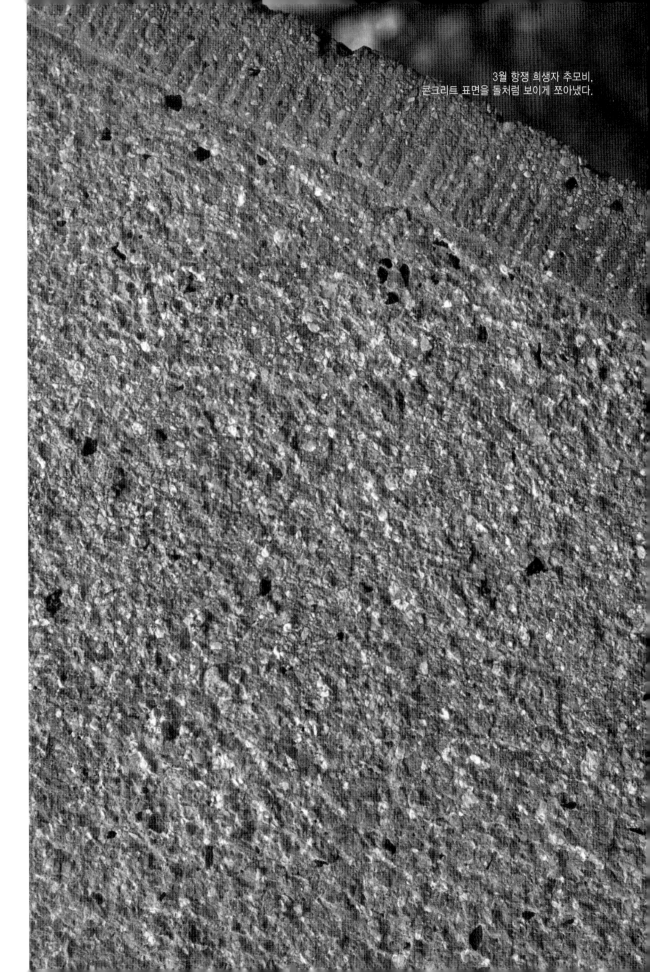

3월 항쟁 희생자 추모비,
콘크리트 표면을 돌처럼 보이게 쪼아냈다.

사용하지 않으면 묘지에 콘크리트 사용을 금지했던 지방의 건설기준을 어기면서도, 콘크리트 선택은 급증했다. 그리하여 1921년 9월에 공사가 시작되었을 때, 근처 채석장에서 캐온 부순 석회암을 사용해서 콘크리트를 만들었지만, 약간의 테라조를 추가하고, 천연골재와 합성골재를 혼합하여 전통적인 천연골재에 약간 더 현대적인 혼화재료를 첨가하여 중화시켰기 때문에, 그로피우스가 반할 만한 배합을 얻어내었다.

기념비 제작에서 가장 공들인 부분은 콘크리트 마감 작업이었다. 타설 과정에서 생긴 시멘트 표면을 망치와 끌로 긁어내어 그 아래에 있는 천연 골재를 노출시켰으며, 전통 석공 기술로 모서리를 5cm 폭의 무늬가 새겨진 여백을 두고, 모서리에 직각으로 좁은 돋움을 두었다. 그 결과는 두드러지게 오묘하여, 재료가 거친 것임에도 수공 기술로 그 재료를 세련된 것으로 변화시킬 수 있음을 보여주었다.

콘크리트표면 처리기술은 독일에서 주도하여 석공예 콘크리트 *Betonwerkstein*라고 알려져 있으며, 독일 문화계에서 1910년부터 제3제국 때까지 벌였던 콘크리트의 타당성에 관한 지속적인 논쟁에 휘말려 있었다. 제1차 세계대전 전에도 석공예 콘크리트는 콘크리트에 대한 가장 좋은 마감으로 장려되고 있었다. 독일콘크리트협회 DBV의 의장이었던 요제프 페트리[Josef Petry]는 1913년 자신의 글에서 이런 방식의 콘크리트 작업은 콘크리트를 낮은 가치의 재료로 보고 콘크리트에 대한 반감을 보이는 것에 대해 답을 주는 방식이었다고 주장했다. 페트리는 콘크리트를 돌의 대체 재료로 보아서는 안 되고, 그 재료의 아름다움은 인공적인 것에 있으며, 콘크리트 수공 마감기술로 가장 잘 드러난다고 주장했다. 석공예 콘크리트는 1920년대에는 때때로 다른 기념물에도 이용되었지만, 2장에서 설명한 대로 재료에 대한 국가사회주의 논쟁 속에서는 1930년대에 더 큰 의미를 얻었다.

3월 항쟁희생자 추모비가 세워진 당시에 그것이 콘크리트로 만들어진 것에 대해서 아무도 말을 하지 않았다. 1936년 그것이 다 사라질 때까지도 분명히 바이마르 공화국의 희생자를 추모하는 추모비가 있다는 것이 국가사회주의하에서 지역적인 곤란한 문제가 되었기에, 이보다 더한 것이 있었음에도 밝혀진 이유는 단순히 그것은 '추하다'였다. 그것이 콘크리트로 만들어졌다는 사실이 그 결정에 영향을 주었는지는 기록되지 않았다.

다만 1936년에 그것이 철거된 후에 콘크리트는 중요성을 띄기 시작했다. 1946년에 그것이

다시 세워졌을 때, 원래의 표면 마감(골재에 부순 테라조를 더 넣지는 않았음에도)을 다시 살리려고 엄청난 주의를 기울였을 뿐만 아니라, 시사평론가들은 재료와 그것이 사회주의를 상징화한다는 방식에 노골적인 관심을 끌게 했다. 아주 매끄럽고 끊어짐이 없는 형식은 개인화된 것이 아니며 개인의 흔적은 보이지 않고 공동의 노력만이 보일 뿐이라고 말했다. 게다가 재료 그 자체는 서로 다른 성분 간의 화학적 결합의 결과이며, 어떠한 개별적 요소보다도 더 강하고 더 단단한 제품을 만들어내었다. 우리가 보아왔던 것처럼 글라트코프Gladkov가 사회주의 사회에서 개인들이 보이지는 않는 결합력으로, 하나의 공동체를 형성하려고 어떻게 모이는가를 설명할 때 사용했던 비유이다. 오랜 침전과정을 거치면서 형성된 돌과는 달리 콘크리트는 굳어지는 순간에 형성되며, 이것은 사회주의 공화국의 역사적 형성에 비유될 수도 있을 것이다. 오랜 시간에 걸쳐 형성된 다른 왕국과 같은 것이라기보다는, 순간의 충격적인 사건으로부터 즉시 생겨난 것이라고 말하기도 한다. 그래도 3월 항쟁희생자만이 1946년 이후에 이런 해석을 얻었을 뿐이다. 1920년대에 추모비의 정치적 해석은 다소 모호했다: 1918년 그로피우스의 전 동료였던 예술가 노동위원회 Arbeitsrat für Kunst의 비평가 아돌프 베네Adolf Behne는 1925년에 그 추모비를 '소심하게도 정치에 무관심하여, 아주 일반적인 폭동의 상징으로서, 카프세력이 세웠어도 좋을 뻔했다.'라고 기술했다.[9] 1948년 그로피우스 자신은 그때까지 미국에서 있었음에도, 매카시McCarthy 시대에 공산주의자라고 알려지는 어떠한 것과도 동일시되는 것을 은근히 염려하면서, 그 추모비는 노동자를 추모하려는 것이 아니라 카프 반란의 격동 속에 죽었던 모든 계층의 사람들을 추모하기 위해 설계된 것이라고 주장했다.[10]

3월 항쟁희생자에 대해 콘크리트가 애초에 아무것도 상징하지 않았다는 것이 바로 그 증거이다; 그 재료는 상징적인 이유에서가 아니라 경제적인 이유로 선택된 것이며, 나중에야 겨우 정치적인 의미가 거기에 붙여졌을 뿐이었다. 이것은 우리에게, 콘크리트는 긍정적이며 확정적인 의미를 가진 것이라는 가정에 대해 경고하는 것이다. 이런 특별한 경우에서, 콘크리트가 정치적이며 기억을 담는 도상을 얻게 된 것은 주변 환경이 바뀌고 시간이 지나면서이다.

두 번째로 살펴볼 기념비는 로마의 아피아 가도Appian Way를 따라 2km쯤 되는 곳인데 로마의 지하묘지 근처인 포세 아르디아티네Fosse Ardeatine에 있다.[11] 그 추모비에는, 33명이 희생된 로마의 독일군 친위대 습격에 대한 보복으로, 1944년 3월 24일 독일군의 총살로 희생된 335명의 이탈리아인들의 이름이 새겨져 있다. 히틀러 자신이 사망한 독일군 한 명당 10명의 이탈리아인들을 24시간 이내에 사살하라고 명령했다. 그래서 그 지역의 친위대 사령관인 카를 하아스 Karl Haas 소령이 서둘러서 명령을 수행하여, 로마에 있는 교도소와 경찰서에 수감된 사람들 중 아무나 데려와 지시된 수보다 5명이나 더 사살했다. 이들 중 아무도 그 습격과는 관련이 없었고 유격대가 될 필요도 없는 사람들이었다. 그 희생자들은 좀 멀리 떨어진 포세 아르디아티네에 있는 버려진 포졸라나 광산에 끌려가 사살되었고, 동굴을 다이나마이트로 폭파시켜 바위가 떨어지게 하여 시신들을 매몰하려 했다. 1944년 6월 4일 로마에서 독일군이 철수한 직후 학살 현장이 발견되었고 파헤쳐졌다. 시신들을 관에 넣었지만 동굴 안에 그대로 남겨두었다. 1944년 9월 이탈리아의 일부 지역이 아직 파시스트 지배 하에 있었지만 추모비 건립계획이 세워졌고, 추모비 건립을 위한 공모가 열려서 두 편의 설계작이 선정되었다. 선정된 두 건축설계 팀은 각

로마에 있는 포세 아르디아티네 추모비, 1944-7, 건축가 아프릴레, 칼카프리나, 카르다렐리, 피오렌티노, 페루기니 공동 설계작이다.

각 마리오 피오렌티노$^{Mario Fiorentino}$와 쥬세페 페루기니$^{Giuseppe Perugini}$가 이끌었는데, 최종 설계작을 완성하기 위한 공동 작업에 초청되었고, 학살 사건이 일어난 후 꼭 5년 만인 1949년 3월 24일 추모비가 제막되었다.

추모비에 관한 논란은 처음부터 있었다. 희생자 유족들은 시신들을 동굴 안에 남겨두기를 원했으나, 동굴은 불안정하고 희생자들뿐만 아니라 후세들을 위한 행사를 기념하기에 필요하다고 느낀 기념비적 존재감이 부족했다. 해결방안은 동굴과 이어진, 차폐된 능을 만들어서 그 안으로 들어가는 것이었다. 능은 지표에서 1.5m 아래로 얕게 파내서 335명의 희생자들의 묘가 들어갈 수 있게 하고, 단 6개의 받침점으로 지지된, 가로, 세로, 각각 48.5m, 26.65m, 높이 3m의 한 덩어리 슬래브로 덮인 것이었다. 슬래브 아래는 높이가 약 2m쯤 되는 어둡고 동굴 같은 공간이 있으며, 거의 지지되지 않은 거대한 슬래브 아래로 눌려 있는 듯하고 슬래브와 지표 사이의 틈으로 들어오는 빛줄기가 빛나고 있었다. 그 틈은 입구 쪽에서는 60cm 높이이고 안쪽으로 들어가면서 110cm로 커져서, 그 틈이 어느 곳에서나 같은 크기로 보이게끔 광학적 보정이 이루어지고 있다. 슬래브의 바닥면은 평평하게 보이지만, 실제로는 거의 1m 위로 솟아 있어서 그렇게 커다란 표면이 주는 아래쪽으로 처져 있는 모습을 상쇄시키도록 했다. 바닥면은 거친 콘크리트 마감으로 분칠하여 슬래브 바깥쪽의 망치로 쪼아낸 외부 마감과 같은 외관이 되도록 했고, 슬래브가 꽉 찬 한 덩어리로 보이게 했다. 밖에서 보면 그 능은 땅 위에서 맴도는 것처럼 보이는, 두껍게 끊어짐이 없는 슬래브이다. 겉보기에 꽉 차 보이지만 실제로는 안쪽에 보와 트러스가 있는 속이 빈 콘크리트 상자이다. 바깥 표면은 콘크리트 벽체에 칠해진 두꺼운 콘크리트 미장 마감이고, 망치로 쪼아내서 마감을 하여 브레시아 브레카$^{Brescia brecca}$ 골재를 드러나게 했다. 그래서 육안으로 보기에는 하나의 돌처럼 보이며, 이 돌은 너무 크고 무거워서 실제로는 결코 캐낼 수 없을 것처럼 보인다. 달리 말하면, 콘크리트는 실제 돌로는 결코 이루어낼 수 없다고 보는 것을 이루어내고 있다; 실제 돌로는 이런 크기의 슬래브는 가능하지도 않으며 이 콘크리트 상자를 돌로 씌운다면 이음새가 있을 테고 지지 방법에 대해서도 의문을 갖게 할 것이다. 그 대신, 여기서는 콘크리트가 자연을 넘어서 천연재료로 얻어질 수 있으리라는 것들을 능가하고 있다. 자연의 대체재로서가 아니라, 요제프 페트리$^{Josef Petry}$가 1913년에 기술한 바와 같이 인공적인 것에 아름다움이 있는 재료로서 콘크리트가 사용되고 있다고 보는 것이 중요하다; 그러나 그 이상으로 여기서 콘크리트는 돌로서는 결코 일으킬 것 같지 않은 감정과 감흥을 불러일으킨다. 포세 아르디아티네에서 콘크리트는 추모비 재료로서 돌을 대체하는 것이 아니고, 돌보다 더 뛰어난 것이다.

포세 아르디아티네는 전쟁이 미처 끝나기도 전에 발원하여 이탈리아에서 세계대전 직후 수 년 안에 건립된 최초의 주요 건축 작품이다. 그 학살 사건은 공화주의자들이 지녀야 할 의식의 생성을 나타내는 것으로 널리 알려졌다. 그 사건은 세계대전 후 이탈리아 공화국의 개국 역사에서 중대한 사건이며, 더구나 그 사건이 로마에서 일어났기 때문에 공화국 발원 장소로서 로마가 설정될 수 있었다. (그리고 확연하게 그 능의 로마 유적과 같은 특징은 타푸리^{Tafuri}가 말한 바와 같이 '형상은 문제와 타협한다.'는 것이며, 이점에서 로마의 주장이 강조될 수 있었다.)[12] 그리하여 그 추모비는 정치적 의미를 갖게 되었고, 실제로 그들의 순국정신을 배우기 위해 아직도 이탈리아 학생들이 단체로 방문하고 있다. 1998년 알도 아이모니노^{Aldo Aymonino}는 '최종 결과는 지난 50년 동안 국가가 세울 수 있었던 단 두 곳의 국가 추모비 중 하나를 새로 탄생한 공화국에 제공한 셈이다(아이모니노의 견해로는, 다른 하나는 아우토스트라다 델 솔레^{Autostrada del Sole}이다).'[13] 그리고 아우토스트라다처럼 포세 아르디아티네는 콘크리트로 만들어진 것이다.

이미 설명한 바와 같이, 콘크리트를 선택한 것은 미학적인 이유도 있었지만 정치적인 함의도 있었다. 무엇보다도 무솔리니의 이탈리아라는 기념비들의 '제국적인' 이미지에 대한 반발이었다. 그들의 변하지 않는 고전적인 판단 기준에 비하면, 포세 아르디아티네는 그것의 침묵성과 도상적 상징의 부재라는 점에서 모더니즘적이다(그 옆에 사회주의 사실주의 조각이 있지만 당시와 그 이후로 비평가들이 개탄했던 특징이다).[14] 그 대신에 모든 도상적인 것은 재료안에 들어 있다.

두 번째로, 1940년대의 이탈리아 사정을 들여다보면, 콘크리트는 '싸구려'가 아니었고 대체 재료도 아니었다. 재건 사업의 재료로서, 넉넉하지 않았던 시절에, 기념물에 많은 콘크리트를 쓴다는 것은 희생적 행위였다. 그리고 세 번째로 무솔리니의 기념물들이 여전히 석재로 만들어졌음에도, 파시스트 이탈리아는 콘크리트에 열성적이었고 창의적인 이용자였다.

수입 제한조치가 발효되자 이탈리아 기술자들 중 가장 유명한 피에르 루이지 네르비^{Pier Luigi Nervi}는 독일보다 더 많이, 그 당시 가장 혁신적인 구조물 중의 몇 개를 건립했고, 콘크리트

포세 아르디아티네 추모비의 내부.

는 국가의 기술적 진보를 보여주는 재료가 되었다. 콘크리트가 파시스트 이탈리아에서 어떻게 가치를 가졌는지를 나타내는 또 다른 지표는 1936년에 세워진 코모^{Como}에 있는 카사 델 파시오^{Casa del Fascio}의 특이한 '성지'이다. 당 비서의 사무실에는 멋대로 세워진 기둥의 한 부분이 손대지 않은 콘크리트인 채로 남아 있었으며, 여러 가지 파시스트 기념품들이 전시된 유리 진열장에 보관되어 있었다. 카사 델 파시오에는 지성소를 제외하고 콘크리트 골조가 완전히 다른 재료로 덧씌워져 마치 그 자체가 종교적 유물인 것처럼 보였다.[15] 이탈리아에서는 콘크리트가 파시스트 재료였다면, 세계대전 후 이탈리아의 건축 임무 중 하나는 콘크리트에서 파시스트 의미를 지워버리는 것이었다. 사실상 전쟁이 끝나기 전 독일군이 후퇴하면서, 1930년대 말 네르비가 이탈리아 공군을 위해 지었던 독특한 콘크리트 격자구조의 비행기 격납고를 모두 날려

버렸기 때문에 그 소멸 과정은 이미 시작되었었다. 네르비가 1944년 이후 격납고를 거론할 때마다 항상 언급했었던 이런 파괴 행위로 인해 콘크리트가 편하게 해방되어서, 콘크리트는 새로운 공화국의 재료가 되었다.[16]

포세 아르디아티네는 1945년 이후 '빈 상자' 기념물의 첫 번째 것이며, 그 이래로 거의 정기적으로 반복되는 유형이다. 예를 들면 텔 아비브^{Tel Aviv}에 있는 야드 레바님^{Yad Lebanim}(1963-4)이 있다. 빈 공간 위로 맴도는 억압적인 콘크리트 슬래브는, 예를 들면, 예루살렘^{Jerusalem}의 야드 바셈^{Yad Vashem} 기념관(1953)과 이탈리아의 우디네^{Udine}에 있는 레지스탕스 기념관(1959-69)에서 재현되었다. 그러나 큰 슬래브와 빈 상자들은 기념물의 모티브로 익숙해졌다는 이유로, 그것들이 또는 콘크리트 그 자체가 기억의 '자연스러운' 기표라고 생각해서는 안 된다. 포세 아르디아티네에서 콘크리트는 이전 왕조의 상징주의를 없앤 대상을 제작하는 것과 관련하여 매우 의식적이고 신중한 선택이었으며, 재건 사업의 재료를 이용해서 어떠한 천연 재료로 얻어질 수 있었던 것 이상의 것을 만들어내었다. 포세 아르디아티네에 적용된 조건이 다른 어느 곳에서도 적용된다거나 같은 의미를 연상시키는데 기댈 수 있을 것이라고 가정할 수는 없다. 그럼에도 이 경우와 다음의 경우에서 보면 콘크리트가 기억의 재료로서 선택되는 것이 관례처럼 되었다.

세 번째 기념물은 파리에 있는 것으로, '수용소의 순교자들 *Martyrs of Deportation*'이라는 추모관이다. 시테 섬^{île de la Cité}의 동쪽 끝에 있는 것으로서 1953년부터 1962년 완성될 때까지 그 현장에서 일했던 조르주 앙리 팽귀송^{Gerges-Henri Pingusson}이 설계했다. 노트르담에서 백여 미터 떨어진 곳인데, 이곳은 역사적으로 민감한 현장이다. 이곳에서는 콘크리트로 만들어진 기념물만 허락되어 어떠한 형태의 공사도 늘 말썽이 따를 만한 곳이다.[17]

열려 있는 정원을 가로질러 다가가면 그것은 어쩌면 안 보일 수 있다. 글귀가 새겨진 낮은 벽에서 떨어져 아주 좁은 계단으로 내려가 포장된 삼각형 모양의 마당에 들어설 때까지 아무 것도 없다. 그 곳은 세느 강의 흐르는 물을 내다볼 수 있는 금속 창살로 막아놓은 창을 제외하고는, 하늘로 열려 있지만 나머지 다른 곳은 완전히 4m 높이의 콘크리트 벽체로 둘러싸여 있고 전환은 아주 특이하다. 지면 높이에서는 파리의 역사적 중심지인 파노라마의 중심에 서 있게 된다. 추모관 안으로 내려가면 하늘, 물, 그리고 탈출하도록 만들어진 두 곳의 유쾌하지

파리에 있는 '수용소의 순교자들'을 위한 추모관. 1953-1962. 건축가 조르주 앙리 팽귀송 설계.

않은 좁고 가파른 계단이 있는 것을 제외하고는 모든 것에서 차단된다. 계단과 같은 쪽에서 강으로 열린 구멍이 있는 꼭대기 반대쪽에 커다란 콘크리트 덩어리로 좁게 나눠진 공간이 있으며, 그곳을 지나면 양쪽에서 금방이라도 무너져 내릴 것 같은 위험을 느끼게 된다. 개구부는 지하실로 이어지며 그 안에서는 금속 창살을 통해서 수천 개의 조그만 광선이 무한한 복도의 벽을 희미하게 비추고 있다.

지금까지 여기서 거론한 네 곳의 기념물 중, 이곳이 추모의 의미로 성공적인 것이라고 여겨질 수 있는 유일한 곳이다. 그리고 이곳은 부분적으로 그 형상이 기념물의 관례적 형식의 반전이기 때문이다. 돌출이 아니고 내리받아—퇴각이다; 물체가 아니고 빈 공간이다—텅 빈 곳에 있으면, 자신, 하늘, 물, 그리고 콘크리트 벽체의 끊어짐이 없는 표면을 빼놓고는 볼 것이라고는 아무것도 없다. 팽귀송은 지금까지 우리가 보아왔던, 기억의 취약성, 그리고 정신적 기억의 덧없음을 견고한 물체로 전환시키려는 모든 시도에서 드러난 일반적인 불만족스러움을 알고 있었던 최초의 설계자인 듯하다. (추모관에 대한 팽귀송 자신의 설명은 이렇게 시작한다, '어느 날 사라진다는 것은… 모든 살아 있는 피조물, 존재, 그리고 사물의 법칙 안에 있다. 모든 것은 사라질 것이고, 모든 것은 지나갈 것이며, 어떤 것이 영원하기를 바라는 것은 위대한 도전이다…'[18]) 지하실에서 벗어나면, 이 추모관에는 아무런 **표지**도 없다; 그것은 순수한 경험이다. 읽을 것도 없고 오로지 콘크리트 그 자체만이 있을 뿐이다.

　3월 항쟁 희생자 추모비와 포세 아르디아티네에 비하면, 파리의 추모관에서는 처음부터 콘크리트의 선택을 의도한 듯하다. 이것은 완전히 의도된 도상적 전략이다. 일단 그 추모관에 들어서면 콘크리트로 둘러싸인다. 바닥은 돌로 포장되어 있지만, 벽체는 뾰족 망치질로 다듬어진, 아주 정교한 품질을 지닌 콘크리트이며, 촘촘하고 넉넉한 골재의 배합을 드러내고 있다. (그 골재는 프랑스의 모든 산악지역에서 골라 낸 것이며, 지역적 특색을 보이는 상징보다는 국가적인 상징으로, 적어도 지리학적 의지를 골재에 부여하고 있다; 아주 많은 여러 가지 골재가 고르게 분포되어 있음을 쉽게 확인할 수 있다.) 팽귀송은 홀로코스트의 무자비함과 폭력성을 석회암, 사암, 화강암으로는 표현할 수 없다고 생각하여 그것들을 거부하고 콘크리트를 선택했다; 마감은 거칠지도 상스럽지도 않고, 군대 요새를 연상시키는 듯하며, 라 뚜레뜨에 있는 르 코르뷔제의 예배당 같은 방식이었다. 그 대신에 완전히 매끈하고 한 덩어리 효과에 역점을 두고 있다; 팽귀송은 그것이 하나의 돌을 다듬어서 만들어진 것처럼 보이게 하고 싶었다. 콘크리트 미장은 구조 벽체와 함께 동시에 시행되었으며, 두 재료 간에 완벽한 부착이 유지되도록 했으며 아무런 접합 흔적이 없다. 포세 아르디아티네에서 표면 마감은 슬래브 구조물이 완성된 후에 이루어졌고, 표면에 살짝 변화를 주어 결과적으로 한 덩어리 효과를 완화시켰다; 파리 추모관에는 콘크리트 면 사이에 어떠한 접합이 있었던 흔적이 없다. 팽귀송에게 가장 중요한 문제는 다른 성질은 자연을 거부하는 것이라고 부연할 수도 있겠지만, 콘크리트의 매끈함이었다. 그것의 노출된 석조 표면은 늘 풍화와 세월의 흔적을 보이고 있다. 그러나 이런 콘크리트 마감은 완전히 흠집이 없는 것이며 세월과 풍화의 영향을 받지 않는 것처럼 보인다. 일찍이 프랑스에 콘크리트로 만들어진 기념비가 있었는데, 1920년에 세워진 베르됭^{Verdun} 지방의 '총검의 참호 *The Trench of the Bayonets*' 기념비이다. 그 당시 건축가는 '적어도 500년 동안 '내구성을 보장하기 위해서' 돌보다 콘크리트를 사용했다.'고 말했다. 현대적 의미로 설명한다면, '총검의 참호'는 영원히 세월의 공격을 또는 관광객의 주기적인 약탈을 막아낼 것이다. 또한 식물의 성장으로 생기는 침식도 견뎌낼 것이다.'[19] 다른 말로 하면, 그 현장을 콘크리트로 덮는 목적은 자연의 영향을 받지 않겠다는 것이었다. 팽귀송이 파리의 추모관에서 선택한 마감은 '총검의 참호'에서 했던 마감보다는 무한히 더 우수했으며, 그곳에서 그는 똑같은 의도의 무엇인가를 가지려했을 것이다.

'수용소의 순교자들' 추모관에서 우리가 보는 것은 다른 재료처럼 세월과 풍화라는 똑같은 과정에 굴복하지 않는다는 사실로서, 그것의 반자연적인 성질 때문에 흔히 멸시당하면서도 똑같은 이유로 정교하게 사용된 콘크리트이다. 팽귀송의 추모관은 일종의 감각 상실을 유발하여 방문객들이 하늘과 현재에 집중하도록 강요하고 있다. 콘크리트 환경은 어떠한 유형의 역사적 반향을, 또는 시간의 경과에 관한 것조차도 불러일으키지 않는다. 기억이란 것이 있을 수 있다면, 그것은 순간적인 것이며, 잡히지도 보존될 수도 없고, 콘크리트의 영원한 새로움은 이것을 알고 있는 듯하다. 다른 맥락에서 이런 효과들은 일반적으로 환영받지 못하지만 콘크리트는 그러한 것들을 야기하기 때문에 비난을 받기도 한다. 하지만, 여기서 그 효과들은 작품의 기념비적 기능 중의 주요한 부분이다.

영국 예술가 레이첼 화이트리드^{Rachel Whiteread}가 1993년에 제작한 작품인 '집 *House*'은 런던의 한 연립주택 안쪽에 있는 것인데, 이전 작품의 어떠한 것과도 같은 의미가 있는 기념물이 아니었다. 그것은 어느 누구를 추모하는 것도 아니었으며, 부정적인 인상을 보인 '집'인 바로 그 집의 마지막 거주자였던 불행했던 시드니 게일^{Sydney Gale}조차도 아니었기 때문이다. 그럼에도 레이첼 화이트리드의 '집'과 나머지 다른 작품들은 기억에 관해서 얘기할 때 종종 거론되기도 한다. 그것들이 콘크리트로 만들어졌다는 사실이 추모 대상이 누구인지 무엇인지 분명하지는 않더라도, 어떤 기념비 같은 것이라는 기대를 불러일으키기 때문이다. 또한 추모비와 닮았다는 것은 그것이 세워졌던 동부 런던의 그 지역에서 그것을 받아들였을 때 가졌던 적대감의 한 원

레이첼 화이트리드의 '집 *House*', 해크니,
런던, 1993년(1994년에 철거).

인이 되었다; 악담과 낙서로 물리적 공격을 받게 되어, 그것이 기념하려고 했던 것이 어떤 것이든지 간에 기억할 만한 가치가 없다고 느끼게 했던 것처럼 보였다. 이미 콘크리트 시설물들이 충분한 것 이상으로 있었던 지역에 '거대한 흉물'이라든가 '못생긴 혹'처럼 생겼다고 다양하게 묘사되어, 분명한 기념 대상이 없는 콘크리트 기념비는 과도한 콘크리트 물체였던 것처럼 보인다. 1994년에 '집'이 허물어졌을 때, 애초의 의도대로 그 지역사람과 어쩌면 그 예술가에게, 그리고 그것을 의뢰했던 아탄겔Artangel에게도, 안도하는 느낌이었다.[20]

'집'은 공공예술로서 많은 주목을 받았지만, 그것을 콘크리트라는 언어로 바라보는 것은 살짝 다른 면을 밝히는 것이다. 매체로서 조심스럽게 콘크리트를 선택하여, 회반죽을 바른 방의 내부를 묘사한 그녀의 이전 작품인 '유령 Ghost'에서 분명하게 드러나듯이, 한 과정으로서 콘크리트 타설에 관한 화이트리드의 관심으로 그러한 선택을 하게 되었다. 화이트리드가 그즈음에 수집하고 있던 그리스의 미완성 주택, 도오셋Dorset 지방의 스와네지Swanage에 있는 콘크리트 지구본 같은 잡다한 콘크리트로 된 물체들의 그림과 같은 시각적인 참고 자료들로 판단해 보면, 그녀는 특히 콘크리트에 관심이 있었다. 그리고 그녀의 또 다른 작품인 '해체 Demolished'는 폭격으로 허물어져 있는 콘크리트 탑 덩어리에서 찍어낸 12개의 판화로 이루어진 것이다. 그녀는 콘크리트로 더 작은 작품들을 만들기도 했지만, '집'은 당시까지 콘크리트였던 다른 어떤 매체였든, 그녀가 만들었던 가장 큰 것이었다.

'집'에 대해 얘기하자면, 건물의 내부는 철강 보강재로 둘러싸서 콘크리트로 타설되었으며, 그 이후에 그 건물 자체가 해체되었다. 그렇게 해서 남았던 것은 '부재 absense'를 상징한다. 일반적으로 우리는 일단 거푸집을 떼어내면 거푸집에 대해서 생각한다거나 그것이 어떤 모습이었을까를 그려보는 것도 기대하지 않을 것임에도, 이 말은 콘크리트로 만들어진 모든 사물에 대해서 맞는 말이다. 콘크리트로 만들어진 작품 중에서도, '집'은, 어떤 인상을 주었던 간에 '부재라는 객체 absent object'로 주목을 끌었다는 점에서, 그리고 이것을 작품의 일차적인 특징으로 만들었다는 점에서 예외적인 것이다. 벽난로 같이 움푹 들어간 곳이 있었던 그 집의 형상들은 돌출부가 되었다; 전등 스위치, 그리고 전구 소켓과 같은 돌출물이었던 요소들은 빈 공간이 되었다. 그러나 거기에는 또한 뭔가 설명하기 어려운, 2층에 있는 출입문의 형상과 같은 특징들이 있었다. 이 문들은 어디로 들어가는 것이었을까? 벽체를 해체하면서, '나는 갑자기 내가 무엇을 했는지 알게 되었다.'라고 그녀의 초기 작품인 '유령 *Ghost*'에 대해 썼으며, '나는 관객이 벽체가 되도록 했다.'고 서술했다.[21]

규모와 형식에서 '건축 같은 것'임에도, 화이트리드의 '집'은 건축이라기보다는 조각이라는 통념에서 제작되었다. 20세기 조각에서 콘크리트는 돌 대신 쓰이는 재료이거나 내구성이 좋은, 조각가의 전통적인 반죽 매체로서 사용되어 대체로 어느 정도 제한적인 재료이었다. 그 경우는 우리가 이미 보아왔던 기념물로서 사용되는 것으로, 조각가가 돌보다 콘크리트를 좋아해서 선택했다면, 일반적으로 그 이유는 이음새 없이 한 덩어리 제작이 가능하거나 더욱 과감한 형상을 만들 수 있었기 때문이다. 이전에 아무도 해보지 않았던 것이 레이첼 화이트리드의 '집'에서 생겼듯이, 타설 과정 그 자체를 일차적인 특징으로 만들려는 것이었다. 타설 행위에 주목하기를 거리끼는 것은 놀랄 만한 일이 아니다. 조각 예술계 내에서는 모델링 기술보다 새김 기술에 권위를 주는 오래된 전통을 지켜왔기 때문에, 이런 의미로 볼 때 타설된 콘크리트는 늘 돌보다 열등하게 보이게 된다.[22]

1960년대 유럽과 북미의 이른 바 미니멀리즘 운동으로 인해 조각의 많은 전통들이 외면 당했다. 로버트 모리스[Robert Morris], 리차드 세라[Richard Serra], 로버트 스미손[Robert Smithson], 도날드 쥬드[Donald Judd]와 같은 예술가들은, 조각가들이 그 당시까지 해 왔던 방식대로 '객체'이기를 거부했던 작품들을 만들기 시작했을 때, 여러 기법을 택했다. 그 하나는 조립 작업을 타인에게 맡기는 것이었다. 그리하여 예술가 손길의 느낌을 지워버리는 것이었고, 다른 하나는 조각가들이 전통적으로 선호했던 돌, 목재, 청동 대신 기성 공장제품을 채택하는 것이었다. 세 번째는 제작 과정의 증거로서 마감된 채로 작품을 나타내는 것이었다. 콘크리트는 이런 모든 특성들과 아주 잘 들어맞았고 고유의 가치 없이도 산업용으로 두드러지게 많은 공정과 타인의 지시에 따라 작업하는 데 익숙한 기능공에 의존하는 것이기에, 미니멀리즘 예술가들에게는 매력적으로 기대되었을 수도 있었겠지만, 묘하게 그렇지 않았다. 몇몇 예외는 있지만 미니멀리즘 조각가들은 콘크리트를 기피했다. 이런 예외들은 일반적으로 어떤 아이러니를 표현하려 했을 때, 아니면 콘크리트가 그것의 정상적인 참고 기준을 벗어나서 사용되었던 상황에서 있었던 듯하다.

브루스 나우만[Bruce Nauman]이 제작한 '내 의자 밑 공간 *A Cast of the Space Under My Chair*' (1965-8)은 화이트리드가 지켜온 틀에 대한 선례로서 아주 작은 하나의 조각품처럼 보인다. 무기력하고 특색 없는 콘크리트 덩어리는, 제목이 없었더라면 관객들이 보인 모든 '내적 투사 introjection'를 거부했을 것이다. 그러한 내적 투사가 그 작품을 예술가들에게는 터무니없이 특별하고 개인적인 것으로 바꾸어놓는다. 나우먼의 작품은 분명 그 시대 사람들이 하고 있던 것에 대한 반어적 사고의 표현이었다. 리차드 세라의 초기 작품들은 납, 라텍스, 고무 같은 재료들을 사용하여, 제작과정을 바탕으로 한 실험적인 것으로서, 1970년대 초기 야외의 특정 설치 장소에 맞는 더 큰 작품들을 만들어내기 시작했다. 이 작품들 중에서 초기 것 중 하나는 토론토 근처의 킹 시티King City 야외에 설치된 '이동 Shift'(1970-2)이라는 작품이었다. 길이가 각기 다른 6개의 콘크리트 벽체는 높이가 20cm에서 150cm로 올라가면서, 그 현장을 가로 질러 움직이는 보행자의 행적을 따라간 형태로 배열되었다. 그러나 '이동 Shift' 이후, 세라는 콘크리트를 포기하고 강철을 사용했으며(두 개의 예외로, 바르셀로나에 세워진 '라 팔메라 La Palmera'와 네델란드의 지볼데Zeewolde에 세워진 '해수면 Sea Level'이 있다), 나중에 콘크리트는 지나치게 건축적임을 알았다고 말했다. 세라의 거부감은 콘크리트로 만들어진 조각 작품들이 건축에 비교되기 시작했다는 것이다: '조각과 관련 없는 것처럼 보이는 문제들을 원하지 않았다. 콘크리트는, 현장에서 작품을 만들 때, 대상의 규모에 구애를 받지 않지만, 강철로 하는 경우에는 조립과 운반 과정에 따라 최대 크기가 제한된다.'[23]

세 번째 미국의 예술가 도날드 쥬드는 1960년대부터 공업용 재료인 강판, 합판, 아크릴 수지 같은 재료로 조각 작품을 만들어내고 있었다. 1978년 쥬드는 텍사스의 마아파Marfa에 있는 조그만 목장을 사서, 자신의 작품들과 다른 예술가들의 작품들을 설치하기 시작했다. 1980년에 그는 삭막한 풍경에 15개 무리로 된, 각각 같은 크기로 높이가 약 2.5m인 60개의 열린 상자를 설치하는 크고 새로운 작품을 구상했다. 처음에 그는 말린 흙벽돌과 콘크리트를 생각했지만, 재료를 특정하지는 않았다. 그의 주된 관심은 객체가 삭막한 풍경의 일부인 것으로 보이게 하는 것이었으며, 콘크리트는 그 재료의 원시적 성격의 몇 가지를 유지하면서 흙벽돌을 대체하는, 좀 더 내구성 있는 재료로서 채택되었던 것으로 생각된다. 다른 말로 하면, 역설적으로 쥬드는 연작 작품 중에서 첫 번째 상자들의 품질이 엉망이라 실망하여, 콘크리트 전문 기술자를 동원하여 품질을 좀 더 높은 수준의 '산업 기준'까지 끌어 올리도록 했음이 밝혀졌음에도, 콘크리트를 선택한 것은 어떤 산업적인 연상 때문이 아니었고 정반대인 그것의 '토속성 earthiness' 때문이었다.[24]

도날드 쥬드 작, 콘크리트 작품 번호12, 마아파, 텍사스 1980-84.

이 모든 작품들에서 콘크리트를 선택한 것은 미니멀리즘에 대한 한 가지 방식으로 또는 다른 것들의 한계라는 이유 때문이다. 콘크리트는 미니멀리즘 예술가들에게는 별로 인기가 있을 수 없을 것이라고 했다. 화이트리드의 '집 *House*'이 미니멀리즘 작품은 아니어도 그것은 미니멀리즘의 재해석이었다. 추상적인 것도 아니고 표현주의적인 것도 아니지만, '집'은 분명히 미니멀리즘이 어떤 것인지를 알고 만들어졌으며, 1990년대 초기 예술계에서 미니멀리즘에 관한 관심은 최소주의자의 관심 없이는 거의 비춰질 수 없을 정도였다.[25] 그러나 기억에 관한 어떠한 것도 미니멀리즘 예술에서는 아주 싫어하는 것이었다. 미니멀리즘 예술은 기억을 떠올리지 않는 것, 관객과 객체가 직접 맞닥뜨리는 데 아무런 방해를 받지 않음을 확실히 한다는 것을 미덕으로 한다. 다른 한편, 화이트리드의 틀은 이전 객체의 흔적—맨살의 회반죽 붙임, 깨진 타일 조각, 벽에서 묻는 얼룩들—을 굳이 기록하려고 애를 써서, 우리들에게 어느 집의 일반화된 추상적인 것이 아닌, 어느 특정한 집의 부재를 보고 있다는 것을 분명하게 남겼다. 화이트리드의 다른 작품들과 같이, 이런 흔적들은 미니멀리즘 예술에 대한 모호한 관계를 드러낸 것이다. 제작 과정의 증거로서, 그리고 그것으로 인한 우연성들은 미니멀리즘과 일치하지만, 다른 한편, 그 집의 이전 생애에 대한 추측을 부추기는 것들은 반미니멀리즘이다. 그러나 기념비라는 전통의 테두리 안에서 고려해보면, 그 작품은 별다른 특징 없이 독특하다—기념비의 목적은 전체적으로 보편적인 것, 품위 있는 명분, 비극적인 손실, 위대한 희생에 관한 반향을 일으키는 것이지, 일상생활의 소소한 일들에 관한 것이 아니다. '집'이 보여준 것이란 안쪽에는 한때 사적이었던 것을, 바깥쪽으로는 공적인 것으로 만든 것이었다. 이것은 전혀 영웅적인 사건이 아니었다. 다른 한편, 그것이 콘크리트로 만들어진다는 것말고도 작품의 기념비적 규모는 무언가 큰 것을 기념하고 있다는 기대감을 유발시킨다. 가끔 거론되었던 것인데, 화이트리드의 작품은 죽음과 관련되었다는 말이 있다—그 예술가가 부정했고, 또한 확인했던 것이다.[26] 몰리 네스빗Molly Nesbit이 언급한 바와 같이, '그녀 스스로가 죽음을 감지하고 그것을 떨쳐버리기 위해 다른 어떤 곳에 죽음을 쓸어내었다. 죽음의 정확한 위치와 구성 요소들은 의문으로 남아 있지만, 어쩌면 그녀는 그것을 밖으로 드러낸 것이다.'[27] 죽음의 분위기는 '집' 주위에 맴돌고 있다. 그것이 죽음에 관한 것이 아닐지라도, **그럴 수밖에** 없었다.

'집'이 헐린 지 얼마 되지 않아 콘크리트를 추모비에 더 잘 어울리는 매체로 여기게 했던 영속성의 기대감을 스스로 부인했던 사건이 있었는데, 화이트리드는 나치에 의해 희생된 오스트리아의 유대인을 위한 추모비를 비엔나에 건립해줄 것을 위탁받았다.[28] 진정한 추모비 작업을 위해서 화이트리드는 '집'과 유사한 계획을 세우고, 추모비가 세워질 유덴플라츠^{Judenplatz} 주변에 비슷한 크기와 비율로 책이 가득찬 방을 콘크리트로 만들었다. 여기서 콘크리트는 분명히 죽음과 회상이라고 여겨졌다. 화이트리드가 연이어 제작한 작품 중, '수조탑 *Water Tower*'과 '기념비 *Monument*'처럼, 어쨌든 콘크리트 사용을 그만두고 깨끗한 수지로 틀을 만들기 시작했다. 콘크리트를 버림으로써 그녀의 작품은 초기의 기억과 죽음에 대한 집착에서 벗어났다; 합성수지를 사용하면서 그녀 작품들이 기념비나 추모비로 보이지 않게 되었다.

우리는 어떻게 콘크리트라는 매체가 동시에 기억과 망각의 재료가 될 수 있는지를 이해하는데 얼마나 가까이 있는가? 아마도 아니겠지만, 우리는 적어도 콘크리트가 특정 상황에서 어떻게 연상 기억 매체로 변하는지를 알 수 있다. 그리고 여기서 논의한 사례를 볼 때 분명한 점은 콘크리트가 이미 존재하고 있는 기억을 담는 성질을 지니고 있기 때문이 아니고 순전히 우연한 이유로 이런 일들이 일어났다는 것이다. 콘크리트가 이음새 없는 객체를 만들기 위해서 준 기회 때문에, 자연을 억압한다는 성질(역설적으로 똑같은 이유로 경멸당하기도 한다) 때문에, 그리고 특정 상황에 전달했던 정치적인 연상 때문이었다. 콘크리트 추모비의 상당수는 견고한 객체가 기억을 보존하는 능력을 가지고 있다는 순진하고 낙관적 생각을 저버리고 있다고 해야 한다. 아주 흔하게, 누가 봐도 알 수 있게 콘크리트는 촘촘한 질량감, 그리고 비파괴성의 모습을 준다는 이유로, 이런 성질이 풍부하여 인간의 기억을 충분히 연장시켜줄 것이라는 것, 바로 그런 이유로 사용되어왔다. 홀로코스트 추모비의 후세 세대만이 더 신중해졌고, 기억이 묻혀버리고 결코 회복되지 않는 재료로서 콘크리트를 사용하여, 콘크리트가 망각을 유도한다는 성질을 이용하는 데 익숙해져 있다.

끝으로, 기념물은 콘크리트에 어떤 말을 하려하고 있다. 무엇보다도 콘크리트는 콘크리트를 얘기하는 보통의 세상에서 흔히 인식되고 있는 것이 아닌 것으로 나름의 도상을 지니고 있다. 대개 콘크리트 연구와 관련된 문제는 더 강하게 만들고, 결점을 없애고, 더 유연하고 더 곱게 만드는 것이다. 콘크리트의 단점은 기술적인 것이라는 태도가 여전하다. 이런 문제를 해결하면 콘크리트의 인기는 다시 살아날 것이다. 의미를 나타내는 재료로서, 다른 재료에 붙여진 의미 체계에서 어느 정도 면제를 받는 콘크리트의 '현대성'은 중립적인 것으로 인정되어 왔다. 그러나 기념물에 콘크리트를 사용한다는 것은 콘크리트가 의미 부여에 익숙하지 않다는 사실,

레이첼 화이트리드의 작품인 유덴플라츠 홀로코스트 추모비, 비엔나, 1996-2000.

도상을 가지고 있다는 사실을 드러내는 것이지만, 그 재료의 의미가 그 안에 묻혀 있고 본질적인 것으로만 생각되곤 했던 이른 바 '전통적인' 재료와는 달리, 콘크리트의 의미는 전적으로 역사 환경에 따라 형성되어 유동적이고 가변적이다. 콘크리트는 콘크리트 산업이 콘크리트에게 바라고 있는 특이하고 단순한 의미에 저항하는 대신, 그것의 도상은 역설과 모순을 통해 살아 움직이고 있다. 건축가 루이스 칸이 '콘크리트를 다루고 있다면, 자연의 질서를 알아야 한다. 콘크리트가 진정으로 하고자 하는 것, 바로 콘크리트의 성질을 알아야 한다.'라고 말했을 때, 그가 빠뜨린 것은 콘크리트가 하고자 애쓰는 것이 무엇이든 상관없이, 거의 변함없이 결국 그것과 동시에 반대되는 것을 얻게 된다는 것이다.[29]

건설 노동자. 1949년 프랑스 마르세이유 지방의 위니테 다비타시옹 건설 현장에서 일했던 사라디니아 사람으로 추정된다.

여덟

콘크리트와 노동
CONCRETE
AND
LABOUR

기술인가 기술이 아닌가? Skill or No Skill?

　　콘크리트가 19세기에 생긴 이래 그것으로 무엇인가를 만드는 데에는 특별한 기술이 필요 없는 것으로 흔히 알고 있었다. 이것이 콘크리트의 장점이기도 하지만 단점이기도 하다. 그 장점은 아주 기본적인 건설공사 지식만 갖추고 있는 사람들도, 모르고 있었다면 꿈도 꿀 수 없는 정도로 튼튼하고 살기 좋은 구조물을 지을 수 있다는 점이다. 그럼에도 그것의 단점은 바로 그 점에서 결과가 '싸구려'로 낙인찍힐 수도 있다는 점이다. 누구나 그 일을 할 수 있다는 것 때문에 콘크리트를 만드는 일에는 권위가 따르지 않는다. 오랜 전통과 훈련을 통해서 틀이 잡힌 기술에 따라 품질이 결정되는 재료로 만들어진 것과 비교해보면, 대부분의 콘크리트 역사에서 콘크리트는 열등한 재료라고 폄하되었다. 흔히 콘크리트 작업은 미국에서는 이탈리아인, 영국에서는 아일랜드인이나 서부 인도인, 프랑스에서는 알제리인이나 포르투갈인 같은 신분이 낮은 이민 노동자의 영역이며, 건설기능 등급 중에서도 하위에 속한다. 그러나 건설노동 분야에서 콘크리트 때문에 생긴 몇 가지 변화에 대한 다음의 설명에서 알 수 있듯이, 콘크리트는 아무런 기술도 필요로 하지 않는다고 단순하게 말할 수는 없다.

　　영국의 저널 「건설인 *The Builder*」지에서 19세기에 벌인 논쟁을 보면, 일찍부터 콘크리트에 필요한 숙련 기술의 양에 대해 의견이 분분했음을 알 수 있다. 미숙련 노동력으로 건설하는 사람들에 대한 보고서가 있는데, 예를 들면, 애버딘셔어Aberdeenshire 지역의 지주인 럼스덴Lumsden은 자신의 재산관리인을 런던에 보내 그 당시 영국의 유명 콘크리트 시공업체인 조셉 톨Joseph Tall 회사가 어떻게 건물을 짓고 있는지 알아보게 했다.

거기서 며칠 지낸 그가 돌아와서, 럼스덴의 모든 건물공사를 기간 내내 콘크리트로 해냈다. 일주일에 17실링을 주고 일반노동자를 고용하여 구식건설 공법에서 지출된 비용의 약 1/4에서 1/3을 절약하는 효과가 있었다.[1]

하지만 모두가 이런 방식으로 만족스러운 건물을 지을 것이라는 것에 동의하지는 않았다; 반대 의견을 보인 어떤 사람이 「건설인 The Builder」지에 기고했다: '미숙련 인부를 우리 콘크리트업자들이 옹호하는 것은 잘못된 것이다… 숙련 기능도 필요하거니와 숙련 기능이 결핍되어 있기 때문에 꾸준한 양질의 관리감독이 필요하다.'[2] 콘크리트 공사에도 고급과 보통 간에 차이가 있다는 사실은 예전에도 있었고, 지금도 계속되고 있다: 「건설인」지의 사설에서 밝힌 바와 같이, '고급은 자연의 법칙을 엄격하게 지키면서, 과학적으로 준비된 예술품이라면, 보통은 어느 정도 미숙련 인부들이 만들어낸 것이다.'[3] 콘크리트를 다루면서, 그것을 모두 다 같은 것이라고 보는 것은 잘못이다—다른 어떠한 건설기술에서도 숙련기술을 요구하는 만큼 품질과 우수성에도 수준이 있다. 콘크리트에 관한 의문은 이런 숙련기술이 어디서 나온 것인지, 누가 갖추고 있는지, 어떻게 전수되는지에 관한 것들이다.

콘크리트의 매력 중 하나는 콘크리트가 '기술의 단순성' 때문에 얻어낸 기회를 통해 건설공사를 싸게 한다는 가능성에 있는데, 높은 임금을 받는 숙련 기능공을 대신한 미숙련 대체인력과 그로 인한 값싼 인건비 때문이다. 임금이 높은 선진 경제체제에서 콘크리트가 놀랄 만큼 성공했다는 것은 콘크리트의 이런 양상뿐만 아니라, 시공 면에서 유리한 점이 있다고 말할 수 있는 충분한 근거가 있다(콘크리트가 성공적이었고, 인건비가 낮은 나라에서는, 오히려 다른 논리가 적용된다는 사실을 보면, 세상의 여러 곳에서 콘크리트의 다양한 존재 조건에 대해 잘 알아둘 필요가 있다). 콘크리트는 건설경제학을 변화시키는 것 이상으로 많은 것을 이루어냈고 건설 산업의 전반적인 구성요소에 영향을 끼쳤다. 숙련 기능공, 미숙련 인부, 전문기술자

간의 균형을 숙련 기능공에게는 불리한 쪽으로, 미숙련 인부와 전문기술자들에게는 유리한 쪽으로 이동시켰다. 콘크리트가 '혁명적인' 재료라고 사람들이 과거에도, 지금도 얘기하는 것을 보면, 그 혁명은 구조공학적인 것만큼 인간적인 것이었다.

초기의 콘크리트 옹호자들에게 콘크리트의 매력은 당시 건설공법의 대안으로서 제시되었다는 점이었으며, 19세기 영국의 사정에서 보면, 이런 '대안수단'은 단순히 기존 기능의 단순화라기보다는 좀 더 급진적인 무엇인가를 의미했다. 콘크리트는 전통적인 기능을 모두 비켜가는 기회를 제공하여, 그러한 기능들을 전혀 필요로 하지 않고 건설할 수 있게끔 해줌으로써 건설에 관한 독점권을 깨뜨렸다. 콘크리트 건설업으로 성공했던 도급업자인 찰스 드레이크^{Charles} 라는 생략 — Drake는 1874년 강연 중에 '건설공사는 미숙련 노동력으로도 거의 완전히 가능해졌다. 그런 이유로, 그리고 콘크리트가 건설공법의 대안을 마련해주었기 때문에, 미수에 그친 영업규제와 파업이 빈번한 시절에 고용주의 지지를 얻어야 한다고 생각했다.'라고 주장했다.[4] 숙련 기능공들이 강력하게 조합을 구성한 곳과 심각한 파업이 몇 차례 일어났던 산업분야에서 콘크리트는 노동조합의 세력을 약화시키는 수단으로서 등장했다. 이 점에서 콘크리트의 매력은 미숙련 노동력을 사용했던 정도가 아니고 조합에 들지 않은 인부들을 고용하는 일이 더 많아졌다는 점이다. 앞으로 알게 되겠지만, 콘크리트에 대한 논쟁이 종종 '숙련 기술'이라는 말로 등장하지만, 현실적으로 자주 쟁점이 되고 있는 것은 전통적 기능 인력의 대안으로서 고용주에게 주는 콘크리트의 잠재적 가치이다.

19세기의 많은 콘크리트 개척자들은 구조재료로서 콘크리트의 잠재력에 들떴던 것처럼 그 매체의 사회적 성공가능성에도 신이 났다. 숙련기술이 없는 사람들도 이루어낼 수 있다는 건전한 건설공법이라는 전망이 보이자, 고용주와 자본가 계층뿐 아니라, 사회계층 전반에 유리한 방향으로 사회적 변환을 위한 모든 유형의 기회가 열리게 되었다. 1850년대에 시멘트 생산에서 콘크리트 시공까지 사업을 다각화했던 프랑스의 화공기술자인 프랑수아 크와네François Coignet도 역시 국가사회주의자 *Saint-Simonian*였는데, 생산 수단이 부르주아나 자본가 계층의 손에만 집중되어서는 안 되고 가능한 한 사회 전반에 널리 퍼져야 된다고 믿었다. 그는 콘크리트가 이런 일을 이루어낼 수단이 될 것이라고 기대했다. 콘크리트에 호의적인 크와네의 주장은 분명히 구세주 같은 것이었으며, 콘크리트로 값싸고, 쾌적하며, 단열 처리가 잘 되는 주택을 건설할 수 있고, 곡물과 그 밖의 농산물들을 말리고 해충이 없는 저장시설을 만들어줌으로써 농촌생활을 변화시킬 것이라고 믿었다; 도시에서는 콘크리트가 쾌적한 내화 耐火 주택을 마련해줄 것이며 상수도관과 하수도관을 콘크리트로 만들면 건강을 개선시킬 것이라고 믿었다. 크와네는 콘크리트가 '건설기술에도 큰 공헌을 했을 뿐만 아니라, 사람들의 안전, 삶의 질, 건강, 도덕성을 향상시킬 것이다.'라고 주장했다.[5] 크와네의 전망에 결정적이었던 것은 콘크리트는 어떠한 인부들도 고품질의 시공을 감당할 수 있을 것이라는 점이었다. 콘크리트와 사진 간의 유사성을 설명하면서, 크와네는 '건설과 새로운 공정 간의 관계는 마치 필기와 인화 간의 관계와 같은 것으로, 판화 제작, 평판 인쇄, 그리고 사진처럼 예술의 대중화라는 경향이 있으며, 보통 사람들도 건설 사업에 손을 댈 수 있게 한다.'라고 기술했다.[6] 제약에서 풀린 기술들을 더 잘 확산시키기 위해, 그는 '군대는 귀향하는 병사들이 농사에도 도움이 되어 그들에게 명예롭고 유익한 직업을 수행하는 수단을 안겨주는 이 분야의 창시자가 되어 달라고 그들에게 당부해야 한다.'라고 제안했다.[7]

콘크리트 공사의 노동 대비 이득을 알아낸 사람은 크와네의 또 다른 동료인, 영국인 앤드류 피터슨 Andrew Peterson이었다. 인도의 캘커타 Calcutta에서 대법관직을 맡았던 피터슨은 1868년 햄프셔 Hampshire 지방의 스웨이 Sway라는 마을로 돌아와 땅을 샀다. 영국에 돌아온 지 얼마 안 되서 그는 심령론을 알고 나서부터, 콘크리트에 끌린 선지자, 종교적 기인, 괴짜, '국외자'의 긴 대열의 앞자리에 앉게 되었다―이 부류에는 루돌프 스타이너 Rudolf Steiner, 팍퇴르 쉬발 Facteur Cheval, 펜실바니아 주의 도일스타운 Doylestown에 있는 모라비안 Moravian 도자기 공방의 헨리 머서 Henry Mercer, 아리조나 주의 파올로 솔레리 Paolo Soleri의 아콘산티 Arconsanti와 같은, 그 외에도 많은 인물들이 있다.[8] 피터슨은 방이 40개나 딸린 널찍한 저택을 스스로 지었고, 그 지역의 일이 없는 농장근로자의 노동력을 동원하여 모두 무보강 콘크리트로 외양간, 돼지우리, 탑 따위들을 지었으며, 고용인들을 위한 주택들과 많은 건물들도 지었다. '그 땅의 소유주는 스스로 건축가였고, 모든 공사는 그가 직접 개인적으로 관리하고 감독했으며 그 지역에서 동원된 미숙련 인부들이 일을 해냈다.'라고 유심론주의 잡지인 「매체와 여명 *Medium and Daybreak*」지가 소개했다.[9] 그곳에서는 모든 것이 콘크리트로 만들어졌다: '어느 곳에서도 석공이나 벽돌의 흔적은 보이지 않았다. 연못, 수로, 대문 기둥, 계단, 정원 울타리, 헛간, 심지어는 정원사가 화초를 담아 올려놓

앤드류 피터슨이 설계하여 세운 탑.
스웨이 햄프셔, 1879-86. 인근 농부들을 동원하여 건설했다.
(크리스토퍼 렌 경이 도와주었다)

는 테이블까지도 모두 콘크리트로 만들어졌다.' 피터슨은 가난한 사람들을 위하여 고용을 창출하는 데 자신의 넘쳐나는 재산을 그들 스스로의 상황을 개선할 수 있는 방식대로 써야 한다는 의무가 있고, 이런 일을 이루는 수단으로서 콘크리트 건설이 적당하다고 믿었다. 「매체와 여명 *Medium and Daybreak*」지에 따르면, 피터슨의 원칙은 '지역의 기능공들을 독려해서 전문가들에게 들이는 비싼 인건비를 피하고자 했고, 멀리서 숙련 기술자를 부르지 않고, 지역 주민들에게 그들이 공을 세우고 자신들 처지를 더 낫게 해줄 수 있는 기회를 주겠다.'라는 것이었다. 피터슨은 인부들에게 매주 14실링을 지급했다. 이 금액은 그 당시 농사 임금보다 2실링이나 많았기 때문에 지역의 농부들을 화나게 했지만 무직자들에겐 큰 도움이 되었다. '사업의 결과로, 그 지역 임금은 상당히 올랐지만, 구빈세는 기분 좋게 떨어졌다.'라는 보도가 있었다. 그의 작품 중 뛰어나게 주목할 만한 것은 1879년에 착수해서 1886년에 완성된 탑이다. 이 탑은 높이가 65m나 되어 그 당시 세계에서 가장 높은 콘크리트 구조물이었다. 그 탑은 피터슨 자신의 공법과 설계로 세워졌다. 크리스토퍼 렌Christopher Wren경의 정신에서 나온 지침을 따라 지역 인부들을 고용하고 삯일에 따라 임금을 지불했다(인부 두 사람이 함께 거푸집을 45cm 올릴 때마다, 2일 작업량으로 인정을 받아서 10실링을 받았다). 탑을 올린 궁극적인 목적은 모호하지만 ―피터슨은 심령 요법을 위해 탑을 이용할 생각이었으며, 1906년 그가 죽은 후에 그의 유골은 탑 아래에 묻혔다―그 탑의 실제 존재이유 *raison d'etre*는 작품을 만들어내려는 것처럼 보인다.[10]

콘크리트 덕분에 건설공사 경험이 없는 사람들도 건설근로자로 일할 수 있었기 때문에, 크와네와 피터슨에게도 고용구조를 바꾸는 방법이 생겼다. 1950년대에는 리우 데 자네이로의 빈민에서 캘리포니아 사막의 실업자에 이르기까지 전 세계 수백만 명의 사람들이 콘크리트 덕분에 자가 건설업자가 될 수 있었을 것이다. 전 세계 많은 사람들 손에 효과적인 건설 수단을 쥐어주었다는 점에서, 콘크리트의 가치는 궁극적으로 가장 위대한 선물로 여겨질 수 있을 것이다.

건설산업에 대한 콘크리트의 영향을 되돌아보면, 누가 최초로 콘크리트 건물공사를 했을까라는 의문이 생긴다. 우리는 안타깝게도 어떤 부류의 사람들이 동원되었는지 모르며, 콘크리트를 만드는 인간 차원의 거의 모든 역사도 알지 못한다. 다음에 이어지는 개략적인 서술 내용을 보더라도 이 모든 건설 양상에 관해 잘 알지 못하고 있음을 알 수 있다. 철근콘크리트 공사가 1890년대에 시작했을 때, 노동력은 일반적으로 기존의 건설노동자—석공, 미장공, 벽돌공—중에서 아무도 오지 않았고, 그 대신 완전히 새로운 직종이자 그 일에 종사하는 사람들 대부분은 기존의 어떠한 기능 훈련도 받지 않았다. 철강건설공사에서는 이전에 1차적 재료생산자와 있었던 연결고리도, 콘크리트 공사에는 전혀 없었다. 철강공사라면 현장에서 부재를 조립하고 세우는 인부들 대개가 고용인들이거나 재료를 제공한 제철소나 주물공장과 관련된 사람들이었다. 콘크리트 건설공사에서 시멘트와 철근 같은 원자재를 생산하는 회사들은 대체로 건설공사에 인력을 제공하지는 않는다. 그러한 증거를 보면, 철근을 조립하거나 콘크리트 타설에 고용된 인부들은 기존의 기능공 중에서 데려온 사람도 아니고 철강생산업자로부터 데려온 사람도 아니었음이 드러나고 있다. 그렇다고 그들이 어디서 왔는지 잘 모른다. 그리고 시모네가 언급한 것처럼, '그들의 과거는 뒤죽박죽이다.' 1900년경 거의 모든 콘크리트 공사의 명분은 노동요소를 무시한다는 것이었다. 콘크리트에 관한 최초의 핸드북은 가끔은 아주 상세하게, 관련된 여러 가지 공정으로 그 공사를 묘사하고 있지만, 현장에서 공사의 실제적인 조직과 지휘에 대해서는 분명하지 않다. 노동은 완전히 추상적인 것으로 존재하고 있으며, 분리된 작업의 이름을 통해서만 알려지고 있을 뿐이다. 엔느비크의 건설현장 사진에 보이는 인부들이 어떤 배경과 경험을 가졌는지 우리는 알 수가 없다.[11]

엔느비크의 영국인 대리인인 무첼 L.G. Mouchel 의 말에 따르면, 콘크리트 인부가 되기 위한 요건은 그다지 까다롭지 않았다. 그가 설명한 바와 같이, 엔느비크 시스템은 이러했다:

> 보통의 지적 수준이 있는 어떠한 인부도 일을 배울 수 있고 아주 짧은 시일—나는 시간이라고 말하려 했다—안에 숙달된 인부가 될 수 있다. 따라서 철근콘크리트의 약점 중 하나가 숙련된 노동력이 필요하다는 것으로 알고 있다면, 그 말을 믿지 말아야 한다. 엔느비크 시스템에 관한 한, 적어도 그렇지 않다; 그리고 확실히 그 문제에 관해서 당당히 말할 수 있는 이유는, 나는 내 스스로 철근콘크리트를 이 나라에 도입했을 때 내 스스로 인부들을 양성해야 했기 때문이다. 내가 인부들을 훈련시켜 공사 현장의 여러 공정에 배치하는 데에는 그다지 많은 시간이 걸리지 않았다…[12]

그러나 무첼의 서술은 조금은 솔직하지 못했다. 엔느비크의 건물을 지었던 시공업자들은 분명히 현지에서 모집한 미숙련 인부들을 고용했지만, 엔느비크 조직은 또한 경험 많은 떠돌이 십장을 그대로 두었고 그 십장이 하는 일은 콘크리트건물의 시공방법에 대해 시공업자들을 교육시키는 것뿐이었다. 이런 지식도 없다면 엔느비크 시스템은 그저 의미 없는 작업지시 목록집에 지나지 않았기 때문이다. 초기 엔느비크 공사 중 낭트Nante에 있는 건물 공사에, 엔느비크는 지역 대리인에게 '이제 나는 우리에게 최상의 일거리를 주게 될 현장소장들을 정했다.'라고 편지를 썼다.[13] 무첼이 지은 영국의 엔느비크 건물 공사에, 프랑스 사무소는 프랑스인 현장소장과 십장들을 동원하여 그 공사를 감독하고 공사가 잘 끝나도록 지원했다. 영국에서 엔느비크의 최초 공사였던 위버Weaver 공장은 1897년 스완시Swansea에 프랑스 시공업자가 프랑스 감독을 두고 지어졌으며, 1904-5년에 세워진 맨체스터Manchester 조선소에 다섯 동의 창고 공사 현장에는 현지에서 고용한 400명의 인부들이 있었고, 현장소장과 목공, 그리고 콘크리트작업 십장은 엔느비크가 다시 보낸 프랑스인이었다.[14] 하지만 이런 조치에도 불구하고 공사의 품질은 그다지 높지 않았던 것으로 보였다. 1984년에 위버 공장을 철거했을 때, 콘크리트에는 구멍이 많았고 다짐도 불량하며 골재도 고르게 분포되지 않았음이 드러났다. 콘크리트 강도는 시멘트 함량을 비정상적으로 높여서 겨우 얻어진 것이며, 이것은 아마도 엔느비크가 질 낮은 기술 수준을 염려하여 지시했던 것 같다.[15] 거의 다 미숙련 인부들로 건물을 지을 수 있다는 엔느비크와 무첼의 주장은 반쯤은 맞는 말이다. 미국의 건축가 알버트 칸Albert Kahn은 자신의 가족이 경쟁상대 회사인 트러스트 콘크리트 스틸Trussed Concrete Steel 회사의 공법과 연루된 사건에서, 솔직히 객관적인 증인이 아니었지만, 엔느비크 공법은 '복잡했다.… 그리고 미국의 과도한 노임 때문에, 여기서는 오히려 비현실적인 것으로 밝혀졌다.'라고 나중에 주장했다.[16] 적어도 미국의 콘크리트 건설 공법과 비교해보면, 엔느비크 공법은 비교적 숙련된 노동력에 의존했던 것으로 보인다.

그러나 엔느비크 공법이 드러낸 것은 순수하게 육체적인 요소에서 숙련된 정신적 건설 업무를 분리한다는 것이 콘크리트 건설에서는 어느 정도까지 가능할 것일까라는 것이었다. 노동을 그런 식으로 구분한다는 것에 콘크리트가 제공했던 기회는, 노동이라는 관점에서 정말로 콘크리트를 다른 재료들과 구별하여 콘크리트 공사를 여타 건설 공정과 확실히 다르게 했다는 것이었다. 다른 어떤 건설 수단도 노동의 육체적 요소에서 정신적인 요소를 만족스럽게 분리하지 못했다. 강제로 동원된 노동력과 관련된 사건을 콘크리트 역사에서 가장 수치스러운 부분으로 남게 했던, 콘크리트의 이런 특징은 강제노동에 아주 잘 들어맞는 것이었다. 초기 콘크리트 토목공사 중의 하나였던, 1833년부터 7년 동안 알제이^{Algiers} 항구 확장공사에는 $10m^3$ 콘크리트 블록이 사용되었는데 군인 죄수들이 동원되었다. 1916-17년에 서부전선에서 독일의 콘크리트 방호시설 공사는 러시아 전쟁포로들이 지었고, 소련에서는 1930년대부터 1950년대까지 죄수노동력을 광범위하게 건설공사에 투입했으며(1935년에는 건설인부의 30%가 죄수들이었다), 스탈린이 제창한 운하와 고속도로 같은 기반시설의 상당 부분은 강제 수용소에서 온 인부들로 건설되었다. 제2차 세계대전 중 유럽 전역에 독일군의 콘크리트 방호시설 공사는 거의 다 강제로 동원된 노동력에 의존했다; 전쟁이 끝날 무렵, 러시아 정부는 독일군 장교에게 에스토니아의 탈린과 레닌그라드 간의 새 콘크리트 도로를 건설하는 현장으로 포로들을 보내달라고 요청했다.[17]

　강제 동원된 노동력을 사용한다는 것이 바로 얼마나 쉽게 콘크리트 건설공사에서 순수하게 육체적 요소를 공사의 정신적 요소에서 분리시킬 수 있는지를 보여준다면, 같은 논리가 임금을 받는 노동자의 조건에도 적용된다. 다른 건설공정에서는 전통적인 기능공들이 공사의 구성조직과 품질 보장의 상당부분에 대해서 관리능력을 지키고 있었지만, 콘크리트 공사에서 이런 요소는 거의 현장작업 인부의 손에서 떠나 현장 감독관과 기술자의 손으로 넘어갔고, 오늘날까지도 계속되고 있는 업무이다. 다른 건설공법에 비해서 콘크리트 공사가 비교적 저렴했던 이유는, 적어도 20세기 초반에는 철근콘크리트 공사 현장에서 구한 미숙련 노동력의 비율이 높았다는 데 있다. 1917년에 모리츠 칸^{Moritz Kahn}이 철근콘크리트골조 공장건설 공사비를 방화 처리된 철강재로 짓는 공장건설 공사비의 87%인 것으로 산정했는데, 그러한 절감액의 상당한 부분은 틀림없이 미숙련 노동자에 대한 숙련 노동자의 비율 차이에서 생긴 것일 것이다.[18]

　그래도 전체적으로 고려해본다면, 콘크리트 건물을 짓는 데 관련된 작업들은 다른 어떠한 공법으로 짓는 건물공사에서 요구하는 만큼 숙련공이 필요하며, 이런 점에서 숙련공이냐 미숙련공이냐의 문제는 무관한 것이다. 차이가 있다면, 콘크리트 건설공사에 고용된 다양한 사람들 간에 숙련공들이 얼마나 잘 배분되어 있느냐에 달려있다. 다른 건설공정에 관한 것보다 더 큰 정도로, 콘크리트 공사에는 숙련기술의 요소가 소규모 집단의 전문가들에게 집중되어 있으

1944년 독일의 브레멘-파아지의 U-보트 벙커 공사에 강제 동원된 죄수들

며, 육체노동자 집단에서 분리되어 있다. 건설재료 중 독특하게 노동을 따로 떼어서 구분하는 것에 콘크리트가 기회를 제공했고, 앞으로 알게 되듯이, 1900년대 초기에 콘크리트를 과학적으로 관리하는 새로운 교육훈련에 매료되는 원인이 되었다.

그럼에도 콘크리트에 대한 평판은 콘크리트 공사는 낮은 수준의 기술이라고 폄하하는 정도였다. 종전 후 영국에서 콘크리트의 불량한 품질에 대한 불평들이 많았고 대체로 콘크리트 인부들의 수준 낮은 작업 솜씨 때문이라고 탓했다. 1962년 런던 시의회 건축 분과가 준비한 책자에 '노출콘크리트 현장 마감 품질은 곳에 따라 상당히 차이가 있으며 때로는 유감스러운 점이 많다.'라고 기술되었다. 그 원인은 부분적으로 건설기술 등급에서 콘크리트공의 처지가 낮은 데에도 있으며, 아마도 목공, 벽돌공 또는 미장공과 같은 오랜 전통이 있는 기능이 없이 비교적 최근에 생긴 직종이기 때문이며, 이미 알고 있는 바와 같이, 엄밀하게 보면 콘크리트 개척자들이 초기에 활용했던 기능 장인들을 고용하는 일에 소홀했기 때문이다.[19] 다른 기능 공종에서 콘크리트 공종을 따로 분리하는 일이 1966년의 조사에서 확인되었다. 이 조사에서 콘크리트공과 철근공은 거의 공식적인 훈련을 받은 적이 없고 대개는 굳이 그렇게 부른다고 해도, 그들이 콘크리트 공사에 들어오기 전에는 잡역부였음이 밝혀졌다.[20] 건설산업분야에서 청결은 일반적으로 권위를 상징하기 때문에, 많은 나라에서 콘크리트 공사는 대체로 지저분한 작업이며, 건설기능 등급에서 맨 아래로 밀려나 있었다.[21] 시멘트와 콘크리트 업자들은 매끈한 외모와 반짝거리는 안전모를 착용하여 '기술자'인 양 콘크리트 작업인부에게 보여주기를 좋아하지만, 현실은 특히 건설기능조합이 강한 나라에서는 콘크리트 공사의 미숙련 지위를 유지하는데 유리한 점이 있다는 것이다.

1950년대와 60년대에 기술이냐 아니냐에 대한 논쟁에서 거칠게 마감된 콘크리트에 대한 '야수주의' 유행과 함께 특별한 건축학적 현상을 다루었다. 다듬어지지 않은 표면은 '기존'과 관련 있음을 상징하는 것으로 의미를 갖지만, ―현대의 건축 현장에서 제기되는 기술의 부족―야수주의 건축의 거칠음은, 건축가들이 잘 알고 있듯이, 일반적으로 높은 수준의 작업 솜씨가 요구되었다. 1961년 영국에서 작성된, 거친 널빤지로 마감된 콘크리트에 관한 설계 노트에서 '공사 시방에서 "거칠다"라는 단어의 사용은 아마도 필요한 것에 대한 잘못된 생각을 연상시킨다. 그 질감은 거칠어야 하지만, 거푸집과 콘크리트 자체의 기준은 "거친" 공사와는 아주 동떨어진 최고의 수준이어야 한다.'라고 적시했다.[22] 1951년부터 1955년에, 파리 교외의 뇌이

쉬르센^{Neuilly-sur-Seine}에 르 코르뷔제가 설계한 메종 자울 *Maisons Jaoul*의 공사는 이런 건축적 효과의 모순점을 실증한 것이었다. 의도적으로 어지럽힌 벽돌공사는 경험이 많은 벽돌 전문공인 사라디니아^{Sardinia} 사람인 살바토레 베로토치^{Salvatore Bertocchi}와 계약했고, 르 코르뷔제는 그와 함께 이전부터 작업을 했었고, 그도 르 코르뷔제의 '피곤함 *mal foutu*'에 대한 욕심을 충분히 이해했다. 그렇지만 콘크리트 공사는 일반 종합도급업자가 담당했기 때문에, 건축가에게 인부들에 대한 직접적인 관리권한을 주지 않았다. 일차적인 수준에서 콘크리트는 받아들일 수 없을 정도로 거칠었다. 그것을 보상하려고, 한 단계 높은 수준에서 더 잘하려고 노력했지만, 현장건축기사는 그들을 몹시 나무랐다.: '다른 것들보다 거푸집을 더 잘 만들어내서 뭔가 학구적으로 얘기하려 했구나… 그런 건물의 건축은 극도로 단순하다는 것을 알려 주겠네: 콘크리트는 거칠게, 큰 벽체는 커다란 벽돌로 그냥 하게나.' 1953년 그 집들을 방문한 젊은 제임스 스털링^{James Stirling}은, 사다리, 망치, 그리고 못만 갖춘 알제리 노동자를 이용해서 '미숙련 인부들이 손으로 지은' 것이라고 완전히 속았고 실수로 믿게끔 되었다.[23] '야수주의'라는 것이 미숙련 노동력의 신화를 유지시키는 방법이라고 의도된 것이라면, 그것은 예외적으로 높은 수준의 숙련기술에 의존한 것이었다.

거푸집 작업은 기술수준을 의심하지 않았던 콘크리트공정 중 특별한 부분이다. 콘크리트가 생긴 19세기 이래 거푸집 작업은 숙련된 기능공들 없이는 불가능한 콘크리트 공사의 한 과정이었고, 이런 점이 콘크리트는 건설의 '대안적' 양상을 나타낸다는 주장을 위태롭게 하기 때문에, 콘크리트를 옹호하는 사람들은 일반적으로 공사의 이런 요소에 대해여 아무런 언급도 하지 않았다. 거푸집 목공 작업은 콘크리트 공사비용에서 형태의 복잡성과 마감의 요망 수준에 따라 다양한 요소를 보인다. 1900년대 초기 미국에서는 어떠한 정교한 공사에서도 거푸집 공사비는 콘크리트 비용보다 높은 것으로 인정되고 있었으며, 일반적으로 콘크리트 공사 지출 항목에서 가장 큰 단일 항목이었다.[24] 이것은 자연스럽게 시스템의 발전으로 이어져 거푸집 제작이 합리화되고 단순화되었다. 그러나 높은 품질이 요구되는 공사에서는 여전히 중요한 지출 항목으로 남아 있었다. 건설기능 측면에서 보면, 거푸집 목공은 일반적으로 목공 부문에서도 특별한 분야이며 목공일에서 중요한 몫을 차지하고 있었다. 1960년대 중반 영국에서 대목장이와 소목장이의 20%는 오랫동안 거푸집 제작 전문가였다.[25] 거푸집 목공일은 특별한 기술을 필요로 하지 않는 콘크리트 공사에서 아킬레스건이었다.

콘크리트와 체계적 관리 Concrete and Scientific Management

체계적 관리 분야를 연구하던 사람들이 콘크리트를 보고 나서 그것에 완전히 매료되었다. 체계적 관리는 1880년대 미국에서 프레드릭 테일러Frederick Taylor의 공장작업에 관한 연구에서 비롯되었는데, 모든 업무수행에서 '가장 좋은 한 가지 방법'을 찾는 것이 목표였으며, 근로자들에게 가르쳐서 근로자의 생산성과 회사의 이익을 올리기 위한 것이었다. 체계적 관리 운동 분야의 선도적 인물 중 서너 사람은 콘크리트와 관련된 이력을 가지고 있다. 동작 연구의 선구자인 프랭크 길브레스Frank Gilbreth는 단번에 영국까지 사업을 확장하여 시초부터 성공한 이스트코스트East Coast사를 운영한 도급업자였다.[26] 길브레스가 했던 공사 중 사무실과 발전소를 포함한 많은 대형건물들은 콘크리트로 지어졌다. 길브레스는 조직 관리에 집착하는 편이어서 이미 직원용으로 한 질의 표준작업지침서를 준비해서 1907년『현장관리 *Field System*』라는 책자를 발간했다. 곧이어 1908년『콘크리트 관리 *Concrete System*』라는 책자를 발간했고, 이 책에서는

콘크리트 골조 사무실 건물 공사 현장. 목재 거푸집을 나르고 있다. 1907년 뉴욕. 프랭크 길브레스가 시공했다.

콘크리트 건물에 대한 공사절차를 마련했다. 같은 시기에 테일러는 콘크리트에 관심이 있어서 1905년 콘크리트 기술자인 샌포드 톰슨^{Sanford Thompson}과 공동으로 집필하여 첫 번째 출간한 책이 『콘크리트 논총 *Treatise on Concrete*』이었다. 그로부터 6년 후 그의 가장 유명한 저서인 『체계적 관리의 원칙 *Principles of Scientific Management*』(1911)이 출간되었다. 체계적 관리기법이 유럽에 도입되었을 때, 프랑스에 테일러방식^{Taylorism}을 소개한 사람은 또 다른 콘크리트 전문가인 기술자 피에르 쿠로드^{Pierre Couturaud}였다.[27] 길브레스의 『콘크리트 관리』, 테일러와 톰슨의 『콘크리트 논총』, 그들의 후속작인 『콘크리트 공사비 *Concrete Cost*』(1912)와 같은 책들은 이전에도 이후에도 타의 추종을 불허할 만큼 놀라울 정도로 상세하게 콘크리트 건설공사의 전체적인 작업 단계를 정리한 것이었다.

그 당시 콘크리트 제작에 관련된 하나하나의 업무를 아주 잘게 쪼개놓고, 그 일을 마치는 데 걸린 시간을 재본 사람은 아무도 없었다. 테일러와 톰슨의 목적은 콘크리트 건설공사의 비용을 계산하는 데 신뢰할 만한 수단을 만들어내는 것이었으며, 그들은 첫 번째 저서에서 콘크리트 단위체적당 재료비와 인건비로 산출된 것들을 1일 비용으로 환산하여 제시했다. 이런 근사적인 방법에 만족하지 못하고, 두 번째 저서인 『콘크리트 공사비』에서는 현장의 공정에서 일어나는 모든 동작들의 시간을 측정해서 훨씬 더 철저하게 분석했다. 시멘트 작업에 대한 것으로 아래의 표에는 테일러와 톰슨 방법이 얼마나 꼼꼼한 것인지 그들의 생각이 잘 드러나 있다; 이 표는 콘크리트 배합과 운반의 모든 단계를 144개 항목의 작업으로 분류하여 각 단계마다 시간을 기록한 표의 일부이다:

순서	동작 항목	보통 사람			빠른 사람
		순 시간(분)	지연율(%)	실제 시간(분)	순 시간(분)
56	시멘트 포대 끈 자르기	0.11			
57	시멘트 포대 60cm 이동	0.08			
58	깔대기에 시멘트 붓기	0.12	50	0.20	0.09
59	시멘트 포대 어깨에 메기	0.30	50	0.45	0.21
60	30m 운반 후 되돌아오기	1.18	30	1.53	0.83
61	더미에 시멘트 포대 쌓기	0.05	50	0.08	0.03

배합 중에 수행되기 때문에 어떤 항목들은 빠진다.
(테일러와 톰슨 저. 콘크리트 공사비(1912) p.421 표 62. 단위 동작 시간)

이 표에서 '순 작업시간은 휴식이나 다른 정지 동작을 허용하지 않고 연속적인 작업에 적용된다. 지연 비율은 휴식, 정지, 그리고 보통 일의 작업에서 발생하는 지연 상황을 포함하고 있다. 실제 시간은 휴식과 지연 상황을 포함한 것이다.' '보통 사람'과 '빠른 사람' 간의 차이는 다음과 같이 설명하고 있다. '보통 사람은 정상적인 도급 일의 조건과 인부에게 적용되며 빠른 사람은 예외적으로 좋은 도급 조건 하에서 작업하는 사람들에게 적용되나 개별 일에는 적용되지 않는다.'[28]

이런 종류의 표는 수백 가지가 있다. 중간 값을 계산하는 도표뿐만 아니라 콘크리트 작업 중 상상할 수 있는 모든 동작을 망라한 것들도 있다. '보통 사람'과 '빠른 사람'들을 전반적으로 구분하는 것 말고도, 굳지 않은 콘크리트와 관련된 업무마다 그들은 콘크리트 배합비가 다른 경우에 대해서도 서로 다른 시간을 제시하고 있다. 테일러와 톰슨은 그들 스스로 콘크리트 작업에만 제한시키지 않았으며, 철근고정 작업, 한 단계 더 어려운 거푸집 제작 같은 일에도 동작시간을 제시하고 있다. 길브레스는 대체로 거푸집 문제를 피했고, 거푸집 작업은 가장 큰 공사비 항목을 나타낸다고 단순히 알고만 있었다. 거푸집 공사의 단계별 특성은 어림짐작과 경험의 조합에 따른 예외적인 것들을 산정하기가 어려웠기 때문이었다. 그렇더라도 테일러는 이것으로는 만족하지 않아서, 현장을 가로질러 정해진 거리만큼 크기가 다른 목재를 이동하는 단순한 동작에도 시간표를 마련한 것처럼, 톰슨과 함께 기둥, 보, 벽체, 그리고 슬래브와 같은 모든 크기와 치수가 측정 가능한 부재의 거푸집 작업 시간을 제시했다.

테일러와 톰슨의 표를 보면, 어떠한 콘크리트 공사든지 노동시간과 비용을 산출하는 것이 이론적으로 가능했다. 또한 그들은 각기 크기가 다른 현장에서 시설과 장비의 자본, 그리고 관리 비용에 대한 가치를 제시했다. 이전 건설 산업분야에서 견적일은 과거의 경험을 근거로 하여 이루어졌으나, 건설 현장에서는 어떠한 경우에도 두 가지 일은 똑같지 않기 때문에 이런 일은 늘 어느 정도의 어림짐작이 포함된다. 테일러는 다음과 같이 설명했다;

비용 산출을 위한 더 정확한 계획은 이 책에서 채택된 모든 종류의 작업을 일련의 소단위 작업으로 분류한 다음, 각각 단위시간들을 측정하고 기록하여, 마지막으로 새로운 작업 비용을 추정하는 데에 적절한 단위 시간들을 합산하는 방법이다. 이런 방법은 이 나라의 공학기술과 제조시설에 필요한 대규모 기계공장 건립에서 수년 동안 성공적으로 실행되었음에도 건설공

사에서는 새로운 것이다.[29]

테일러가 밝힌 바와 같이, 그의 목적은 건설업을 모든 인력 작업이 관리 측면에서 가시적인 제조업처럼 만드는 것이었다. 어떻게 작업을 끝냈고 일을 하면서 시간을 얼마나 보냈는지를 개별 공종에 따라 결정되는 수공업 기반의 산업 대신에, 테일러와 길브레스는 제조업에서 이미 했었던 것과 같은 방식으로 건설업을 다루고 싶어 했다. 모든 건물 공사마다 독특한 특징 때문에, 관리자가 모든 작업 공종에서 자체 결정과 자체 조직의 요소를 제거하기가 늘 어렵게 되었으며, 이런 까닭에 건설공사는 제조업에서 확립되었던 기준에 결코 완전하게 따르지 못했다. 테일러와 길브레스는 이것을 바꾸고 싶어 했고, 그럼으로써 제조업이 이루었던 것처럼 효율적인 건설산업을 이루고자 했다.

그들이 콘크리트에만 관심이 있었던 것은 아닐지라도—벽돌공도 그들이 연구했던 공종이었다—어떠한 유형의 건설공사도 체계적 관리 분야에서 콘크리트만큼 철저한 주목을 받지 못했다. 콘크리트는 그 당시 아주 새로운 것으로서, 기껏해야 10년 정도의 경험밖에 안되었고, 아직도 진화하는 중이기 때문에, 그들의 해석 방식에 자리 잡을 만큼 축적된 전통이나 공사 실적도 많지 않았다. 게다가 거푸집을 짜는 목공을 빼고는 거의 모든 현장 근로자는 미숙련 인부들이었는데, 미국 동부에서는 주로 이탈리아 이주민들이었다. 그래서 훨씬 더 유연하게, 그들이 작업하는 중에 간섭을 해도 그다지 저항하지 않았다. 따라서 콘크리트는 체계적 관리라는 관점에서 보면, 건설업에 대한 체계적인 원칙들을 적용해서 건설업을 '현대적인' 산업으로 탈바꿈하는 데 가장 유망한 매체로 되었다. 한 프랑스 기술자는 1918년 자신의 글에서 어떻게 하면 '현장의 노동력이 공장의 모든 외형적 모습을 습득하는지'를, 체계적 관리 기법을 적용함으로써 역설했다.[30] 그러한 일은 환상이었으며, 많은 건축가들이 몰두했던 것이었다. 1924년 르코르뷔제는 그가 가장 열정적으로 일했던 기술관료 시절에 '철근콘크리트가 생기기 전에는 집 한 채 짓는 현장에 모든 건설공종들이 다 있었다. 철근콘크리트가 생기고 20년이 지난 후 우리는 현장에 단 하나의 건설 직종만 있는 꿈을 꿀 수 있다: 바로 마송 maçon (프랑스 말로 '콘크리트 공, 석공'이라는 뜻이다)이다.'라고 말했다.[31] 전쟁기간 중 미국뿐만 아니라 유럽에서도 테일러와 톰슨의 첫 번째 저서가 1910년 프랑스어로 번역되었고, 1922년에는 『콘크리트 공사비』

가 프랑스어로 출간되었다. 체계적 관리가 상당히 흥미를 끌었음에도 그들의 방법이 건설현장에 큰 영향을 주었다는 증거는 거의 없다. 체계적 건설이 등장하면서, 1950년대에 건설업이 공장으로 이동되기 시작하던 시기에 이르자, 체계적 관리방법이 거의 신뢰를 잃었고, 이른 바 '인간관계 Human Relation'라는 관리과목으로 대체되었다; 중요한 것은, 1950년대에 강조했던 콘크리트를 공장에서 만드는 것으로 전환하는 것의 장점은 테일러화 Taylorization에 대한 기회와는 관련이 없고, 오히려 만족해하는 노동력의 유지와 기술의 단순화와 관련이 있는 것이었다.[32]

콘크리트 건설에서 테일러와 톰슨의 노동에 관한 해석에는 콘크리트 건설의 인간성에 관해 아무 언급도 없었다. '콘크리트 배합 인부들의 십장은 그다지 유식할 필요가 없다.'라든가 '이탈리아 사람들은 콘크리트를 잘 비비고 잘 나른다.'라는 것을 지켜보는 것과는 별개로, 그들은 과거의 경험이나 공사를 해 나갈 인부들의 소속단체와 기대에는 전혀 관심이 없었다.[33] 테일러와 톰슨이 보기에는 노동은 한 단위의 비용으로서 추상적인 것이며, 감지할 수도 없게 완성된 제품에 묻히는 것이었다.[34] 콘크리트와 함께 각각 개별적인 인부들의 노동은 아무런 흔적도 남기지 않으면서 전체라는 연속체로 녹아들어갔기 때문에, 콘크리트는 스스로 이런 유형의 분석에 잘 떠맡겨졌다. 전통적인 건물에서는 기능 장인들이 애를 쓴 흔적이 남아 있지만, 콘크리트에서는 이런 것들이 시야에서 사라졌다; 이 점에서 콘크리트는 제조업과 아주 가까이 닮았으며, 그 안에는 체계적 관리에 대한 콘크리트 매력의 일부가 남아 있다.

전문가 Experts

콘크리트는 다른 건설공법보다 인부들의 솜씨에 의존하는 정도가 덜한 편이기 때문에, 건설 분야의 기능 장인들이 다른 분야로 자리를 옮기는 것은 당연한 결과이다. 콘크리트 때문에 일의 재분배가 생기면서, 여러 분야의 새로운 전문가 집단이 등장하고, 그 중에서 가장 중요한 전문가는 기술자였다. 다른 어떠한 직종보다도 기술자들은 콘크리트의 수혜자가 되었다.

기술자는 콘크리트의 두 가지 특별한 작업을 관리했다. 하나는 구조물을 짓기 전에 했던 작업으로 구조물 설계에 관한 것이고, 다른 하나는 건설하는 동안 품질 관리에 관한 것이다. 먼저 준비 단계에서부터 철근콘크리트는 건설재료 중에서 특별하다. 콘크리트는 물리적인 실체와 완전히 추상적인 수학 공식과 화학 공식으로 이루어진 이중적 특성을 지니고 있기 때문이다. 다른 어떠한 재료에 관련된 것보다 복잡한 작업이 따르는 콘크리트를 만드는 일은 분리된 두 영역을 어떻게 성공적으로 결합하느냐에 따라 품질이 결정된다. 실체 크기의 어떠한 건물이라도 콘크리트로 구현하기 위해서 먼저 그 건물은 콘크리트의 언어로 '번역되어야' 한다. 그 번역 작업은 기술자가 해야 되는 것이었고, 철근콘크리트 공식에 관한 지식과 어떤 구조물의 성능을 미리 계산할 수 있는 능력에 따라 그들의 권위가 인정받았다. 이처럼 특별 전문직은 1890년대와 1900년대 초기에 급속히 발달했으며, 특히 프랑스와 독일에서는 기술자들이 철근콘크리트의 거동을 연구하고, 철근콘크리트 사용원리를 정립하고, 이런 지식들을 적용하는 방법을 학생들에게 가르쳤다. 기술자들이 노동시장에 적응하는 방법은 시간이 지나면서 나라마다 달랐다. 초기에 기술자들은 거의 다 고용인들이었다. 도급자의 고용인이거나 전문기술 사업자의 고용인이었다. 프랑스에서 기술자들은 설계사무소에 고용되었으며, 자신들의 고용주가 지으려고 했던 공사에 관한 도면과 공사시방을 마련했다. 그 연구소들은 처음에는 철강재 건설—에펠 Eiffel은 자신의 회사가 공급한 철강재에 대한 역학계산을 수행해주는 설계사무소를 보유하고 있었다—로 성장했음에도 철근콘크리트로 더욱 유명해졌으며, 그들의 독특한 특성은 상당히 많은 두뇌 노동자들이 공사의 예비 단계에 집중되었다는 점이다.[35] 엔느비크는 콘크리트건설공사의 조직에 관한 많은 일들을 겪어온 것처럼, 설계사무소 운영에서도 혁신자였다. 그 자신이 도급업자가 아니어서, 그의 공법으로 다른 사람들이 건설하도록 면허를 내주어 이익을 얻었지만, 사업의 핵심은 면허소지자들이 지켜야 할 설계도와 공사시방을 마련하는 **설계사무소** bureau였다. 엔느비크의 설계사무소 bureau d'études는 급속히 성장했다. 그 설계사무소는 1896년에 직원 7명으로 시작했으나, 1905년에 63명의 기술자가 있었고, 설계사무소에는 제도사와 타이피스트도 고용되었으며, 파리에 있는 회사 본부에 2개 층을 차지하고 있었다. 1912년에 100명 이상으로 늘었고, 1913년에는 115명이나 되었다. 회사의 대리인 사무소가 파리를 떠나 다른 나라까지 확장되면서, 모두 530명의 기술자가 그 회사에 고용되었다.[36] 엔느비크는 자신의 회사에 고용된 기술자들의 전문성을 빈틈 없이 지켜내었는데, 대외적으로 기술자들의 고용계약에 그들이 그의 회사를 떠난 후 5년 이내에는 다른 회사의 콘크리트 전문가로 일을 할 수 없게 했다.[37] 프랑스 회사와 유사한 고용 계약이 다른 나라에서도 있었다. 미국에서는 콘크리트 도급업자들이 기술자들을 자신들의 설계사무실에 고용했고, 영국에서는 20세기에 가장 유명한 두 명의 구조기술자인 오웬 윌리엄스Owen Williams와 오베 아룹Ove Arup은 각각 트러스콘 Truscon 사무소와 덴마크의 토목공사 도급회사인 크리스티아니 & 닐슨Christiani & Nielson 회사에서 고용인으로 시작하여 자신들의 경력을 쌓아 나갔다. 기술자들과 그들의 고용주들은 '재료만으로는 체계를 이룰 수 없다.'라고 말하기를 좋아했다. 콘크리트 산업에서 기술자의 존재가 필수적이어서 한 미국인 기술자는 '경험 많은 기술자 직원들은 가장 본질적인 특징을 가진 진정한 조직체이다. 구조물 설계는 그러한 특수한 형태를 적용해본 경험이 있는 기술자의 손을 거쳐야만 정확한 형태의 보강 철근을 배치하고 시스템을 구성할 수 있다.'라고 주장했다.[38] 이런 사고방식에 따르면, 철근콘크리트를 정의하는 것은 재료가 아니라 기술자의 존재였다.

콘크리트 규정이 도입되고 특허가 소멸되자 1920년대에 전매제도가 사라지면서, 그들 설계사무소와 설계제도실은 콘크리트 기술자의 유일한 고용주가 아니었고, 다른 계약 조건이 발달하기 시작했다. 어떤 경우에는 건축가들이 기술자들을 고용했다. 오귀스트 페레는 기술자인 루이 젤루소Louis Gellusseau를 고용했고, 이런 유형은 나중에 미국에서는 흔한 일이 되었다. 건축가들이 기술자들을 고용하거나 기술자와 동업하기도 했다. 영국에서는 다른 형태로 나타났는데, 기술자들이 독자적인 컨설턴트가 되었다―오웬 윌리엄스, 펠릭스 사무엘리Felix Samuely, 오스카 파버Oscar Faber, 오베 아룹과 같은 이들이 그 과정을 이어갔다.[39] 일반적으로 철근콘크리트가 건축 미학에 관하여 중요한 결과를 가져왔던 것으로 생각되었음에도 독자적인 컨설턴트로서 기술자들의 존재는 철근콘크리트가 불러온 기본적인 노동의 재구성을 바꾸지는 못했다. 새로운 전문가 집단들은 현장에 머물러 있지 않고, 현장과 떨어져서 자신들의 실력과 기량을 아직 수행되지 않은 작업 공정을 예측하는 데에서 발휘했다.

기술자들이 전담했던 콘크리트 건설공사의 나머지 한 영역은 현장에서 품질을 관리하는 일이었다. 도급업자의 고용인으로서 현장에 현장기술자가 참여하게 됨으로써, 건설 공정에 다른 계통의 전문가가 개입하여, 예전의 구식 공법 중 일부는 기능공들이, 일부는 건축주 대표 또는 건축가가 부담했던 책임을 전문가가 대신하게 되었다. 콘크리트 공사에는 일련의 정해진 시험이 따르게 된다. 갓 비빈 콘크리트의 수분 함량과 재료의 배합비를 나타내주는 슬럼프 시험과, 콘크리트 비빔에서 공시체를 만들어 일정 시간 동안 양생하여 압축강도와 변형을 측정하는 강도시험 등이다. 미국에서는 결함 있는 콘크리트를 찾아내는 이런 절차가 1900년대 초기에 개발되었는데, 처음부터 현장 기능공들이 수행하지 않고, 도급업자가 고용한 대학교육을 받은 기술자들이 시험을 수행했다. 이와 같은 새로운 인력 배치는 재료의 품질에 관한 모든 판단을 현장 인부들 몫에서 빼냈으며, 순수한 단순 작업인 동시에 새로운 직업을 만들어내어 품질관리 업무를 수행하도록 했다. 이런 발전 과정을 상세하게 기술했던 에이미 슬레이톤^Amy ^Slaton은 그런 일에 인종적 편견이 있을 수도 있을 것이라고 생각했다. 콘크리트 인부들은 거의 다 이민자들이었지만, 기술자들은 미국 태생의 백인들이었기 때문이다. 미국인 벽돌공 조합이 자신들의 회원을 위해서 콘크리트 공사에 권위 있는 위치를 확보하려 했지만 그 시도는 실패로 끝났고, 결국 콘크리트 공사 현장을 완전히 미숙련, 비노조원 근로자에게 넘겼으며, 품질관리 업무는 새로운 전문가 집단에게 넘겨졌다.[40]

일련의 반복적인 작업에 대해 프레드릭 테일러와 샌포드 톰슨이 규정한 방식대로 현장 노동을 단순화함으로써 건설 공사비를 줄일 수도 있었지만, 도급업자에게 새로운 전문가 집단이 들어오게 됨에 따라 새로운 부담 비용이 생겼다. 도급업자들이 이런 비용을 받아드릴 준비가 되어 있었다는 것은 적어도 처음에는 콘크리트의 생소함과 관련이 있었지만, 장기적으로는 혹시 어느 것 하나라도 잘못된다면 그들이 명성을 잃게 되는 것을 염려해서, 콘크리트를 비비고 타설하는 데에 실수를 막자는 도급업자의 우려가 있었기 때문이다. 하나는 고도로 훈련된 기술자이고, 다른 하나는 완전히 미숙련 근로자인, 두 계층의 노동자들은 실체이자 개념으로서 콘크리트의 이중적 성격과 일치하는 것이며, 이 이중적인 존재는 교육받은 전문가 집단에 의해 지속적으로 관리를 받고 있다.

건축가 Architects

콘크리트는 기술자들을 격상시켰고 기능공들의 사기를 떨어뜨렸지만, 건축가들에게는 어떻게 했는가? 건물과 관련된 모든 직업들 중 건축가들은 콘크리트가 그들의 지위를 올려놓았는지 아니면 약화시켰는지에 대해 가장 의심이 많은 집단이다. 철근콘크리트가 건축가의 쇠퇴를 불러올 것이라는 애초의 두려움은 근거 없는 것으로 드러났으며, 그것에 대한 생각은 개인의 관점에 따라 달라지지만, 철근콘크리트 때문에 아니면 철근콘크리트임에도 여하튼 그들은 살아남았다.

1850년대 초기에 프랑스에서는 아니었지만, 영국에서는 건축가들이 열성적으로 콘크리트를 받아들였다. 영국에서 콘크리트 건설업은 번창하는 사업이었고 몇몇 유명한 건축가들은 그것을 체험했다. 그렇지만 동시에, 콘크리트의 미적 제약이라는 이유로 처음에는 콘크리트를 꺼려했다. 1878년 영국 왕립건축가협회 RIBA에서 개최된 '건설 기능에서 임금과 작업에 관한 토론'을 주재하던 건축가 조오지 에드먼드 스트리트^{George Edmund Street}는 '건축가들이 석공과 벽돌공 대신 콘크리트와 모르타르로 제약받을 것이었다면, 건축가들은 거의 다 포기했어야 했을 것이다.'라고 발언했다.[41] 스트리트의 관심은 콘크리트가 건축의 표현 가능성을 제약할 것이라는 것이었지만, 누구도 그 당시 그들이 하는 사업에서 부분적인 손실이 생길 것인지, 아니면 그들의 경쟁력을 위협할 것 같다는 두려움을 가진 것처럼 보이지는 않았다.

1890년대에 철근콘크리트가 출현하고 특허로 보호되는 전매제도가 도입되자 그 상황은 갑자기 변했다. 무근콘크리트는 구조적, 역학적 특성이 단순하기 때문에, 건축가들이 설계하는 데 별 어려움을 주지는 않지만, 철근콘크리트는 별개의 문제였고, 그것을 사용하는 전문가들은 그 기술을 개발했던 기업가들에 의해서 철저히 보호되었다. 건축가들이나 기술자들도 철근콘크리트 발전에 전혀 기여한 적이 없었으며, 그들의 직업은 스스로 기업가들에게 종속적인 것임을 알게 되었다. 이미 알다시피, 그 공법의 개발자들이 기술자를 고용했음에도, 회사의 소유주들이 지나치게 소송을 좋아하고 정기적으로 그들의 특허에 대한 잠재적 침해에 대해서 법정으로 가기 때문에, 독자적인 기술자 또는 건축가가 콘크리트건설 사업을 할 수 있었던 유일한 방식은 전문회사로 가거나 자신의 회사를 설립하는 것이었다. 공장과 산업용 건물의 가치가 커지는 분야에서 건축가들과 기술자들의 소외 현상이 특히 두드러졌다. 그 분야에서 몇 개의 전문 회사들 중 특히 엔느비크와 트러스콘은 독자적인 건축가 또는 기술자의 능력을 요구하지 않는 설계와 시공 용역을 제공했다.

전문기술용역회사 소유주가 행사했던 철근콘크리트에 관한 독점권에 대한 해결책은 보편적으로 적용될 수 있는 기준을 설정하는 것뿐만 아니라 그 전문기술용역 회사의 소유주들이 더 이상 콘크리트 건물의 건전성의 유일한 보증인이 되지 않게 하는 콘크리트 공사 규정을 국가가 주도하여 제정하는 것이었다. 그러나 책임은 국가 또는 국가를 대리하는 당국으로 넘어 갔다. 1904년 독일에서 최초로 국가가 콘크리트 공사규정을 제정했으며, 1906년 프랑스가 그 뒤를 이었다. 프랑스에서는 다양한 중앙 국가교육기관과 행정기관의 기술자들이 주도했으며, 과학적인 용어로 구성되었음에도, 이들의 동기는 전문기술 소유주에 맞서서 우위에 서는 것이었다. 엔느비크 같은 회사에서 사용했던 여러 가지 복잡한 경험적 시산법이 아니라 기술자들은 일반적인 이론을 원했다. 국립교량도로학교^{Ecole Nationale des Ponts et Chaussees}의 교수이면서 콘크리트 공사규정을 제정했던 위원회 위원 중 하나였던 샤를 라뷔^{Charles Rabut}는 지적 능력의 문제로서 이슈를 제시했다; '공사규정 제정은 수도 없이 많은 모든 공법이나 계산법들을 단순한 기초적인 이론에서 나온 일반적인 원칙으로 묶는다는 것을 의미했다.'[42] 1906년 그 공사규정이 발표되었을 때, 실험결과─많은 전문 기술 회사, 특히 엔느비크의 고소장─가 도착하기 전에, 기술자가 응력을 미리 계산해야 한다고 주장했다. '저항력 계산은 경험적 절차에 의해서가 아니라 실험 자료에서 도출된 과학적인 방법에 따라 수행되어야 한다.'[43] 이것은 기술자의 승리였다.

영국에서 공사규정 제정의 주도권은 분명히 경제적이고 상업적이라는 이유로, 건축가에게 있었다. 무첼 스스로 1897년 엔느비크의 영국 대리인으로 사무소를 개설해서 1905년 미국에서 트러스콘을 도입할 때까지도 영국의 철근콘크리트 건물의 유일한 도급업자였다. 철근콘크리트로 건물을 지으려 했던 사람은 누구든지 무첼에게 달려갈 수밖에 없었다. 그렇지 않으면 그의 특허 침해에 대한 소송 위험이 있었다. 더구나, 건축가들은 자신들이 설계해서 무첼의 철근콘크리트로 지어진 어떠한 건물에 대해서도 결코 구조물의 안전을 증명할 수단이 없었음에도 법적 책임을 이행하는 골치 아픈 위치에 있었다. 무첼의 독점권과 철근콘크리트를 이용하는 건축가들의 만족스럽지 않은 법적 위치 때문에, 1906년 일단의 건축가들이 독자적이고 편파적이지 않은 철근콘크리트 사용지침서를 제정하기 위해서 영국 왕립 건축가 협회 RIBA의 위원회를 구성했다. 철근콘크리트 때문에 불리한 위치에 몰리게 되었던 건축가들에게는 분명한 의미가 있었다. RIBA 위원회의 위원장은 헨리 태너^{Henry Tanner} 경이었으며, 그는 현장사무실에서 최고 건축가이자 최고위층 정부 건축가였다; 1909년 한 강연에서 태너는 건축가들이 철근콘크리트를 받아들이지 않아서 콘크리트 전문 회사들이 건물의 모든 구조 요소와 외관 요소들의 관리를 맡게 되면, 그들은 실내장식 건축가로 추락될 것을 각오해야 할 것이라고 경고했다. 권위 있는 건축가인 태너가 주장했던 이 말은 심각하게 받아들일 경고였다. 1907년에 발간된 RIBA 위원회 보고서는 법적 지위는 없을지라도, 그 당시 이 보고서를 가진 사람은 누구라도 철근콘크리트 구조설계에서 자신 있게, 어떠한 특별한 특허기술에 의지하지 않고, 독립할 수 있을 것이라는 말을 들었다. 또 다른 선도 기관인 콘크리트협회가 1908년에 창립되었는데, RIBA 위원회와는 달리, 이 단체에는 건축가와 기술자들뿐만 아니라 전문가 회사들의 대표들도 포함되었음에도, RIBA 위원회처럼 독점 체제에 대해서 방어적인 반응을 보였다.[44]

철근콘크리트로 명성을 얻은 최초의 건축가는 오귀스트 페레였다. 페레의 일화는 종종 회자되고 있지만, 더 이상 반복할 필요도 없이, 그의 경력 중에 주목할 만한 가치가 있는 특징이 있었다.[45] 페레는 건축가로서 교육을 받았음에도 그의 형제들과 함께 도급회사의 소유주였으며, 자신을 '건축가―도급업자'로 불렀던 페레는 그 건설규정에 맞춰서 두 개의 역할을 넘나들었다. 그러나 도급업무와 관련되어 그는 건축가로서 공식적인 지위에서 자격을 잃었으며, 동시에 그가 젊은 건축가들로부터 환대를 받았음에도, 건축가 단체는 그에게 늘 적대감을 보였다. 파리에서 페레의 첫 철근콘크리트 작품은 프랭클린가 25에 세워진 아파트 건물이었다. 1903-4년 일반 도급업자로서 가족회사인 페레 에 필스Perret et Fils는 콘크리트구조 설계업무를 작은 콘크리트전문 설계회사인 라트롱 에 빈센트Latron et Vincent에 하청을 주어 이 건물을 지었다. 그 회사는 독자적인 설계기술을 보유하고 있었다. 라트롱은 국립고등공예학교Ecole Centrale에서 교육을 받은 기술자였으며, 그의 동업자와 함께 엔느비크 회사와 이전에 주 경쟁 관계였던 에드몽 크와네Edmund Coignet 회사에 근무한 적이 있었다. 페레와 라트롱 에 빈센트 간의 협력관계가 친밀해서 (아마도 이점이 페레가 규모가 큰 안정된 회사보다는 작은 도급회사를 선택한 이유이다.) 페레는 구조 변경을 구실로 설계를 마음대로 수정했다: 그 결과는 그 반대로 되기보다는 일반적으로 전문 특허기술로 지어진 건물의 경우처럼, 콘크리트가 건축을 돕는 것이 되었다.[46]

파리에서 페레가 그 다음에 설계한 것은 1906-7년 퐁티우Ponthieu에 세워진 주차 시설인데, 콘크리트 골조가 당당하게 드러난 최초의 건물이었으며, 처음으로 페레형제의 건설 회사가 설계와 시공을 스스로 맡았다. 1906년 철근콘크리트 건설규정이 발표되자, 그들은 자신감을 가지고 독자적으로 설계와 시공을 맡기로 작정했다. 그 이후로 경쟁 입찰자에게 하청을 주어야 했던 공공사업을 착수할 때인 1930년도까지 페레가 지은 모든 건물들은 하나의 조직에 의해 설계되고 시공되었다. 이런 점에서 페레형제는 트러스콘이나 엔느비크 같은 타 설계회사나 시공 회사와 다르지 않았다; 차이점이라면, 페레가 제공했던 것은 무엇보다도 기술 분야가 종속된 모든 건축 관련 업무였지만, 반면에 타 회사의 명성은 어떤 특별한 요구에도 대응할 수 있었던 잘 구성된 전문기술을 제공하는 능력에 있었다.

콘크리트 전문회사의 역량이 커지면서 건축가들은 자신의 직업을 잃지나 않을까 하는 두려움을 느끼기 시작했지만, 오랜 시간이 지나도 그런 일은 일어나지 않았다. 콘크리트 공법에 관한 특허가 소멸되고, 국가가 제정한 건설규정이 도입되어, 철근콘크리트는 공적 영역에 들어가게 되었으며, 누구든지 적절한 권한을 가지고 철근콘크리트를 사용할 수 있게 되었다. 이런 자유로부터 건축가들은 기술자들만큼이나 의심할 바 없이 혜택을 받았다—페레형제의 성공이 그것을 입증했다. 아직도 건축가의 신뢰 체계와 얽히지 않고서는 건축가들과 다른 사람들 간의 관계에서 콘크리트의 영향에 대해 말할 수 없다. 1928년 스위스의 비평가이며 역사가인 지그프리트 기디온^{Siegfried Giedion}은 철근콘크리트가 건축을 변화시킬 것이라는 기대를 가지고 자신의 생각을 밝혔다: 콘크리트 때문에 그는 '낭만적으로 스케치하는 영웅이었던 건축가는 골칫거리가 되었다.'[47]라고 말했다. 현대건축의 전파자인 기디온은 건축은 객체가 되었고 더 이상 감정의 구체화가 아니라는 '새로운 건축'의 지지자들과 공통적인 견해를 밝히고 있었다.[48] 그러나 그는 또한 콘크리트는 건물과 관련된 여타 직업과 관련하여 건축가들을 다른 발판 위에 올려놓을 것이라고 생각했다. 콘크리트 건물은 건축가들이 다른 사람들—기술자와 콘크리트 전문가—에게 의존하도록 했으며 건축가들은 새롭고, 아마도 좀 더 번거로운 '산업적' 규율을 따르게 되었다. 그러나 이들 타집단들과 협력해야 한다는 필요성 때문에 건축가들이 의존적 상태로 들어가게 되었지만, 동시에 건축가들은 건축의 영원한 진리에 몰두할 수 있게 되었다: 이런 진리는 르 코르뷔제에게는 질량감, 외관, 평면계획 같은 것들이며, 페레에게는 규모, 균형감, 조화 같은 것들이다. '제대로 된' 건축가란, 건축 산업의 새로운 환경에 완전히 몰입하여 콘크리트로 짓는다는 것을 의미했다. 전쟁 중 모더니즘 작가단체들이 보인 일반적 견해는, 건축가들을 다른 분야의 건설전문가와 생산적인 협력관계를 갖게 했기 때문에, 콘크리트는 건축가들에게 좋은 재료라는 것이었다.

왜 건축가들이 콘크리트에 집착했고 콘크리트를 다른 어떤 재료보다 우수하고 품위 있는 재료로 여겼는지를 이해하는 것이 누구에게나 쉬운 일은 아니었다. 기술자인 오베 아룹은 건축가들의 열의를 관대하게 보아주면서, 그러한 열의가 다른 재료로 더 싸고 더 좋게 할 수도 있었던 것들을 해나가는 데 콘크리트를 사용한다는 것을 의미한다고 할지라도, 건축가들이 잘 알지 못했던 재료인 철근콘크리트로 건물을 설계하고자 마음먹고 실행했다는 점에 크게 놀라는 척했다.[49] 아룹도 당연히 알고 있었겠지만, 그 이유들은 건축가들이 스스로의 이미지를 '현대적인' 전문직으로서 유지하고자 하는 욕구에 있었다. 콘크리트가 비록 건축가들이 이런 이미지를 얻어내려 했던 유일한 건설 재료는 아닐지라도, 앞서 설명했던 모든 이유를 보면, 콘크리트는 예외적으로 현대적 요구에 잘 들어맞았다.

1950년대 말기에 이를 때까지도 어떤 건축가들은 자신들의 작품들이 특별한 재료와 연관되기를 원하지 않은 듯이 보였다. 1960년경 일본 건축가인 단게 겐조[Kenzo Tange]가 미스 반 데어 로에[Mies van der Rohe]에게 철강재와 콘크리트 간의 차이점에 대해서 어떻게 생각하는지를 물었는데, 그는 '둘 다 본질적으로 같은 것이다.'라고 대답했다.[50] 형이상학적으로 말하려는 것은 아니지만, 그가 건물을 지을 때 사용했던 재료에 대한 친밀한 관심에 대해, 일찍이 '새로운 철근콘크리트 구조물의 멋진 무중량감'을 칭송했던 명망 있는 한 건축가가 했던 매우 놀라운 언급이었으며, 당시의 다른 건축가들이나 단게가 가졌던 관점이 아니었다.[51] 1950년대와 1960년대의 대다수 건축물들은 철강재와 콘크리트 간의 유사점이 아니라 **차이점**을 주장하는 데 관련되었다. 이들을 차별하기를 거부했던 미스 반 데어 로에는 재료에 대한 지나친 관심집중이 실제로 건축에서 당면하는 것―공간과 명료성―을 방해한다는 것과 건축에 대해 지나치게 재료적 접근방식이 이런 높은 진리의 실행을 바탕으로 삼아야 하는 건축가의 명성을 깎아내릴 것이라는 것을 깨달았던 것 같다.

그럼에도 종전 후 건축가라는 직업에 콘크리트가 보여줬던 실제 위험은 미스 반 데어 로에가 두려워했던 방향에서 온 것이 아니라, 체계적인 건설의 발달로부터 온 것이었다. 프리캐스트 콘크리트 부재에 의존했던 대부분의 조립식 공법이 1950년대에 유럽 여러 나라에서 처음으로 추진되었을 때, 처음에는 건축가들이 그 공법으로 인해 공장 규모에서 생산되었을 부재의

스트리빅 공법의 프리캐스트 패널. 조립 전에 적재되고 있다. 1968년 프랑스 볼랑벨랑.

전형에 맞춰 설계를 개발할 기회를 얻었기 때문에 그러한 개발을 환영했다. 하나하나의 개별 조건에 맞춘 상세 설계에 관한 관심에서 벗어나서 건축가들은 더 전략적인 문제에 집중할 시간을 가졌을 것이다; 1965년에 RIBA가 작성한 「건물의 산업화 *Industrialization of Building*」에 관한 보고서에는, '다양한 형식의 산업화로 인해 건축가들은 고객들에게 더 나은 봉사를 할 수 있게 되었다.'라고 기술되었다.[52] 조립공법에 대해 이와 같이 대체적으로 열정적인 태도가 간과했던 것은, 일단 한 시스템이 생산에 들어가면 건축가의 역할은 기능공의 역할로 줄어들며, 현장에서

부재들의 최적 배치에 대한 건물의 배열을 결정하는 데에만 책임을 질 뿐이라는 것이다.

유럽 전체에서 조립공법이 운용되면서 건축가들이 실망하고 좌절했다는 일화가 많이 있었다.[53] 때때로 은밀한 저항 활동이 있었는데, 그런 사건 중 하나가 크레테유Créteil의 파리 교외에서 일어났었다. 그곳에서 아직 완전하게 자격을 얻지 못한 젊은 건축가인 폴 보싸르Paul Bossard는 1959년에 자신이 레 블뢰에Les Bleuets라고 하는 주택단지 설계에 책임을 맡게 된 것을 알았다. 평소와는 달리 이미 개발된 공법을 선정하지 않고, 보싸르는 자신의 계획을 설계했다. 더욱 특이하게도 그는 프랑스에서 아직 정상적이고 늘 그래왔던 것 대신에, 건설기술 규정과 모든 상세 도면을 스스로 제작했고, 이것을 도급회사의 설계사무소로 넘겼다. 모든 프리캐스트 부재는 현장에서 제작되었고, 그것들 간에는 비정상적으로 큰 차이를 두고 설계되었다―완성도 점수는 정밀한 오차가 기준이 되어 시스템 건물 자체의 평가가 된다. 콘크리트 내에 커다란 조각의 쉐일을 배치하는 일은 현장 인부들에게 맡겼다. 상층부의 부재들은 암석 주위에 콘크리트를 부어서 만든 프리캐스트 부재였다; 건물의 바닥에 있는 부재에는 쉐일 조각을 아직 굳지 않은 콘크리트에 밀어넣어, 모서리 둘레로 스미어 나오게 했다. 보싸르는 어느 날 인부가 어떻게 그가 부재 하나를 만들려고 했는지를 물어 보았던 이야기를 하고 있다. 보싸르는 '좋아, 계속해, 하지만 빨리 해.'라고 말했다. '3분 안에 끝내야 돼, 자네는 뒤러Dürer를 하는 게 아니고 피카소를 하고 있는 거야.' 인부는 암석을 거푸집에 채워놓고 콘크리트를 부었다. 그것을 들어내었을 때, 보싸르는 그 결과에 대해 어떻게 생각하는지를 그에게 물었다. '엉망입니다.'라고 인부가 말하자, 보싸르는 '어, 괜찮아, 문제될 거 없어, 하나도 안 버릴 거야.'라고 말했다. 그것을 제자리에 고정시키고, 보싸르는 다시 인부에게 물었는데, 인부는 '다른 것과 똑같지 않았다.'라고 말했다. 보싸르는 '이것들 중 어느 것도 똑같은 것은 없고, 어떤 것은 괜찮고 어떤 것은 흉하다면, 그것은 마치 인종과 같은 것'이라고 대답했다. 보싸르가 보기에 서유럽에서 유일하게 체제전복적인 레 블뢰에는, 조립식 공법의 콘크리트 부재가 건축가들에게 가했던 구속에서 벗어남과 동시에 콘크리트 조립 공법이 인부들에게 야기한 소외감에 대해 약간의 보상을 제공하려는 시도였다.[54]

그럼에도, 건축가들에게 시스템 건물의 결과가 소련과 그 위성 국가에서 만큼 심각한 곳은 없었다. 그 나라들에서는 프리캐스트 콘크리트 패널 공법이 어디에서나 흔히 사용되었다.

1953년 스탈린이 사망할 때까지 건축가들은 보호받는 직업이었다. 거의 모든 다른 직업에도 뻗혀 있던 숙청을 면했다; 그러나 후르시쵸프 체제 하에서 소련의 건설업이 심하게 산업화되면서, 건축가들은 자신들의 임무가 기능공 수준으로 떨어져 고통을 받기 시작했다. '개별적인' 사업을 수행하지 못하게 되었고, 어느 곳이든지 승인된 표준공법만을 사용해야 했기에, 그들

레 블뢰에, 크레테유, 파리, 1959년. 건축가 폴 보싸르 설계. 프리캐스트 부재에 아무렇게 배치한 석재는 건물의 산업화에 대한 저항을 표현한 것이다.

의 임무는 현장 특성에 맞는 공법을 단순하게 채택하는 일로 줄어들었다. '건축가'라는 직함조차도 사라지기 시작했고, '현장 관리인'으로 대체되었다. 건축 아카데미는 건설 아카데미에 흡수되었고, 건설 아카데미가 우선권을 쥐고 있었으며 나중에 건설건축 아카데미는 1963년 8월에 해체된 뒤, 교육기능과 정기검사 기능만이 건설부 장관인 고스트로아Gosstroi에게 넘겨졌다. 유사한 일들이 바르샤바 조약기구 나라들에서도 있었다. 예를 들면, 조립공법의 결과로 많은 건축가들이 자신들의 일거리가 더 이상 없음을 알았던 폴란드에서, 그들은 약간이나마 직업을 구하려 외국으로 나갈 수 있어서 다행이었다. 1960년대 중반, 그들 자신의 나라에서는 일거리가 없다는 핑계로 200명의 폴란드 출신 건축가들이 파리에서 일하고 있었다고 한다.[55]

콘크리트 패널 공법이 사라진 이후에, 어떠한 사유가 건축가들의 재산에 영향을 주었을지라도, 그것을 콘크리트에 책임을 지을 수는 없다. 콘크리트는 '미덕의' 재료이며, 그 재료를 통달한다는 것은 다른 어떤 재료보다도 장인의 기술을 완전하게 보여주는 것이라는 생각이 여전히 건축가들 사이에는 널리 퍼져 있음에도, 오늘날 많은 건축가들에게 콘크리트가 그들의 직업적 지위에 좋은지 나쁜지의 질문은 상관없다. 전체적이고 장기적으로 볼 때, 20세기 초반의 전매특허 체제와 1950년대와 60년대의 조립공법이라는 두 개의 막간을 제외하고, 콘크리트는 여전히 건축가에게는 좋은 것이다.

위니테 다비타시옹, 마르세이유, 1948. 건축가 르 코르뷔제 설계. 일층 거푸집 작업 중.

아홉

콘크리트와 사진
CONCRETE AND PHOTOGRAPHY

이 책의 사진들이 보여주듯이, 콘크리트는 사진을 잘 받기 때문에 예술가와 사진작가들에게는 굉장히 매력적인 소재이다. 사진술은 콘크리트에게 큰 도움을 주었지만, 그 관계가 늘 일방적인 것은 아니었고, 콘크리트도 사진술에게 도움을 주어 왔다. 이 현대적인 기술들은 둘 다 1830년대에 창시되어 1880년대 후반에 완성되었고 궤적을 같이하면서 서로에게 아주 큰 도움을 주었다. 이들 상호관계 간의 이야기는 이론적이며 역사적인 의미가 있다.

지표 The Index

콘크리트 구조물은 사진과 매우 닮았다. 그렇다고 해서 두 매체가 어찌하여 서로에게 그렇게 많이 도움이 되었는지 설명해주는 것은 아니지만, 그 일치성은 매우 강해서 무시될 수 없으며 사진에 관한 것이 아닐지라도, 분명히 콘크리트에 관한 무엇인가를 알려주고 있다. 무엇보다 두 가지 모두가—사진의 경우에서 이제는 더 이상 그렇지 않더라도—음양 nega-posi 과정의 결과라는 점이었다. 사진술이 미리 노출된 음화로부터 양화 이미지를 인화하는 것처럼,

콘크리트 작업도 미리 만들어 놓은 음화의 틀에 부어서 만든 양화의 형상이다. 이런 이중 과정은 콘크리트에는 기본적인 것이다. 흔히 얘기하듯이, 콘크리트 작업에는 만드는 일이 두 번 있다. 처음에는 거푸집을, 그 다음에는 콘크리트를 만든다. 거푸집 조립을 잘 하면 마감 상태도 좋아진다. 그리고 콘크리트가 말끔한 면으로 남아 있으면, 콘크리트를 치는 그 순간의 거푸집 형상이나 마감상태는 콘크리트 표면에 영구히 '찍혀' 있다. 사진에서는 명암의 반전이 두 이미지 중의 어느 것이 음화인지 분명하지만, 콘크리트 경우에서는 다소 모호하다. 거푸집은 음화이고 타설된 것은 양화인가 아니면 그 반대인가? 두 가지 경우 다 가능하며, 마무리된 작품을 양화로 보는 것이 더 일반적이지만, 일단 거푸집을 떼어내고 거푸집이 사라지면서 남는 것은 바로 콘크리트 그 자체이기 때문에, 사람들은 거꾸로 그 과정에 대해서 생각할 수 있다. 미국인 건축가 랄프 에버렛 해리스Ralph Everett Harris는 1966년 인터뷰에서 거푸집을 양화 요소로서 취급하고, '마무리 된 제품을 음화의 결과로서 보는 것'이 좋겠다고 얘기한 적이 있다.[1] 그러한 반전은 우리가 콘크리트 구조물을 지금은 사라진 물체의 흔적으로서 볼 수 있도록 한다는 것이다. 이것의 의미는 건축계에서보다 조각계에서 더 많이 이용해왔다. 브루스 나우만Bruce Nauman의 '내 의자 밑 공간 *A Cast of the Space Under My Chair*'(1965-8)과 레이첼 화이트리드Rachel Whiteread의 '집 *House*'(1993)은 각기 두 작품에서 더 이상 거기에 존재하지 않는 것 때문에 주목을 끌었다. 이 작품들은 존재하지 않는 것을 양화로 만든 반면, 그 반전인 음화는 우리가 사라진 것에 대해 거의 관심을 주지 않음에도, 콘크리트로 만들어진 작품에는 항상 존재하고 있다.

사진처럼, 콘크리트 구조물은 지표적 성질을 보이는데, 콘크리트 구조물은 만드는 순간부터 직접적인 증거를 그 안에 품고 간다. 사진의 음화는 본래의 주체에 직접적이고 불가분의 연결 고리를 유지하면서, 빛에 노출된 사람, 객체 또는 풍경으로부터 빛을 받는다. 그러한 것이 정직함에 대해 사진이 갖는 권리의 근거이다. 마찬가지로, 콘크리트로 만들어진 작품은 콘크리트가 타설된 틀 안에서 재료의 직접적인 흔적을 드러내고 있다. 로스엔젤레스에 지어진 루돌프 쉰들러Rudolf Schindler의 킹 로드 하우스King Road House의 벽체는 현장에 세워지기 전에 땅 위에서 평평하게 타설되었다; 벽체의 안쪽에는 콘크리트를 타설할 때 바닥재로 사용되는 지붕 부직포에 생긴 무늬결과 주름 자국이 새겨져 있다. 시공기술자들은 거푸집 표면을 가능한 한 중립적이고 정의되지 않은 채로 두거나 콘크리트가 타설된 후에 콘크리트 표면에서 표면 마감을 하지 않고 거푸집의 모든 흔적을 지움으로써 종종 거푸집과 타설된 콘크리트 간의 이러한 연

노트르담 뒤 오의 동쪽 문에 새겨진 가리비 껍질. 롱샹. 1950-5. 건축가 르 코르뷔제 설계.

결 흔적을 감추려고 많은 애를 쓰고 있지만, 때로는 콘크리트의 지표적 성질이 이용되기도 한다. 롱샹^{Ronchamp} 성당의 문에 있는 가리비 껍질 자국은 순례자의 휘장인데, 실제 가리비 껍질을 사용하여 타설한 것이다—그러므로 모티브는 어떤 껍질의 **표현**이 아니다. 월샬^{Walsall}에 있는 뉴 아트 갤러리^{New Art Gallery}에서, 꼭대기 층 방의 벽체는 세로로 놓인 미송 널빤지로 만들어진 거푸집에 타설되었고, 벽체 하단부의 2m 높이는 같은 크기의 폭만큼 미송 널빤지로 줄이 생기게 했으며, 지표와 지표를 나타내는 표지가 함께 새겨졌다. 콘크리트의 지표를 나타내는 방식은 그것을 연속적으로 처리하지 않으면, 그것은 그 자체의 제조 기록을 지니게 된다는 것을 의미한다. 그리고 이것이 다른 건설 공정에도 특히 돌을 새기는 일에서는 약간 맞지 않는 것이지만, 콘크리트에서 그 관련성은 특히 직접적이고 글자 그대로이다.

시간 Time

사진이 가지고 있는 지표적 성질은 그것이 '시간을 얼린다'는 효과 때문에 자주 거론된다. 롤랑 바르트^{Roland Barthes}는 사진은 한때 있었지만 다시는 결코 반복될 수 없는 순간을 항상 간직한다는 사실, 시간의 고정화, 시간을 묶어 둔다는 것을 사진의 본질인 사진의 노에마 noeme — 그의 말대로 '그것이 있었다 that-has-been'라는 것 — 로서 여겼다.[2] 사진술에서 시간은 일반적으로 사진에게 그것의 진실성을 부여하는 것이기에 시간은 자산으로서 가치 있는 것으로 여겨져 왔다: 사진을 찍는 그 순간은 순간을 기록하는 사람이 있었기에 정말로 존재했다. 콘크리트에게는 건설 중에 생기는 하나하나의 흠집과 결점들이 후세들을 위해 기록되고 있기 때문에, 많은 솔직함이 자산이라기보다는 짐 이상의 것일 수도 있다. 사진술이든 콘크리트 작업이든, 사람들은 시간의 동결로 생기는 진실성을 개선하려는 방법들을 모색해왔다. 사진술에서는 다시 손질해서 필름 노출 순간에 카메라에 찍힌 것을 고치거나 바꾸기도 한다. 콘크리트에서는 얼룩과 변색을 감추기 위해 표면에 얇은 막의 시멘트를 바르는 '배깅 bagging'과 같은 기술들이 있다.[3] 디지털사진 이전의 사진술과 콘크리트 공사에서, 순수파들은 이런 화장술 같은 마감 기법을 개탄했다. 르 코르뷔제는 마르세이유의 위니테 다비타시옹^{Unite d' Habitation}의 콘크리트공사에서 흠집을 그대로 남겨두어야 한다고 주장했다:

그 결점들은 구조물의 모든 부분에서 하나가 되어 외치고 있다…

노출콘크리트는 거푸집의 아주 작은 흠집, 널빤지 이음새, 목재의 섬유질과 옹이들을 보여준다. 그러나 이런 것들은 보기에는 엄청나 보이지만, 약간의 상상력을 가진 사람들에게 어떤 풍요로움을 더해주며, 보기에도 흥미로운 것들이다.[4]

굳어진 대로 드러난 콘크리트와 노출된 대로 보이는 사진 필름 간에 있는 유사성 때문에 콘크리트가 다른 건설 재료와 구별되며, 시간이 드러나면 그 유사성은 불리한 점으로 남게 된다. 우리는 여기서 콘크리트의 역사적이지 않은 성질에 대해, 그리고 다른 재료들처럼 똑같이 점진적으로 진행되는 모습으로 낡아가지 못한다는 것에 대해 예전에 말했던 것을 상기할 수 있다. 이미 알고 있던 대로, 콘크리트가 시간을 알리는 데 아무 쓸모도 없게 되면, 콘크리트 건물은 영구적으로 새롭다거나 아니면 금세 낡아졌다는 선고를 받는다.

어쩌면 콘크리트는 **시제를 알 수 없는 물체** *untimely matter*이다; 콘크리트는 결코 하나의 시제 말고는 말하지 않는다. 일반적으로는 현재를, 때로는 미래를 말하지만, 결코 과거를 말하지 않는다. 어떠한 예술 작품에서도 시간은 존재하지만, 다른 시제가 있음을 분명히 인지할 수 있다. 소설에서는 시제성이 이야기 서술의 현재 시간과 들려지고 있는 이야기의 과거 시간에 따라서 성립된다. 한 장의 사진을 보면(여기서 콘크리트는 사진술과 같은 것이 아니다), 이미지 내에서 예상되는 미래와 그 예상은 이제 과거라는 우리의 인식 간에 항상 긴장감이 있다. 바르트는 '하나하나의 사진은 항상 내 미래의 죽음이라는 고압적인 신호를 품고 있다.' 라는 방식에 대해서 언급했다.[5] 그리고 건축에서는 전통적인 재료를 사용하여 이런 일시적인 몇 가지 괴리 현상을 만들어낼 수 있지만, 콘크리트로는 좀 어렵다. 콘크리트는 우리가 시간을 쉽게 인식하게 해주지 않는다. 콘크리트는 하나의 시제 이상을 다루는 일이 거의 없기 때문이다.

콘크리트는 이런 장애를 극복하도록 만들어질 수 있을까? 지난 50여 년 동안 콘크리트가 지닌 시제의 부적절함 *untimeliness*을 개선하려는 간헐적 시도가 있었지만, 잘 받아들여지지는 않았다. 밀라노에 있는 **BBPR**이 설계한 토레 벨라스카 Torre Velasca 같은 건물은 뾰족한 중세의 롬바드 Lombard 요새가 건물 꼭대기에 앉아 있는 마천루인데, 그 건물에 과거와 현재 시간을 섞었던 방식을 핑계로 삼아, 역사학자 만프레도 타푸리 Manfredo Tafuri는 '순수하지 않은', '오염된', 그리고 '더러운' 것이라고 혹평했다.[6] 그 건물을 만들었던 콘크리트의 다양한 적용방식에서도 유사한 혼합현상이 생겼다. 건물의 일부분인 벽체 충전식 패널은 특수한 세라믹 혼합물로 제작되고 나서 매끈하고 아주 깨끗하게 마감되었지만, 철근콘크리트 골조는 연장 자국과 마감 순간의 흔적이 아직도 눈에 보이는 흙손 덧칠로 마감되었다. 우리는 영원한 새로움과, 예술가가 표면을 흙손으로 마지막으로 문질렀던 과거 순간의 존재를 동시에 보게 된다. 이것이 '더러운 시간'이라 할지라도, 조금도 해롭지 않다. 그것은 우리가 일시성을 인지하도록 해준 것이기 때문이다.

좀 더 최근에 있었던 또 하나의 경험은 사라 위글즈워스Sarah Wigglesworth Architects 건축설계회사가 설계한 북부 런던 지방의 스톡 오차드 가Stock Orchard Street에 세워진 주상복합 건물(1996-2000)이다. 그 현장은 간선철도에 인접해 있는데, 사무실 건물에서 기차 소음을 차단하기 위해 젖은 모래, 시멘트, 그리고 석회석 배합물이 들어 있는 자루를 쌓아두고 나중에 굳어지게 한 벽체를 만들어 사무실을 가렸다. 건물이 완공된 후 몇 년 안에 태양 광선이 자루의 천을 삭게 하여 그 벽은 콘크리트로 모습을 드러냈다; 한동안 자루 자국이 벽체 표면에 찍힌 채남아 있었지만, 강우와 대기 상태에 따라 표면이 부서지고 그 벽체는 서서히 무너지고 있다. 우리는, 순간적으로 얼어 있던 순간의 결과로서, 그리고 서서히 만들어지고 있는 어떤 것으로서, 그 자체를 예측할 수 없고 오랫동안 시간 끄는 과정으로서 드러나는 벽체의 콘크리트를 볼 수 있다. 건축가들은 그것에 대해 이렇게 기술하고 있다; '대부분의 벽체들은 시간이 지남에 따라 수축되도록 설계되어 있지만, 이것은 벽체에 시간이 지나가게 설계된 것이었으며, 그리하여 벽체가 변하게 되는 것이다; 바로 진화 중인 건축이다.'[7] 그것은 콘크리트의 흔한 운명을 사진처럼 포착되는 순간을 극복하고, 콘크리트가 정상적으로 제한되어 있는 단일 시제를 넘어 콘크리트의 어휘를 확장하려는 시도이다.

사무실은 기둥 위에 얹혀 있고 지나가는 기차의 진동을 줄이려 스프링으로 완충시켰다. 그 기둥은 재생된 부순 콘크리트로 채워진 돌망태들이다. 우리는 늘 현재에 묶여 있는 것은 아니지만, 그러나 전생이 있었던 역사적인 재료로서 아마도 지금 허물어지고 있는 탑의 한 덩어리로서 콘크리트를 알게 된 것이다. 여기서 적용된 구조 시스템은 국내 규모의 건물에 대해서는 새로운 것이지만, 재료는 역사가 함께하는 오래된 것이다. 그 돌망태는 이중의 시간을 보여

스톡 오차드 스트리트의 주택과 사무실 건물, 사라 위글즈워스 건축 설계사 설계(1996-2000).

주고 있다―한때는 낙관주의로 가득 찼으나 지금은 명예를 잃은 과거와 과거가 가려지지는 않지만 자리를 내준 현재이다.

이런 경험과 이 책의 앞부분에서 서술한 몇 가지 경험들은 콘크리트가 지닌 시제의 부적절함을 개선하고 현재 시제에 제한된 채로 남아 있기보다 외국어를 배우는 수련 수사의 어설픈 시도처럼 콘크리트가 몇 가지 과거 시제를 포함한 좀 더 풍부한 어휘로 진화할 수 있었음을 보이는 것들이다.

스톡 오차드 가, 철도에 접한 벽체 위에 콘크리트를 채운 자루, 준공 1년 후의 모습.

같은 벽체의 준공 3년 후의 모습.

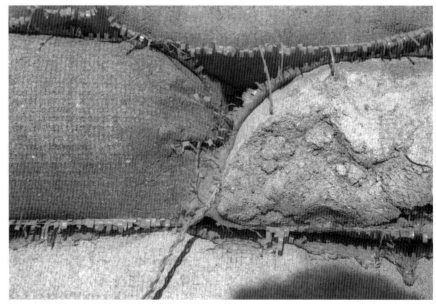

천연색/흑백 Colour/Monochrome

콘크리트는 단색인 흑백 사진과 같다. 이것은 콘크리트가 색깔이 없다고 말하는 것이 아니고, 일반적으로 하나의 색을 가지고 있다는 것이다. 콘크리트는 **여러 색** polychrome을 갖지 않는다. 이것은 콘크리트를 음울하게 보이게 하는 원인이 되는 특징이다. 콘크리트가 지닌 단색조의 성질은 콘크리트를 흑백 사진처럼 보이게 하지만, 흑백사진에서는 색깔의 부족함이 주목 받지 않기 때문에, 두 매체 간의 이런 특별한 유사성에는 그 이상의 어떤 것이 있을까?

사진술에서는 단색과 천연색 간의 미학적 차이점에 대해 많은 논란이 있었다. 천연색 사진이 보편화된 후 한동안 사진의 품위가 떨어진다고 천연색에 대한 저항감이 있었다. 바르트는 '흑백 사진의 근원적 진실'에 대해 기술하면서 사진 속의 천연색을 언제나 화장 같은 '덧칠'로 보았다.[8] 이와 비슷한 편견들은 태어날 때부터 천연색에 익숙해져 있는 젊은 세대에 비해, 어렸을 때 흑백사진 밖에는 모르고 자란 사람들 간에 있을 수도 있는 차이라고 설명될 수도 있지만, 그럼에도 흑백사진은 어떤 매력을 꾸준히 지켜오고 있으며, 특히 표현의 진실성에 집착하는 번드 힐라 베커 부부Bernd and Hilla Becher나 가브리엘 바실리코Gabriele Basilico 같은 사진작가들에게는 오랫동안 상당한 매력을 유지하고 있다. 철학가 빌렘 플루써Vilém Flusser는 이에 대해 몇 가지 의미 있는 것을 말한 적이 있다. 많은 다른 비평가들처럼 플루써도 사진에 나타난 대로의 세상, 즉, '사진 같은 우주'와 현실에서 체험한 대로의 세상 간의 차이점에 관심이 있었다. 안타깝게도 '흑백은 이 세상에는 존재하지 않는다. 흑백이 존재했다면, 세상은 논리적으로 분석될 수 있을 것이다.'라고 기술하고 있다. 흑백은 오로지 개념으로서 존재하며, 그래서 '잿빛은 이론의 색이다.' 그리고 그는 계속해서 '흑백사진은 이런 사실을 보여주고 있다; 그것들은 이론의 이미지들이다… 흑백 사진은 이론적 사고의 마술이며, 이론적 담론의 일차원적 성질을 평면으로 변환시킨다.'라고 말했다. 다른 한편, 천연색 사진은 이런 이론적 단순명쾌함이 결여되어 있다. 사진에서 나타난 대로 하나하나의 색깔은, 녹색을 예로 들면, 우리가 알고 있었던 모든 녹색에 관한 것들 중에서, 그 색깔에 대한 우리의 경험과 관련되어 해석되어야 하기 때문이다. 플루써가 생각하기에 그것을 보기 위해 필요한 복잡한 단계의 분광 과정 때문에, 천연색 사진은 흑백 사진보다 더 '추상적'이라는 역설적인 결과를 낳고 있다.[9] 사진 속의 흑백이 사진을 더욱 관념적으로 만든다는 플루써의 주장을 우리가 따른다면, 콘크리트의 단색 성질은 콘크리트를 좀 더 '관념적' 매체로 만들어 준다고 말할 수 있지 않을까? 그렇게 멀리 나가지 않더라도, 콘크리트가 스스로 내맡겨져서 흑백으로 찍혔을 때, 그것의 단색조는 그 자체에서 다채로운 천연색에서 나오는 효과를 지닌 재료들보다 더 '이론적인' 매체로서 보이게 될 수도 있을 것이다.

현장 사진 Site Photography

사진술과 철근콘크리트 간의 역사적 관계에서 두 매체가 극적으로 만나게 되었던 시기는 둘 다 기술적 발전 상태에 이르러 그 기술을 대중적으로 사용하게 된 시점인 1890년대였다. 철근콘크리트는 1892년에 특허를 얻고 나서 합리적으로 신뢰할 만한 건설공법이 되었지만, 건판 인화작업은 현장에서 즉시로, 사진의 이미지 현상을 위한 암실작업 없이, 야외사진 현상이 가능했음을 의미했다. 철근콘크리트의 성공에는 사진술이 중요한 몫을 했고, 어떤 사람들은 사진술이 해야 할 것을 했다고 주장했다.

콘크리트는 시릴 시모네^{Cyrille Simonnet}가 직관적으로 '도상성이 결핍된 재료'라고 여겼던 것 때문에 시달리고 있다. 철근보강재, 시멘트와 골재로 결합된 콘크리트를 통해 힘을 전달하는 체계로서 아니면 끈적끈적한 액체가 단단해지는 과정으로서 여겨지든, 콘크리트를 시각화하는 일은 쉽지 않다. 콘크리트 응결 과정은 화학적으로 설명될 수 있고, 힘의 전달은 수학적으로 해석될 수 있지만, 어느 것도 그 재료의 만족할 만한 이미지를 남기지는 못한다. 수학 공식이나 도표들만으로 철근콘크리트에 대한 특징적인 모든 것을 충분하게 전달할 수 없다. 철강 구조에서는 부재들이 대개 힘의 다각형을 구성하지만, 철근콘크리트의 합성성질은 응력의 내적 분포와 구조물의 외관 사이에 일치하는 점이 없다는 것을 뜻한다. 철근보강재가 보이지 않는다는 것은 시각적 이해를 어렵게 하는 이 매체의 독특함이다. 자체만으로는 독자적으로, 콘크리트는 도상성의 결핍을 극복할 수는 없으며, 철근콘크리트의 초기 개발자들에게도, 회의적인 업자들에게 또는 미심쩍어하는 대중들에게 그 과정을 설명해야 되었기에, 철강과 경쟁하게 되면 콘크리트가 불리할 수밖에 없었던 위치에 있게 되는 바로 이런 점이 심각한 약점이었고, 이 약점을 보완하기 위해 사진술이 도입되었다. 1890년대 초기에 새로운 제품의 개발을 열망했던 콘크리트 생산업자들은 매체의 가시화라는 어려움을 보완하기 위해 사진술을 이용하기 시작했다. 역사학자 궤넬 델루모Gwenaël Delhumeau는 '철근콘크리트건설의 주요 설계기술이 급속히 발전한 이유는 사진술 활용과 밀접한 관계가 있었다.'고 주장한 바 있다.[10]

특히 철근콘크리트를 설계하는 여러 방법들이 경쟁할 즈음, 서로 남의 것을 헐뜯으려 하면서 철근콘크리트를 구성하는 것의 정의가 분명해지기는커녕, 이런 혼란스러움 때문에 매체에 대해 시각적 정체성을 확립하는 것이 더 어려워졌다. 콘크리트산업을 육성하기 위해 사진술 활용을 주도했던 프랑스에서는, 시멘트 생산업 협력체의 후원을 받아, 1890년대 중반에 콘크리트구조물 사진들을 「시멘트 Le Ciment」지에 게재하기 시작했지만, 사진술을 가장 널리 활용한 사람은 엔느비크였다. 엔느비크는 1880년대 말부터 공공 목적을 위해 기본적으로 건물 붕괴사고 같은 사진들을 이용하기 시작했다. 그렇지만 엔느비크의 특허가 1892년에 소멸되고, 면허를 가진 대리인들과 사업권 보유자들과 함께 새로운 설계기법이 확립되고 난 이후에야 사진술이 사업의 중요한 부분이 되었다. 엔느비크는 자기 회사의 특허기술을 사용해서 공사를 하는 사업권 보유자들이 건물 사진들을 찍어 파리에 있는 엔느비크 본부에 보내는 것을 계약 조건으로 정했다. 그 결과 엔느비크 사무실은 전 세계에서 공사 중이거나 완공된 엄청난 양의 철근콘크리트건물 사진들을 모을 수 있었다. 이 중에 약 7000장이 아직도 남아 있다. 엔느비크는 1898년에 창간된 「철근콘크리트 Le Béton Armé」라는 회사 잡지에 이 사진들을 이용했고, 회사와 관련 없는 출판사에도 빌려 주었다. 이런 엄청난 양의 사진들 덕분에 엔느비크가 선도자 임무를 맡았던 사업의 한 형태인 20세기 초기 시절의 기업에서 사진술의 상업적 이용에 관한 보기 드물게 철저한 연구가 가능하게 되었다.[11]

엔느비크의 회사는 특이하게도 현대적인 사업 모델을 가지고 있었다. 대리인이나 사업권 보유 도급회사에게 특허기술 면허를 주어 건물을 짓도록 한 것이다. 엔느비크의 회사는 자체적으로 오로지 두 분야의 핵심 사업이 있었다. 하나는 사업 대리인들이 제출한 설계도를 철근콘크리트 공사에 맞게 필요한 상세 설계도면으로 고쳐주는 설계업무를 담당하는 설계사무소이며, 다른 하나는 다양한 수단을 통해서 특허기술을 홍보하는 광고업무 부서였다. 두 번째 분야의 사업에서는 사진들이 필수적이었으며, 사진술 없이는 엔느비크가 그와 같은 큰 시장 점유를 확보할 수 없었을 것이고, 세계적인 규모로 확장될 수 없었을 것이라는 것은 의심할 바 없다. 엔느비크의 회사가 사진술을 활용하면서 그는 사진의 진정한 성질을 아주 분명하게 파악했다. 말하자면, 흔히 생각했던 것처럼 사진은 현존하는 현실의 단순한 복제가 아니라 스스로 새로운 현실을 만들어내었고, 이것을 엔느비크가 활용했던 것이었다. 엔느비크의 건물 사진들은, 완성된 건물에서 반드시 드러나는 것이 아닌 방법으로, 균질하고 일체적인 성격의 철근콘크리트 구조물을 강조했기 때문이다. 사진을 찍을 때 촬영 각도와 구도, 무엇보다 건설 단계의 선택을 아주 조심스럽게 조화를 이루게 해서 작품의 '콘크리트' 성질을 가장 유리하게 드러나게 했다; 한 편히 사업자가 언급한 대로, 작품이 가장 좋은 조건에 있고, 고객들에게 가장 흥미를 줄 수 있는 '순간을 선택해야 한다.'는 것이었다.[12]

엔느비크의 사진 활용법은 체계적 관리기법의 선구자로서 이미 우리가 알고 있던 그 당시 미국의 프랭크 길브레스[Frank Gilbreth]의 활용법과 견줄 수 있다. 강박적 성격의 조직을 구성했던 길브레스는 회사의 원활한 운영을 위한 규정집을 마련했다. 그리고 특히 현장 지휘를 위해 이 규정들을 성문화해서 고용인들을 위한 편람으로 만들었다.[13] 길브레스는 현장관리자에게 카메라를 지급해서, 전문사진작가가 아닌 그들이 작업진행상황을 찍어서 매주 같은 날에 현장을 기록하도록 지시했다. 길브레스가 사진을 고집했던 이유는 엔느비크의 이유와는 좀 달랐는데, 도급업자로서 그는 기본적으로 본부 사무실에서 수백 마일이나 떨어져 있는 현장에서 일어나는 일과 연락을 유지하려는 데 관심이 있었기 때문이다.

광고는 사진술에 대한 엔느비크의 일차적인 동기였지만, 길브레스는 분명히 현장관리자가 찍은 사진들이 담고 있을 광고 가치를 예측했음에도, 사진을 이용하는 그의 명분 순위에서는 맨 아래에 있었다. 원래 사진술에서 기본적인 매뉴얼인 현장사진술에 관한 종합적인 규정에서 길브레스는, '모든 경우에서 우리는 현장에서 인부들이 사진을 찍기 위해 자세를 취하면서 그냥 서 있는 모습이 아니고 작업 중인 인부들이 찍히기를 원한다. 그리고 가능하다면 모든 구경꾼들은 사진 밖에 있기를 원한다.'라고 규정했다.[14] 엔느비크의 현장 사진과 비교해보면, 엔느비크의 사진에서는 거의 나타나지 않는 콘크리트 작업 관련 장비, 거푸집 일, 철근조립, 골재 부수기, 배합, 갓 비빈 콘크리트 운송 장비, 다른 재료, 여러 작업공정과 같은 현장 작업에 중점을 둔, 작업 모습으로 가득 찬 사진들이었다. 엔느비크 사진 보관소에 소장된 사진들에서 건설공정이 상대적으로 무시된 이유는, 엔느비크가 사진을 활용하려 했던 특별한 목적으로 광고에 중점을 두었기 때문이다.

현실적으로, 면허사업자의 도급에 관한 엔느비크의 권위는 그가 좋아했을 것이라고 생각했던 것보다는 불확실했으며, 회사의 서류철은 엔느비크 사업과 면허사업자들 간의 분쟁 건으로 가득 찼었다. 그 사업자들은 아나나 다를까 그들이 지었던 건물들에 대해 생색내기를 좋아했다. 엔느비크의 광고 장비인, 특히 사진들은 다른 사업가가 그 일을 수행했을지라도 그 작품에 대해 자기의 권위를 세우는 엔느비크의 수단이었다. 엔느비크와 그의 면허사업자들 간에 추가계약 관계를 낳게 했던 사진은 양자 간의 분열을 감추어 버렸다—이런 면에서, 모든 사진들처럼 어떤 것을 드러낼 뿐만 아니라 또한 다른 것들을 모호하게 만들기도 한다. 사진들은 양

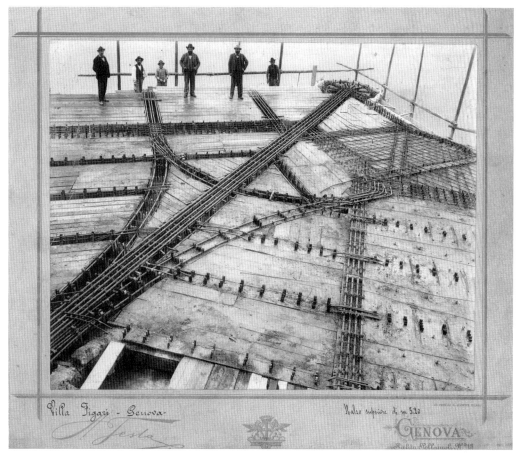

엔느비크 기록 보관소에 소장된 사진. 제노바 빌라 공사 현장에서 바닥 콘크리트를 타설하기 전에 배근 상태를 촬영한 것이다. 1903–4. 건축가 로벨리 설계.

워싱턴 주 시애틀의 발전소 공사 현장, 1907, 도급업자 프랭크 길브레스. 길브레스의 사진은 작업 중인 인부들 모습으로 인기가 있었다.

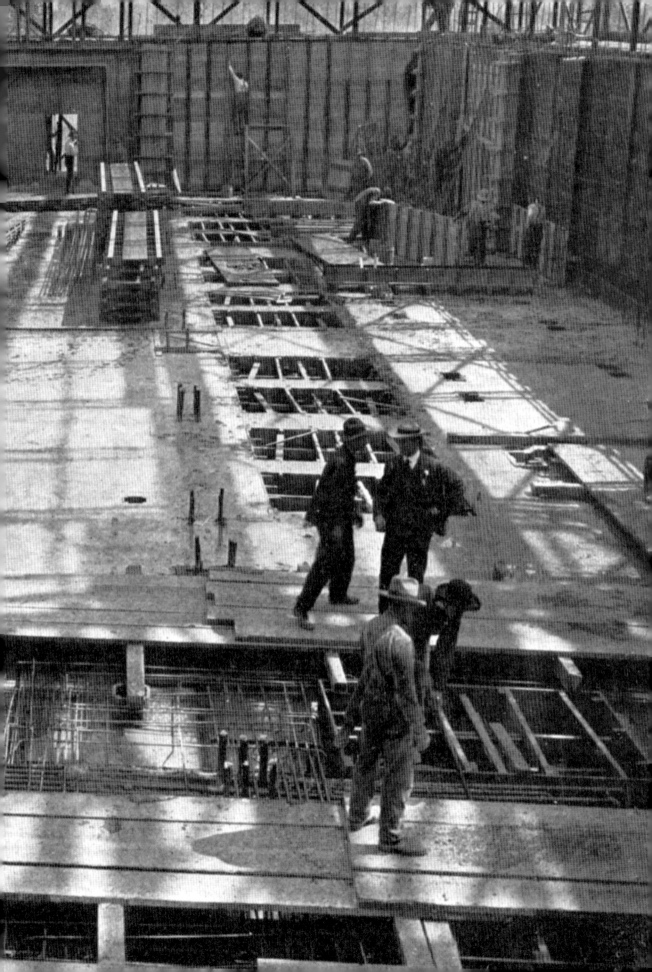

자에게 모두 가치가 있었다. 면허사업자들은 항상 더 많은 광고를 원했고, 그들의 가까운 업계 밖이라면 더욱 사진 광고를 원했다. 엔느비크는 '사진은 그 공사가 단순히 계획만 되었던 것이 아니라 실제로 수행되고 있음을 보여주면서, 의심할 바 없이 공사의 현실성을 드러내는 '가장 확실한 서류'라고 말했다.[15] 그러나 무엇보다 사진들은 철근과 스터럽 보강과 같은 마감 공사에서 삼켜져 영원히 볼 수 없게 된 모든 것들의 증거를 제공해줌으로써 콘크리트의 도상성 결핍을 보상해주었다. 하나의 사진은 촬영된 피사체를 단순히 나타내는 것 이상이다. 또한 철근콘크리트와, 특히 엔느비크의 특허기술이 다른 모든 건설공법보다 우수하다는 것을 보여주는, '사진의 세계'라는 그것 자체의 새로운 현실을 만들어낸다는 것, 그리고 완성된 구조물 그 자체를 실제로 응시한다고 해서 반드시 나타나는 메시지는 아니라는 것을 엔느비크는 알게 되었다.

콘크리트를 '문화' 속으로 Moving Concrete into 'Culture'

제1차 세계대전 이후 엔느비크는 사진에 대한 의존도를 낮추었으며, 그의 회사는 다른 광고수단을 채택했다. 그렇지만, 1910년대와 1920년대에는 점진적으로 엔느비크와 다른 특허기술 보유자들이 찍은 사진들은 그들의 사업을 육성하기 위한 목적과는 전혀 다른 맥락으로 건축 미학에 관한 예술 잡지와 서적들에서 나타나기 시작했다. 일부만 지어진 공장들, 발전소, 비행기 격납고, 부둣가 건물들, 포도주 저장 탱크를 찍은 사진들은 원래는 다른 형태의 구조양식에 비해서 철근콘크리트의 우수성을 과시하려 촬영했던 것들인데, 이런 사진들이 건축 관련 출판물에 등장하기 시작했다. 예전에는 관련업계에서만 돌아다니던 사진들이 갑작스럽고 놀랄 만큼 문화계 속으로 뛰어들었다. 우리는 현대건축에 관한 서적에서 공학기술을 뽐낸 구조물 사진을 보는 것이 낯설지 않게 되었지만, 이제는 이런 위상 변동의 충격을 감상하기가 쉽지 않다; 르 코르뷔제와 지그프리트 기디온^{Siegfried Giedion}이 격론을 벌이며 사진들을 활용하게 되자 그러한 관행은 일상화되었다. 미술서적과 잡지에 사진들이 게재되면서 새로이 논쟁이 생겼다. 철근콘크리트 구조기술이 다른 구조기술보다 더 우수하다는 것이 아니라, 그들의 말대로 구조물의 필요와 목적을 직접적으로 표현하자면, 순수한 공학적 구조물은 건축의 모습이

척박하다는 것과 죽어버린 형태에 대한 대안을 제시하고 있다는 새로운 주장을, 이들 사진들이 뒷받침했다. 이 논쟁에서 비평가들이 관심을 보였던 것은 고급스러운 건축 작품에 사용된 콘크리트가 아니었고, 아무런 장식이나 꾸밈도 없는 낮은 등급의 산업용 콘크리트였다.

한 영역에서 다른 영역으로 콘크리트 이미지가 변환하는 현상 중의 좋은 사례는 1919년 프랑스의 「예술과 장식 *Art et Décoration*」지에 실린, 국립기술교육 연구원^{Ecole des Arts et Metiers}의 교수였던 마르셀 망네 ^{Marcel Magne}가 기고한 '건축과 신건설재료 *L'architecture et les materiaux nouveaux*'라는 제목의 기사였다.[16] 정상적으로는 장식미술인 회화와 조각을 다루는 잡지에, 철근콘크리트 교량, 철강 구조물, 그리고 부둣가 구조물, 아직 공사 중인 구조물들을 찍은 12장의 사진이 게재되었다는 것은 조금도 과장 없이 충격 그 자체였다. 망네의 주장도 마찬가지로 급진적이었다. 건축은 동시대의 요구에 합당한 형태를 찾아내는 데 실패했고, 새로운 형태의 가장 왕성한 원천은 이런 공학 기술에 있지만, 모두 다 콘크리트로 지어진 것들이라고 비판했다. 순수하게 상업적이거나 기술적인 맥락을 벗어나 산업용 구조물의 이미지를 출판한다는 것은 미국의 공장과 1913년 독일공작연맹의 곡물 타워를 찍은 그로피우스의 사진들에서 이미 예상되었다. 그러나 망네의 기사는 두 가지 이유로 달랐다. 먼저 그는 '외국풍의', 미국 것이 아닌 그 지역 유럽의 예를 들었고, 두 번째로, 묘사된 대로 이런 피사체는 '예술'과 동등함을 가지고 있는 것이라고 생각했다.

산업용 구조물이 현대건축으로 전용된 일화는 이제 잘 알려졌음에도, 우리는 그 교류가 사진을 통해 일어났다는 사실을 잊어서는 안 된다. 그 논쟁을 지속시킨 것은 구조물 그 자체가 아니라 구조물의 이미지이다. 이렇게 완전히 새로운 상황에서 순환되기 시작했던 이미지는 순수하게 상업적인 이유 말고는, '문서'로서 찍힌 것은 아니지만, 이제 그것들은 사진이 결국 어떠한 것으로 옮겨지든 그 안에서 아름다움을 추구하기 위한 카메라의 영향이 자주 언급되기 시작했다.[17] 독일인 기술자 베르너 린드너^{Werner Lindner}가 출간한 두 권의 화보집은 사진 이미지의 위력으로, 콘크리트 구조물이 평범성을 버리고 미적 피사체로 변하게 한 전형적인 사례이다. 1923년 건축가 게오르그 쉬타인메츠^{Georg Steinmetz}와 함께 출간한 첫 번째 저서인 『조형성이 돋보이는 구조물 *Die Ingenieurbauten in ihrer guten Gestaltung*』은 독일 건설회사의 문서보관소에서 구한 석탄 창고, 격납고, 여러 종류의 사일로의 사진들을 실었고 역사적인 건축물의 사진과 나란히 배치하여 그것들의 형식상의 유사성에 주목을 끌게 했다. 린드더의 두 번째 저서인『산업용 건축물: 그 형식과 운용: 건설 *Bauten der Technik: ihre Form und Wirkung: Werkanlagen*』(1927)에서는 똑같은 종류의 공장이나 산업시설의 이미지를 오히려 더 많이 실었지만, 나중에 사진작가인 번드 힐라 베커Bernd & Hillar Becher 부부가 완성한 것과 유사한 유형학적 분류에 따라 정리되었다(이들은 린드더에게 감사의 뜻을 나타냈다). 두 권의 린드더의 저서에서 기술자들과 시공업자들이 찍은 사진들은 모두 다 문화적 주제를 발전시킨다는 다른 목적으로 이용되었다. 1920년대에 발행된 많은 다른 잡지와 책들 중에서, 르 코르뷔제와 오장팡의『에스프리 누보 *L'Esprit Nouveau*』와 지그프리트 기디온의『프랑스의 건물 *Bauten in Frankreich*』(1927)의 페이지에서 똑같은 일이 벌어졌다. 건축계가 시원이 된 또 다른 책들 중, 율리우스 비셔Julius Vischer와 루드비히 힐버자이머Ludwig Hilberseimer가 완성한『조형자 콘크리트 *Beton als Gestalter*』(1928)에서는 석탄창고, 냉각탑, 그리고 창고와 같은, 이전 린드너의 책에서 나왔던 똑같은 이미지의 많은 사진들이 그것들의 형태와「신 건축 *New Architecture*」지에 소개된 최근 작품의 형태 간에 뚜렷한 연관성을 띄고 있었음에도 게재되었다. 이와 같은 모든 출판물에서 카메라 기술로 돋보이게 된 콘크리트 구조물의 미적 특성이 이제 똑같은 이미지의 원래의 상업적 목적을 대신하고 있다.

사진술은 철근콘크리트를 문화의 매체로서 성공적으로 전환시켰다. 그 매체로 된 '건축적인' 작품들을 홍보함으로써 똑같은 성과를 얻고자 콘크리트 사업가들이 예전에 많은 시도를 했지만, 거의 다 실패했던 바로 그 '문화의 매체'였다. 엔느비크는 철근콘크리트의 건축적 가치를 과시하려는 의도로 파리 교외의 브를라 렌Bourg-la-Reine에 자신이 살 집을 지었지만, 이 집과 그 밖의 정교한 공예 장식품들도 건축적 명성을 끌어내지 못했다. 1920년 이전에 철근콘크리트로 지어진 거의 모든 '건축적인' 작품은, 철근콘크리트가 어떠한 문화적 가치를 가지고 있다고 설득하기에는 다른 어떤 재료로 만들어진 것과 크게 다르지 않았다. 사진술은 그것을 변화시켰고, 부분적으로 사진이 그려냈던 어떠한 것이든지 아름답게 해주는 사진술의 능력을 통해서 철근콘크리트가 현대건축의 중심 부분이 되도록 도움을 주었다.

서적이나 미술 잡지에서도 돋보였던 것은 철근콘크리트로 지어진 산업용 건물들의 사진들이었으며, 건축가들이 그 사진들 속에서 그려진 작품들의 예리한 기하학적 외곽선과 아무런 꾸밈 없이 비어 있는 외관들을 따라 하기 시작하면서, 사진술은 다시 그들의 작품에 권위와 신뢰를 더해주었다. 산업용 건물의 사진식 표현에서 생긴 것으로서, 새로운 건축은 그러한 산업용 구조물에서 얻어낸 품질로 주목을 받고자 사진의 이미지에 기대었다. 영국의 비평가 필립 모오톤 쉔드Philip Morton Shand는, '현대적인 사진술이 없었다면, 현대건축은 결코 "잘 될 수" 없었을 것이다.'라고 주장했다.[18] 1920년대에 사진술의 미학과 건축의 미학 간의 접근에 대해 어떠한 확인이라도 필요하다면, 우리는 르 코르뷔제의 그 유명한 건축에 대한 정의를 읽어볼 필요가 있다. '빛 아래에서 노련하고, 정확하고, 장엄하게 어우러진 매스들의 유희.'—이것은 또한 사진술의 정의일 수도 있다.[19]

　　사진술을 발휘하여 평범한 것들을 아름답게 해주는 과정인 '포토제니 *photogenie*'는, 사진을 재미없거나 살펴볼 수 없게 하는 실제의 모든 우연성과 과잉에서 표현되는 장면을 깨끗하게 해주는 작업이다. 건축사진을, 특히 새로운 건축물의 사진을 전문으로 하는 영국의 델 & 웨인라이트Dell & Wainwright, 이탈리아의 바소티Barsotti 같은 사진작가들은 건축가의 의도를 강조하는 사진을 찍는 방법을 알아내었다. 이런 관점에서 콘크리트에 대해 사진술로 주로 할 일은 콘크리트의 미적 특성을 돋보이게 하는 것이었다. 뤼셍 에르브Lucien Herve의 작품은 실제로 이런 기법이 적용된 좋은 사례이다. 에르브는 헝가리 태생이었지만 프랑스에 거주하는 사진기자였다. 그는 마르세이유에 세워진 위니테 다비타시옹을 찍은 후 르 코르뷔제의 전속 사진작가가 되었으며 종전 후 그의 모든 작품들을 촬영했다. 에르브는 신사진술 기법을 활용했다. 전체보다는 상세부분을 강조한다거나, 강한 대각방향 구도 설정, 강한 콘트라스트와 같은 기법을 사용하여, 르 코르뷔제의 건물에서 콘크리트의 표면 질감과 품질을 돋보이게 했다; 그 사진들은 화상에 집중하고 있어서 사람들이 일상에서 건물의 똑같은 부분을 주시할 때 보는 것보다 더 많이 사진 구도 속에서 보게 된다. 포토제니는 콘크리트 사진의 영업도구가 되었으며, 콘크리트 사진을 재현하는 모든 수단처럼, 이 책은 콘크리트 사진의 효과와 관련되어 있고 다른 어떤 것만큼 그 효과들을 탈피할 수도 있지만, 저자는 또한 콘크리트 사진들이 관객을 꼭 죄는 힘을 느슨하게 하여 그들이 사진 속에서 아름다움을 찾기를 바랐다. 콘크리트가 사진, 사진술, 그리고 심지어 평균적인 능력보다 낮은 사진작가들을 위해 보여주었던 것을 생각해볼 때, 우리가 지켜볼 것이라는 이유만으로, 콘크리트 실체가 전해주는 것 그 이상으로 어떠한 콘크리트 조각도 아무런 어려움 없이 화려하게 보이게 할 수 있다. 영국의 비평가 마이클 로덴스타인Michael Rothenstein은 1945년 '사진술은 콘크리트와 유리 위에 비춰지는 화려함을 지워버렸다.'라고 비판했다—사람들이 동의할 수 있는 의견일 뿐이다.[20]

콘크리트와 예술로서 사진술 Concrete and Photography-as-Art

엔느비크 공법으로 지어진 구조물 사진을 찍었던 익명의 상업 사진작가에게 사진술의 작업은 예술이 아니다. 아제^{Atget}가 자신의 작품에 대해 유명한 말을 한 것처럼 그들의 사진들은 그저 '문서'일 뿐이다.[21] 20세기 초반에는 상업용 사진작가의 세계와는 별도로, 주요 사업이 그림 제작이었던 그 분야의 장인들이 회화와 구별되는 작품들을 만드는 것이 목표였을지라도, 기본적인 대상이 회화였던 독자적인 사진술 영역이 있었다. 1920년대 독일에서 시작된 것으로, 사진술에서 '영상중심주의'에 대한 반감과 함께, 회화와 사진술 간에 거리를 두려는 움직임이 있었다. 이른 바 '신사진술'의 대가인, 알베르트 렝거-파츠슈^{Albert Renger-Patzsch}는 다음과 같이 목표를 분명히 밝혔다:

> 사진술은 **그 자체만의** 기술과 **그 자체만의** 수단을 가지고 있다. 이런 수단을 이용해서 회화와 같은 효과를 얻으려 한다면, 사진작가들은 자신의 매체, 자신의 재료, 자신의 기술의 진실성과 명백함에 대해 갈등을 겪게 된다. 또한 회화예술 작품과 어떠한 유사성을 얻을 수 있든 간에 기껏해야 그것은 피상적일 뿐이다.
>
> 시각예술 작품이 예술적 품위를 가질 수 있는 것과 같이, 그러한 품위를 가질 수 있는 좋은 사진의 비밀은 사진의 사실주의에 숨어 있다. 건축가와 조각가의 작품들, 기술자의 창작품, 그리고 식물, 동물과 같은 자연에 대해 품고 있는 우리의 인상들을 표현할 때, 사진술은 우리에게 가장 믿을 만한 수단을 제공하고 있다. 우리는 아직도 물질적인 것들의 마술을 포착할 기회를 충분히 즐기지 못하고 있다. 목재, 돌, 그리고 쇠붙이의 구성체는 회화의 수단을 뛰어넘는 완벽함으로 보일 수 있다. 사진작가로서, 우리는 놀랄 만큼 정밀하게 높이와 깊이의 개념을 표현할 수 있으며, 가장 빠른 동작을 해석하고 표현하는 데에는, 논란의 여지 없이 사진술이 가장 뛰어나다.[22]

렝거-파츠슈가 실제로 바라고 있던 것은 회화예술을 탈피하고, 엔느비크의 산업용 구조물을 촬영하는 사진작가가 속한 세계인, 상업 사진작가와 산업 사진작가가 다루는 주제 문제와 접근방식을 지향하여, 사진술을 재편성하는 것이었다. 그가 다른 곳에서도 기술한 바와 같이, '유체물 有體物 ―객체― 의 마술을 포착하는' 사진의 능력은 사진술의 기본적 요소, 즉 '가장 밝은 것부터 가장 짙은 그림자, 선, 평면과 공간을 망라하는 모든 색조를 품고 있는 빛'에 있다.[23] 사진술에 가장 잘 어울리는 주제가 산업세계에서 온 것이라면, 표현하는 데에 가장 뛰어난 것은 가능한 대로 가장 풍부한 색조의 범위를 갖는 표면들이었다. 색조의 단계적 변화를 포착하는 사진술의 능력을 이용하는 데에 사진술이 드러낼 수도 있던 매체로서 콘크리트 역시 도움이 되었음에도, 렝거-파츠슈는 콘크리트가 아닌 돌과 쇠붙이를 거론했다. 엔느비크의 구조물을 찍은 사진작가들은 이미 이것을 보여준 바 있다. 생 바스트Saint-Vaast에서 1898-9년에 찍은 코크스 저장고 사진은 피사체의 밝고 선명한 표면과 예리한 윤곽을 가로질러 떨어지는 여러 색깔의 빛을 보이고, 우발성의 징조, 재료 더미, 인부의 모습들을 피하면서, 렝거-파츠슈가 그 사진을 다르게 보이려 다듬었을 테지만, 주목을 끌고 싶어 했던 그 사진의 바로 그 똑같은 속성에 맞는 완벽한 증례가 되고 있다.

사진술로 하여금 표면 자체의 독특한 품질인, 완전한 검정에서 극도의 흰 빛까지 색조의 변화를 낱낱이 표현하는 능력을 활용하게 해주는 것으로서, 콘크리트 표면은 인간의 피부에 버금간다. 또한 거의 같은 시기에 여성의 누드가 포르노가 아니라 예술사진의 주제가 된 것은 우연의 일치가 아니다. 수잔 존탁Susan Sontag이 말한 대로, 과일과 야채 사진보다도 상당히 덜 야한 에드워드 웨스톤Edward Weston이 찍은 여성 누드는 아주 미미한 색조의 변화를 표현하려는 순수한 시도였다. 콘크리트와 사람의 살은 사진의 매체임을 증명하기에 이상적인 외피들을 가진 것들이다. 롱샹Ronchamp의 콘크리트 뿜칠로 마감한 표면을 찍은 에르베Hervé의 사진과 르 코르뷔제의 초기 저서인 『성당의 하얀 빛 When the Cathedrals were White』에서 인용한 '나는 여성의 살갗을 믿듯이, 물체의 외피를 믿는다.'라는 말을 나란히 놓고 보면, 우연하게도 이 둘은 하나로 만난다.[24]

신 사진술의 대가들이 사진을 찍을 때, 저메인 크룰Germaine Krull의 『쇠붙이 Métal』(1927), 또는 마르세이유 도로교의 동물 모양의 윤곽을 찍은 수많은 사진에서처럼, 철강구조에 특히 집착하지만 그들은 콘크리트 건물도 찍었다. 렝거-파츠슈는 콘크리트로 지어진 새로 지은 건축의 실례를 찍으면서 건축과 관련된 많은 일을 해냈으며, 발터 벤야민Walter Benjamin이 신 사진술은 평범한 것들을 미화한다고 공박했을 때, 그가 마음에 담고 있던 것은 콘크리트의 이미지였다. 카메라는 '이제 빈민가 주택이나 쓰레기 더미를 변모시키지 않고서는 찍을 수 없다.'라고 주장했다. 강의 댐 또는 전력선 공장은 말할 것도 없이, 이들의 사진술 앞에서는 "참 아름답구

Béton armé. système Hennebique.
Breveté S.G.D.G

Compagnie des Mines d'Anzin.

Usine des Agglomérés à Saint-Vaast, Valenciennes.

엔느비크 기록보관소에 소장된 석탄 저장고 사진, 1898-9, 생 바스트

Réservoirs à charbon de 400 tonnes, divisés en 4 parties égales par trois cloisons en
béton armé.
    Les réservoirs peuvent être pleins ou vides, sans que la charge répartie inégalement
n'altère en rien leur stabilité.
    Les fondations des huit colonnes sont également faites en béton armé.

Ingénieur : M. Darphin   Concessionnaire : A. Fortier.

나.”라는 말밖에 할 수 없을 것이다.[25]

비평가들이 그 결과들에 대해서 어떻게 생각하든, 신 사진술은 사진술을 회화중심주의에서 해방시켰으며, 이 점에서 새로운 콘크리트 구조물들이 제시한 주제가 도움이 되었다. 공장, 석탄 창고, 부둣가 건물들을 찍은 익명의 사진작가들은, 사진술은 기본적으로 빛, 그림자, 색조, 표면과 선에 관한 것임을 콘크리트가 증명하게끔 콘크리트에게 기회를 주었다. 그 후의 사진작가들은 더 널리 이런 특질을 이용하려 했다. 안젤 아담Ansel Adam이 찍은 후버Hoover 댐 사진에서 표면 중 4분의 3 이상은 맨살의 콘크리트로 된 것이다. 한 세대 후, 독일의 사진작가인 번드 힐라 베커 부부Bernd & Hilla Becher의 작품은 댐에 사용된 재료의 양을 계산하는 데에 이용되었다. 그들은 1960년대 산업용 구조물인 광산, 용광로, 사라져 버릴 것 같은 것들의 기록을 보존하기 위해 고고학적인 이유로 찍기 시작했다. 베커 부부는 의식적으로 신사진술의 영향과, 특히 렝거-파츄슈 방식을 토대로 했지만, 익명의 산업용 사진 이미지의 영향을 받았다. 번드 베커는 그 사진 이미지에서 자신이 버려진 공장의 삭막한 사무실 근처에 누워 있었음을 알았다고 말했다. 그는 이런 사진들을 모으기 시작했고, 그 다음, ‘그때 피사체가 그냥 찍혔듯이—아무런 해석도 없이—나는 오늘 정밀하게 피사체를 찍기로 결심했다.’ 이윽고 베커 부부의 계획은, 그들이 아홉, 열둘, 또는 열다섯의 이미지 격자로 이루어진 ‘인쇄술’ 방식으로 사진들의 배열에 집중하기 시작하면서, 오랫동안 그들의 작품은 ‘예술의 가장자리에서’ 경계선 같은 존재가 되었음에도 덜 고고학적이면서 더 예술적으로 되었다.[26] 그들이 찍은 구조물 중 특히 수조탑과 냉각탑들은 콘크리트로 만들어진 것들이며, 그것들이 콘크리트였기 때문에 결코 구조물을 골라서 찍지 않았지만, 콘크리트는 그들의 촬영목적에 잘 들어맞았다. 그들은 해가 흐릿하거나 구름 낀 하늘에서만 사진을 찍음으로써 강한 그림자를 피했고, 자신들의 기법을 이용해 피사체에서 발산되는 회색의 최대 범위를 포착할 수 있었다.

베커 부부의 사진들은 애초에 ‘예술의 가장자리’에서 맴돌았지만, ‘예술로서 사진’을 지속적으로 확장하는 일은 거의 다 그들의 제자들이 이룬 것이며, 이제 그들과 그들의 추종자의 작품은 예술의 세계로 들어가게 되었다. 새로운 예술로서 사진술의 특징 중에는, 사진의 주체가 단순히 대상이 되는 그 무엇, 즉 피사체가 아니라, 사진술 자체—그 과정, 다른 이미지 형성 관행과의 관계—가 특징이 되고 있다. 그와 동시에, 모든 예술분야에서처럼, 조망 조건, 관객과 이미지 간의 관계 조건도 이슈가 된다. 콘크리트는 캐나다의 사진작가 제프 월Jeff Wall의 작품에서 잘 표현된 것처럼, 이런 발전에 작지만 중요한 부분을 차지했다. 콘크리트는 월이 찍은 놀랄 만큼 많은 수의 사진 속에 들어 있으며, 콘크리트가 과연 거기서 무엇을 하고 있는지 생각해볼 만한 가치가 있다. 우리가 지금까지 보아 왔던 모든 이미지 안에서 콘크리트가 작동하고 있는 것으로 여기고 있는, 빛을 반사하는 표면으로서 콘크리트를 이용하는 재래의 사진술과는 달리, 월의 사진에서 콘크리트는 빛을 빨아들이는 물체이다. 밴쿠버 공원에서 찍은 '콘크리트 공 Concrete Ball'에서 콘크리트는—글자 그대로—이미지의 중심이다. 사진 한 가운데에 있는 콘크리트 공의 그림자 진 아래 부분은 그 사진에서 가장 어두운 부분이며, 그 어두운 구멍으로 모든 것들이 빨려들어간다. 이것은 많은 사진작가들이 콘크리트를 이용했던 방식과는 정반대의 방식이며, 그의 많은 다른 사진들에서 보이는 특징이다. 거의 똑같은 한 쌍의 사진인 '문어와 콩 An Octopus & Some Beans'에서는, 그 이미지의 전체 표면에 평평한 공간과 같은 강도의 광선, 그리고 초점을 맞추었고, 워커 에반스Walker Evans의 농가 내부 이미지의 재작업에서는 콘크리트 벽체의 비어 있는 부분이 각 사진의 중심이 되었다. 거울 부분을 제거함으로써 판자 부분을 그대로 드러나게 했다. 어떤 의미로는 무채색의 직사각형이 바로 사진이다. 이미지에 있는 다른 것들 모두는 그 주변에 있는 프레임이다. 회색 패치의 단색은 아마도 에반스의 흑백사진에 대한 기준으로 보면, 이미지에서 텅 비어 있는, 가장 적게 빛이 반사되는 부분이며, 또한 진정한 주체이다.

월이 찍은 야간 사진에서 빛을 반사하는 표면과 빛을 흡수하는 표면 간의 이런 관계가 역전되었으며, 두 장의 사진 '자전거 탄 사람 Cyclist'과 '밤 Night'에 대한 배경이 되는 콘크리트 벽체는 이미지에서 가장 빛나는 부분이다. 어두워야 할 부분이 밝게 되는 이런 역전현상은 그의 흑백사진에서 사진현상 과정의 본질에 대한 월이 보인 집착과 어떤 관계가 있다. 월은 그가 사진술의 습식 과정과 건식 과정에 매료되었다는 것을 언급했다. 그가 쓴 글에서 '사진술과 액체의 지능'에서 인용한 내용으로, 물은 사진 제작과정에서 본질적인 기능을 하지만, 정확히 제어되어야 한다… 그래서, 내가 보기에는, 물은—상징적으로—사진술에서 예스러움 archaism을 나타내지만, 공정에 투입되는 물은 또한 유압식 기계로 배출되고, 제어되거나, 흘려보내진다. 액상의 화공약품으로서 물의 예스러움은 사진을 중요한 방식으로 시간, 과거와 연결시켜준다. 여기서 물

1942년 안젤 아담스가 찍은 후버 댐, 1931-6, 애리조나/네바다 경계에 있다.

제프 월의 문어,1990. 182x229cm 빛 상자 안에 천연색 슬라이드.

을 '예스러운 것'으로 불러줌으로써, 물은 아주 오래된 생산 과정—세척, 표백, 용해와 같은 과정
들의 기억 흔적을 구현한다는 것을 의미한다. 이런 것들은, 예를 들면, 원시적인 광산에서 광석
의 분리와 같은 '테크니 techne'의 원천과 연결된 것들이다. 이런 의미에서 사진술에서 물의 반향
—광물과 채소의 세계에서 아직 드러나지 않은 것으로서 장비라고 생각될 수 있는 뭔가를 추측
하려는 듯한 이미지—은 사진술의 '건식' 부분을 달리 이해하는 데 도움이 될 수 있다.[27]

　　'자전거 탄 사람 Cyclist'의 뒤 쪽에 있는 콘크리트 벽은 콘크리트 타설 과정에서 축축하고
끈적거림을 느낄 수 있는 풍부한 흔적을 보여주고 있다. 한때는 젖어 있던 피사체가 말라가고
있는 것처럼 음화와 인화된 것을 현상하는 습식 과정에 대해서는 확실히 유사점이 있다. 디지
털 사진술이 등장하기 전까지 습식 과정은 사진 현상 과정에서 본질적인 단계였다.

　　그와 동시에 콘크리트 벽체는 표면이다. 월이 지적했던 바와 같이, '사진에서 경험하고 있

제프 월의 '자전거 탄 사람', 1996. 흑백 젤라틴 인화, 229x303cm.

는 것은 사진에 묘사된 사물을 보고 있는 순간에 표면의 불가시성이다.' 회화와는 달리, 표면이 없거나 표면을 안보이게 하는 것이 사진의 특징이라면, 월 자신은 표면에 매료되어 있다고 고백하고 있다. 실제로 그는 '그것은 내가 관심 있는 거의 유일한 것이다―묘사하고 있는 것의 표면, 알맹이, 물리적으로 일정한 형상의 질과 같은 것들이다.'라고 말한 적이 있다.[28] 자전거 탄 사람에서, 콘크리트 벽체 면은 사진 현상과정과 유사한 것으로서 사진에서 빠져 있는 그것의 표현인데, 표면으로서 바로 사진 이미지이다. 콘크리트 작품은 사진과 같은 것이다: '자전거 탄 사람'에서 그것은 사진술 그 자체이다.

스위스 그리슨 지방의 학교 건물, 1997-8, 건축가 발레리오 올기아티 설계.

열

콘크리트 르네상스
A CONCRETE RENAISSANCE

저개발국가에서는 아직 아니지만, 1970년대 초기에 서유럽과 북미에서 콘크리트 인기가 시들해졌다. 콘크리트 인기의 추락은, 현대성을 표상하면서 세계대전 후 벼락경기 시절의 건설재료였다는 것의 결과인데, 아무 경고도 없이 갑자기 닥쳐오지는 않았다. 이전부터 지식인들이 보기에 콘크리트의 문화적 효과가 전반적으로 온화하지 못하다는 징후가 있었다. 벨기에의 「상황주의 상보 *Situationist Constant*」지는 1959년 새로운 도시개발 사업을 '철근콘크리트 무덤'이라고 혹평했다; 도시 외곽을 찍은 카르티에 브레송[Cartier-Bresson]의 사진과 1960년 프랑스 철학가 앙리 르페브르[Henri Lefebvre]가 저술한 유명한 논문인 「신도시에 관한 소고 *Notes on the New Town*」를 보면, 가장 기본적인 방식을 제외한 어떠한 식이든 그 사업의 실패가 문제가 되자 콘크리트 건설을 비난했다; 또한 장 뤽 고다르[Jean-Luc Godard]의 영화 〈내가 그녀에 대해 알고 있는 두세 가지들 *Deux ou trois choses que je sais d'elle*〉(1966)은 파리 교외의 새로운 콘크리트 주택 단지를 배경으로 한 것인데, 이 새로운 건물들에서 보이는 비합리적인 것들의 어떠한 잔재이든 모든 비정형성의 상실을 한탄했다. 그 건물들은 더 이상 표현매체로서 제 기능을 발휘하려는 도시의 역량을 위태롭게 하는 듯이 보였다.[1] 그런 상황에 이르자, 콘크리트에 대한 반응은 급작스럽게 차가워졌고, 개인과 산업체에 대한 재앙이 염려되었다; 아무도 노출콘크리트를 더 이상 반기려 들지 않았다. 업체들은 일거리를 잃었고 1950년대와 1960년대에 형성되었던 콘크리트 공사의 훌륭한 전문기술들이 영원히 사라졌다.

그런데 일찌감치 콘크리트의 인기가 사라진 서유럽과 북미에서, 1990년대 초기부터 노출 콘크리트가 다시 활발하게 사용되기 시작했다. 콘크리트는 다시 유행을 타게 되었고, 이런 재등장이 예전에 콘크리트를 사용했던 방식이 이어지는 것으로 볼 수 있을 것인지 아니면 또 다른 새로운 출발을 의미하는 것인지 생각해볼만한 것이다. 신기하게도 이것은 그다지 많이 논의했던 문제는 아니며, 답을 얻으려면 작품들 그 자체에 눈을 돌려야 할 것이다. 그 작품들이 우리에게 말해줄 수 있는 것은 문화 속의 콘크리트를 약하게나마 밝혀준다는 것이며, 무엇보다 이런 관계에 대해 미리 정해진 운명이나 고정된 것은 아무것도 없다는 것을 분명히 해주고 있다.

중립성 The Neutral

1990년대 초기에 콘크리트가 다시 등장한 직접적인 건축학적 이유는 포스트 모더니즘에 대한 반응으로서, 포스트 모던 건축이 이미지와 상징주의에 심하게 집중했고 늘 건물 그 자체를 벗어나 있는 어떤 것을 의미하는 것으로 만들어서 건축 작품으로 무엇인가를 표현하고자 하는 방식에 대한 반응이었다. 그 반론은 그렇게 많은 상징들이 작품 자체를 공허하게 만들었다는 것이었고, 그 대안으로서 어떤 건축가들은 작품은 단지 그 자체로만 존재의 의미가 있고 그저 '사물이라는 것 thingliness'이라고 여겨질 뿐인 건물을 짓는 방식을 직시하기 시작했다. 이런 새로운 접근 시각은 건축에 관한 비평서와 역사서에서도 한 차례씩 언급되었으며, 이런 것들 중에서 아마도 가장 좋은 예는 핀란드의 건축가 주하니 팔라스마^{Juhani Pallasmaa}가 쓴 『표피의 눈 *The Eyes of the Skin*』(1996)이다. 케니스 프램튼^{Kenneth Frampton}이 쓴 『지질문화 연구 *Studies in Tectonic Culture*』(1995)에서는, 12명의 유명한 20세기 건축가를 거론하며, '건축'이란 건축가들이 건물의 '물리적으로 중요한 사실 *material facts*'에 어떻게 접근하느냐에 따라 달라진다는 주장을 내세웠다. 이런 논쟁에서 재료는 새로운 중요성을 띠게 되었다. 포스트 모더니즘에서는 한 재료가 다른 재료를 모사하는 일이 쉽게 허용되어 두툼한 덧씌우기로 밋밋한 구조를 감추는 일도 있었지만, 새삼스럽게 건물이 무엇으로, 그리고 어떻게 지어졌는가라는 질문이 중요하게 되기 시작했고, 이런 맥락에서 콘크리트를 다시 관심을 가지고 보기 시작했다.

새로운 접근 방식의 특징은 스위스의 건축가 페터 춤토르Peter Zumthor가 언급한 것들이다:

> 가벼운 천 같은 목재 바닥, 무거운 돌덩이, 부드러운 천, 빤짝이는 화강암, 유연한 가죽, 가공 안 된 강철, 윤이 나는 마호가니, 수정 같은 유리, 햇볕으로 데워진 부드러운 아스팔트… 이것들은 건축가의 재료들이지만, 우리들의 재료이기도 하다. 우리는 그것들 모두를 알고 있으나 여전히 잘 모르고 있다. 설계하기 위해, 건축을 창출하기 위해, 지각을 가지고 그것들을 다룰 줄 알아야 한다. 이것이 연구이다.[2]

1960년대 후기와 1970년대에 취리히 연방공과대학ETH에서 교육을 받은 젊은 건축가들은 19세기 건축가이며 이론가인 고트프리트 젬퍼Gottfried Semper의 아이디어에 큰 영향을 받아 콘크리트 실험을 시작했다. 콘크리트는 구조재료이며 동시에 여러 가지 표면처리에도 적합했기 때문에 특히 다채로운 매체로 보였다. 춤토르, 발레리오 올기아티Valerio Olgiati, 페터 메르클리Peter Märkli, 헤어촉 & 드 뫼롱Herzog & de Meuron 같은 건축가들은 콘크리트의 감각적이고 촉감이 좋은 성질을 이용했을 뿐만 아니라, 건물은 '실체'이고 건설공사의 실제 과정의 산물이지 단순한 상징이 아님을 보여주는 그 재료의 능력도 충분히 활용했다.

재료들에 대한 콘크리트에 대한 재평가가 활발해지자, 1950년대와 1960년대의 건축을 되돌아보며 사람들은 같은 의미로 콘크리트를 보게 되었고 그러한 건물에서도 감각성과 본질에 같은 흥미가 있을 것이라고 생각하게 되었다. 그러나 1950년대의 모든 건축가들이 콘크리트를 이런 방식으로 여겼을지는 의심스럽고, 확실한 예외들이 있었지만 이와는 반대로, 많은 사람들은 콘크리트의 감각적인 것에 대해서는 무관심한 듯했으며, 거꾸로 관심에서 벗어나 존재감이 없는 '중립적' 매체로써 콘크리트에 이끌렸던 것 같다. 이런 해석은 비교적 최근의 재료주의 견해와는 상충된다. 콘크리트라는 **마취제**는 친밀한 관심을 받을 만하다.

핀란드의 투르쿠Turku 묘지공원에 있는 홀리 크로스Holy Cross 교회는 1967년에 페카 피트케넨Pekka Pitkänen이 설계한 작품이다. 그 교회건물은 안팎으로 노출콘크리트로 지어졌고, 외부의 일부분은 프리캐스트 패널로 덧씌워져 있다. 그는 1960년대에 많은 다른 건축가들과 마찬가지

핀란드 투르쿠 묘지공원에 있는 홀리 크로스 예배당, 1961-7. 건축가 페카 피트케넨 설계.

로, '콘크리트를 거의 영구적인 재료로 여겼으며, 시야에 분명하게 남아 있어야 하는 것으로 생각했다.' 잿빛의 콘크리트 실내는 지금 있는 것보다 살짝 더 많은 색깔이 있긴 했지만 의도된 무채색이었다. 천정은 원래 파란 석면으로 칠해져 있었다. 그 석면의 독성 때문에 이제는 석면이 다 제거되었다; 천정의 푸른빛말고 실내에서 볼 수 있는 색은 가죽 표지의 핀란드 성경책과 찬송가책의 파란색뿐이었다; 그러나 최근에 핀란드의 교회는 새로운 찬송가책을 내놓았다. 이 책은 파란색이 아니어서 이런 요소의 색깔도 사라졌다. 그 의도는 잿빛의 콘크리트가 신자들의 색깔뿐만 아니라 다른 색깔을 돋보이게 할 것이라는 것이었다. 건축가가 콘크리트의 투박함으로써 묘사했던 것은 스테인레스 스틸 십자가처럼 정교하게 마감된 고귀한 재료들을 등장시킴으로써 상쇄되었다. 이 건물에서 콘크리트 사용을 강조하는 것은, 건축가의 말을 빌리자면 '콘크리트는 드러낼 만한 절대적인 가치가 없는 재료이다.'라는 태도이다; 피트케넨은 표면이 고운 콘크리트에 대해 '대수롭지 않은 것'으로서, '별것도 아닌 것'으로 얘기하고 있다.[3] 다소 애매하지만—그리고 건축가의 비평이 이 점에 주목하고 있다—콘크리트는 뒤로 물러나서 다른 것들을 돋보이게 하는 배경이 되어주기도 하지만, 전적으로 건물을 지배하고 있다. 사람들은 콘크리트를 의식하지 않을 수 없을 것이다. 그 건물이 바로 콘크리트이다. 콘크리트가 두드러져 보이지 않게 의도되었다 할지라도, 그것을 놓쳐서는 안 된다.

런던 시의회가 1961년부터 1968년까지 런던의 사우스 뱅크$^{South Bank}$ 위에 지은 일단의 새로운 문화 건물들인 퀸 엘리자베스 홀$^{Queen Elizabeth Hall}$, 퍼셀 룸$^{Purcell Room}$, 헤이워드 갤러리^{Hayward} ^{Gallery}와 같은 건물들은 콘크리트 때문에 유명하다. 두께 변화가 0.3mm인 널빤지를 꼼꼼하게 준비하여 만든 거푸집에 콘크리트를 타설하여 널빤지 자국이 드러나게 마감했다. 거푸집 무늬는 어느 것도 같은 것이 없었다.[4] 그러나 상세부분에 대한 이 모든 관심은 이상하게도 원래 밝혔던 건축계획 의도와는 잘 맞지 않았다. 이 계획은 개별적인 건물들을 사라지게 하여, '단일 건물로서 도시'를 볼 수 있게 하는 것이었다.[5] 하나의 풍경으로서 더 많은 것을 상정하여, 콘크

헤이워드 갤러리와 퀸 엘리자베스 홀, 사우스 뱅크, 런던, 1961–8, LCC/GLC 건축사 설계.

해비타트 67, 몬트리올, 1964-7, 모쉐 자프디 설계.

리트 표면을 연속적으로 처리하여 이들 건물 하나하나를 개별적인 객체로 보이지 않게 하는 방법이며, 대신에 그 건물들이 도시의 일반적인 기반시설로 흡수되도록 의도한 것이었다. 사우스 뱅크의 콘크리트는 감각적이고 중립적이며, 그 계획의 특별한 업적의 일부로서 드러나지 않는, 별스럽지 않음과 동시에 대단히 중요하다.

사우스 뱅크와 같이, 몬트리얼에 있는 해비타트 67은 1960년대 축복받은 계획 중의 하나였다. 이것은 모쉐 자프디Moshe Safdie 학생의 논문 계획에서 창안된 것인데, 층층이 쌓인 22층짜리 지구라트 ziggurat의 기본이 되었던 건설 방식이었으나, 마지막 단계에서 12층으로 규모가 줄었다. 자프디는 그 공사에 배속되었지만, 그것을 지을 재료에 대해서는 관심이 없었다. 그는 나중에, '나는 재료가 어떤 것이어야 하는지 결정짓지 않았다. 그 건물은 그저 세포조직 같은 3차원 모듈형 주택 단지였다.'라고 기술했다.[6] 그 계획을 표현한 모형물에서 마감 방식이나 구조 상세에 대해 분명하게 밝히지 않았다. 중요한 것은 개념과 형식이었다. 이제는 그 건물의 무시할 수 없는 특징이지만, 그것이 콘크리트로 지어졌다는 사실이 어떤 의미로는 전혀 중요하지 않았다.

이 모든 사례에서 콘크리트가 최근에 다시 살아나면서 감각적이고 촉감이 좋고 성질이 우월하다는 것과는 반대로, 물체를 사라지게 하여 다른 성질이 나타나게 하는 방법의 문제에 집착하는 건축가들을 우리는 보고 있다. 1950년대 거의 모든 건축가들에게 건축의 품격은 사물에 있는 것이 아니라 아이디어에 있었다. 예를 들어, 이탈리아의 건축가 지오 폰티Gio Ponti는 1957년 자신의 글에서 '건축은 결국 이러저런 재료로 옮겨지기 전에 해결되어야 하는, 오로지 설계 안에서만 또는 모형에서만 존재할 뿐이다.'라고 주장했다. 폰티에게 건축은 무채색이어야 한다:

> 건축은 형태가 가변적이고 추상적인 사실이며 색깔이 없고, 사람들이 원할지라도, 색깔을 갖지 않는다. 콘크리트를 색깔(또는 색깔들), 그리고 재료(또는 재료들)로 상상할 수 있지만, 콘크리트를 건축으로서 순수하게 고려하거나 판단하고 싶다면, 그것의 건축적 본질에서, 건축적 타당성에서, 우리는 그것을 무채색으로 보아야만 한다.[7]

매체로서 콘크리트가 모형의 불분명함을 완공된 건물로 연장시킬 것이라는 기대감으로,

20세기 중반의 많은 건축 계획을 표현했던 판지나 발사 나무로 만든 모형을 재현하는 데에는 가장 적합한 것으로 생각되었다. 미국의 건축가 피터 아이젠만Peter Eisenman은 1967년과 1969년에 그가 지은 '집 I House I'과 '집 II House II'에서, 추구했던 것은 이런 뚜렷하지 않은 효과였다고 아주 솔직하게 밝혔다. 아이젠만은 '판지'는 '우리가 현실을 대하는 인식의 본질을 묻는 데 사용되며 질문을 야기한다.'… 이것은 건물인가 아니면 모형인가?'라고 기술했다.[8] 그러나 아이젠만은 노출콘크리트로 자신의 집을 짓지 않았다. 판지를 흉내 내기는 커녕, 콘크리트를 색깔이 없고, 퇴행적이며, 비물질 非物質인 것처럼 보이게 하려는 시도는 어김없이 그 반대의 결과를 낳게 된다는 것을 그는 알고 있었다.

콘크리트가 현대성을 나타내는 매체로서 정형화되었다는 전제하에서, 초월 또는 탈피의 대상인 콘크리트를 사용했던 1960년대와 1970년대의 건축가들은 심각함에 빠졌다: 어떠한 형태의 '현대적' 목적이든 콘크리트가 어디에나 존재한다는 것은, 권위 있는 계획에 콘크리트를 사용하는 경우에서, 그 계획 자체로 주목을 받지는 않을 것이며 단지 콘크리트의 현대성이라는 세계로 합쳐질 것을 의미했다. 그들의 선택은 '문학적인' 것에서 벗어나 형식에서 자유로운 글쓰기에 대해 진정으로 현대적인 방법을 성취하려는 작가들의 노력과 어느 정도 같은 궤적을 보이고 있다. 프랑스 비평가 롤랑 바르트Roland Barthes는 1953년 그의 저서『중립적 글쓰기 Writing Degree Zero』에서 '문학'에 대한 해답은 '이미 상태가 정해진 언어의 속박에서 벗어나 색깔 없는 글을 써내는 것이다.'라고 제언했다. 카뮈Camus와 로브 그리예Robbe-Grillet의 최근 작품을 거론하며, 바르트는 다음과 같이 주장했다:

> 새로운 중립적 글쓰기는 모든 주장과 판단[기존의 문학 형식을 형성해주고 있다]의 한 가운데에서, 그것들 중 어느 것과도 연관되지 않으면서, 제 자리를 잡고 있다; 중립적 글쓰기는 주장과 판단의 부재 속에서도 정확히 존재한다… 여기서 목표는 생활 언어, 그리고 문학적 언어에서 적절히 동시에 벗어나, 사람의 운명을 기본적인 화법 같은 것에 맡김으로써 문학을 넘어서는 것이다. 이런 투명한… 화법은 가장 이상적인 형식의 부재 不在라는 부재 不在 형식을 얻는 것이다.[9]

바르트가 카뮈와 같은 작가들에게서 '중립적이고 불활성 상태의 형식을 선호하면서 언어의 성격들이 없어졌다.'는 형식의 부재를 보았듯이, 우리는 1950년대와 1960년대의 몇몇 건축가들이 비슷하게 중립적인 '중립적 건축 architecture degree zero'을 갈망해온 것으로 볼 수도 있을 것이다. 노출콘크리트는 형식의 부재를 추구하는 데에 특별히 중요한 몫을 했던 것처럼 보인다. 일부는 모형 표면과 노출콘크리트의 유사성 때문이며, 다른 일부는 건물의 전면에서 장인들과 기능공들의 솜씨 흔적을 콘크리트가 지우도록 해주었던 기회 때문이다. 그러한 것들은 상투적으로 건축의 의미를 부여했던 장인들의 솜씨와 작품의 흔적들이었다. 이것이 콘크리트를 적시했던 건축가들이 바랐던 것이라면, 콘크리트는 그 중에서도 가장 의미 있고 매력적인 본질 중의 하나였기 때문에, 실패할 수밖에 없었다. 파리가 끈끈이에 달라붙듯 본질에는 많은 의미들이 달려 있다. 본질의 그러한 '중립성'은 본질을 의미 있는 알라딘의 동굴로 만들고 있다.

바르트는, 1978년에 했던 일련의 강연과 최근에 『중립 The Neutral』이란 제목으로 출간된 저서에서, 대안의 비평 영역으로서 '중립적인 것'의 가능성을 탐구하는데 크게 힘을 썼다. 건축과 유사한 것들은 교육적인 것이다. 바르트는 중립적인 것을 '패러다임보다 앞서 있는 것'으로 묘사했다. '패러다임'은 의미 생산을 위한 정상적 과정이며, 그 안에서 하나의 용어는 또 다른 것에 대한 그것의 대립에 의해 의미를 발생시킨다. '가볍다'는 '무겁다'라는 그 낱말의 대립을 통해서, '약하다'는 '강하다'의 존재를 통해, 바로 그대로를 뜻한다. 모든 개념은 또 다른 것에 대한 대립을 통해서 존재한다. 바르트의 욕망은 폭군 같은, 절대적인 이 과정에서 벗어나는 것이었고 진정으로 의미와 중요성에서 함께 벗어나는 것이었다. 기호론자인 바르트는 의미의 발견에 전념했다—이들은 그 자신의 말이다—'**의미로부터 벗어나게 되는** 어떤 세상의 꿈이다 (마치 군 복무를 마친 것처럼)'.[10]

『중립 The Neutral』에서 바르트는 의미와 중요성의 정상적인 과정을 벗어나는 '모습'을 확인했고, 그것을 통해 중립적인 것은 '반짝거릴 수도 있을 것이다.'라고 말했다. 이들 대부분은 문학과 관련이 있지만, 색깔처럼, 어떤 것들은 다른 분야에도 적용되고 있다. 바르트는 패션과 관련된 색에 대해서도 이야기하고 있다. 패션에서는 기본적인 표현 방식이 한 가지 색 또는 여러 가지 색이라는 것이 아니라, 의상이 색을 갖는 것으로 명시되는지, 아니면 '아무런 표시가 없는', 즉 '색이 없는' 것인지가 중요하다. 바르트에게 매력적인 것들은 이런 상태의 아무 표시가 없는 것, 분명하지 않은 것들이다. 그의 말처럼 중립적인 것은 '분명하지 않은 것의 생각'을

뜻한다.[11]

이것은 '분명하지 않음'을 연장하려는 시도에서 그 모형의 '표시가 안 된' 품질들을 복제한다는 그들의 1950년대 계획과 동떨어진 것이 아니다. 그리고 바르트가 중립적인 것을 통해 의미가 배제된 세상에 접근하는 꿈을 꾸었다면, 사물이 자체의 본질을 상실하게 하려는 건축가들의 노력은 건축이 의미에 대한 면역력을 갖게 하고자 하는 전략이 아니었을까? 피터 아이젠만이 자신의 '집 II House II' (1969)에 대해서, 그 집은 '현재 그 집의 사회적 의미에 관해서 중립적이어야… 한다는 것이 목표이다.'라고 말했다.[12]

20세기 중반에 모든 건축가들이 결코 아무 표시도 없고 중립적인 것을 추구하는 데에 동참한 것도 아니었고, 이런 방식으로 콘크리트를 사용하는데 관심을 둔 것도 아니었다. 예외적인 인물들 중에 폴 루돌프$^{Paul Rudolph}$는 콘크리트를 독특하게 감각적으로 사용하여, 당시에 많은 평가를 받았고, 1990년 이후 콘크리트 부활 시기의 건축가들이 채택한 방식과 아주 흡사했다. 그는 '모형으로는 건축의 상세 또는 재료들을 선뜻 지시할 수 없다.'라고 썼으며 건물의 본질을 더 잘 전달한다고 생각했던, 고도로 숙련된 펜과 잉크 기법인 자신만의 양식을 선호했기 때문에, 그의 설계를 표현하는 데에 모형을 쓰지 않았다는 것은 의미심장한 일이다.[13]

'중립적인 것'과 '표시가 없는 것'이라는 전략에서, 콘크리트는 더 이상 매체로서 가용하지 않다. 적어도 서구에서는 콘크리트가 현대성에 묶여 있는 한, 그것과 함께 따르는 긴장감을 다해도 쉽사리 불가시성으로 되돌아갈 수 없다. 최근의 콘크리트 사용 중 성공적인 사례에서는, 콘크리트는 완전하게 알려져 있는 것, 그리고 서로 관련되어 있는 것, 현대화를 향한 이중 가치적인 것으로서 존재 의미가 주어지고 있다.

대담한 것인가 유연한 것인가 Heroic or Pliable

1950년대의 건축가와 기술자들은 때때로 자신들의 작품을 통해서 콘크리트에 대한 무엇인가를 보여주고, 다른 재료가 할 수 없는 것을 콘크리트는 할 수 있다는 것을 보여주려 하는 것처럼 보였다. 오늘날 건축 매체로써 콘크리트는 더 이상 **영웅적인** 것이 아니다. 최근의 많은 작품들은 매체에 대해 아무것도 드러내지 않는다. 20세기 내내 콘크리트로 지어진 건물들은 재료의 대단히 튼튼한 강성을 뽐냈다. 기둥과 보 형태의 구조물에 콘크리트를 사용하여, 부자연스럽게 긴 경간, 또는 위험하게 확장된 캔틸레버를 만들어냈으며, 건물에 이 모든 것을 모두 이용한다는 것은 설계자의 명예에 관계되는 일이었다. 프랭크 로이드 라이트^{Frank Lloyd Wright}의 '낙수장^{Falling Water}'(1935-48), 또는 단 네 곳에만 지지된 놀랄 만한 긴 경간으로 된 리나 보 바르디^{Lina Bo Bardi}의 상 파울로 현대미술박물관^{Museu de Arte Moderna de São Paulo}'(1957-68) 작품들이 그 예이다. 천정에 곡면이 사용된 것으로, 포트 워스^{Fort Worth}에 있는 칸의 킴벨 미술 박물관^{Kimbell Art Museum}(1967-72), 또는 포물선 곡면으로 된 멕시코 시티에 있는 1952년의 레이나와 칸델라의 코스믹 레이 파빌리온^{Cosmic Ray Pavilion}, 파리의 라 데팡스^{La Defense}에 1956-8년에 세워진 국립산업기술센터 궁전^{Palais du CNIT (Centre National des Industries et des Techniques)}같은 건물에서 강조되었던 것은 재료의 강성이었다. 그 강성은 마치 **조개껍질** 같은 것이었다. 얇은 두께의 콘크리트, 기둥이나 지주로 방해받지 않는 넓은 공간, 그리고 야트막한 곡률의 돔 같은 구조로 자랑거리가 넘쳤다. 콘크리트는 정확한 재료로서 이해되어야 **정밀한** 구조물을 만들 수 있다. 작품마다 최적의 결과로 나타났으며, 수학적 계산으로 얻어진 확실한 구조 성과물이었다. 이것은 늘 전문가가 스스로 고백한 바와 같이, 전투에서 최전선이었다라고 말할 수밖에 없다. 선도적 기술자인 네르비^{Nervi}, 메이야^{Maillart}, 토로야^{Torroja}조차도 이성적 계산보다는 직관에 의지했음을 인정했다; 프랑스의 기술자인 외진 프레시네^{Eugene Freyssinet}는 그의 생애 말년에, '직관이 계산 결과와 상충되었을 때, 나는 계산을 다시 했어야 되었고, 결국 가장 문제가 된 것은 언제나 잘못된 계산이었다.'라고 회고했다. 시릴 시모네가 언급한 바와 같이, '구조물과 강성이 있는 외피에 대한 계산은 가장 복잡하고 번거롭기 때문에 확실히 임의성이 있다.'[14] 그럼에도, 재료가 그것의 기술적 한계에 밀려 있었던 1950년대의 많은 콘크리트 작품 뒤에는 한 가닥의 기대감이 있었다. 그러나 이제 그 기대감은 사라졌다. 초기의 팽팽하고 정확한 콘크리트 사용에 비하면, 최근의 몇몇 건물에서 우리는 반대현상을 보고 있다. 그것 역시 그 매체를 요구하고 있을지라도, 콘크리트가 부드럽고 물렁해졌다. 엑스포 98이 열렸던 리스본^{Lisbon}에 알바로 시자^{Alvaro Siza}가 설계한 포르투갈 전시관^{Portuguese Pavilion}의 예를 들면, 중앙의 공간을 덮는 콘크리트 지붕은 양쪽 벽체 사이에 유연하게 늘어져 처진 형상을 보이고 있다. 이것은 재료가 **견고하다는** 인상을 주는 지붕이 아니라, 반대로 빗물의 무게 때문에 더 내려앉을 수도 있을 것이라고 예상하게 되는 이유처럼 보인

브라질 상 파울로 현대미술박물관, 1957–68. 건축가 리나 보 바르디 설계.

다. 그 지붕은 정확히 이 모양이어야 한다는 이유는 없다. 그것은 조금 더 처질 수도 조금 더 팽팽해질 수도 있다. 다른 예를 하나 더 들자면 자하 하디드Zaha Hadid가 설계한 코펜하겐의 오르드룹가르트Ordrupgaard 박물관 확장공사에서 지붕과 벽체는 곡면으로 된 한 덩어리의 콘크리트 슬래브인 것처럼 보인다. 그 구조물은 실제로 안쪽으로 330mm 두께의 콘크리트 슬래브이고 그 위로는 빈 공간이며 바깥쪽 슬래브의 두께는 150mm이다. 바깥쪽을 굳이 콘크리트로 만들 필요는 없었고, 재료 선택은 임의적이며 구조물에는 아무런 차이도 주지 않지만, 외관에만 차이를 보일 뿐이다. 20세기에서 콘크리트를 사용할 때는 재료의 과잉 없이 콘크리트의 기술적 한계에 맞춰 사용해야 한다고 하지만, 더 이상 이것은 문제가 될 것 같지 않다. 콘크리트는 이제 용기 없다는 이유로 수치를 겪지 않는다.

    콘크리트가 기술적 혁신을 보여주는 데에 사용되고 있음을 보는 것은 소중한 일이다. 콘크리트구조물 설계에 아직도 혁신이 이루어지고 있음에도, 그것을 구경거리로 삼을 필요는 없는 듯하다. 1960년대에 비하면 오늘날 많은 콘크리트가 다른 방식으로는 창의적일지라도, 구

엑스포 98 포르투갈 전시관, 리스본, 알바로 시자 설계.

조공학적으로 비교적 과감하지 않다. 1950년대 말기와 1960년대 초기에 건축가들과 기술자들은 모든 콘크리트 작품이 구조공학적으로 큰 경험이 되기를 원했지만, 이제 구조 혁신은 경량 재료에서, 아니면 혁신적인 외장 공법에서 훨씬 더 흔하게 볼 수 있다. 콘크리트의 기능은 건축이 얼마나 '발전되기'를 보여주기보다는 밀도와 질량의 효과를 자주 보여주는 것이다.

안과 밖 Outside and Inside

노출콘크리트는 이제 건물 밖에서보다 안쪽에서도 흔히 볼 수 있다. 1950년대와 1960년대에 노출콘크리트는 안쪽과 바깥에 똑같이 사용되었지만, 바깥 마감으로 노출콘크리트가 사용되는 것을 찾아내기가 이제는 흔하지 않다. 고위도의 북쪽 지역의 기후에서 이것은 부분적으로 콘크리트의 풍화 문제에 대한 인식과 풍화 현상을 생기게 했다는 콘크리트에 대한 거부감

쿤스트하우스, 브레겐츠, 오스트리아, 1992-7.
건축가 피터 줌토르 설계.
반투명 외장, 일체식 콘크리트 실내.

때문이기도 하다. 많은 건축가들은 얼룩짐과 미관 손상이라는 기술적 문제를 적절하게 조절할 수도 있지만, 낡은 노출콘크리트 건물에 대한 대중들의 낮은 평가 때문에 콘크리트를 건물 외관에 적용하는 것은 현명하지 않다고 생각해왔다. 예를 들어 페터 메르클리의 라 콘지운타^{La} Congiunta, 또는 레이멘^{Leymen}에 있는 헤어촉 & 드 뫼롱의 루딘 하우스^{Rudin House}(1996-7)에서처럼 노출콘크리트를 외부 마감으로 적용한 경우는, 엄밀하게 보면 노출콘크리트가 얼룩지고 탈색될 것이라는 것을 기대했기 때문이다. 하지만 이것은 아주 사소한 일거리를 제외하고는 위험 부담이 큰 전략이다. 실내를 완전히 노출콘크리트로 처리한 건물은 최근의 콘크리트 사용법에서도 훨씬 더 특징적인 것이었다. 페터 춤토르^{Peter Zumthor}가 설계한 오스트리아 브레겐츠^{Bregenz}의 쿤스트하우스^{Kunsthaus}(1994-7)와 같은 건물은 바깥에는 반투명 유리로 덧씌워져 있고, 안에는 벽체와 바닥이 말끔한 면의 콘크리트로 되어 있어, 바깥은 부드럽고 안쪽은 단단한 모습으로 되어, 1960년대의 표준과는 반대의 모습이다. 1960년대 건물의 특색인 얼룩짐과 잡초가 자란다는 문젯거리를 피할 뿐 아니라 내부적으로 노출콘크리트는 2장에서 설명한 바와 같이 여름에는 건물을 냉각시키고 겨울에는 따뜻함을 유지함으로써 에너지 소비를 줄이는 열 매질로서 작용한다. 내부적으로 콘크리트를 노출하는 것에서 그 자체가 미적 정당화는 아닐지라도, 내부 마감재로 콘크리트를 선택하는 중요한 이유는 열 매질이었기 때문이었다.

1950년대와 60년대의 특색이었던 콘크리트 사용에 대한 모 아니면 도식의 태도에 비교하면, 현재는 콘크리트를 부분적으로만 노출시키고 전체적인 조화에서 다소 모호하고 미묘한 위치를 차지하고 있음을 흔히 찾아볼 수 있다―전에는 지지를 받았을 것이라고 생각되는 것은 아니지만 말이다. 카루소 세인트 존^{Caruso St John}이 설계한 뉴 아트 갤러리 월살^{New Art Gallery} ^{Walsall}(1995-2000)은 1990년대 초기 이래로 콘크리트의 적용 방식에 생겼던 많은 변화 상태를 보여주는 건물인데, 콘크리트가 부분적으로 감춰져 있거나 드러나 있다.[15] 콘크리트 구조물의 외부는 커다란 테라코타 타일 또는 스테인리스 강판으로 완전히 씌워져 있고, 내부에는 콘크리트가 다도 dado 위치의 위 아래로 노출되어 있으며, 거푸집의 거푸집널로 사용된 것과 같이 정확히 같은 폭으로 된, 좁다란 미송 널빤지로 덮여 있다. 그 결과, 사람이 내부에서 보는 것이 건물의 내부에 붙인 라이닝인지 아닌지 또는 내부의 진짜 표면인 통나무인지 아닌지―가상의 거푸집이 제 자리에 남아 있지만, 뒤에 있는 콘크리트를 드러내기 위해 곳곳에 도려낸 것인지

뉴 아트 갤러리 월살. 카루소 세인트 존 설계
1995–2000.

뉴 아트 갤러리, 상층 지붕의 내측.
다도의 목재 띠장은 콘크리트 벽체의 위와 뒷면에 거푸집으로 사용된 것과 똑같은 크기의 폭과 재료이다.

의아하게 한다. 건물에 맞춰 다림질한 벽지처럼 보이지는 않지만, 출입구와 창문 주변을 두른 통나무 라이닝의 세부 장식에 세심한 주의를 기울여서, 그 자체로 정교한 구조물로 보이며 뒤쪽의 콘크리트와 마찬가지로 중요성을 갖는다. 다도 널빤지가 콘크리트에 새겨진 널빤지 자국과 나란하지 않다는 사실은 건축가에게는 전체적인 통나무 장식이 그 자체의 구조적 일체성을 갖는다는 인상을 주고 싶다는 정도일 뿐이다. 건물의 내측 벽에 드러난 콘크리트는 완전히 외피 구실을 한다. 콘크리트의 깊이를 볼 수 있을 만큼 드러냄이 없다는 것과 좀 더 평범한 수평적 배치 대신 거푸집을 수직으로 설치한다는 것은 콘크리트는 결코 단단하거나 묵직하게 보이지 않고 순수하게 표면으로서 보인다는 것을 뜻한다. 이것은 깊이가, 결과적으로 중량이 항상 분명했던 1950년대와 1960년대의 콘크리트와는 사뭇 다른 것이며, 1층과 위층 갤러리의 바닥면에서만 부각된 콘크리트를 볼 수 있다. 깊은 보들과 그것들 중 다수는 마치 통나무인 것처럼 서로 가까이 있다. '바닥면이 방을 만든다.'라는 루이스 칸의 금언을 따르면, 보들은 구조상의 요건에 맞춰 크기가 정해진 것이 아니라 건축가들이 자신들이 아주 좋아하는 건물인 아비뇽 Avignon에 있는 교황 궁전Palace of the Popes에서 관찰했던 대로, 그 아랫쪽 방의 크기에 따른 것이다. 기술자들은 건설의 일관성을 무시한 것과 이런 배열에서 드러난 대로 재료를 지나치게 사용한 것에 기겁했다.

콘크리트의 표면 외관에 대해, 건축가들은 철제 거푸집에 타설된 콘크리트의 '기계적' 효과를 피하고 싶어 했다. 철제 거푸집을 사용하면, 묶음 못 자국 때문에 일정한 간격으로 생긴 구멍들이 벽체에 고정되었던 패널로 형성된 외관임을 드러나게 하기 때문이다; 그리고 그들은 1960년대 런던에 있는 데니스 라스던Dennys Lasdun이 설계한 국립 극장National Theater 같은 건물에 비판적이었다. 그 건물에서는 콘크리트가 안팎으로 사용되었으며, 그들은 콘크리트를 쓸데없이 힘자랑하며 근육을 과시하는 '마초'처럼 보았다. 그 대신 그들이 원했던 표면효과는 레이첼 화이트리드의 조각 표면 같은 것이었으며, 거푸집 재료의 희미한 흔적이 안 그랬으면 보드랍게 되었을 표면에 자국을 남기면서 그 작품들의 신비스러움에 더해지고 있다. 월살에서는 거푸집을 제거한 후 콘크리트에 최소한의 마감을 하여 표면에 염류가 보이도록 했다. 콘크리트의 품질이 썩 좋지 않아 보이는 곳에는, 목재 라이닝을 연장하여 그것을 덮도록 했다.

뉴 아트 갤러리 월살의 내부에는 목재가 콘크리트보다 더 중요한지 아니면 반대인지 꾸

뉴 아트 갤러리 월살. 현관 홀. 천정 바닥에 필요 이상으로 콘크리트 보가 많다.

준한 불확실성이 있다. 그러한 계산된 망설임과 우유부단함은 1950년대와 1960년대에는 받아들일 수 있는 것으로 생각되지는 않았지만, 이제는 더 이상 골칫거리는 아닌 듯하다.

콘크리트에 관한 책을 최근의 위대한 기술서적의 하나로서가 아니라 조금은 미미한 촌구석의 건물로서 끝낸다는 것이 비딱하고 왜곡된 것처럼 보일 수도 있다. 그렇지만 이 책은 건축가와―이 책에서 가장 크게 그려진 주제인―콘크리트에 대한 건축가의 관계를 마지막으로 말할 기회를 마련한 것이다. 전 세계 콘크리트의 일부만이 건축가들이 다루고 있지만, 그 매체에 관한 그들이 던지는 충격은 전 세계에 지어진 것 전체에 대해 건축가들이 가지고 있는 아주 미미한 지배력에 비하면 균형이 맞지 않고 있었다. 콘크리트에 얼굴을 만들어 주는 콘크리트의 미용사로서 건축가들은 콘크리트를 다른 방식보다는 한 가지 방식으로 보이게 하는 이유에 대해서 그것을 우리에게 중재할 책임이 있다. 우리가 콘크리트와 콘크리트가 사용되는 세상에 관해 믿고 있거나 믿기를 거부하는 모든 사물들에 대한 표현 중에서, 그 재료를 통해 우리의 바램과 미움을 야기하는 데에 가장 깊게 관련된 사람들은 어떤 기능인 또는 직업인들보다 다름 아닌 바로 건축가들이다. 일상생활의 무대를 꾸며주는 임무로서 건축가들은 우리에게 이런 합성 물질을 일상의 풍경으로 수용하는 방법을 보여주고 있으며, 그것이 우리의 사고 과정에 어떻게 수용될 수 있는지, 그리고 어떻게 우리가 누구이고 우리가 무엇인가에 대하여 사물을 보게 해줄 수 있을지를 가르쳐주고 있다.

철근콘크리트의 첫 세기에서는 구조 매체로서 그것의 다양성을 이용하여, 어떤 것이든 만들어 내었고, 문화적 매체로서 그것의 유연성 때문에 여러 목적에 쓸 수 있었다. 그것들 중 어떤 것은 이런 저런 이유로 아직도 다투고 있는 중이다. 이 책에서 그려왔던 것 중 우리가 확신하는 한 가지는 문화적 변화로서 콘크리트가 그 기능을 할 것이므로, 이야기가 끝난 것은 아니다. 시멘트 생산량의 꾸준한 증가, 경제력 균형의 서양에서 동양으로 이동, 탄소 배출량을 제한하기 위해 생기는―아니면 생기지 않는―해결책은 세계 문화에서 콘크리트가 맡아야 할 일을 변하게 할 것이다. 그러나 콘크리트와 문화 간에 생기는 관계의 불안정성은 여전히 남을 것이다.

참고문헌

들어가는 말

1   Thomas More, Utopia [1516], in *The Complete Works of St. Thomas More*, trans. E. Surtz and J. E. Hexter, vol. iv (NewHaven, ct, 1965), pp. 121-2.

2   James W. P. Campbell, *Brick: a World History* (London, 2003); Adam Mornement and Simon Holloway, *Corrugated Iron:Building on the Frontier* (London, 2007).

3   These, and many other German examples, are described by Kathrin Bonacker, *Beton: ein Baustoff wird Schlagwort* (Marburg, 1996), p. 41.

4   Information from Christoph Grafe.

5   Kate Grenville, *The Idea of Perfection* (London, 2000), pp. 263-4.

6   *How to Avoid Huge Ships and Other Implausibly Titled Books* (London, 2008), pp. 24-5. In fact, *Highlights in the History of Concrete* (1979) by Christopher C. Stanley is a perfectly respect-able and interesting illustrated miscellany of concrete works.

7   Editorial, 'Concrete as a Building Material', *The Builder*, xxxiv (27 May 1876), p. 502.

8   Such as Cecil D. Elliott, *Technics and Architecture* (Cambridge, ma, 1993).

9   Frank Lloyd Wright, 'In the Cause of Architecture vii: The Meaning of Materials-Concrete', *Architectural Record* (August 1928), repr. in Frank Lloyd Wright, *Collected Writings*, ed. Bruce Brooks Pfeiffer, vol. I (New York, 1992), p. 301.

하나 진흙과 현대성

1   George Orwell, 'Wells, Hitler and the World State' [August 1941], repr. in *Collected Essays, Letters and Journalism of George Orwell*, vol.ii: *My Country Right or Left, 1940-1943*, ed. Ian Angus and Sonia Orwell (London, 1970), p. 169.

2   Francis S. Onderdonk, *The Ferro-Concrete Style* (New York, 1928), p. 255.

3   Patrick Chamoiseau, *Texaco*, trans. Rose-Myriam Rejouis and Val Vinokurov(London, 1998), p. 356.

4   See Ipek Akpinar, 'The Rebuilding of Istanbul after the Plan of Henri Prost, 1937-960: from Secularisation to Turkish Modernisation', PhD thesis, University of London (2003), pp. 142, 172.

5   See Andrew Saint, *Architect and Engineer:A Study in Sibling Rivalry* (New Haven, ct, 2007), ch. 2.

6   This interpretation is emphasized by Cyrille Simonnet, *Le Beton, histoire d'un materiau* (Marseilles, 2005), especially in chs 2 and 3. The following discussion is largely based on Simmonet.

7   Ibid., p. 22.

8 Ibid., pp. 62-3; Gwenael Delhumeau, *L'Invention du béton armé: Hennebique, 1890-1914* (Paris, 1999), p. 65; Saint, *Architect and Engineer*, p. 217.

9 Simonnet, *Le Béton*, p. 47.

10 Ibid., p. 58.

11 P. Collins, *Concrete: The Vision of a New Architecture* (London, 1959), p. 50; Simonnet, *Le Beton*, p. 57.

12 Collins, *Concrete*, pp. 60-61.

13 Delhumeau, *L'Invention du béton armé*, p. 102.

14 The activities and relationship to the firm of Hennebique's British agent, L. G. Mouchel, is described by Patricia Cusack, 'Agents of Change: Hennebique, Mouchel and Ferroconcrete in Britain, 1897-1908', *Construction History*, iii (1987), pp. 61-74.

15 Collins, *Concrete*, pp. 65-7; Gwenael Delhumeau, Jacques Gubler, Réjean Legault and Cyrille Simonnet, *Le Béton en représentation: la mémoire photographique de l'entreprise Hennebique, 1890-1930* (Paris, 1993), p. 10; Delhumeau, *L'Invention du beton armé*, p. 22.

16 Quoted in Simonnet, *Le Beton*, p. 100.

17 The word Magne used was *appareil*, untranslatable into English, for as well as the literal meaning of 'apparel' or 'raiment', it also means 'apparatus'; in the context of building, it refers to the manner in which stones are laid, or the 'bond', as well as in a more general sense the finishing process for any product, such as a fabric; and in a general sense, 'appearance'. See Rejean Legault, *L'Appareil de l'architecture moderne: New Materials and Architectural Modernity in France, 1889-1934'*, PhD thesis, mit (1997),

pp. 213-14; and R. Legault, 'L'Appareil de l'architecture moderne', *Cahiers de la Recherche Architecturale*, xxiv (1992), p. 62.

18 Walter Benjamin, *The Arcades Project*, trans. H. Eiland and K. McLughlin (Cambridge, ma, 2002), pp. 4, 9, 16. See also the comments of Theodor Adorno, *Aesthetics and Politics* (London, 1979), p. 118.

19 Charles Rabut, *Cours de béton armé* [1910], quoted in Legault, 'L'Appareil de l'architecture moderne: New Materials and Architectural Modernity in France, 1889-1934', p. 110.

20 W. R. Lethaby, 'The Architectural Treatment of Reinforced Concrete', *The Builder* (7 February 1913), pp. 174-6. I owe this reference to Pinai Siriatikul.

21 For the history of this publication, see Reyner Banham, *A Concrete Atlantis* (Cambridge, ma, 1986), pp. 11ff, and Jean-Louis Cohen, *Scenes of the World to Come* (Paris, 1995), p. 64.

22 Banham, *A Concrete Atlantis*, p. 15.

23 Ulrich Conrads, *Programmes and Manifestos on 20th Century Architecture* (London, 1970), pp. 36-8.

24 Anatole de Baudot, architect of the church of Saint-Jean-de-Montmartre in Paris, had remarked in 1905 that reinforced concrete was potentially 'revolutionary' in the changes it would bring about, both in architectural aesthetics and in 'resolving the great modern problem posed by contemporary society'; but, he emphasised, the 'revo-lution' would be a peaceful one. *La Construction Moderne*, xx (6 May 1905), p. 375. Le Corbusier expressed similar views twenty years later in *Toward an Architecture* [1923], trans. J. Goodman (London, 2008), p. 129.

25　For an English-language description of Perret's career and significance, see Joseph Abram, 'An Unusual Organisation of Production: the Building Firm of the Perret Brothers, 1897-1954', *Construction History*, iii (1987), pp. 75-94. My interpretation of Perret is based upon R. Legault's thesis. Much of the information referred to here is from the thesis, and while the argument I make is suggested by Legault, I have taken it further.

26　For more detail about these works, see M. Culot, D. Peyceré and G. Ragot, eds, *Les Fréres Perret, l'oeuvre compléte* (Paris, 2000).

27　On Notre-Dame at Le Raincy, see in addition to the discussions of it by Collins, Legault and Simonnet: A. Saint, 'Notre Dame du Raincy', *Architects' Journal*, cxciii (13 February 1991), pp. 26-45; and Simon Texier, in *Les Fréres Perret*, ed. Culot, Peyceré and Ragot, pp. 124-9.

28　Marcel Mayer, *A. et G. Perret* [1928] (Paris, n.d.), quoted in Legault, '*L'Appareil de l'architecture moderne*: New Materials and Architectural Modernity in France, 1889-1934', p. 360.

29　See Legault, '*L'Appareil de l'architecture moderne*: New Materials and Architectural Modernity in France, 1889-1934', pp. 236 and 341.

30　Quoted by Gwenaël Delhumeau, 'De la Collection à l'archive: les photographies de l'entreprise Hennebique', in Delhumeau, Gubler, Legault and Simonnet, *Le Beton en representation*, p. 44.

31　See Felicity Scott, 'Bernard Rudofsky: Allegories of Nomadism and Dwelling', in *Anxious Modernisms*, ed. Sarah Williams Goldhagen and Rejean Legault (Cambridge, ma, 2000), p.216; Felicity Scott, '"Primitive Wisdom" and Modern Architecture', *Journal of Architecture*, v/3 (Autumn 1998), p. 253; Andrea Bocco Guarnieri, *Bernard Rudofsky: A Humane Designer* (Vienna and New York, 2003), pp. 17, 184-7; Wim de Wit, 'Rudofsky's Discomfort: A Passion for Travel', in *Lessons from Bernard Rudofsky: Life as a Voyage*, ed. Architekturzentrum Wien(Basel, 2007), pp. 98-122; Andrea Bocco Guarnieri, 'Bernard Rudofsky and the Sublimation of the Vernacular', in *Modern Architecture and the Mediterranean: Vernacular Dialogues and Contested Identities*, ed. Jean-Francois Lejeune and Michelangelo Sabatino (London and New York, 2010), pp. 230-49.

32　Giuseppe Pagano and Guarniero Daniel, *Architettura rurale italiana* (Milan, 1936). See Michelangelo Sabatino, *Pride in Modesty: Modernist Architecture and the Vernacular Tradition in Italy* (Toronto, 2010), especially ch. 4; also M. Sabatino, 'Ghosts and Barbarians: The Vernacular in Italian Modern Architecture and Design', *Journal of Design History*, xxi/4 (2008), pp. 335-58.

33　Ridolfi also produced another manual, specifically about traditional building processes, which was not published in his lifetime: Mario Ridolfi, *Manuale delle techniche tradizionali del costruire, il ciclo delle Marmore*(Milan, 1997).

34　Quoted in Francis S. Onderdonk, *The Ferro-Concrete Style* (New York, 1928, repr. Santa Monica, ca, 1998), p. 11.

35　*Le Palais Idéal du Facteur Cheval*, guidebook (2001), p. 14.

36　Reyner Banham, 'The Master

Builders'[1971], repr. in Reyner Banham, *A Critic Writes* (Berkeley, ca, 1996), p. 173.

37　A. Deplazes, *Constructing Architecture: Materials, Processes, Structures, a Handbook* (Basel, 2008), p. 59.

38　J. Quost, 'Des Systemes de béton de ciment armé et des travaux d'architecture', *L'Ingénieur constructeur de travaux publics*, 61 (October 1911), p. 493, quoted in Simonnet, *Le Béton*, p. 103.

39　Quoted in *Le Ciment-roi, réalisations architecturales recentes* (Paris, 1926), cited in Legault, '*L'Appareil de l'architecture moderne*: New Materials and Architectural Modernity in France, 1889-1934', p. 240, n. 185.

40　Le Corbusier, *Oeuvre Compléte*, vol. v: 1946-1952, ed. W. Boesiger (Basel, 1953), p. 191. See Flora Samuel, *Le Corbusier in Detail* (Oxford, 2007), pp. 18-20 on the changes in Le Corbusier's attitude towards concrete; and James Stirling, 'The Black Notebook', in *James Stirling: Early Unpublished Writings on Architecture*, ed. M. Crinson (Abingdon, 2010), p. 53.

41　See M. Mostafavi, *Approximations: The Architecture of Peter Märkli* (London, 2002), p. 64. La Congiunta has become an iconic building in some architectural circles: for Florian Biegel, for example, its appeal is that it suggests 'wall' and not 'mechanically fastened panels'. See *Architects' Journal*, ccxxi (5 May 2005), pp. 27, 31.

42　On the construction of the Unité, see Jacques Sbriglio, *Le Corbusier: l'Unité d'Habitation de Marseille* (Marseilles, 1992), p. 126. The comment by Le Corbusier is from Le Corbusier, *L'Oeuvre Compléte*, vol. v: 1946-1952, p. 191.

The comment on the Carpenter Center is cited by D. Leatherbarrow and M. Mostafavi, *Surface Architecture* (Cambridge, ma, 2002), p. 112.

43　R. Pommer, 'The A&A Building at Yale, Once Again', *Burlington Magazine*, cxiv (December 1972), p. 860; and *Progressive Architecture*, xlvii (October 1966), pp. 169, 184.

44　David Edgerton, *The Shock of the Old: Technological and Global History since 1900* (London, 2006), pp. xii, 22-5.

45　See Pedro Fiori Arantes, 'Reinventing the Building Site', in *Brazil's Modern Architecture*, ed. Elisabetta Andreoli and Adrian Forty (London, 2004), pp. 194-7.

둘 자연적인가 비자연적인가

1　Examples of naturally occurring concretes used as building stone range from Graeco-Roman sites (Phaselis, Turkey) to medieval England ('ferricrete' at St Mary, Harmondsworth); see Eric Robinson, 'Geology and Building Materials', in *London 3: North West*, Buildings of England series, ed. Bridget Cherry and Nikolaus Pevsner (Harmonds- worth, 1991), p. 91. An article in *The Builder*, xxxiv (15 April 1876), p. 354, noted the occurrence of 'Nature's concrete' in the Reading and Woolwich areas of Britain.

2　Other commentators on concrete have made the same observation, even if they have not always carried it through to its fullest conclusion. See, for example, Gwenael Delhumeau, *L'Invention du beton arme: Hennebique, 1980-1914* (Paris, 1999), p. 17; and Cyrille Simonnet, *Le Beton, histoire d'un materiau* (Marseilles, 2005), p. 57.

3　Quotations from M. Zahar, *D'une Doctrine*

d'architecture, Auguste Perret (Paris, 1959), cited in M. Culot, D. Peyceré and G. Ragot, eds, *Les Fréres Perret, l'oeuvre compléte* (Paris, 2000), p. 256; and G.-L. Garnier, 'Auguste Perret et l'architecture moderne', *La République des Arts* [1925], cited in Réjean Legault, '*L'Appareil de l'architecture moderne*: New Materials and Architectural Modernity in France, 1889-1934', PhD thesis, mit (1997), p. 224, n. 127.

4   See Legault, '*L'Appareil de l'architecture moderne*: New Materials and Architectural Modernity in France, 1889-1934', pp. 39ff on this perception of reinforced concrete.

5   The engineer Charles Rabut, who taught the first course on concrete construction in France at the École Nationale des Ponts et Chaussees from 1897 until the First World War, argued that the aesthetic unsatisfactoriness of reinforced concrete lay in its failure to express the steel 'muscles' hidden within it; he proposed external ribs to show the direction and position of the steel armature (Simonnet, *Le Béton*, pp. 129-30; Legault, '*L'Appareil de l'architecture moderne*: New Materials and Architectural Modernity in France, 1889-1934', p. 111). Attempts to represent the steel reinforcement include Boileau's decorative system for Hennebique's proposed pavilion at the 1900 Paris Expo, where the surface decoration alluded to the internal reinforcement; see Andrew Saint, *Architect and Engineer: A Study in Sibling Rivalry* (New Haven, ct, 2007), pp. 224-5; and Simonnet, *Le Béton*, p. 131. Francis S. Onderdonk, *The Ferro-Concrete Style* (New York, 1928, repr. Santa Monica, ca, 1998), pp. 95-7, similarly proposed expressing the

reinforcement bars on the surface by veins of darker coloured aggregate, or the addition of iron particles that would rust. These suggestions were dismissed as 'an unforgiveable error' by P. A. Michelis, *Esthétique de l'architecture du béton armé* (Paris, 1963), pp. 185-6, because they represented only the tension forces, and not the compression forces.

6   Peter Rice, *An Engineer Imagines* (London, 1994), p. 116.

7   Steen Eiler Rasmussen, *Experiencing Architecture* (1959; repr. Cambridge, ma, 1992), pp. 24-5, 164-5, 169.

8   Nell E. Johnson, ed., *Light is the Theme: Louis I. Kahn and the Kimbell Art Museum, Comments on Architecture by Louis Kahn*(Fort Worth, tx, 1975), p. 44.

9   See M. Fraser with J. Kerr, *Architecture and 'The Special Relationship': The American Influence on Post-war British Architecture* (London, 2007), p. 356. There are signs that prohibitions against the combination of concrete with natural materials had started to relax in Britain in the early 1960s: notes on the use of rough board concrete prepared in 1961 noted that 'good concrete is a "quality" material which blends happily with other "expensive" finishes, such as hardwood or marble', 'Design Notes and Specifications for Concrete from Rough Board Formwork', prepared by a sub-committee of the Wales Committee of the Prestressed Concrete Development Group, Chairman Alex Gordon, p. 8, para. 3.3. Unpublished typescript, 1961, Dennis Crompton archive, London.

10   Roland Barthes, 'Plastic', in *Mythologies* [1957], trans. Annette Lavers (London, 1993),

p. 99. For a useful discussion of this essay, see Douglas Smith, '"Le Temps du Plastique": the Critique of Synthetic Materials in 1950s France', *Modern and Contemporary France*, xv/2 (May 2007), pp. 135-51.

11 Bernard Marrey and Frank Hammoutene, *Le Béton à Paris* (Paris, 1999), p. 209.

12 D. Lowenthal, *The Past is a Foreign Country* (Cambridge, 1985), p. 163.

13 Simonnet, *Le Béton*, p. 191.

14 *La Construction Moderne*, 19 April 1936, p. iv; quoted in Peter Collins, *Concrete: The Vision of a New Architecture* (London, 1959), p. 163.

15 Junichiro Tanizaki, *In Praise of Shadows* [1933], trans. Thomas J. Harper (London, 2001), p. 12.

16 David Leatherbarrow and Mohsen Mostafavi, *On Weathering* (Cambridge, ma, 1993), p. 45.

17 *Progressive Architecture*, xlvii (October 1966), p. 190.

18 See Simonnet, *Le Beton*, pp. 45, 178; Collins, *Concrete*, pp. 32-5.

19 Ministry of Works, Post-War Building Studies no. 18, *The Architectural Use of Building Materials* (London, 1946), p. 40.

20 Pekka Pitkanen, 'The Chapel of the Holy Cross', in *Elephant and Butterfly: Permanence and Change in Architecture*, ed. M. Heikkinen (Helsinki, 2003), p. 82.

21 *Architectural Design*, xxxi (March 1961), p. 124. The building was illustrated in Reyner Banham, *The New Brutalism: Ethic or Aesthetic* (London, 1966).

22 T. Crosby, 'Brunswick Centre, Bloomsbury, London', *Architectural Review*, clii (October 1972), p. 211.

23 Paul Rudolph, 'Interview with Michael J. Crosbie', *Architecture* (1988), pp. 102-7; repr. in Paul Rudolph, *Writings on Architecture* (New Haven, ct, 2008), p. 144.

24 H.A.N. Brockman, 'Strand Project', *Financial Times* (28 January 1966), p. 10. See also *Concrete Quarterly*, 68 (January-March 1966), pp. 24-5. I owe information about this scheme to the late Peter Melvin, who, as an employee of Arthur Swift and Partners, was responsible for the design.

25 John Partridge, 'The Weathering of St Anne's College, Oxford', *Concrete Quarterly*, 82 (July-September 1969), pp. 22-5.

26 *El Croquis*, 84 (1997), p. 15.

27 Instances of skin as the aesthetic criterion for materials pop up all over the place -a manual on cosmetic remedies for accidental disfigurements entitled *The Control of Blemishes in Concrete* (1981), published by the uk Cement and Concrete Association, is a good example.

28 On the history of the Los Angeles River, see M. Davis, 'How Eden Lost its Garden: a Political History of the Los Angeles Landscape', in *The City: Los Angeles and Urban Theory at the End of the Twentieth Century*, ed. A. J. Scott and E. W. Soja(Berkeley, ca, 1996), pp. 160-85; and G. Hise and W. Deverell, *Eden by Design: the 1930 Olmsted-Bartholomew Plan for the Los Angeles Region (Berkeley, ca, 2000).*

29 *This is the term used by Matthew Gandy, Concrete and Clay: Reworking Nature in New York City (Cambridge, ma, 2002). Gandy's Introduction sets out some of the issues arising from this reformulation of 'nature'.*

30 *See David H. Pinkney, Napoleon iii and the Rebuilding of Paris (Princeton, nj, 1958), ch. 5.*

31 *On Coignet and the Yonne Aqueduct, see Collins,*

Concrete, pp. 27-35; Simonnet, Le Beton, pp. 41-6; and Saint, Architect and Engineer, pp. 214-26.

32 See Maria Kaika, 'Dams as Symbols of Modernization: The Urbanization of Nature between Geographical Imagination and Materiality', Annals of the Association of American Geographers, xcvi/2 (2006), pp. 276-301.

33 See, for example, the controversy around the Ladybower reservoir in England's Peak District National Park: Denis Cosgrove, Barbara Roscoe and Simon Rycroft, 'Land-scape and Identity at Ladybower Reservoir and Rutland Water', Transactions of the Institute of British Geographers, n.s., xxi(1996), pp. 534-51.

34 The following discussion is based on Rainer Stommer, 'Triumph der Technik: Autobahn - brücken zwischen Ingenieuraufgabe und Kulturdenkmal', in Reichsautobahn, Pyramiden des Dritten Reichs, ed. Rainer Stommer and Claudia Philipp (Marburg, 1982), pp. 48-76; and Thomas Zeller, Driving Germany: The Landscape of the German Auto-bahn, 1930-1970 (New York and Oxford, 2007). See also D. Blackbourn, The Conquest of Nature: Water, Landscape and the Making of Modern Germany (London, 2006).

35 Walter Ostwald, Die Strasse, 5 (1938), p. 737, quoted in Stommer, 'Triumph der Technik', p. 54.

36 Zeller, Driving Germany, p. 138. On the Wandervögel background of the designers of the autobahnen, see ibid., pp. 31-3.

37 Ibid., p. 140.

38 R. Schaechterle, 'Die Gestaltung der Eisenbetonbrücken und Bauwerke der eichsautobahn', in Deutschen Beton-Berein,

Neues Bauen in Eisenbeton (Berlin, 1937), pp. 77-8.

39 Zeller, Driving Germany, p. 141.

40 Hans Pflug, Les Autostrades de l'Allemagne (Brussels, 1941), p. 66.

41 Quoted in Zeller, Driving Germany, p. 70.

42 The Guardian, G2 (3 March 2009), p. 23.

43 See www.concretecentre.com, accessed 16 March 2009.

44 See Hendrik G. van Oss, Background Facts and Issues Concerning Cement and Cement Data, United States Geological Survey, Open-File Report 2005-1152, for this and other statistics of concrete production, available at http://pubs.usgs.gov/of/2005/1152/2005-1152.pdf, accessed 25 February 2012. Also see the Cement Sustainability Initiative at www.wbcsdcement.org, which provides data on world cement production and CO_2 emissions.

45 P. H. Mehta, 'Concrete Technology for Sustainable Development - an overview of essential elements', in Concrete Technology for a Sustainable Development in the 21st Century, ed. O. E. Gjørv and K. Sakai (London, 2000), pp. 83-94.

46 See www.theconcreteproducer.com/industry-news, accessed 16 March 2009.

47 The figure of 5 per cent of world carbon emissions is widely quoted in information originating from the cement industry. Christian Meyer, Professor of Engineering at Columbia University, and an expert on concrete, gives the figure of 7 per cent(C. Meyer, 'Concrete and Sustainable Development', American Concrete Institute Special Publication 206 (2002)). A green publication, The Green Building Digest(1995), gives 8-10 per cent.

1.5 billion tons is the figure for the world production of cement quoted in *Eco Tech* (5 May 2002), p. 18; 2.5 billion tons in 2010 is the estimate of the International Energy Agency (www.wbcsdcement.org). Van Oss, *Background Facts and Issues Concerning Cement and Cement Data*, estimated annual output in 2004 at 2 billion tons (p. 1), and average CO_2 emissions at 1 ton per ton of cement (p. 39).

48 The quote, by Björn Stigson, President of the wbcsd, was reported on 2 July 2008 by the *Concrete Producer* News Service, available at www.theconcreteproducer.com/industry-news, accessed 16 March 2009. For the estimate of China's production, see www.wbcsdcement.org.

49 'China says western nations responsible for its CO_2 emissions', *The Guardian* (18 March 2009), p. 17.

50 Estimate of the International Energy Agency(see www.wbcsdcement.org).

51 The building is also interesting for its weathering: there are no projecting ledges, so that rainwater washes the surface evenly, and the surface was treated with a sealant - siloxane - to make it impervious to water staining. Jeremy Till, 'Art in the Making', *Architecture Today*, 136 (March 2003), pp. 18-24. Lecture by Toby Lewis (Feilden Clegg Bradley), Building Centre, London, 25 April 2007.

52 See www.geopolymer.org; and Emma Clarke, 'The Truth about Cement' (5 September 2008), available at www.climatechangecorp.com, accessed 25 February 2012.

53 Sean Dodson, 'A Cracking Alternative to Cement', *The Guardian, Technology Guardian* (11 May 2006), pp. 1-2.

54 See 'Strange Brew', *EcoTech*, 14 (14 November 2006), pp. 30-35. 'Hemcrete' is the trade name for the hemp-lime block manufactured by Lime Technology Ltd. Other information about hemp-lime construction from lecture by Ian Pritchett, managing director of Lime Technology Ltd, Building Centre, London, 25 April 2007.

55 Paul Oliver, 'Earth as a Building Material Today', *Oxford Art Journal*, v/2 (1983), pp. 31-8.

56 David Harvey, *Justice, Nature and the Geography of Difference* (Malden, ma, and Oxford, 1996), p. 148.

57 *Lina Bo Bardi* (Milan, 1994), p. 242.

58 'Masonry Homes Save CO_2', *Concrete Quarterly* (Autumn 2006), pp. 14-15.

59 This was the view of Dr Stuart Matthews of the British Building Research Establishment at the conference 'Concrete and Cast Stone in 21st Century', mit, 29-30 March 2008. 60 M. Torring, 'Management of Concrete Demolition Waste', in *Concrete Technology*, ed. Gjørv and Sakai, p. 322.

61 Symonds Group, *Construction and Demolition Waste Survey*, Environment Agency, Swindon, 2001; quoted in Jeremy Till, *Architecture Depends* (Cambridge, ma, 2009), p. 214, n. 1.

셋 역사가 없는 매체

1 Friedrich Nietzsche, 'On the Uses and Disadvantages of History for Life' [1874], in *Untimely Meditations*, trans. R. J. Hollingdale (Cambridge, 1997), p. 63.

2 E.-E. Viollet-le-Duc, *Encyclopédie d'architecture*, v/6 (1 June 1855), p. 87, cited in R. Legault, '*L'Appareil de l'architecture moderne*: New Materials and Architectural

Modernity in France, 1889-1934', PhD thesis, mit(1997), p. 25.

3 Gottfried Semper, 'Preliminary Remarks on Polychrome Architecture and Sculpture in Antiquity' [1834], in *The Four Elements of Architecture and Other Writings*, trans. H. F. Mallgrave and W. Herrmann (Cambridge, 1989), p. 48.

4 Adolf Loos, 'The Principle of Cladding' [1898], in *Spoken into the Void: Collected Essays, 1897-1900*, trans. Jane O. Newman and John H. Smith (Cambridge, ma, 1982), p. 66.

5 See Peter Collins, *Concrete: the Vision of a New Architecture* (London, 1959), pp. 113-17; Marie-Jeanne Dumont, 'The Fortune of a Pioneer', *Rassegna*, lxviii/4(1996), pp. 7-13; Andrew Saint, *Architect and Engineer: A Study in Sibling Rivalry(New Haven, ct, 2007), pp. 226-7.

6 Paul V. Turner, *The Education of LeCorbusier* (New York, 1977), p. 52.

7 Y. Rambosson, 'La nouvelle église de Raincy', *Art et Decoration* (January 1924), pp. 1-7, cited in Legault, *'L'Appareil de l'architecture moderne*: New Materials and Architectural Modernity in France, 1889-1934', p. 199.

8 P. Jamot, *A. & G. Perret et l'architecture du beton armé* (Paris and Brussels, 1927); and P. Jamot, 'Les Fréres Perret et la basilique Sainte Jeanne d'Arc', *L'Art Vivant* (1 July 1926), p. 501, quoted in Legault, *'L'Appareil de l'architecture moderne*: New Materials and Architectural Modernity in France, 1889-1934', p. 227.

9 Francis S. Onderdonk, *The Ferro-Concrete Style* (New York, 1928, repr. Santa Monica, ca, 1998), pp. 248-50.

10 Eupalinos (pseud.), 'The Architectural Doctrine of Jacques-François Blondel (1705-1774)', essay submitted in competition for the silver medal of the Royal Institute of British Architects, deposited in the riba Library, 1953. Quoted in Tanis Hinchcliffe, 'Peter Collins: the Voice from the Periphery', in *Twentieth Century Architecture and its Histories*, ed. Louise Campbell (London, 2000), p. 180.

11 See Collins, *Concrete*, pp. 243-4.

12 P. A. Michelis, *Esthetique de l'architecture du béton armé* (Paris, 1963), p. 174.

13 G. Dorfles, *Barocco nell'architettura moderna* (Milan, 1956), p. 20.

14 Adrian Stokes, *The Stones of Rimini* (1934, repr. Aldershot, 2002), p. 165.

15 Michelis, *Esthétique de l'architecture du beton armé*, p. 4.

16 E. Arnaud, 'Reponse de M. Arnaud', *Le Beton Armé*, xxxii/36 (May 1901), p. 3; quoted in Legault, *'L'Appareil de l'architecture moderne*: New Materials and Architectural Modernity in France, 1889-1934', p. 73.

17 *Kahncrete Engineering*, xix/95(August-September 1932), p. 35. See Andrew Saint, 'Some Thoughts about the Architectural Use of Concrete', *aa Files*, 21(1991), p. 10, on this building.

18 Albert Kahn, 'Reinforced Concrete these Past Twenty Years', *Proceedings of the American Concrete Institute*, xx (1924); Kahn's and the following quotation are cited in Onderdonk, *The Ferro-Concrete Style*, pp. 5, 51; *Progressive Architecture*, xlvii (October 1966), p. 173.

19 Marcelo Carvalho Ferraz, who was Lina Bo Bardi's collaborator on sesc Pompeia, told me of the reference to Satellite City. sesc Pompeia

occupies a former factory built with the Hennebique system, as much as possible of which Bo Bardi preserved, as a tribute to Hennebique: 'Long live François Hennebique!' she wrote. *Lina Bo Bardi*(Milan, 1994), p. 242.

20 Undated ms in Perret archives, trans. and quoted by Karla Britton, *Auguste Perret* (London, 2001), p. 244.

21 For the positive critical response to the Viale Etiopia, see M. Tafuri, *History of Italian Architecture, 1944-1985,* trans. Jessica Levine(Cambridge, ma, 1989), pp. 18-19.

22 Ernesto N. Rogers, *Auguste Perret* (Milan, 1955).

23 See *2G,* 15 (2000), pp. 78-85 for a fuller description and illustrations of the Borsa Valori.

24 Roberto Gabetti, *Origini del calcestruzzo armato*, Part 2 (Turin, 1955), p. 54.

25 See De Carlo's account of this building in Oscar Newman, ed., *ciam '59 in Otterlo* (London, 1961), pp. 87-91; and *2G*, 15(2000), pp. 44-9.

26 See Claudia Conforti and Marzia Marandola, 'Perret e Michelucci: gli inganni della percezione', in *Un maestro difficile: Auguste Perret e la cultura architettonica Italiana*, ed. S. Pace and M. Rosso, exh. cat., Galleria Civica d'Arte Moderna, Turin (Turin, 2003), pp. 106-79.

27 On the Chiesa dell'Autostrada, see Claudia Conforti, *Casabella,* lxx/748 (October 2006), pp. 6-17. Contemporary comments include an anonymous review, almost certainly by Reyner Banham, *Architectural Review* (August 1964), pp. 81-2, which refers disparagingly to its 'celery-like structure', and suggests a wide range of architectural references. Henry-Russell Hitchcock's comment was 'rarely have the aspirations of Finsterlin around 1919 come so close to realization, except in Eero Saarinen's twa Building at Kennedy Airport', *Architecture: Nineteenth and Twentieth Centuries*, 3rd edn (Harmonds - worth, 1969), p. 623, n.10a. The most extended and positive critique is that by Luigi Figini, 'Appunti e digressioni sulla chiesa dell'autostrada', *Chiesa e Quartiere*, 30/31 (June-September 1964), pp. 34-64(the quotation is from p. 53); the reply from Michelucci was in *Chiesa e Quartiere,* 33, pp. 2-4.

넷 콘크리트의 지정학

1 See hc Trading on www.heidelbergcement.com, accessed 25 February 2012.

2 'Behandlung der Betonsichtflachen', in *Die Bauindustrie: Organ der Wirtschaftsgruppe Bauindustrie*, iii/3 (19 January 1935), p. 39; quoted in Christian Fuhrmeister, *Beton, Klinker, Granit: Material, Macht, Politik: Eine Materialikonagraphie* (Berlin, 2001), p. 84.

3 F. Coignet, *Bétons agglomérés appliqués a l'art de construire* (Paris, 1861), p. 81.

4 *Rapport Generale, Exposition Internationale des Arts Décoratifs* (Paris, 1925), p. 20; quoted by Réjean Legault, 'L'appareil de l'architecture moderne', *Cahiers de la recherche architecturale*, 29 (1992), p. 58. Legault relates the remark to debates about regional style in France, though it also connects with French anxieties about retaining cultural supremacy in Europe at the time.

5 R. Mallet-Stevens, 'Les Raisons de l'archi - tecture moderne dans tous les pays', cited in *Rob Mallet-Stevens, architecte* (Brussels,

1980), p. 108; quoted by Legault, 'L'appareil de l'architecture moderne', p. 58.

6 Sigfried Giedion, *Building in France, Building in Iron, Building in Ferro-Concrete* [1928], trans. J. Duncan Berry (Santa Monica, ca, 1995), p. 152.

7 Francis S. Onderdonk, *The Ferro-Concrete Style* (New York, 1928, repr. Santa Monica, ca, 1998), pp. 254-5.

8 See, for example, Doreen Massey, *Space, Place and Gender* (Cambridge, 1994), esp. pp. 154-6.

9 Brent Elliott, '"We must have the noble cliff", Pulhamite Rockwork', *Country Life*, clxxv (5 January 1984), pp. 30-31; and Kate Banister, 'The Pulham Family of Hertfordshire and their Work', in *Hertfordshire Garden History: A Miscellany*, ed. Anne Rowe (Hatfield, 2007), pp. 134-54.

10 P. Jamot, 'Les Freres Perret et la basilique Sainte Jeanne d'Arc', *L'Art Vivant* (1 July 1926), p. 501; quoted in Rejean Legault, '*L'Appareil de l'architecture moderne*: New Materials and Architectural Modernity in France, 1889-1934', PhD thesis, mit (1997), p. 251, n. 229. M. Malkiel-Jirmounsky, 'Tendances de l'architecture contemporaine', *L'Amour de l'Art*, ix/10 (October 1928), pp. 361-71. The article is discussed by Legault in his thesis, pp. 385-9.

11 Karla Britton, *Auguste Perret* (London, 2001), p. 159.

12 Chambre Syndicale des Constructeurs en Ciment Armé de France et de l'Union Française, *Cent ans de béton armé, 1849-1949* (Paris, 1949), p. 17.

13 Cyrille Simonnet, *Le Béton, histoire d'un matériau* (Marseilles, 2005), p. 93.

14 On concrete finishing techniques, see J. Petry, *Betonwerkstein und kunstlerische Behandling des Betons*, Aufträge des Deutschen Beton Vereins (Munich, 1913), discussed further in chapter 7 of this book.

15 On the 'German' character of this building, see Legault, '*L'Appareil de l'architecture moderne*: New Materials and Architectural Modernity in France, 1889-1934', pp. 120-21, 199-200.

16 See Richard A. Etlin, *Modernism in Italian Architecture, 1890-1940* (Cambridge, ma, 1991), pp. 242-6.

17 L. Petit, 'L'Esthétique dans les constructions en béton arme', *Le Genie Civil,* xliii (19 December 1923), p. 585.

18 Paul Heyer, *Architects on Architecture: New Directions in America* (Harmondsworth, 1967), p. 271.

19 See Michael McClelland and Graeme Stewart, *Concrete Toronto: A Guidebook to Concrete Architecture from the Fifties to the Seventies* (Toronto, 2007), pp. 52, 309.

20 Reyner Banham, *A Concrete Atlantis* (Cambridge, ma, 1986), p. 104.

21 See Carl W. Condit, 'The First Reinforced Concrete Skyscraper: the Ingalls Building in Cincinnati and its Place in Structural History', *Technology and Culture*, ix/1 (January 1968), pp. 1-33; repr. in *Early Reinforced Concrete*, ed. F. Newby (Aldershot and Burlington, vt, 2001), pp. 255-91.

22 W. A. Starrett, *Skyscrapers and the Men Who Build Them* (New York, 1928), pp. 35-6.

23 On Truscon, see Andrew Saint, *Architect and Engineer: A Study in Sibling Rivalry* (New Haven, ct, 2007), pp. 242-9; and for a summary

of Truscon's British offshoot, see M. Fraser with J. Kerr, *Architecture and the 'Special Relationship': The American Influence on Post-war British Architecture* (London, 2007), pp. 76-7

24 Albert Kahn, 'Reinforced Concrete Architecture these Past Twenty Years', *Proceedings of the American Concrete Institute*, xx (1924), p. 109, quoted in Saint, *Architect and Engineer,* p. 513, n. 85.

25 *Progressive Architecture*, xlvii (October 1966), p. 186.

26 Quoted in Reyner Banham, *Theory and Design in the First Machine Age* (London, 1960), p. 202.

27 Gio Ponti, *In Praise of Architecture*, trans. G. and M. Salvadori (New York, 1960), pp. 32-3

28 See Saint, *Architect and Engineer*, pp. 398-402. Bunshaft's comment, quoted by Saint, is from C. H. Krinsky, *Gordon Bunshaft of Skidmore, Owings and Merrill* (Cambridge, ma, 1988), p. 138.

29 Information about the Torre Velasca is from Leonardo Fiori and Massimo Prizzon, eds, *bbpr: La Torre Velasca* (Milan, 1982). The response to the Torre Velasca at the ciam meeting in 1959 is reported in Oscar Newman, *ciam '59 in Otterlo* (London, 1961).

30 Marian Bowley, *The British Building Industry: Four Studies in Response and Resistance to Change* (Cambridge, 1966), pp. 114-16.

31 See Fraser with Kerr, *Architecture and the 'Special Relationship'*, pp. 372-82 for an extended discussion of the American aspects of the Economist Building, and the Smithsons' attitude towards America. On the architectural history of the Economist Building, see Irenee Scalbert, '"Architecture is not Made with the Brain": The Smithsons and the Economist Building Plaza', *aa Files,* 30 (1995), pp. 17-25.

32 P. Smithson, 'Letter to America', *Architectural Design*, xxviii (March 1958), p. 95. See Fraser with Kerr, *Architecture and the 'Special Relationship'*, pp. 365-70, for discussion of the shift in the Smithsons' attitude towards America.

33 P. Smithson, interviewed in 1997, British Library National Life Story Collection: Architects' Lives, part 12 of 19, available at https://sounds.bl.uk, accessed 22 February 2012.

34 For an account of these processes, see R. B. White, *Prefabrication: A History of its Development in Great Britain* (London, 1965).

35 For use of the Mopin system in the uk, see Alison Ravetz, *Model Estate: Planned Housing at Quarry Hill, Leeds* (London, 1974), pp. 53-7.

36 On the French prefabrication industry, the Ministry of Urban Reconstruction, and the *grands ensembles*, see Bruno Vayssières, *Reconstruction - Déconstruction: Le Hard French ou l'architecture francaise des trentes glorieuses (Paris, 1988).*

37 Ibid., p. 12.

38 *Bison High Wall Frame, a System for Multi-storey Flats*, 2nd edn (December 1967), p. 3. Figures on the relative use of different systems are in B. Finnimore, *Houses from the Factory: System Building and the Welfare State*(London, 1989), Appendix 5, pp. 266-72.

39 This was reported by Belgiojoso in an interview, Fiori and Prizzon, eds, *bbpr: La Torre Velasca*, p. 30.

40 Of an estimated world production of cement in 2007 of 2,600 million tons, China produces

1,300 million tons, and India 160 million tons. Data from us Geological Survey, 'Cement' (2008), available at http://minerals.usgs.gov/minerals/pubs/commodity, accessed 25 February 2012.

41 See David P. Billington, *The Tower and the Bridge: The New Art of Structural Engineering* (New York, 1983), chap. 10.

42 Philip L. Goodwin, *Brazil Builds: Architecture New and Old, 1652-1942*, exh. cat., Museum of Modern Art, New York (New York, 1942), p. 104.

43 Brazilian Embassy, *Survey of the Brazilian Economy* (Washington, dc, 1965), pp. 110, 140; W. Baer, *The Brazilian Economy, Growth and Development*, 4th edn (Westport, ct, 1995), p. 77. On concrete within Brazilian architecture, see *Rassegna*, 49 (March 1992), pp. 52-3.

44 Reyner Banham, *Guide to Modern Architecture* (London, 1962), p. 36.

45 See Zilah Quezado Deckker, *Brazil Built: The Architecture of the Modern Movement in Brazil* (London and New York, 2001).

46 Quoted in H. Segawa, 'Oscar Niemeyer: a Misbehaved Pupil of Rationalism', *Journal of Architecture*, ii/4 (1997), pp. 291-312(pp. 299-300).

47 See Arthur J. Boase, 'Building Codes Explain the Slenderness of South American Structures', *Engineering News Record*, 564(19 April 1945), pp. 68-77. I am grateful to Hugo Segawa for information about the later changes in the Brazilian concrete codes.

48 Max Bill and Ernesto Rogers, 'Report on Brazil', *Architectural Review*, cxvi (October 1954), pp. 238-40. And Ernesto Rogers, 'Towards a Non-formalist Criticism',

Casabella, 200 (February-March 1954).

49 L. Recaman, 'The Stalemate of Recent Paulista Architecture', *aa Files*, 41 (2000), pp. 9-17 (pp. 12-13). See also L. Recaman, 'High Speed Urbanisation', in *Brazil's Modern Architecture*, ed. Elisabetta Andreoli and Adrian Forty (London, 2004), pp. 106-39.

50 Recaman, 'Stalemate of Recent Paulista Architecture', p. 13, and Richard Williams, 'Brazil's Brutalism: Past and Future Decay at the fau-usp', in *Neo-avant-garde and Post-modern: Postwar Architecture in Britain and Beyond*, ed. M. Crinson and C. Zimmerman (New Haven, ct, and London, 2010), pp. 103-22.

51 Deckker, *Brazil Built*, pp. 200-201.

52 V. Artigas, 'Em "Branco e Preto"', *au Arquitetura e Urbanismo*, 17 (São Paulo, April-May 1988), p. 78, quoted in H. Segawa, *Arquiteturas no Brasil, 1900-1990*(São Paulo, 1999), p. 150.

53 Ibid., p. 150

54 Ken Oshima, 'Introduction of Reinforced Concrete in Japan: the Work of Antonin Raymond', in *Japan Concrete*, Congress Proceedings, Brussels (2002), p. 42.

55 This discussion of earthquakes and their significance in the adoption of reinforced concrete in Japan is taken from Gregory K. Clancey, 'Foreign Knowledge or Art Nation/Earthquake Nation: Architecture, Seismology, Carpentry, the West, and Japan, 1876-1923', PhD thesis, mit (1999).

56 Quoted ibid., p. 192.

57 See R. Legault, 'Catastrofe e nuovi materiali. Parigi-Messina, un laboratorio per la casa in cemento armato', in *150 anni di costruzione edile in Italia*, ed. M. Casciato, S. Mornati and

S. P. Scavizzi (Rome, 1992), pp. 295-306.

58 This information, together with much other knowledge about Maekawa and Japanese post-war architecture, was given to me by Hiroshi Matsukuma.

59 On Taut's reading of Katsura Villa, see Arata Isozaki, *Japan-ness in Architecture,* trans. Sabu Kohso (Cambridge, ma, 2006), pp. 9-14, 256-9.

60 Reyner Banham, 'The Japanization of World Architecture', in *Contemporary Architecture of Japan*, ed. H. Suzuki (London, 1985), p. 17.

61 Walter Gropius and Kenzo Tange, *Katsura, Tradition and Creation in Japanese Architecture* (New Haven, ct, 1960).

62 Isozaki, *Japan-ness in Architecture*, p. 46.

63 Aly Ahmed Raafat, *Reinforced Concrete in Architecture* (New York, 1958), p. 229.

64 The Japanese practice of removing and recasting in wooden forms the surface finish of concrete that has deteriorated is a further indication of the value attached to the woodlike features of concrete. Fumihiko Maki told me that one of his buildings had had a new skin cast for it by this process - at a cost considerably greater than that of the original building.

65 Yoshioka Yasuguro, 'Architectural Concrete as Texture', *Shin kenchiku*, 34 (March 1958), p. 34, quoted in Ken Tadashi Oshima, 'Characters of Concrete', in *Crafting a Modern World: The Architecture and Design of Antonin and Noemi Raymond*, ed. Kurt G. F. Helfrich and William Whitaker (New York, 2006), p. 74.

66 Quoted in Jonathan Glancey, 'I don't do Nice', *Guardian G2* (9 October 2006), p. 21.

67 David Harvey, *The Condition of Postmodernity* (Oxford, 1989), pp. 295-6.

다섯 콘크리트의 정치학

1 See Kathleen James-Chakraborty, 'Simplicity', *German Architecture for a Mass Audience* (London, 2000), pp.10-20, from which this political interpretation of the Jahrhunderthalle is drawn. See also Jerzy Ilkosz, 'Expressionist Inspiration', *Architectural Review*, cxciv (January 1994), pp. 76-81; and Jerzy Ilkosz, *Max Berg's Centennial Hall and Exhibition Grounds in Wrocław* (Wrocław, 2006).

2 R. Breuer, 'Die Breslauer Ausstellung', in *Die Hilfe: Zeitschrift fur Politik, Wirtschaft und geistige Bewegung* (Berlin, 29 March 1913), p. 348.

3 Fyodor Gladkov, *Cement* (1925, Eng. trans. Moscow, 1985), p. 103.

4 *Tony Garnier, L'oeuvre complete* (Paris, 1989), p. 184.

5 See Philip Temple, ed., *Survey of London*, vol. xlvii: *North Clerkenwell and Pentonville* (New Haven, ct, 2008), pp. 77-83; and John Allan, *Berthold Lubetkin, Architecture and the Tradition of Progress* (London, 1992).

6 Miranda Carter, *Anthony Blunt: His Lives* (London, 2001), p. 147.

7 For an overview of some of these applications in Britain, see Wayne D. Cocroft and Roger J. C. Thomas, *Cold War: Building for Nuclear Confrontation, 1946-1989*, ed. P. S. Barnwell (Swindon, 2003).

8 See Francesca Rogier, 'The Monumentality of Rhetoric: the Will to Rebuild in Postwar Berlin', in *Anxious Modernisms, Experimentation in Postwar Architectural Culture*, ed. Sarah Williams Goldhagen and Réjean Legault (Cambridge, ma, 2000), pp. 165-89.

9 N. Khrushchev, Speech to the All-Union

Conference of Builders, Architects and Workers in the Building Materials Industry, delivered 7 December 1954. It is reprinted in full, in translation, in Thomas P. Whitney, ed., *Khrushchev Speaks: Selected Speeches, Articles and Press Conferences, 1949-1961* (Ann Arbor, mi, 1963), pp. 153-92.

10 The account of prefabrication in the ussr, and of the circumstances of Khrushchev's speech, is drawn from Natalya Solopova, 'La préfabrication en urss: concept technique et dispositifs architecturaux', PhD thesis, University of Paris 8 (January 2001).

11 L. Vrangel, *Arhitektura sssr*, 4 (1955), p. 15, p. 102.

12 Khrushchev, p. 169. For a recent discussion of Khrushchev's position towards socialist realism in architecture, see Catherine Cooke (with Susan A. Reid), 'Modernity and Realism, Architectural Relations in the Cold War', in *Russian Art and the West*, ed. Rosalind P. Blakesley and Susan A. Reid (DeKalb, il, 2007), pp. 172-94.

13 Khrushchev, p. 161.

14 Ibid.

15 Ibid., p. 157.

16 Ibid., p. 159.

17 Ibid., pp. 159-60.

18 Ibid., pp. 166-7.

19 Ibid., p. 185.

20 Figures from Solopova, 'Préfabrication en urss', p. 223; Jonathan Charley, 'The Dialectic of the Built Environment: a Study in the Historical Transformation of Labour and Space', PhD thesis, University of Strathclyde (1994), p. 217.

21 Solopova, 'Prefabrication en urss', p. 262; and Blair A. Ruble, 'From *Khrushcheby* to *Korobki*', in *Russian Housing in the Modern Age*, ed.

William Craft Brumfield and Blair A. Ruble (Cambridge, 1993), pp. 232-70; see p. 240.

22 See Pedro Ignacio Alonso and Hugo Palmarola, 'A Panel's Tale: The Soviet kpd System and the Politics of Assemblage', *aa Files*, 59 (2009), pp. 30-41.

23 Solopova, 'Préfabrication en urss', p. 289.

24 Charley, 'The Dialectic of the Built Environment', p. 165.

25 Khrushchev, Speech to the All-Union Conference of Builders, Architects and Workers, p. 185.

26 This argument is advanced by Charley, 'The Dialectic of the Built Environment', p. 165.

27 T. H. Marshall, *Citizenship and Social Class* (Cambridge, 1950), pp. 58-9.

28 Harold Watkinson, *Turning Points: A Record of Our Times* (Salisbury, 1986), p. 70.

29 Cleeve Barr, manuscript for a lecture, quoted in B. Finnimore, *Houses from the Factory: System Building and the Welfare State* (London, 1989), p. 100.

30 Quoted ibid., p. 70.

31 The event and its causes are described in Ministry of Housing and Local Government, *Report of the Inquiry into the Collapse of Flats at Ronan Point, Canning Town*, under the chairmanship of H. Griffiths (London, 1968). See also E. W. Cooney, 'High Flats in Local Authority Housing in England and Wales since 1945', in *Multi-Storey Living*, ed. Anthony Sutcliffe (London, 1974), pp. 151-80.

32 Finnimore, *Houses from the Factory*, pp. 222-6.

33 Steve Rose, 'This was once a Tower Block', *Guardian G2* (14 November 2005), pp. 18-20.

34 Quoted by Wolfgang Kil, 'New Towns Become Normal Towns Too', in Cor Wagenaar and

Mieke Dings, *Ideals in Concrete: Exploring Central and Eastern Europe* (Rotterdam, 2004), p. 31.

35 Ian MacArthur, quoted in David Gilliver, 'Eastern Blocks', *Housing* (September 2000), pp. 29-33.

여섯 하늘과 땅

1 The remark, by the Bishop of Brentwood, was reported to me by the late Howard Martin.

2 More early concrete churches are listed by P. Collins, *Concrete: The Vision of a New Architecture* (London, 1959), pp. 83-5, and Andrew Saint, 'Some Thoughts about the Architectural Use of Concrete', *aa Files*, 22(1991), pp. 4-5.

3 Information from Karen Butti.

4 On Pasley and his influence, see Andrew Saint, *Architect and Engineer: A Study in Sibling Rivalry* (New Haven, ct, 2007), pp. 209-12.

5 G. Delhumeau, J. Gubler, R. Legault and C. Simonnet, *Le Béton en représentation* (Paris, 1993), p. 184.

6 Antoine Picon, *L'Invention du l'ingenieur moderne: l'École des Ponts et Chaussees, 1747-1851* (Paris, 1992), pp. 368-9.

7 See John Weiler, 'Military', in *Historic Concrete: Background to Appraisal*, ed. James Sutherland, Dawn Humm and Mike Chrimes (London, 2001), pp. 371-81. On First World War concrete works, see Peter Oldham, *Pill Boxes on the Western Front*(London, 1995).

8 C. H. Reilly, 'First Impressions of the Wembley Exhibition', *Architects' Journal*(28 May 1924), pp. 893-4, quoted in Saint, *Architect and Engineer,* p. 259.

9 G.-H. Pingusson, 'L'art religieux et les techniques modernes', *L'Architecture d'aujourd'hui* (July 1934), p. 66.

10 On the legacy of Notre-Dame du Raincy in the Paris region, and on other concrete churches in Paris, see Simon Texier, 'Les Matériaux ou les parures du béton', in *Églises Parisiennes du xxe siécle*, ed. S. Texier (Paris, 1997), pp. 66-113. For a survey of other concrete churches contemporary with Notre-Dame du Raincy, see Pierre Lebrun, 'Le béton consacre', *Monuments Historiques,* 140 (September 1985), pp. 30-33.

11 For this interpretation of the Centennial Hall, see Kathleen James-Chakraborty, *German Architecture for a Mass Audience* (London, 2000), ch. 2. The connection between the Centennial Hall and church architecture is hers.

12 James-Chakraborty, *German Architecture*, p. 65.

13 On Schwarz, see Christoph Grafe, 'Barren Truth: Physical Experience and Essence in the Work of Rudolf Schwarz', *Oase*, 45/46(1997), pp. 2-27; and Richard Kieckhefer, *Theology in Stone* (Oxford, 2004), ch. 7.

14 Rudolf Schwarz, *The Church Incarnate* [1938], trans. Cynthia Harris (Chicago, il, 1958), p. 9.

15 Prepared at the Catholic bishops' conference at Fulda, these were drawn up by Theodor Klauser. For an English translation, see *Documents for Sacred Architecture (Collegeville, mn, 1957).*

16 R. Guardini, *The Spirit of the Liturgy*(London, 1937), p. 37, quoted in James-Chakraborty, *German Architecture*, p. 63.

17 Wolfgang Jean Stock, *Architectural Guide to Christian Sacred Buildings in Europe since 1950* (Munich, 2004).

18 Albert Speer, *Inside the Third Reich*, trans. R. and C. Winston (London, 1970), pp. 352-3.

19 Paul Virilio, *Bunker Archaeology* [1975], trans. G. Collins (New York, 1994), p. 47.

20 Ibid., p. 12.

21 Ibid., pp. 43, 46.

22 Juan Carlos Sanchez Tappan and Tilemachos Adrianopoulos, 'Paul Virilio in Conversation', *aa Files*, 57 (2008), p. 32.

23 Rejean Legault, 'The Semantics of Exposed Concrete', in *Liquid Stone: New Architecture in Concrete*, ed. Jean-Louis Cohen and Martin Moeller (New York, 2006), p. 47.

24 Many of the Bologna churches are illustrated in Giuliano Gresleri, ed., *Parole e linguaggio dell'architettura religiosa, 1963-1983: venti anni di realizzazioni in Italia* (Faenza, 1983); see also *Bologna Nuove Chiese* (Bologna, 1969).

25 Cardinal Giacomo Lercaro, in *Dieci anni di architettura sacra in Italia, 1945-1955* (Bologna, 1956), p. 17.

26 The diocese of Milan had a particularly active programme of church building in the postwar period, for details of which see Antonietta Crippa and Giancarlo Santi, 'G. B. Montini e le nuove chiese di Milano', in *Parole e linguaggio dell'architettura religiosa*, ed. Gresleri, pp. 31-46; and C. de Carli, *Le nuove chiese della diocesa di Milano* (Milan, 1994).

27 See, for example, the arguments put forward in favour of economy in church building by Paul Winninger, *Construire des églises* (Paris, 1957), chap. 6.

28 *Documents for Sacred Architecture*, p. 22.

29 Winninger, *Construire des eglises*, pp. 229, 235.

30 Schwarz, *Church Incarnate*, p. 230.

31 Le Corbusier, *Oeuvre compléte*, vol. vii: *1957-1965* (Zurich, 1966), p. 49; Alexandre Persitz, *L'Architecture d'aujourd'hui* (June-July 1961), p. 4.

32 G.-H. Pingusson, 'Construire une église', *L'Art Sacré* (November 1938), pp. 315-18.

33 Andreas Huyssen, 'Mass Culture as Woman: Modernism's Other', in *After the Great Divide: Modernism, Mass Culture, Post - modernism* (Basingstoke, 1988), pp. 44-62.

34 Kilan McDonnell, 'Art and the Sacramental Principle', *Liturgical Arts*, 25 (1957), p. 92, quoted in Colleen McDannell, *Material Christianity: Religion and Popular Culture in America* (New Haven, ct, 1995), p. 171. My suggestion for the gendering of concrete in the religious context relies heavily on McDannell.

35 See Robin Evans, *The Projective Cast: Architecture and its Three Geometries* (Cambridge, ma, 1995), pp. 284-95; and Flora Samuel, *Le Corbusier in Detail* (Oxford, 2007), pp. 42-3. Schwarz's comment is quoted in Richard Kieckhefer, *Theology in Stone* (Oxford, 2004), p. 252 (other negative Catholic criticisms of Ronchamp are on pp. 282-3).

36 See F. Dal Co, 'Giovanni Michelucci: a Life One Century Long', *Perspecta*, 27 (1992), pp. 99-115.

37 G. Michelucci, 'La chiesa nella citta', in *Dieci anni di architettura sacra in Italia*, p. 24; and Luigi Figini (who drew attention to Michelucci's preoccupation with 'poverty'), 'Appunti e digressioni sulla chiesa dell'autostrada', *Chiesa e Quartiere*, 30/31 (June-September 1964), p. 59.

38 On the Chiesa dell'Autostrada, see Claudia

Conforti, *Casabella,* lxx/748 (October 2006), pp. 6-17. On the church at Arzignano, see Claudia Conforti, 'Vent'anni di cantiere: la parocchia di San Giovanni Battista ad Arzignano di Giovanni Michelucci', in *150 Anni di Costruzione Edile in Italia*, ed. M. Casciato, S. Mornati and C. P. Scavizzi (Rome, 1992), pp. 427-43.

39 See Evans, *The Projective Cast*, p. 312.

40 Edwin Heathcote, 'On the Fast Track to the Middle of Nowhere: Architect Renzo Piano Talks to Edwin Heathcote about How and Why He is Building the Largest Modern Church in Europe', *Financial Times* (16-17 June 2001), Weekend section, p. viii, quoted in Kieckhefer, *Theology in Stone*, p. 19.

일곱 기억인가 망각인가

1 Gaston Bachelard, *La Terre et les rêveries du repos* (Paris, 1948), p. 96.

2 H. Lefebvre, *Introduction to Modernity*[1962], trans. John Moore (London, 1995), p. 119.

3 K. Bonacker, *Beton: ein Baustoff wird Schlagwort* (Marburg, 1996), p. 40 and n. 164.

4 Theodor Adorno, *Minima Moralia: Reflections from Damaged Life* [1951], trans. E.F.N. Jephcott (London, 1974), p. 54.

5 See James E. Young, *The Texture of Memory: Holocaust Memorials and Meaning* (New Haven, ct, 1993); James E. Young, *At Memory's Edge: After Images of the Holocaust in Contemporary Art and Literature* (New Haven, ct, 2000); and Mark Godfrey, *Abstraction and the Holocaust* (New Haven, ct, 2007).

6 M. Joray, *Le Bééton dans l'art contemporain* (Neuchatel, 1977), p. 107.

7 See A. Forty, 'Introduction', in A. Forty and S.

Kuechler, *The Art of Forgetting* (Oxford, 1999), pp. 1-18.

8 C. Fuhrmeister, *Beton, Klinker, Granit: Material, Macht, Politik: Eine Materialikono-graphie* (Berlin, 2001). The following discussion of the Weimar Memorial is based entirely upon Fuhrmeister's very comprehensive analysis of it. I am grateful to Christian Fuhrmeister for his personal advice and suggestions.

9 Quoted in W. Nerdinger, *Walter Gropius* (Berlin, 1985), p. 46.

10 Fuhrmeister, *Beton, Klinker, Granit*, p. 50; also R. Isaacs, *Gropius* (Boston, ma, 1991), p. 74.

11 See A. Aymonino, 'Topography of Memory', *Lotus*, 97 (1998), pp. 6-22 for the fullest discussion of the Fosse Ardeatine in English; and B. Reichlin, 'Figures of Neo-realism in Italian Architecture (Part 2)', *Grey Room*, 6 (Winter 2002), pp. 110-133, contains additional information and useful critique.

12 M. Tafuri, *History of Italian Architecture, 1944-1985* (Cambridge, ma, 1989), p. 4.

13 Aymonino, 'Topography of Memory', p. 11.

14 See, for example, G. E. Kidder Smith, *Italy Builds* (London, 1955), p. 176.

15 See Kurt W. Forster, 'baugedanken und gedankengebaude - Terragnis Casa del Fascio in Como', in *Architektur als Politische Kultur: Philsophia Practica*, ed. H. Hipp and E. Seidl (Berlin, 1996), pp. 253-71.

16 See P. L. Nervi, *Aesthetics and Technology in Building* (Cambridge, ma, 1966), p. 100 and fig. 80.

17 The fullest account of the Memorial is by E. Vitou, 'Paris, Mémorial de la Déportation', *Architecture, Mouvement, Continuité, 19*

(February 1988), pp. 68-79; see also B. Marrey and F. Hammoutène, *Le Beton à Paris* (Paris, 1999), p. 140; and S. Texier, 'Georges-Henri Pingusson, 1894-1977', *Architecture, Mouvement, Continuite,* 96 (March 1999), pp. 66-71.

18 G.-H. Pingusson, 'Monument aux déportés à Paris', *Aujourd'hui Art et Architecture*, 39 (November 1962), pp. 66-9.

19 Quoted in J. Winter, *Sites of Memory, Sites of Mourning: The Great War in European Cultural History* (Cambridge, 1995), p. 101.

20 See James Lingwood, ed., *Rachel Whiteread: House* (London, 1995). The objections to it made by Councillor Eric Flounders are quoted on pp. 105 and 135.

21 Rachel Whiteread, 'Working Notes', in *Looking Up: Rachel Whiteread's Water Tower*, ed. Louise Neri (New York, n.d. [1998]), p. 139.

22 See especially Adrian Stokes, *The Stones of Rimini* (1934, repr. Ashgate, 2002), pp. 107-9.

23 Lynne Cook and Michael Govan, 'Interview with Richard Serra', in *Richard Serra: Torqued Ellipses*, exh. cat., Dia Center for the Arts, New York (New York, 1997), p. 17.

24 See Marianne Stockebrand, 'The Making of Two Works: Donald Judd's Installations at the Chinati Foundation', *Chinati Foundation Newsletter*, 9 (2004), pp. 45-61; available at www.chinati.org, accessed 22 February 2012.

25 On the relationship of Whiteread's work to previous sculptural traditions, see Alex Potts, 'Sculpture and the Everyday Life of Things', in *Rachel Whiteread: Sculpture*, exh. cat., Gagosian Gallery, London (London, 2005), n.p.

26 See Doris von Drathen, 'Rachel Whiteread, Found Form - Lost Object', *Parkett*, 38 (1993), pp. 28-31.

27 Molly Nesbit, 'The Immigrant', in *Looking Up*, ed. Neri, p. 101.

28 See *Judenplatz Wien 1966* (Vienna, 1996).

29 L. Kahn, 'I Love Beginnings' [1972], in *Louis I. Kahn: Writings, Lectures, Interviews*, ed. A. Latour (New York, 1991), p. 288.

여덟 콘크리트와 노동

1 *The Builder*, xxxiv (3 June 1876), p. 530. On Tall and his methods, see Peter Collins, *Concrete: The Vision of a New Architecture* (London, 1959), pp. 40-46.

2 Letter, 'Concrete Building', signed by 'A Practical Operative', *The Builder*, xxxiv (10 June 1876), p. 573.

3 'Concrete as a Building Material', Editorial, *The Builder*, xxxiv (27 May 1876), p. 501.

4 'Concrete Building', *The Builder*, xxxii (28 March 1874), p. 270. Similar arguments appeared in a debate at the Royal Institute of British Architects on work and wages in the building trades, reported in *The Builder*, xxxvi (23 February 1878), pp. 186-7.

5 F. Coignet, *Bétons agglomérés appliqués à l'art de construire* (Paris, 1861), p. 68.

6 Ibid., p. 78.

7 Ibid., p. 90.

8 Henry Mercer built a works for Moravian pottery manufacture, residence and museum, all out of mass concrete, using local labour, at Doylestown, Pennsylvania, between 1908 and 1916. See H. M. Gemmill, *The Mercer Mile: The Story of Henry Chapman Mercer and his Three Concrete Buildings* (Doylestown, pa, n.d.).

9 [John Burns], 'A Visit to A.T.T.P.'s Country Seat: The Great Spiritual Tower', *Medium and*

Daybreak (15 June 1883), pp. 369-72.

10　'Peterson's Tower, Sway', *Concrete Quarterly*,
32 (January-March 1957), pp. 6-7; and Philip
Hoare, 'Mr. Peterson's Tower', in *England's
Lost Eden: Adventures in a Victorian Utopia*
(London, 2005), pp. 346-71.

11　Cyrille Simonnet, *Le Beton, histoire d'un
materiau* (Marseilles, 2005), pp. 59-60.

12　L. G. Mouchel, 'Monolithic Constructions in
Hennebique's Ferro-concrete', *Journal of the
Royal Institute of British Architects*, xii
(1905), p. 50.

13　Letter from Hennebique to E. Lebrun at Nantes,
5 September 1894, quoted in Gwenaël
Delhumeau, *L'Invention du béton armé:
Hennebique, 1890-1914* (Paris, 1999), p. 120.

14　Patricia Cusack, 'Agents of Change:
Hennebique, Mouchel and Ferro-concrete in
Britain, 1897-1908', *Construction History*,
iii(1987), p. 63; Delhumeau, *L'Invention du
beton arme*, pp. 121-2.

15　L. G. Mallinson and I. Ll. Davies, *A Historical
Examination of Concrete* (Luxembourg, 1987),
pp. 6-8, 87-91, 130.

16　*Architectural Forum* (February 1939), p. 132,
cited in Andrew Saint, *Architect and Engineer:
A Study in Sibling Rivalry* (New Haven, ct,
2007), p. 245.

17　A. Picon, *L'Invention de l'ingénieur moderne:
l'École des Ponts et Chaussées, 1747-1851*
(Paris, 1992), p. 368; Natalya Solopova, 'La
Préfabrication en urss: concept techniques et
dispositifs architecturaux', PhD thesis,
University of Paris 8 (January 2001), p. 243;
Peter Oldham, *Pill Boxes on the Western Front*
(London, 1995). I was told about the Tallinn-
Leningrad road by Mart Kalm. 18 Moritz Kahn,

*The Design and Construction of Industrial
Buildings* (London, 1917), p. 17.

19　London County Council Architects Department,
*Practice Notes on the Architectural Use of
Concrete* (London, 1962), Introduction and p. 19.

20　R. E. Jeanes, *Building Operatives' Work*, vol.
ii: *Appendices*, Ministry of Technology, Building
Research Station (1966), pp. A158-A165.

21　See, for example, Herbert A. Applebaum, *Royal
Blue: The Culture of Construction Workers*
(New York, 1981), p. 41.

22　'Design Notes and Specifications for Concrete
from Rough Board Formwork', prepared by a
sub-committee of the Wales Committee of the
Prestressed Concrete Development Group,
Chairman Alex Gordon, p. 5, para. 1.4.
Unpublished typescript, 1961, Dennis
Crompton archive.

23　See Caroline Maniaque-Benton, 'The Art of
the "Mal Foutu": The Construction', *Le
Corbusier and the Maisons Jaoul* (New York,
2009), ch. 2; the quotation is on p. 98. James
Stirling's comments are in M. Crinson, ed.,
*James Stirling: Early Unpublished Writings
on Architecture* (Abingdon, 2010), p. 53; and
J. Stirling, 'Garches to Jaoul: Le Corbusier as
Domestic Architect in 1927 and 1953',
Architectural Review (September 1956), repr.
in *James Stirling: Writings on Architecture*,
ed. R. Maxwell (Milan, 1998), pp. 29-39.

24　See Frank B. Gilbreth, *Concrete System* (New
York, 1908), p. 65; and F. W. Taylor and
Sanford E. Thompson, *A Treatise on Concrete
Plain and Reinforced*, 2nd edn (New York and
London, 1909), pp. 25-6.

25　Jeanes, *Building Operatives' Work*, vol. i, p. 45.

26　Lilian Gilbreth, *The Quest of the One Best Way*

(Chicago, il, 1924), pp. 20-33.

27 See Olivier Cinqualbre, 'Taylor dans le bâtiment: une idée qui fait son chemin', in *Architecture et industrie, passe et avenir d'un marriage de raison* (Paris, 1983), pp. 198-206.

28 F. W. Taylor and Sanford E. Thompson, *Concrete Costs: Tables and Recommendations for Estimating the Time and Cost of Labor Operations in Concrete Construction* (New York, 1912), p. 419.

29 F. W. Taylor, 'Introduction', in ibid., p. iii.

30 André Granet, quoted in Cinqualbre, 'Taylor dans le batiment'.

31 Le Corbusier, *Almanach d'architecture moderne* (Paris, 1926), p. 109, quoted in Rejean Legault, '*L'Appareil de l'architecture moderne*: New Materials and Architectural Modernity in France, 1889-1934', PhD thesis, mit(1997), p. 379.

32 Marion Bowley, *The British Building Industry: Four Studies in Response and Resistance to Change* (Cambridge, 1966), p. 120.

33 Taylor and Thompson, *Treatise on Concrete*, pp. 20-21.

34 Simonnet, *Le Béton*, p. 149, makes this point.

35 On *bureaux d'études*, see especially Saint, *Architect and Engineer*, pp. 163, 221, 380-81.

36 Delhumeau, *L'Invention du béton armé*, pp. 158-60, 320.

37 Patricia Cusack, 'Architects and the Reinforced Concrete Specialist in Britain, 1905-1908', *Architectural History*, 29 (1986), p. 184, repr. in *Early Reinforced Concrete*, ed. F. Newby (Basingstoke, 2001), pp. 217-30; Delhumeau, *L'Invention du béton armé*, p. 162.

38 A. J. Widmer, 'Reinforced Concrete Construction', *Illinois Society of Engineers and Surveyors* (1915), p. 148; quoted in Amy Slaton, 'Style/Type/Standard: The Production of Technological Resemblance', in *Picturing Science, Producing Art*, ed. Caroline A. Jones and Peter Galison (New York and London, 1998), p. 90.

39 Saint, *Architect and Engineer*, p. 394.

40 Amy E. Slaton, *Reinforced Concrete and the Modernization of American Building, 1900-1930*(Baltimore, md, 2001), pp. 50-53, 156-7.

41 *The Builder*, xxxvi (23 February 1878), pp. 186-7.

42 C. Rabut, *Cours de construction en béton armé, notes prises par les élèves*, 2nd edn (Paris, 1911), quoted in Simonnet, *Le Béton*, p. 84, n. 15.

43 *Instructions ministerielles relatives à l'emploi du bèton armè* (Paris, 20 October 1906), article 10, quoted in Simonnet, *Le Béton*, p. 94, n. 36.

44 The information in this paragraph is from Patricia Cusack, 'Architects and the Reinforced Concrete Specialist'.

45 The best and most succinct recent account of Perret in English is by Andrew Saint, *Architect and Engineer*, pp. 231-42.

46 Additional information about 25 bis rue Franklin from Legault, '*L'appareil de l'architecture moderne*: New Materials and Architectural Modernity in France, 1889-1934', pp. 87-96.

47 S. Giedion, *Building in France, Building in Iron, Building in Ferro-Concrete* [1928], trans. J. Duncan Berry (Santa Monica, ca, 1995), p. 151.

48 See, for example, the Swiss architect Hannes Meyer in his essay 'The New World' [1926], repr. in C. Schnaidt, *Hannes Meyer* (Teufen, 1966), p. 93.

49 Ove Arup, 'The World of the Structural

Engineer', *Structural Engineer* (January 1969), repr. in *Arup Journal*, xx/1 (Spring 1985), quoted in Peter Jones, *Ove Arup* (New Haven, ct, 2006), p. 55.

50 Dialogue between Antonin Raymond and Kenzo Tange, *Architectural Design*, xxxi (February 1961), pp. 56-7.

51 Mies van der Rohe's earlier view of the significance of concrete comes from 'Baukunst und Zeitwille' [1924], trans. in Fritz Neumeyer, *The Artless Word: Mies van der Rohe on the Building Art* (Cambridge, ma, 1991), p. 246.

52 Royal Institute of British Architects, *The Industrialisation of Building* [1965], p. 9, quoted in B. Finnimore, *Houses from the Factory: System Building and the Welfare State* (London, 1989), p. 125.

53 A British incident was the rebellion that took place in the glc Architects Department against the prefabricated school system mace in the early 1970s, described by Louis Hellman, 'Democracy for Architects', *Journal of the Royal Institute of British Architects*, lxxx (August 1973), pp. 395-9.

54 On Bossard and Les Bleuets, see *Techniques et Architecture*, xxii (February 1962), pp. 110-13; *Architecture d'Aujourd'hui*, 159(December 1971-January 1972), p. 39; Laurent Israël, 'La Cité des Bleuets à Créteil', *Architecture, Mouvement, Continuité*, 42 (1977), pp. 29-36.

55 On prefabrication and architects in the Soviet Union, see Solopova, 'Préfabrication en urss', pp. 272-3, 311. The exodus of Polish architects to Paris was reported in *Progressive Architecture*, xlvii (October 1966), p. 171.

아홉 콘크리트와 사진

1 *Progressive Architecture*, xlvii (October 1966), p. 179.

2 Roland Barthes, *Camera Lucida*, trans. Richard Howard (London, 1984), p. 77.

3 On some of these techniques, see William Monks, *The Control of Blemishes in Concrete* (Slough, 1981), pp. 19-20.

4 Le Corbusier, *Oeuvre complète*, vol. v: *1946-1952* (Basel, 1953), p. 191. A model specification for exposed rough board concrete drawn up in Britain in 1961 and evidently in circulation in the lcc Architects Department stated under a section headed 'Touching Up', 'No touching up of any kind whatsoever will be permitted. Pinholes, honeycombing or other blemishes not exceeding ½% (in each square foot considered separately) will be accepted. Surfaces defective to a greater extent than this will be cut out to the extent of the pour and replaced.' 'Design Notes and Specifications for Concrete from Rough Board Formwork', prepared by a sub-committee of the Wales Committee of the Prestressed Concrete Development Group, Chairman Alex Gordon, p. 17, para. 2.3. Unpublished typescript, 1961, Dennis Crompton archive, London.

5 Barthes, *Camera Lucida*, p. 97.

6 M. Tafuri, *History of Italian Architecture, 1944-1985* (Cambridge, ma, 1989), p. 51.

7 Jeremy Till and Sarah Wigglesworth, 'The Future is Hairy', in *Architecture: The Subject is Matter*, ed. Jonathan Hill (London, 2001), p. 26.

8 Barthes, *Camera Lucida*, p. 81.

9 Vilem Flusser, *Towards a Philosophy of Photography* (1983, Eng trans. London,

2000), pp. 29-31.

10 See Cyrille Simonnet, 'Hennebique et l'objectif ou le béton armé transfiguré', in G. Delhumeau, J. Gubler, R. Legault and C. Simonnet, *Le Béton en représentation: la mémoire photographique de l'entreprise Hennebique, 1890-1930* (Paris, 1993), p. 55; and Cyrille Simonnet, *Le Béton, histoire d'un materiau* (Marseilles, 2005), pp. 113-27. G. Delhumeau, 'De la Collection à l'archive: les photographies de l'entreprise Hennebique', in *Le Béton en représentation*, p. 35.

11 See the essays in Delhumeau et al., *Le Beton en représentation*.

12 *Le Béton Armé*, 28 (September 1900), p. 9; quoted in Delhumeau et al., *Le Beton en représentation*, p. 44.

13 Frank B. Gilbreth, *Field System* (New York and Chicago, 1908); and Frank B. Gilbreth, *Concrete System* (New York, 1908).

14 Gilbreth, *Field System*, rules 91 and 92.

15 *Le Béton Armé,* 9 (February 1899), p. 1; quoted in Delhumeau et al., *Le Beton en représentation*, p. 49. I have drawn on Delhumeau's description of the part played by the photographs in the Hennebique business.

16 H.-M. Magne, 'L'Architecture et les materiaux nouveaux', *Art et Décoration*, xxxvi (July-August 1919), pp. 85-96.

17 For a particularly good discussion of this whole question, see Susan Sontag, 'The Heroism of Vision', in *On Photography* (Harmondsworth, 1979), pp. 85-112.

18 *Architectural Review*, lxxv (January 1934), p. 12.

19 Le Corbusier, *Towards a New Architecture* [1923], trans. Frederick Etchells (London,

1927), p. 31.

20 On Dell and Wainwright, and Hervé, see Robert Elwall, *Building with Light* (London, 2004). On Barsotti, see R. Elwall, *Framing Modernism: Architecture and Photography in Italy, 1926-1965* (London, 2009), pp. 13-14. On *Photogénie*, see Edouard Pontremoli, *L'Éxcès du visible: une approche phénomén - ologique de la photogénie* (Grenoble, 1996). Michael Rothenstein, 'Colour and Modern Architecture or the Photographic Eye', *Architectural Review*, xcix (June 1946), p. 163.

21 Molly Nesbit, *Atget's Seven Albums* (New Haven, ct, 1992), p. 1. See especially pp. 14-19 on the distinctions between commercial and artistic photography in Paris in the early twentieth century.

22 Albert Renger-Patzsch, 'Aims' [1927], in *Photography in the Modern Era*, ed. Christopher Phillips (New York, 1990), p. 105.

23 Albert Renger-Patzsch, 'Photography and Art' [1929], in *Germany: The New Photography, 1927-33*, ed. David Mellor(London, 1978), p. 16.

24 Lucien Herve, *Le Corbusier, as Artist, as Writer* (Neuchatel, 1970), p. 25.

25 Quoted in Sontag, *On Photography*, p. 107. The original essay from which this comes, 'The Author as Producer' [1934], is reprinted in Walter Benjamin, *Reflections* (New York, 1986), pp. 220-88. For other critiques of the New Photography, see Walter Benjamin, 'A Small History of Photography' [1931], in *One Way Street and Other Writings*(London, 1985), p. 255; and Karel Teige, 'The Tasks of Modern Photography' in *Photography in the Modern*

Era, ed. Phillips, pp. 312-22.

26 'Bernd and Hilla Becher in Conversation with Michael Köhler', in Susanne Lange, *Bernd and Hilla Becher: Life and Work*, trans. J. Gaines (Cambridge, ma, 2007), pp. 187, 194; see p. 204 for reference to Renger-Patzsch.

27 Jeff Wall, 'Photography and Liquid Intelli gence', in *Another Objectivity* [1989], pp. 90-93, repr. in *Jeff Wall: Catalogue Raisonne, 1978-2004* (Basel, 2005), pp. 439-40.

28 Christina Bechtler, ed., *Pictures of Architecture, Architecture of Pictures: A Conversation between Jacques Herzog and Jeff Wall, moderated by Philip Ursprung* (Bregenz, 2004), p. 53.

열 콘크리트 르네상스

1 Constant, 'Une autre ville pour une autre vie', *Internationale Situationiste*, 3 (December 1959), p. 37; some of Cartier-Bresson's photographs of urban peripheries and new towns are reproduced in Francois Nourissier, *Cartier-Bresson's France* (London, 1970); Henri Lefebvre, 'Notes on the New Town' [1960], in Henri Lefebvre, *Introduction to Modernity*, trans. John Moore (London, 1995), pp. 116-26.

2 Peter Zumthor, 'Teaching Architecture, Learning Architecture' [1996], in *Thinking Architecture* (Baden, 1998), p. 58.

3 Pekka Pitkänen, 'The Chapel of the Holy Cross', in *Elephant and Butterfly: Permanence and Chance in Architecture*, ed. M. Heikkinen (Helsinki, 2003), pp. 78-88.

4 A. C. Powell, 'Rough Concrete on Site', *Arup Journal* (May 1966), pp. 7-12.

5 Warren Chalk, 'South Bank Arts Centre', *Architectural Design*, xxxvii (March 1967), pp. 120-23.

6 Moshe Safdie, *Beyond Habitat* (Montreal, 1970), p. 73.

7 Gio Ponti, *In Praise of Architecture* [1957], trans. G. and M. Salvadori (New York, 1960), p. 67.

8 *Five Architects: Eisenman, Graves, Gwathmey, Hejduk, Meier* (New York, 1975), p. 15.

9 Roland Barthes, *Writing Degree Zero* [1953], trans. A. Lavers and C. Smith (London, 1984), p. 64.

10 Roland Barthes, *Roland Barthes by Roland Barthes*, trans. Richard Howard (New York, 1977), p. 50.

11 Roland Barthes, *The Neutral*, trans. Rosalind E. Krauss and Denis Hollier (New York, 2005), p. 51.

12 *Five Architects*, p. 27.

13 Paul Rudolph, *Paul Rudolph: Architectural Drawings* (New York, 1981), p. 10. See also Timothy M. Rohan, 'Rendering the Surface: Paul Rudolph's Art and Architecture Building at Yale', *Grey Room*, 1 (2000), pp. 84-107.

14 Cyrille Simonnet, *Le Béton, histoire d'un matériau* (Marseilles, 2005), p. 144. Freyssinet's comment, quoted ibid., p. 142, is from E. Freyssinet, *Textes et documents réunis et présentés par la Chambre syndicale nationale des constructeurs en ciment arme et béton précontraint à l'occasion des cérémonies en l'honneur d'Eugène Freyssinet* (Paris, 18 October 1963), p. 12.

15 I am grateful to Irénée Scalbert for sharing his insights into this building with me.

주요 참고문헌

Banham, Reyner, *A Concrete Atlantis* (Cambridge, ma, 1986)

Barthes, Roland, 'Plastic', in *Mythologies* [1957], trans. A. Lavers (London, 1993), pp. 97-9

Billington, David, *Robert Maillart and the Art of Reinforced Concrete* (New York and Cambridge, ma, 1990)

Blackbourn, David, *The Conquest of Nature: Water, Landscape and the Making of Modern Germany* (London, 2006)

Bonacker, Kathrin, *Beton ein Baustoff wird Schlagwort* (Marburg, 1996)

Cassell, Michael, *The Readymixers: The Story of rmc, 1931 to 1986* (London, 1986)

Cohen, Jean-Louis, and Martin Moeller, eds, *Liquid Stone: New Architecture in Concrete* (Princeton, nj, 2006)

Collins, Peter, *Concrete: the Vision of a New Architecture* (London, 1959)

Concrete (1967-) (journal of the British Concrete Society)

Concrete and Constructional Engineering (London, 1906-66)

Concrete Quarterly (1947-) (published by the British Cement and Concrete Association)

Croft, Catherine, *Concrete Architecture* (London, 2004)

Cusack, Patricia, 'Architects and the Reinforced Concrete Specialist in Britain, 1905-1908', *Architectural History*, xxix (1986), pp.
183-96

Delhumeau, Gwenaël, *L'Invention du béton armé: Hennebique, 1890-1914* (Paris, 1999)

——Jacques Gubler, Réjean Legault and Cyrille Simonnet, *Le Béton en représentation: la memoire photographique de l'entreprise Hennebique, 1890-1930* (Paris, 1993)

Deplazes, Andrea, ed., *Constructing Architecture: Materials, Processes, Structures, a Handbook*, 2nd edn (Basel, 2008)

Elliott, Cecil D., *Technics and Architecture* (Cambridge, ma, 1993)

Encyclopédie Perret, ed. Jean-Louis Cohen, Joseph Abram and Guy Lambert (Paris, 2002)

Frampton, Kenneth, *Studies in Tectonic Culture: The Poetics of Construction in Nineteenth and Twentieth Century Architecture*, ed. John Cava (Cambridge, ma, 1995)

Fuhrmeister, Christian, *Beton, Klinker, Granit: Material, Macht, Politik: Eine Materialikonographie* (Berlin, 2001)

Gandy, Matthew, *Concrete and Clay: Reworking Nature in New York City* (Cambridge, ma, 2003)

Giedion, Sigfried, *Building in France, Building in Iron, Building in Ferro-Concrete* [1928], trans. J. Duncan Berry (Santa Monica, ca, 1995)

Hajnal-Kónyi, K., 'Shell Concrete Construction', *Architects' Year Book*, ii (1947), pp. 170-93

——'Concrete', in *New Ways of Building*, ed. Eric de Maré (London, 1951)

Jones, Peter, *Ove Arup* (New Haven, ct, 2006)

Komendant, August E., 18 *Years Working with Architect Louis I. Kahn* (Englewood Cliffs, nj, 1975)

Legault, Rejean, '*L'Appareil de l'architecture moderne:* New Materials and Architectural Modernity in France, 1889-1934', PhD thesis, mit (1997)

Leslie, Thomas, *Louis I. Kahn: Building Art, Building Science* (New York, 2005)

McClelland, Michael, and Graeme Stewart, *Concrete Toronto: A Guidebook to Concrete Architecture from the Fifties to the Seventies* (Toronto, 2007)

Marrey, Bernard, and Frank Hammoutène, *Le Béton à Paris* (Paris, 1999)

Mecenseffy, E. von, *Die künstlerische Gestaltung der Eisenbetonbauten* (Berlin, 1911)

Michelis, P. A., *Esthétique de l'architecture du beton armé* (Paris, 1963)

Moran, Joe, *On Roads: A Hidden History* (London, 2009)

Newby, Frank, ed., *Early Reinforced Concrete* (Aldershot, 2001)

Onderdonk, Francis S., *The Ferro-Concrete Style*(New York, 1928, repr. Santa Monica, ca, 1998) van Oss, Hendrik G., *Background Facts and Issues Concerning Cement and Cement Data*, United States Geological Survey, Open-File Report 2005-1152, available at http://pubs.usgs.gov/of/2005/ 1152/2005-1152.pdf, accessed 6 July 2009

Pfammatter, Ulrich, *Building the Future: Building Technology and Cultural History from the Industrial Revolution until Today* (Munich and London, 2008)

Picon, Antoine, ed., *L'art de l'ingénieur: constructeur, entrepreneur, inventeur* (Paris, 1997)

'Reinforced Concrete: Ideologies and Forms from Hennebique to Hilberseimer', special issue of *Rassegna*, 49 (1992)

Rice, Peter, *An Engineer Imagines* (London, 1994)

Saint, Andrew, *Architect and Engineer: A Study in Sibling Rivalry* (New Haven, ct, 2007)

——'Some Thoughts about the Architectural Use of Concrete', *aa Files*, 21 (1991), pp. 3-12; and 22, pp. 3-16

Slaton, Amy E., *Reinforced Concrete and the Modernization of American Building, 1900-1930* (Baltimore, md, 2001)

Simonnet, Cyrille, *Le Béton, histoire d'un matériau*(Marseilles, 2005)

Tullia, Iori, *Il cemento armato in Italia: dalle origine alla seconda guerra mondiale* (Rome, 2001)

Virilio, Paul, *Bunker Archaeology* [1975], trans. G. Collins (Princeton, nj, 1994)

Vischer, Julius, and Ludwig Hilberseimer, *Beton als Gestalter: Bauten in Eisenbeton und ihre architektonische Gestaltung* (Stuttgart, 1928)

Weston, Richard, *Materials, Form and Architecture* (London, 2003)

감사의 글

이 책은 많은 사람의 도움에 힘입은 것이다. 특히 이 작업이 진행되는 동안에 조언과 격려를 해주신 탐 위버 Tom Weaver, 브라질 여행을 이끌어준 엘리자베타 안드레올리 Elisabetta Andreoli, 원래 1945년 이후의 콘크리트만 다루기로 했던 것을 그것에 그치지 말고 범위를 더 넓히라고 조언해주고 자신의 지식을 관대하게 나누어 주었던 앤드류 세인트 Andrew Saint에게 감사드린다. 이외에도 많은 분들이 아이디어, 조언, 의견 등을 제시하였다: 특히, 이펙 악피나르 Ipeck Akpinar, 쟝 피에르 추팡 Jean-Pierre Chupin, 쟝 루이 코헨 Jean Luis Cohen, 페넬로페 커티스 Penelope Curtis, 데이비드 데리우 Davide Deriu, 머레이 프레이저 Murray Fraser, 토니 프레튼 Tony Fretton, 사라 가벤타 Sara Gaventa, 존 굳번 Jon Goodbun, 크리스토퍼 그라페 Christopher Grafe, 쿠르트 헬프리치 Kurt Helfrich, 마아트 캄 Mart Kalm, 닐 레바인 Neil Levine, 케이티 로이드 토마스 Katie Lloyd Thomas, 쥴스 러벅 Jules Lubbuck, 앤드류 라베넥 Andrew Raeneck, 알리스테어 라이더 Alistair Ryder, 이레니 스칼버트 Irénée Scalbert, 피나이 시리키아티쿨 Pinai Sirikiatikul, 로렌트 스타들러 Laurent Stadler, 브라이언 스테이터 Brian Stater, 마아크 스베나톤 Mark Swenarton에게 감사드린다. 안타깝게도 책이 완성되기 전에 고인이 되었지만, 많은 격려와 조언을 해준 친구 들인 니코스 스탄고스 Nikos Stangos, 폴 오버리 Paul Overy, 로지카 파커 Rozsika Parker에게도 감사드린다. 바틀렛 Bartlett 건축 대학의 나의 동료들인, 이아인 보어든 Iain Borden, 벤 캠프킨 Ben Campkin, 바바라 페너 Barbara Penner, 펙 로오스 Peg Rawes, 제인 렌델 Jane Rendell은 격려를 아끼지 않았고 내가 책을 쓰는 데 시간을 할애했다. 번역 작업과 연구 작업에 많은 도움을 준, 내 연구실의 제자인 틸로 암호프 Tilo Amhof, 에바 브랜스컴 Eva Branscome, 앤 훌춰 Anne Hultzsch, 리아 캐더린 자카 Léa-Catherine Szacka에게도 감사드린다. 원고를 읽고 조언을 해주신 머레이 프레이저 Murray Fraser, 매튜 갠디 Matthew Gandy, 조나던 힐 Jonathan Hill, 미켈란젤로 사바티노 Michelangelo Sabatino, 플로라 새

무얼 Flora Samuel, 앤드류 라베넥 Andrew Rabeneck에게도 깊은 감사를 드린다.

이 책을 쓰면서 가장 기분 좋았던 일은 외국에서 연구 활동이었다. 운 좋게도 많은 사람들이 시간을 내주어 건물들을 안내했고 자신들의 지식을 나에게도 나누어주었다. 이탈리아에서는 파올로 스크리바노 Paolo Scrivano, 미첼라 로소 Michella Rosso, 필리포 피에리 Fillipo Pierri에게 감사드린다. 핀란드에서는 페카 코오벤마 Pekka Korvenmaa, 마리아나 헤이킨헤이모 Mariana Heikinheimo에게 감사드린다. 브라질의 마르셀로 카발료 페라즈 Marcello Carvalho Ferraz, 로베르토 콘두루 Roberto Conduru, 루이스 레카맨 Luis Recaman 등은 브라질의 유명 건축물로 나를 안내해주었다. 폴 뮤어스 Paul Meurs도 많은 지식을 나에게 전해 주었다. 일본에서도 큰 도움을 받았는데, 특히 츠쿠이 노리코 Noriko Tsukui, 이노쿠치 나쓰미 Natsmi Inokuchi, 이노쿠치 요시후미 Yoshifumi Inokuchi, 야수 Yasu는 일본 방문이 즐겁고 도움이 되도록 애써주신 분들이다. 일본 문화와 일본의 콘크리트에 관해서도 많은 분들이 나에게 여러 가지 많은 것들을 보여주고 가르쳐주었다. 특히 마쓰쿠마 히로시 Hiroshi Matukuma는 마에카와 Maekawa의 작품에 조예가 깊었으며, 오노 아키히코 Akihiko Ono, 토마스 대니얼 Thomas Daniell, 아주마 리에 Rie Azuma, 헤미 히로히사 Hirohisa Hemmi, 와타나베 키미 Kimi Watanabe 등이다.

먼 곳에서 콘크리트를 찾으려 돌아다니는 나를 인내심을 가지고 지켜봐준 처 브리오니 Briony 두 딸 프란체스카 Francesca와 올리비아 Olivia에게도 고마움을 전한다.

연구 시작단계에서 레버헐미 신탁 Leverhulme Trust의 연구비 지원을 받아 연구가 가능했다. 영국의 예술 인문학 연구위원회 Arts and Humanities Research Council of Great Britain의 지원으로 이 책을 쓸 수 있는 시간을 낼 수 있었다. 사진 지원 비용은 영국 학술원 British Academy, 바틀렛 건축 대학의 지원으로 충당하였다.

색인

[ㅅ]

[ㅎ]

[기타]

저자

저자 아드리안 포오티는 런던 컬리지 대학교 바틀렛 건축학교에서 건축사를 전공하고 있는 교수이다. 이전 저서로서 『Objects of Desire: Design and Society since 1750 욕망의 대상: 1750년 이후 설계와 사회』(1986), 『Words and Buildings: A Vocabulary of Modern Architecture 언어와 건축: 현대 건축의 어휘』(2000)가 있다.

역자

옮긴이 박홍용은 서울대학교에서 학위를 받고 명지대학교 토목환경공학과에서 30년 넘게 콘크리트를 강의하고 있다.

콘크리트와 문화
–어느 재료의 이야기

초판발행 2014년 05월 26일
초판인쇄 2014년 06월 03일
초판2쇄 2015년 06년 29일

저   자 아드리안 포오티 ADRIAN FORTY
역   자 박홍용
펴 낸 이 김성배
펴 낸 곳 도서출판 씨아이알

책임편집 박영지, 이정윤
디 자 인 송성용, 임하나
제작책임 황호준

등록번호 제2-3285호
등 록 일 2001년 3월 19일
주   소 100-250 서울특별시 중구 필동로8길 43(예장동 1-151)
전화번호 02-2275-8603(대표)　**팩스번호** 02-2275-8604
홈페이지 www.circom.co.kr

ISBN 979-11-5610-042-3　93540
정가 26,000원

도서출판 씨아이알은 좋은 책을 만들기 위해 언제나 최선을 다하고 있습니다.

토목·해양·환경·건축·전기·전자·기계·불교·철학 분야의 좋은 원고를 집필하고 계시거나 기획하고 계신 분들, 그리고 소중한 외서를 소개해주고 싶으신 분들은 언제든 도서출판 씨아이알로 연락 주시기 바랍니다.

도서출판 씨아이알의 문은 날마다 활짝 열려 있습니다.

출판문의처: cool3011@circom.co.kr
02)2275-8603(내선 605)

≪도서출판 씨아이알의 도서소개≫

※ 문화체육관광부의 우수학술도서로 선정된 도서입니다.
† 대한민국학술원의 우수학술도서로 선정된 도서입니다.
§ 한국과학창의재단 우수과학도서로 선정된 도서입니다.

건축공학

현대건축 흐름과 맥락
Jurgen Tietz 저 / 고성룡 역 / 2015년 3월 / 128쪽(210*295) / 15,000원

건축의 모습
비톨드 리브친스키 저 / 류재호, 김민정 역 / 2015년 2월 / 144쪽(148*210) / 12,000원

아두이노 기반 스마트 홈 오토메이션
Marco Schwartz 저 / 강태욱, 임지순 역 / 2015년 2월 / 244쪽(150*205) / 18,000원

인간중심의 도시환경디자인 ※
나카노 츠네아키 저 / 곽동화, 이정미 역 / 2014년 12월 / 396쪽(188*237) / 26,000원

(건축가, 건축주, 시공사를 위한) 스마트 빌딩 시스템
James Sinopoli 저 / 강태욱, 현소영 역 / 2014년 12월 / 344쪽(155*234) / 24,000원

한국 유교건축에 담긴 풍수 이야기 ※
박정해 저 / 2014년 12월 / 388쪽(사륙배판) / 30,000원

빛과 열의 건축환경학
슈쿠야 마사노리(宿谷 昌則) 저 / 송두삼, 황태연 역 / 2014년 11월 / 440쪽(155*234) / 30,000원

오토캠핑으로 떠난 독일성곽순례
이상화, 이건하 저 / 2014년 10월 / 268쪽(신국판) / 18,000원

BIM으로 구조디자인 하기
이주나, 김우진 저 / 2014년 8월 / 240쪽(사륙배판) / 24,000원

현대 건축가 111인
Kester Rattenbury, Rob Bevan, Kieran Long 저 / 이준석 역 / 2014년 8월 / 240쪽(194.9*214.8) / 24,000원

예술을 위한 빛
Christopher Cuttle 저 / 김동진 역 / 2014년 7월 / 280쪽(188*245) / 26,000원

흙집 제대로 짓기
황혜주 외 저 / 2014년 7월 / 200쪽(사륙배판) / 20,000원

BIM 기반 시설물 유지관리
IFMA, IFMA Foundation 저 / Paul Teicholz editor / 강태욱, 심창수, 박진아 역 / 2014년 5월 / 428쪽(155*234) / 25,000원

집 그리고 삶
최재석 저 / 2014년 3월 / 172쪽(148*210) / 15,000원

Civil BIM with Autodesk Civil 3D
강태욱, 채재현, 박상민 저 / 2013년 11월 / 340쪽(155*234) / 24,000원

건물개보수 디자인 가이드북
피터 슈베르(Peter Schwehr), 로버트 피셔(Roberat Fischer), 손쟈 가이어(Sonja Geier) 저 / 서항석 외 역 / 2013년 10월 / 172쪽(신국판) / 18,000원

현대건축감상
김영은, 이건하 저 / 2013년 9월 / 304쪽(사륙배판) / 26,000원

내진설계를 위한 근사해석법
ADRIAN S. SCARLAT 저 / 이진호 역 / 2013년 8월 / 356쪽(155*234) / 24,000원

건축설계의 아디이어와 힌트 470
매주 주택을 만드는 모임 저 / 고성룡 역 / 2013년 7월 / 184쪽
(신국판) / 18,000원

세계에 널리 알려진 상업센터의 풍수디자인
이브린 립(Evelyn Lip) 저 / 한종구 역 / 2013년 6월 / 160쪽
(185*215) / 22,000원

BIM 상호운용성과 플랫폼
강태욱, 유기찬, 최현상, 홍창희 저 / 2013년 1월 / 320쪽(사륙
배판) / 25,000원

건축환경론
노정선, 함정도 저 / 2012년 6월 / 336쪽(사륙배판) / 22,000원

토목공학

연약지반 개량공법
김병일, 조성민, 김주형, 김성렬 저 / 2015년 3월 / 496쪽(사륙
배판) / 30,000원

엑셀로 배우는 수리학
나가오카 히로시(長岡 裕) 저, 전용배 역 / 2015년 2월 / 300쪽
(신국판) / 20,000원

건설계측 기본실무
우종태, 권성훈 저 / 2015년 2월 / 324쪽(사륙배판) / 18,000원

지반역공학 II
신종호 저 / 2015년 1월 / 636쪽(사륙배판) / 30,000원

지반역공학 I †
신종호 저 / 2015년 1월 / 546쪽(사륙배판) / 28,000원

건설 기술자를 위한 알기 쉬운 토목 지질
토목 지질의 달인 편집위원회 저 / 이성혁, 임유진, 이진욱, 엄
기영, 김현기 역 / 2014년 12월 / 244쪽(155*234) / 26,000원

토목기술자를 위한 한국의 암석과 지질구조(개정판)
이병주, 선우춘 저 / 2014년 11월 / 336쪽(사륙배판) / 28,000원

토목 그리고 Infra BIM ※
황승현, 전진표, 서정완, 황규환 저 / 2014년 10월 / 264쪽(사륙
배판) / 25,000원

지반기술자를 위한 해상풍력 기초설계(지반공학 특별간행물 7)
(사)한국지반공학회 저 / 2014년 10월 / 408쪽(사륙배판) /
30,000원

기초 임계상태 토질역학
A. N. Schofield 저 / 이철주 역 / 2014년 10월 / 270쪽
(155*234) / 20,000원

제2판 토질시험
이상덕 저 / 2014년 9월 / 620쪽(사륙배판) / 28,000원

제3판 기초공학
이상덕 저 / 2014년 9월 / 540쪽(사륙배판) / 28,000원

CIVIL BIM의 기본과 활용
이에이리 요타(家入龍太) 저 / 2014년 9월 / 240쪽(신국판) /
16,000원

토목구조기술사 합격 바이블 2권
안흥환, 최성진 저 / 2014년 9월 / 1220쪽(사륙배판) / 65,000원

토목구조기술사 합격 바이블 1권
안흥환, 최성진 저 / 2014년 9월 / 1076쪽(사륙배판) / 55,000원

기초 수문학
이종석 저 / 2014년 8월 / 552쪽(사륙배판) / 28,000원

기초공학의 원리 †
이인모 저 / 2014년 8월 / 520쪽(사륙배판) / 28,000원

실무자를 위한 토목섬유 설계 · 시공
전한용, 장용채, 장정욱, 정연인, 박영목, 정진교, 이광열, 김윤태
저 / 2014년 8월 / 588쪽(사륙배판) / 30,000원

토질역학
배종순 저 / 2014년 7월 / 500쪽(사륙배판) / 25,000원

수리학
김민환, 정재성, 최재완 저 / 2014년 7월 / 316쪽(사륙배판) /
18,000원

공업정보학의 기초
YABUKI Nobuyoshi, MAKANAE Koji, MIURA Kenjiro T.
저 / 황승현 역 / 2014년 7월 / 244쪽(신국판) / 16,000원

엑셀로 배우는 토질역학(엑셀강좌시리즈 8)
요시미네 미츠토시 저 / 전용배 역 / 2014년 4월 / 236쪽(신국판) /
18,000원

암반분류
Bhawani Singh, R.K. Goel 저 / 장보안, 강성승 역 / 2014년 3월 /
552쪽(신국판) / 28,000원

지반공학에서의 성능설계
아카기 히로카즈(赤木 寛一), 오오토모 케이조우(大友 敬三),
타무라 마사히토(田村 昌仁), 코미야 카즈히토(小宮 一仁) 저 /
이성혁, 임유진, 조국환, 이진욱, 최찬용, 김현기, 이성진 역 /
2014년 3월 / 448쪽(155*234) / 26,000원